中国矿业大学“十四五”规划教材

锂离子电池材料与技术

史月丽　吴　凯　庄全超　编

中国矿业大学出版社
·徐州·

内 容 简 介

本书介绍了锂离子电池的发展历程、组成、工作原理、优点、面临的挑战、性能指标等；锂离子电池正、负极材料的分类与研究现状；电解液的分类、组成与研究现状；电极材料与电池性能的表征方法。特别介绍了锂离子电池电化学阻抗谱的研究。本书内容比较丰富，深入浅出地把相关理论知识与研究进展融合在一起。

本书汇集了国内外研究者的最新研究成果与相关技术，并结合课题组多年的科研成果，可作为高等学校新能源专业相关课程的教材，也可以作为高等学校、科研院所和相关从事能源材料研究的工作人员的参考用书。

图书在版编目(CIP)数据

锂离子电池材料与技术 / 史月丽，吴凯，庄全超编. — 徐州：中国矿业大学出版社，2024.3

ISBN 978-7-5646-5920-2

Ⅰ. ①锂… Ⅱ. ①史… ②吴… ③庄… Ⅲ. ①锂离子电池—材料 Ⅳ. ①TM912

中国国家版本馆 CIP 数据核字(2023)第 149325 号

书　　名 锂离子电池材料与技术
编　　者 史月丽　吴　凯　庄全超
责任编辑 杨　洋
出版发行 中国矿业大学出版社有限责任公司
(江苏省徐州市解放南路　邮编 221008)
营销热线 (0516)83885370　83884103
出版服务 (0516)83995789　83884920
网　　址 http://www.cumtp.com　**E-mail**:cumtpvip@cumtp.com
印　　刷 江苏淮阴新华印务有限公司
开　　本 787 mm×1092 mm　1/16　**印张** 16　**字数** 409 千字
版次印次 2024 年 3 月第 1 版　2024 年 3 月第 1 次印刷
定　　价 39.00 元

前　言

锂离子电池材料与技术是新能源材料专业的一门必修课程，为了使新能源专业的学生及相关从业人员全面了解锂离子电池材料与技术的相关知识，系统深入学习有关理论知识和技能，把握相关领域的研究现状，引导学习者进入能源领域开展相关工作与研究，编写了本教材。

本书内容主要包括锂离子电池工作原理、性能指标等基础知识，锂离子电池材料的合成与制备，锂离子电池电解液与添加剂及锂离子电池测试技术等。并将锂离子电池的发展与挑战、锂离子电池材料的研究进展、锂离子电池电解质的发展与添加剂的发展趋势、锂离子电池 CV 测试技术、阻抗谱技术等内容融合在一起。

锂离子电池阻抗谱测试技术是本课题组的重点研究领域。电化学阻抗谱在锂离子电池研究中有诸多应用，例如用来分析电极反应机理与失效等。教材系统介绍了电化学阻抗谱的基础、简单电路的基本性质、锂离子插入嵌合物电极的动力学模型、电化学阻抗谱的解析、感抗产生机制分析和嵌入化合物电极的电化学阻抗谱模型与理论研究。

本书的出版得到了中国矿业大学“十四五”规划教材项目、材料科学与工程国家一流专业建设点的资助及宁德时代新能源科技股份有限公司的大力支持。课题组鞠治成、崔永莉、陈亚鑫、蒋江民、王舒娅老师及研究生做了大量的工作，在此对他们表示感谢。

由于水平有限，书中难免存在不足之处，欢迎相关领域的专家和读者批评指正。

编者

2022 年 9 月

目　　录

第1章 概　述

随着煤、石油、天然气等不可再生能源的日渐紧缺以及由此带来的每况愈下的环境问题，人们越来越迫切地希望高效、安全、清洁和可再生的新型能源及能源材料的出现。新能源的研究与开发关系社会的可持续发展和经济增长，已成为社会和科研界关注的焦点[1-3]。

随着石油资源的匮乏，国际汽油价格不断飙升，发展环境友好的电动汽车(electric vehicle，EV)或者低排放量的混合电动汽车(hybrid electric vehicle，HEV)成为当务之急。而发展能量密度高、成本低的电池系统是实现电动汽车替代燃油汽车的关键[1]。

锂离子二次电池因为具有工作电压较高、能量密度较大、体积小、质量小、循环寿命较长、自放电率低、无记忆效应和环境友好等优点，因此备受人们的青睐[2]。

近年来，随着锂离子电池技术的不断进步和新电极材料的开发，其应用从移动通信、笔记本电脑、数码相机、摄像机等小型电器向电动汽车、军用设备、航空航天等大型动力电源领域不断拓展[3]。

1.1 概述

1.1.1 锂元素物化性质

锂元素的英文为Lithium，化学符号为Li，其处于元素周期表的s区。锂位于元素周期表中ⅠA族的第二位，碱金属；原子序数为3；相对原子质量为6.941(2)。锂金属在298 K时为固态，其颜色为银白色或灰色。在空气中，锂很快失去光泽。

锂元素含1个价电子($1s^2 2s^1$)，固态时其密度约为水的一半。锂元素的原子半径(经验值)为145 pm(1 pm＝1×10^{-12} m)，原子半径(计算值)为167 pm，共价半径(经验值)为134 pm，范德瓦耳斯半径为182 pm，离子半径为68 pm。

由于锂元素只有1个价电子，所以在紧密堆积晶胞过程中它的结合能很小。锂金属很软，熔点低，故锂钠合金可作为原子核反应堆的制冷剂。

锂的熔点、硬度高于其他碱金属，其导电性较弱。锂的化学性质与其他碱金属化学性质变化规律不一致。锂的标准电极电势在同族元素中非常低，为－3.045 V(vs H^+/H_2)，这与Li^+(g)的水合热较大有关。锂在空气中燃烧时能与氮气直接作用生成氮化物，这是由于它的离子半径小(金属半径为0.152 nm)，对晶格能有较大贡献。

锂在岩石圈中含量很低，主要存在于一些硅酸矿中。在自然界已知的金属中质量最小(M＝6.941 g/mol，ρ＝0.534 g/cm)，在碱金属中锂具有最高的熔点(180.54 ℃)和沸点(1 342 ℃)以及最长的液程范围，具有超常的高比热容。这些特性使其在热交换中成为优异的制冷剂。然而锂的腐蚀性比其他液态金属强，常被用作还原剂、脱硫剂、铜以及铜合金的除气剂等。

由于锂外层电子具有低离子化焓(1 级:520.1 kJ/mol,2 级:7.296×10^{-3} kJ/mol),锂离子呈球形和低极性,故锂元素呈+1 价。与二价的镁离子相比较,一价锂离子的离子半径特别小,因此具有特别高的电荷半径比。相比其他第一主族的元素,锂的化合物性质很反常,与镁化合物的性质类似。这些异常的特性是因为其带有低电荷阴离子的锂盐晶格能高而特别稳定,而高电荷、高价的阴离子的盐相对不稳定。如氢化锂的热稳定性比其他碱金属的高,LiH 在 900 ℃时是稳定的,LiOH 相比其他氢氧化物是较难溶的,氢氧化锂在红热时分解;Li_2CO_3 不稳定,容易分解为 Li_2O 和 CO_2。锂盐的溶解性和镁盐类似。LiF 是微溶于水(18 ℃时,0.27 g/100 g),可从氟化铵溶液中沉淀出来;Li_3PO_4 难溶于水;LiCl、LiBr、LiI 尤其是 $LiClO_4$ 可溶于乙醇、丙酮和乙酸乙酯中,LiCl 可溶于嘧啶中。$LiClO_4$ 高的溶解性归结于锂离子的强溶解性。高浓度的 LiBr 可溶解纤维素。与其他碱金属的硫酸盐不同,Li_2SO_4 不形成同晶化合物。

在第一主族元素中,与其他物质(除氮气外)反应的活性从锂到铯依次升高。锂的活性通常是最低的,如锂与水在 25 ℃下才反应,而钠反应剧烈,钾与水发生燃烧,铷和铯存在爆炸式的反应;与液溴的反应,锂和钠反应缓和,而其他碱金属剧烈反应。锂不能取代 $C_6H_5C{\equiv}CH$ 中的弱酸性氢,而其他碱金属可以取代。

锂与同族元素一个基本的化学差别是与氧气的反应,当碱金属置于空气或氧气中燃烧时,锂生成 Li_2O,还有 Li_2O_2 存在,而其他碱金属氧化物(M_2O)则进一步反应生成过氧化物 M_2O_2 和超氧化物 MO_2。锂在过量的氧气中燃烧时并不生成过氧化物,而生成正常氧化物。

锂能与氮直接化合生成氮化物,锂和氮气反应生成红宝石色的晶体 Li_3N(镁与氮气生成 Mg_3N_2);25 ℃时反应缓慢,400 ℃时反应很快。利用该反应,锂和镁均可用以除去混合气体中的氮气。与碳共热时,锂和钠反应生成 Li_2C_2 和 Na_2C_2。重碱金属也可以与碳反应,但生成非计量比间隙化合物,这是碱金属原子进入薄层石墨中碳原子间隙所导致的。

锂与水反应均较缓慢。锂的氢氧化物都是中强碱,溶解度不大,在加热时可分别分解为氧化锂。锂的某些盐类,如氟化物、碳酸盐、磷酸盐均难溶于水。其碳酸盐在加热条件下均能分解为相应的氧化物和二氧化碳。锂的氯化物均能溶解于有机溶剂中,表现出共价特性。

锂和胺、醚、羧酸、醇等形成一系列化合物。在众多锂化合物中,锂的配位数为 3~7。

在 298 K(25 ℃)条件下锂金属的体心立方结构(bcc)是最稳定的,通常情况下,所有第一主族(碱金属)元素都是基于 bcc 结构;Li-Li 原子间的最短距离为 304 pm,锂金属的半径为 145 pm,说明锂原子间比钾原子间的距离小。在 bcc 晶胞中,每个锂原子被最邻近的 8 个锂原子所包围。

碱土金属镁的密度为 1.74 g/cm^3,约为金属铝密度的 2/3。由镁和锂制成的镁锂合金,当锂含量为 20%时,其密度仅为 1.2 g/cm^3,为最轻的合金;当锂含量超过 5%时,能析出 β 相而形成(α+β)两相共存组织;锂含量超过 11%时,镁锂合金变成单一的相,因而改善了镁锂合金的塑性加工性能。向镁锂合金中添加第三种元素(如 Al、Cu、Zn、Ag 或 Ce、La、Nd、Y 等稀土元素),不但细化了合金组织,而且大幅度提高了室温下的抗拉强度及延伸率,并且在一定的变形条件下出现高温塑性。

金属锂是合成制药的催化剂和中间体,如合成维生素 A、维生素 B、维生素 D、肾上腺皮质激素、抗组织胺药等。在临床上多用锂化合物,如碳酸锂、醋酸锂、酒石酸锂、草酸锂、柠檬酸锂、溴化锂、碘化锂、环烷酸锂、尿酸锂等,其中以碳酸锂为主。因为碳酸锂在一般条件下稳定,易保存,制备也较容易,锂含量较高,口服吸收较快且完全。如前所述,制成一种添加抗抑郁药的复方锂盐对躁狂抑郁症疗效明显。

锂的某些化学反应如下:

① 锂与空气的反应。

用小刀可轻易地切割锂金属,可以看到锂金属表面有银色光泽,但很快会变得灰暗,因为其与空气中的氧及水蒸气发生了反应。锂在空气中点燃时,主要产物是白色的锂的氧化物 Li_2O。某些锂的过氧化物 Li_2O_2 也是白色的。

② 锂与水的反应。

锂金属可以与水缓慢地反应生成无色的氢氧化锂溶液(LiOH)及氢气(H_2),得到的溶液是碱性的。因为生成氢氧化物,所以反应是放热的。如前所述,反应的速度慢于钠与水的反应。

③ 锂与卤素的反应。

锂金属可以与所有的卤素反应生成卤化锂,所以锂可以与 F_2、Cl_2、Br_2 及 I_2 等反应依次生成一价的氟化锂(LiF)、氯化锂(LiCl)、溴化锂(LiBr)及碘化锂(LiI)。

④ 锂与酸的反应。

锂金属易溶于稀硫酸,形成的溶液含水及水化的一价锂离子、硫酸根离子及氢气。

⑤ 锂与碱的反应。

锂金属与水缓慢反应生成无色的氢氧化锂溶液及氢气(H_2)。当溶液变为碱性时反应也会继续进行。随着反应的进行,氢氧化物浓度升高。

1.1.2 锂电池发展历程

锂是最轻的金属,比容量最高(3 860 mA · h/g)[4]。

由于金属锂电极电位较低,质子溶剂(如水溶液体系)作为电池的电解液不太适合。20 世纪 50 年代初,人们开始深入研究非水电解质,最初选择锂作为二次电池的负极材料,选择 CuF_2、NiF_2 和 AgCl 等高电位的无机物作为正极材料,但是由于这些物质在有机电解质中易溶解,影响电池的寿命,使得锂一次电池得到发展和应用,20 世纪 70 年代初锂一次电池实现商业化。之后人们研究发现锂离子可以在嵌入化合物(如 TiS_2、MoS_2 等)的晶格内嵌入脱出。利用这个原理,美国生产了 Li-TiS_2 电池,加拿大 MoLi 公司制备了 Li-MoS_2 二次电池。但是以金属锂作为负极,在充放电过程中由于金属锂电极表面凹凸不平导致电位不均匀分布,结果造成锂沉积不均匀,产生树枝晶。当树枝晶生长到一定程度时,在一些部位可能产生"死锂",造成不可逆。另外,锂树枝晶有可能穿透隔膜,将正、负极连接起来,导致电池短路,同时伴随大量的热产生,引发电池着火甚至爆炸,从而引发严重的安全问题[4]。人们开展了大量研究以解决锂二次电池安全性问题[5-6]。

1980 年,法国阿曼德(Armand)等先后提出了两种解决方案:

① 采用不与锂发生反应的聚合物固体电解质,制备全固态锂金属二次电池;

② 采用低嵌锂电位的插层化合物为负极来取代金属锂,高嵌锂电位的插层化合物为正极组成电池。

根据第二种方案,1990 年,Y. Nishi[7] 研究成功以石油焦为负极、$LiCoO_2$ 为正极的锂离子二次电池。这种电池体系不采用金属锂作为负极，锂枝晶问题不存在，锂离子电池存在的安全隐患可以成功得到解决，且能量密度比较高，所以其商业化进程大幅度加快[8]。而有关锂二次电池的研究也成为世界范围内的热点课题[9]。

锂离子电池发展的历史性事件如下[10]：

20 世纪 70 年代石油危机时期，当时在埃克森美孚公司（Exxon Mobil Corporation）工作的英国化学家斯坦利·惠廷姆（Stanley Whittingham）开始研发一种新型电池，这种电池可以在很短的时间内充电，并可能使人们在未来不再依赖化石能源。在惠廷姆的首次尝试中，他采用硫化钛作为正极材料，金属锂作为负极材料，制成首个锂离子电池，但这种电极组合在实际应用中面临一些技术挑战，比如严重的安全隐患。在看到电池短路着火后，埃克森美孚决定停止实验。

1982 年，伊利诺伊理工大学（Illinois Institute of Technology）的阿加瓦尔（R. R. Agarwal）和塞尔曼（J. R. Selman）发现锂离子具有嵌入石墨的特性，此过程是快速的且可逆。与此同时，采用金属锂制成的锂离子电池，其安全隐患备受关注，因此人们尝试利用锂离子嵌入石墨的特性制作充电电池。首个可用的锂离子石墨电极由贝尔实验室试制成功。

1983 年，撒克里（M. Thackeray）、古迪纳夫（J. Goodenough）等发现锰尖晶石是优良的正极材料，具有低价、稳定和优良的导电、导锂性能。其分解温度高，且氧化性远低于钴酸锂，即使出现短路、过充电，也能够防止燃烧、爆炸。

1987 年，日本名城大学的吉野彰（Akira Yoshino）对锂电池电极组合进行进一步的优化。他没有使用活性锂金属作为阳极，而是尝试使用一种碳质材料——石油焦。这次改进带来了革命性的发现：新型电池在没有使用锂金属作为电极的情况下明显更安全，性能更稳定，因此第一代锂离子电池原型产生了。

1989 年，曼西拉姆（A. Manthiram）和古迪纳夫发现采用聚合阴离子的正极将出现更高的电压。

1992 年，索尼公司公布首个商用锂离子电池。随后，锂离子电池革新了消费电子产品的面貌。此类以钴酸锂作为正极材料的电池，至今仍是便携电子器件的重要电源。

1996 年，帕德希（Padhi）和古迪纳夫发现具有橄榄石结构的磷酸盐，如磷酸铁锂（$LiFePO_4$），比传统的正极材料安全性更高，尤其耐高温和耐过充电性能，远超过传统锂离子电池材料。因此已成为当前主流的大电流放电的动力锂离子电池的正极材料。

人物介绍如下：

瑞典皇家科学院宣布，将 2019 年诺贝尔化学奖授予美国科学家约翰·B. 古迪纳夫（John B Goodenough），英国化学家 M. 斯坦利·威廷汉（Stanley Whittingham）和日本化学家吉野彰，以表彰这三位“锂电池之父”为锂离子电池发展所做出的贡献。

约翰·B. 古迪纳夫，美国固体物理学家，美国国家工程学院、美国国家科学院院士。1922 年 7 月 25 日出生于美国，是钴酸锂、锰酸锂和磷酸铁锂正极材料的发明人，锂离子电池的奠基人之一。古迪纳夫于 1951 年、1952 年分别在芝加哥大学获得物理学硕士和博士学位，毕业后在马萨诸塞理工学院林肯实验室任职，为数字计算机的随机存取存储器（RAM）开发奠定了基础。离开麻省理工学院之后，1976 年至 1986 年，他加入牛津大学，任无机化学实验室主任。在此期间，古迪纳夫发现将钴酸锂用作电极可以显著提升锂电池的能量密度，他的诸多发现为锂电池工业奠定了基础。他于 1986 年加入得克萨斯大学奥斯汀分校任教和进行科研。高龄的古迪纳夫还带领团队成员研制出了首个全固态电池。2019年10月9日，古迪纳夫获得2019年诺贝尔化学奖，时年已满97岁的他也成为获奖时年龄最大的诺贝尔奖得主。

斯坦利·惠廷厄姆，英国化学家，1941年出生于英国，1968年在牛津大学取得博士学位，毕业后，惠廷厄姆博士前往斯坦福大学做博士后。他于1972年至1984年在埃克森美孚研究与工程公司工作，之后在斯伦贝谢公司工作了四年，随后成为宾汉姆顿大学的教授。后任纽约州立大学石溪分校化学系杰出教授、纽约州立大学宾汉姆顿分校化学教授、材料研究和材料科学与工程研究所主任、纽约电池和储能技术联合会(NYBEST)董事会副主席。2015年，因在锂离子电池领域的开创性研究获得了科睿唯安化学领域引文桂冠奖。2018年因将插层化学应用在储能材料上的开创性贡献，当选美国国家工程院院士。

吉野彰，1948年1月30日出生于日本大阪，1972年获得京都大学工学硕士学位，2005年在日本大阪大学获得博士学位，现任旭化成研究员和吉野研究室室长、名城大学教授、京都大学特命教授，现代锂离子电池(LIB)的发明者，曾获得工程学界最高荣誉全球能源奖与查尔斯·斯塔克·德雷珀奖，以及日本政府颁发的紫绶褒章表彰。

1.1.3 锂离子电池的类型

锂离子电池可以应用到各个领域，因此其类型具有多样性。按照外形分类，目前市场上的锂离子电池主要有三种类型——纽扣式、方形和圆柱形。

已经生产的锂离子电池类型有圆柱形、棱柱形、方形、纽扣式、薄型和超薄型，可以满足不同的要求。

圆柱形的型号用5位数字表示，前两位数字表示直径，接着两位数字表示高度。例如，18650型电池，表示其直径为18 mm，高度为65 mm，用18×65表示。

方形的型号用6位数字表示，前两位为电池的厚度，中间两位为电池的宽度，最后两位为电池的长度，例如083448型，表示厚度为8 mm、宽度为34 mm、长度为48 mm，用8×34×48表示。电池的外形尺寸、质量是锂离子电池的一项重要指标，直接影响电池的特性。

按照锂离子电池的电解质形态分类，锂离子电池有液态锂离子电池和固态(或干态)锂离子电池两种。固态锂离子电池即聚合物锂离子电池，是在液态锂离子电池的基础上开发出来的新一代电池，比液态锂离子电池具有更好的安全性能。

聚合物锂离子电池的工作原理与液态锂离子电池相同，二者的主要区别是聚合物的电解液与液态锂离子电池的不同。电池的主要构造同样包括正极、负极与电解质。聚合物锂离子电池是在这三种主要构造中至少有一项或一项以上采用高分子材料作为电池系统的主要组成。在目前所开发的聚合物锂离子电池系统中，高分子材料主要被应用于正极或电解质。

正极材料包括导电高分子聚合物或一般锂离子电池所采用的无机化合物，电解质则可以使用固态或胶态高分子电解质，或者有机电解液。目前锂离子电池使用液体或胶体电解液，因此需要坚固的二次包装来容纳电池中可燃的活性成分，这就增加了其质量，也限制了电池尺寸的灵活性。聚合物锂离子制备工艺中不会存在多余的电解液，因此它更稳定，也不易因电池的过量充电、碰撞或其他损害以及过量使用而造成危险情况。

锂离子电池在结构中主要有五大块：正极、负极、电解液、隔膜、外壳与电极引线。锂离子电池的结构主要分为卷绕式和层叠式两大类。液态锂电池采用卷绕结构，聚合物锂电池则两种均有。卷绕式将正极膜片、隔膜、负极膜片依次放好，卷绕成圆柱形或扁柱形，层叠式则以正极、隔膜、负极、隔膜、正极这样的方式多层堆叠，将所有正极焊接在一起引出，负极也焊接在一起引出。

除了上面介绍的电池外还有塑料锂离子电池。最早的塑料锂离子电池是1994年由美国贝尔通信实验室提出，其外形与聚合物锂离子电池完全一样，其实是传统的锂离子电池的"软包装"，即用铝/PP复合膜代替不锈钢或者铝壳进行热压塑封装，电解液吸附于多孔电极中。

1.2 锂离子电池的组成与工作原理

锂离子电池是化学电源的一种。化学电源在实现能量转换过程中必须具备以下条件：

一是在组成电池的两个电极上进行的氧化还原反应的过程，必须分别在两个分开的区域内进行，这有别于一般的氧化还原反应。

二是两种电极活性物进行氧化还原反应时，所需要的电子必须由外电路传递，这有别于腐蚀过程的微电池反应。

为了满足以上条件，不论电池是什么系列、形状、大小，均由以下几个部分组成：正极和负极电极材料（活性物质）、电解液、隔膜、黏结剂、外壳。另外，正、负极引线，中心端子，绝缘材料，安全阀和PTC（正温度控制端子）等也是锂离子电池不可或缺的组成部分。其中正、负极电极材料为离子和电子的混合导体，而电解液为离子导体，不导电子[11]。

1.2.1 锂离子电池的组成

1.2.1.1 正、负极材料

电极材料是电池的核心，由活性物质和导电骨架组成。正、负极活性物质是产生电能的源泉，是决定电池基本特性的重要组成部分。正极材料一般为嵌锂插层化合物，目前商品化锂离子电池正极材料主要为层状$LiCoO_2$、尖晶石（$LiMn_2O_4$）和橄榄石（$LiFePO_4$）等[12]。负极材料主要为氧化物、碳材料和锂合金[13]，目前商品化负极材料主要为石墨类材料。对锂离子电池而言，其对正、负极电极材料的要求是：

① 组成电池的电动势高，即正极活性物质的标准电极电位越高，负极活性物质标准电极电位越低，这样组成的电池电动势就越高。以锂离子电池为例，其通常采用$LiCoO_2$作为正极活性物质，碳作为负极活性物质，这样可以获得高达3.6 V以上的电动势。

② 活性物质自发进行反应的能力越强越好，电池的质量比容量和体积比容量要大，$LiCoO_2$和石墨的理论质量比容量都较大，分别为279 mA·h/g和372 mA·h/g。

③ 活性物质在电解液中的稳定性高，这样可以减少电池在储存过程中的自放电，从而提高电池的储存性能。

④ 活性物质要有较高的电子导电性，以降低其内阻。

⑤ 从经济和环保方面考虑，要求活性物质来源广，价格便宜，对环境友好。

1.2.1.2 电解质

电解质是电池的主要组成部分，其功能与电池装置无关。电解质在电池、电容器、燃料电池的设备中具有通过电池内部在正、负电极之间传输离子的作用。它对电池的容量、工作温度范围、循环性能及安全性能等有着重要的影响。由于其物理位置是在正、负极中间，并且与两个电极都有联系。在电池中，正极和负极材料的化学性质决定了其输出能量。对电解质而言，在大多数情况下，通过控制电池中质量流量比来控制电池的能量释放速度[14]。

根据电解质的形态特征，可以将电解质分为液体和固体两大类，它们都是具有高离子导电性的物质，在电池内部起着传递正、负极之间电荷的作用。不同类型的电池采用不同的电解质，如铅酸电池的电解质都采用水溶液。而作为锂离子电池的电解液不能采用水溶液，这是由于水的析氢析氧电压窗口较小，不能满足锂离子电池高电压的要求。此外，目前所采用的锂离子电池正极材料在水体系中的稳定性较差，因此，锂离子电池的电解液都采用锂盐有机溶液作为电解液[15]。目前商品化的锂盐主要为 $LiPF_6$、$LiBF_4$、$LiClO_4$ 和 LiCl 等，商品化混合有机溶剂主要由碳酸二乙酯（diethyl carbonate，DEC）、碳酸丙烯酯（ethylene carbonate，EC）、碳酸二甲酯（dimethyl carbonate，DMC）等两种或多种溶剂混合而成[16]。

1.2.1.3 隔膜

隔膜为多孔膜，对离子导电而对电子绝缘，放在正极与负极之间，防止电池正、负极内部短路，而锂离子可以无阻碍通过。隔膜材料必须具有良好的化学、电化学稳定性，良好的力学性能，对电解液保持高度浸润性等。隔膜材料与电极之间的界面相容性和隔膜对电解质的保持性对锂离子电池的充放电性能、循环性能等有着重要影响[17]。

锂离子电池常用的隔膜材料有纤维纸、无纺布、合成树脂。常见的隔膜有聚丙烯和聚乙烯多孔膜，对隔膜的基本要求是在电解液中有较高的稳定性。聚丙烯和聚乙烯微孔膜具有较高的孔隙率、较低的电阻、较高的抗撕裂强度、较好的抗酸碱性能、良好的弹性及对非质子溶剂的保持性能，故商品化锂离子电池的隔膜材料主要采用聚乙烯、聚丙烯微孔膜。

1.2.1.4 黏结剂

黏结剂通常都是高分子化合物，对黏结剂的要求如下：保证活性物质制浆时的均匀性和安全性；对活性物质颗粒之间起到黏结作用；将活性物质黏结在集流体上；保持活性物质之间以及与集流体之间的黏结作用；有利于在电极材料表面形成 SEI 膜。

电池中常用的黏结剂包括：PVA（聚乙烯醇）、PTFE（聚四氟乙烯）、CMC（羧甲基纤维素钠）、聚烯烃类（PP 聚丙烯、PE 聚乙烯以及其他共聚物）、PVDF（聚偏氟乙烯）、改性 SBR（丁苯橡胶）、氟化橡胶、聚氨酯等[18]。

1.2.2 锂离子电池的工作原理

目前商品化锂离子电池的基本工作原理是电化学嵌入反应，即 Li^+ 在正、负极间的嵌入和脱出。嵌入反应是指在电极电势的作用下，电解质中的离子嵌入电极材料晶格（或从晶格中脱嵌）的过程。该反应不同于一般的电化学反应，在此过程中，电极/电解液界面上发生的是离子的迁移而不是电子的传递，且离子在嵌入电极内部的反应过程中电极的结构基本不变，但是其组成和性质发生改变。

下面以最先商品化应用的 $LiCoO_2$/石墨体系为例探讨锂离子电池的充放电原理。如图 1-1 所示[7]，嵌锂过程中，锂离子由正极脱出经电解液到达负极并嵌入石墨层间，相对应的，外部电子导体将用来电荷平衡的电子从正极输送至负极，从而确保负极获得相等的正、负电荷；脱锂过程与上述步骤相反。在充放电期间，锂离子在正、负极间来回穿梭，形象地体现了锂离子电池摇椅式工作原理。

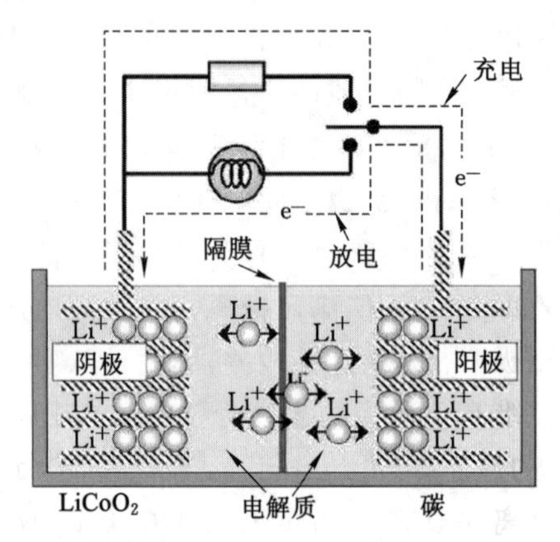

图 1-1 锂离子电池脱嵌锂过程原理图

锂离子进入层状的嵌锂化合物是通过电化学嵌入反应来实现的。电化学嵌入反应是指电解液中的离子在电极电势的驱动下嵌入电极材料嵌锂位的过程,其嵌入反应的表达式为:

$$A^{+}+e^{-}+<S> \rightleftharpoons A<S> \tag{1-1}$$

式中,A^{+}为嵌入离子;<S>为材料主晶格中待嵌离子位;e^{-}为补充电子;A<S>表示嵌锂后的化合物。

在正常的充放电电压范围内,锂离子在嵌合物电极中的嵌入脱出一般只会使电极材料的层间距在可控范围内变大,但不会使电极材料的晶体结构发生改变,从而保证锂离子电池充放电的可逆性。在此过程中,锂离子电池正、负极发生的反应如下。

正极: $$LiCoO_2 \rightleftharpoons Li_{1-x}CoO_2+xLi^{+}+xe^{-} \tag{1-2}$$

负极: $$6C+xLi^{+}+xe^{-} \rightleftharpoons Li_xC_6 \tag{1-3}$$

总反应: $$LiCoO_2+6C \rightleftharpoons Li_{1-x}CoO_2+Li_xC_6 \tag{1-4}$$

1.2.2.1 嵌入化合物电极反应

如式(1-1)所描述,电化学嵌入反应是电解液中的离子在电极电势的驱动下嵌入电极材料嵌锂位的过程。以阴极反应为例,外部离子嵌入阴极的过程可描述为:随着电极电势的降低,电子由阳极经外电路进入阴极中的空导带,过渡金属离子化合价降低,同时嵌入离子迁移至主体晶格靠近阴离子的空位,以保持主体晶格结构稳定及电中性。与此相对应的阳极反应则与上述过程相反。离子在电极中的嵌脱速度取决于外部电势,而嵌脱离子的量与完成此嵌脱反应所消耗的电量有关。

要想实现上述电化学反应过程,待嵌入电极必须具有一定的结构特征来接应嵌入的离子。首先,嵌入电极应具有非常稳定的结构,在嵌脱反应中伴随着离子的进入和脱出不至于发生结构坍塌;其次,嵌入电极的嵌锂位间拥有足够的通道供离子自由嵌脱,即离子的嵌入和脱出是可逆的。

1.2.2.2 嵌入化合物结构特征

嵌入化合物属于非化学计量比的化合物,其结构中存留着适合离子进入的离子通道及离子空位。离子通道为适合离子自由移动的晶格内的连续空间,离子空位为适合离子嵌入的晶格位置。同一晶体中的离子空位并不一定是单一的，较为常见的晶格空位主要包括四面体形空位、棱柱形空位、八面体形空位等。一般的，为了使离子嵌入后晶格仍保持稳定，嵌入离子一般选择靠近负离子且远离正离子的空位。

晶格中离子通道的形式有一维离子通道、二维离子通道、三维离子通道 3 种。① 一维离子通道是指晶格中供离子自由移动的间隙，位于同一平面且只在一个方向上连通，单一的通道导致其易受到晶格错位及杂质的影响而堵塞，因此一维离子通道一般不被用作锂离子电池电极材料。② 二维离子通道是指晶格中供离子自由移动的间隙在同一平面上都能够连通，例如目前常用的层状正极材料 $LiCoO_2$、$LiNiO_2$、$LiTiS_2$ 等的离子通道为整个层间平面，均属于二维离子通道。二维离子通道结构稳定，层间嵌入的离子不会引起层上原子分布的变化。然而此类材料层间的伸缩性较大，对嵌入离子的大小限制不大，这就导致嵌入的离子可能包含杂质，阻碍了嵌入离子的进入，从而引起整个电极材料的电流密度降低。③ 三维离子通道是指晶格中供离子自由移动的间隙在整个晶格空间内相互连通。属于三维离子通道的嵌合物也是最适宜锂离子嵌脱的化合物。关于三维离子通道嵌合物的研究一直在进行中，很多研究者也发现了一些潜在的三维离子通道嵌合物，如掺杂后的 $LiM_xMn_{2-x}O_4$、非晶态的钒氧化物等。

离子在嵌入晶格空位后会进行一定的扩散，由集中区域经离子通道向稀疏区域扩散。此种离子扩散方式与一般固体中自由离子的迁移是有区别的：首先，离子的嵌入位置只能是主体晶格中的空位或离子间隙，而不能取代原主体晶格中的离子；其次，伴随着离子在主体晶格中的嵌入/脱出，为了保持主体晶格的电中性，主体晶格也会相应得到或失去电子。因此，在离子嵌入过程中，不断变化的主体化学组成及电子的传输使得此种离子扩散比一般导体中自由离子的扩散更加复杂。

嵌入化合物之所以会成为锂离子电池的电极材料，其一大优势是在离子嵌入和脱出的过程中主体晶格的结构基本保持不变，因此，研究者将嵌合物结构不变的嵌脱反应等同于固溶体中组分比例的变化。但是，在超出嵌入或脱出的一定范围后，嵌合物的结构就会发生很大的变化，随着嵌入式脱出离子量的不断增大，嵌合物结构有可能会发生不可逆坍塌。例如，在脱出离子量超过一半时，$LiCoO_2$ 及 $LiNiO_2$ 就会发生结构变化甚至坍塌，尖晶石结构的 $LiMn_2O_4$ 在这种情况下也会发生较大的不可逆晶格畸变。因此，在商品化嵌合物电极的应用中，应严格控制嵌入/脱出离子的数量，使其在晶格承受范围内自由嵌脱。

1.2.2.3 嵌入型电极热力学

在由嵌入化合物电极(I)和对电极(R)所组成的两电极体系中，如果两个电极相对于同种参比的电势不相等，那么在两电极被外电路接通时，两电极就会发生离子嵌脱，同时电子在外电路运动。在离子嵌脱结束后，即达到平衡后，整个两电极体系做的所有功与电极嵌入离子的电极电势可用下式表示：

$$-zFE_{平}=\bar{\mu}_{M^{Z+}}^{I}-\bar{\mu}_{M^{Z+}}^{R} \tag{1-5}$$

式中，$\bar{\mu}_{M^{Z+}}^{I}$，$\bar{\mu}_{M^{Z+}}^{R}$ 分别表示两电极中嵌入离子 M^{Z+} 的电化学势；$E_{平}$ 为两电极体系在宏观不存在离子嵌脱的平衡电势，即嵌合物电极相对于对电极的电极电势。

在通常的研究中，研究者们一般选用锂片作为对电极。

由于 $E_{平}$ 容易精确测定，那么通过测量 $E_{平}$ 随嵌脱离子量或外电路流通电量的变化(对

应于嵌入度 X 的变化，X 用 1 mol 主体中嵌入的 M^{z+} 的物质的量表示)，就可以推算其他相关的热力学函数值。

化学势的定义可用下式表示：

$$\mu = \frac{\partial G}{\partial X} = \frac{\partial H}{\partial X} - T\frac{\partial S}{\partial X} \tag{1-6}$$

由式(1-5)、式(1-6)可得：

$$E_{平(X,T,P)} = -\frac{1}{zF}\left(\frac{\partial G}{\partial X}\right)_{T,P} \tag{1-7}$$

$$\left(\frac{\partial S}{\partial X}\right)_{T,P} = zF\left(\frac{\partial E_{平(X,T,P)}}{\partial T}\right)_{X,P} \tag{1-8}$$

$$\left(\frac{\partial H}{\partial X}\right)_{T,P} = E_{平(X,T,P)} + T\left(\frac{\partial S}{\partial X}\right)_{T,P} \tag{1-9}$$

当嵌合物嵌入度的变化量为 ΔX 时，将上述三式积分可得出嵌合物体系的热力学状态函数：

$$\Delta G = -zF\int_{X}^{X+\Delta X} E_{平(X,T,P)}\,\mathrm{d}X \tag{1-10}$$

$$\Delta S = zF\int_{X}^{X+\Delta X}\left(\frac{\partial E_{平(X,T,P)}}{\partial T}\right)_{X,P}\mathrm{d}X \tag{1-11}$$

$$\Delta H = zF\int_{X}^{X+\Delta X}\left[T\left(\frac{\partial E_{平(X,T,P)}}{\partial T}\right)_{X,P} - E_{平(X,T,P)}\right]\mathrm{d}X \tag{1-12}$$

需要强调的是，$E_{平}$ 值是相对于对电极的，因而据此 $E_{平}$ 计算出的反应自由能变化 ΔG 和焓变 ΔH 也应该与对电极的选择有关。另外，ΔS 仅与($\partial E_{平}/\partial T$)有关，与对电极的选择没有关系。

1.2.2.4 嵌入反应动力学特征与测量

电化学嵌入反应的三个必经步骤包括：嵌入离子在电解质中发生溶剂化并迁移至电极表面，溶剂化离子到达电极表面发生去溶剂化并在固、液界面发生电荷转移，嵌入离子在主体晶格中扩散。一般情况下，嵌入离子在电解质中的浓度一般为 1 mol/L 左右，迁移扩散速度一般约为 10^{-5} cm^2/s，而嵌入离子在嵌合物中的浓度一般约为 10^{-2} mol/L，在嵌合物中的扩散速度一般约为 10^{-10} cm^2/s。可见，嵌入离子在液相中的浓度和速度均比其在嵌合物中的浓度和速度大得多。因此，在研究嵌入反应动力学特征和对参数进行测量时，一般忽略嵌入离子在液相中的迁移速度和浓度的影响。

嵌入反应在界面上发生的过程为嵌入离子在电极表面发生去溶剂化并迁移至电极表面层中，在该过程中，决定期间的热力学及动力学性质的主要因素为电极电势、嵌入电极表面供离子嵌入的空位率及嵌入电极表面液相中嵌入离子的浓度。实际上，离子的嵌入过程与特性吸附是相似的，故可以采用 Frumkin 吸附等温线来计算电极/电解质界面上的离子嵌入问题。

按照上述分析，将离子嵌入电极的嵌入反应看作液相中的离子吸附于固体电极表面上的特性吸附，那么，依照 Frumkin 吸附等温线可得出表面离子嵌入度(X^s)与电极电势的关系式为：

$$\frac{X^s}{1-X^s} = \exp[f(\varphi-\varphi^0)]\exp(-gX^s) \tag{1-13}$$

式中，φ,φ^0 为嵌入平衡状态下电极电势和标准电极电势；g 为相互作用因子；$f=F/RT$。

将式(1-13)微分可得 X 与 φ 的关系式：

$$\frac{\mathrm{d}X^s}{\mathrm{d}\varphi}=f\left(g+\frac{1}{X^s}+\frac{1}{1-X^s}\right)^{-1} \tag{1-14}$$

嵌入反应的微分电容可由下式表示：

$$C_{\text{嵌入}}=Q_{\max}\frac{\mathrm{d}X^s}{\mathrm{d}\varphi} \tag{1-15}$$

式中，$Q_{\max}$ 为嵌入离子的最大量，相当于嵌入电极表面上所有的嵌锂位均被嵌入离子所占据时的电荷量。

将式(1-13)代入包含嵌入离子表面覆盖度的电荷缓慢转移极化曲线公式[式(1-16)]即可得到嵌入反应的极化曲线公式。

$$-I=\kappa(1-X^s)\exp[(1-\alpha)f(\varphi-\varphi^0)]-\kappa X^s\exp[\alpha f(\varphi-\varphi^0)] \tag{1-16}$$

利用上述这些基本方程，可以推导出各种暂态电化学方法(如慢扫描循环伏安法、恒电势间歇滴定、电化学阻抗谱等)的计算公式。将理论计算结果与实测曲线拟合数据相比较，就可以解析出嵌入反应的动力学特征参数和反应机理。莱里(Leri)等根据该方法研究了锂在石墨和 Li_xCoO_2 等材料中的嵌入反应动力学。根据弗鲁姆金(Frumkin)等温线模型计算得出的数据与实测的循环伏安曲线和电化学阻抗谱之间能够较好地吻合。

1.3 锂离子电池性能与设计组装

1.3.1 锂离子电池性能

1.3.1.1 电池的电动势与电压

电池的电动势：电池在开路(没有电位)时，正、负极的平衡电位之差就是该电池的电动势。根据热力学原理：

$$\Delta G=-nFE \tag{1-17}$$

$$E=-\frac{\Delta G}{nF} \tag{1-18}$$

电池电动势的大小取决于电池的本性及电解质的性质与活度，而与电池的几何结构等无关。

若正极的电位越高，负极的电位越低，电池的电动势就越高。从元素的标准电位序来看，在元素周期表左上边的元素(ⅠA族，ⅡA族)具有较低的电位，右上边的元素(ⅥA族，ⅦA族)具有较高的电位。由这些元素组成的电池可以得到较高的电动势。

应当注意的是，在选择电极活性物质时，不能只看平衡电位数值，还要看它在介质中的稳定性、材料来源、电化当量等因素。例如 Li-F_2，若组成电池，它具有很高的电动势，但由于 Li 只适用于非水溶剂电解质，F_2 是活性气体，不易储存和控制，因而由单质 Li 与 F_2 组成电池也是不切合实际的。

一般的化学电源都采用水溶性电解质。在电位较低的金属中，以锌、铅、镉、铁最为常用，因为在相应的电解质中具有较好的耐腐蚀性。在电位较高的活性物质中，常用的有二氧化锰、二氧化铅、氢化镍、氧化银等，它们在水溶液中都很稳定，溶解度小，材料来源广。

以上所讨论的电动势是指体系达到热力学平衡后的电动势，但实际上有许多电极体系在水溶液中，即使开路时也达不到热力学上的平衡状态。

开路电压：开路时电极上建立的仍然是稳定电位。该电位的数值往往不同于平衡电位，一般都小于平衡电位。习惯上把开路时所测得的稳定电位的电压称为开路电压。开路电压是指外电路没有电流时电极之间的电位差（U_{cc}），一般开路电压小于电池的电动势。

工作电压：是指当电池有电流通过时正、负极的电位差，又称为放电电压。由于电流通过电池回路时使电极产生电极极化和欧姆极化，此时的工作电压总是低于电动势。

影响工作电压的因素有：

① 放电时间：一般放电时间长，电压低；

② 放电流密度：一般放电流密度大，电压低；

③ 放电深度：一般放电深度低，电压低。

若在指定负载和温度下放电时，把电池的电压随时间的变化作图，就可以得到电池的放电曲线。

根据电池的放电曲线，通常可以确定电池的放电性能和电池的容量。

① 通常电池的放电曲线越平坦、稳定，电池的性能就越好。

② 放电时间取决于放电的终止电压（不宜再继续放电的电压）。放电电流大时，终止电压可低些；放电电流小时，终止电压可高些。

③ 衡量电池的电压特性时常用平均工作电压。

1.3.1.2 电池的内阻

电池的内阻 $R_{内}$ 是指电池在工作时电流流过电池内部所受到的阻力，一般包括欧姆内阻和电化学反应中电极极化所相当的极化内阻。

欧姆内阻 R_{Ω} 的大小与电解液、隔膜的性质、电极材料有关。

电解液的欧姆内阻与电解液的组成、浓度、温度有关。一般电池的电解液浓度值大多数选在电导率最大的区间，另外还需要考虑电解液浓度对极化电阻、自放电、电池容量和使用寿命等的影响。

隔膜微孔对电解液离子迁移所造成的阻力称为隔膜电阻，即电流通过隔膜时微孔中电解液的电阻。隔膜的欧姆内阻与电解液种类、隔膜材料、孔率和孔的曲折程度等有关。

电极上的固相电阻为活性物质粉粒自身的电阻、粉粒之间的接触电阻、活性物质与导电骨架之间的接触电阻及其他电阻的总和。放电时活性物质的成分及形态都有可能发生变化，从而造成电阻值发生较大的变化。为了降低固相阻值，常在活性物质中添加导电成分，如石墨、乙炔黑等，以增加活性物质粉粒之间的导电能力。

电池的欧姆内阻 R_{Ω} 还与电池的尺寸、装配、结构等有关。装配越紧凑，电极间距越小，欧姆内阻越小。

极化内阻 R_{f} 是指化学电源的正极与负极在进行电化学反应时因极化所引起的内阻，包括电化学极化和浓差极化引起的电阻之和。极化电阻与活性物质的本性、电极的结构、电池的制造工艺有关，与电池的工作条件密切相关，随着放电制度和放电时间的改变而变化。

1.3.1.3 电池的容量和比容量

电池的容量是指在一定的放电条件下电池所能给出的电量，单位为 A·h。电池的容量通常分为理论容量、实际容量和额定容量。

(1) 理论容量(C_0)

理论容量是假定活性物质全部参与电池的成流反应所给出的电量，根据活性物质的量按法拉第定律计算得到的。

法拉第定律指出：电极上参加反应的物质的量与通过的电量成正比，即 1 mol 的活性物质参加反应，所释放的电量为 1 F=96 500 C=26.8 A·h。

电极理论容量计算公式如下：

$$C_0 = 26.8n\frac{m}{M} \tag{1-19}$$

式中，m 为活性物质完全反应时的质量；n 为成流反应时的得失电子数；M 为活性物质的摩尔质量。

令 $K = \frac{M}{26.8n}$ [g/(A·h)]，则：

$$C_0 = \frac{m}{K} \tag{1-20}$$

式中，K 为活性物质的电化当量，g/(A·h)。

电池的理论容量与活性物质的量和电化当量有关。在活性物质的量相同的情况下，电化当量越小的物质，理论容量就越大。

例如，设某电池中的负极为 Zn，其质量为 13.5 g，求锌电极的理论容量？

Zn 电极反应式：　　$Zn - 2e^- \longrightarrow Zn^{2+}$

从反应式可知锌的反应电子数为 2，锌的电化当量 $K = \frac{65.38}{26.8 \times 2} = 1.22$。

所以现在有 13.5 g 的锌，所能产生的理论容量为：

$$C_0 = \frac{m}{K} = \frac{13.5}{1.22} = 11\ (\text{A}\cdot\text{h})$$

部分电极材料的电化当量见表 1-1。

表 1-1　部分电极材料的电化当量

负极材料			正极材料		
物质	密度 /(g/cm³)	电化当量 /[g/(A·h)]	物质	密度 /(g/cm³)	电化当量 /[g/(A·h)]
H_2	—	0.037	O_2	—	0.3
Li	0.534	0.259	$SOCl_2$	1.63	2.22
Mg	0.74	0.454	AgO	7.4	2.31
Al	2.699	0.335	SO_2	1.37	2.38
Fe	7.85	1.04	MnO_2	5.0	3.24
Zn	7.1	1.22	NiOOH	7.4	3.42

表 1-1(续)

负极材料			正极材料		
物质	密度 /(g/cm^3)	电化当量 /[g/(A·h)]	物质	密度 /(g/cm^3)	电化当量 /[g/(A·h)]
Cd	8.65	2.10	Ag_2O	7.1	4.33
$(Li)C_6$	2.25	2.68	PbO_2	9.3	4.45
Pb	11.34	3.87	I_2	4.94	4.73

(2) 实际容量($C_{实际}$)

实际容量是指在一定的放电制度下(一定的电流密度和终止电压),电池所能给出的电量。电池实际容量除了受理论容量的制约外还与电池的放电条件有很大关系。

电池恒电流放电时:

$$C_{实际}=It \tag{1-21}$$

电池恒电阻放电时:

$$C_{实际}=\int_0^t I\mathrm{d}t=\int_0^t \frac{U}{R}\mathrm{d}t=\frac{1}{R}\int_0^t U\mathrm{d}t\approx\frac{1}{R}U_{平均}\ t \tag{1-22}$$

式中,I 为放电电流;$U_{平均}$ 为平均放电电压;R 为放电电阻;t 为放电到终止电压所需要的时间。

(3) 额定容量($C_{额定}$)

额定容量是指在一定的放电制度下,电池应该放出的最低容量,也称为标称容量,往往小于其理论容量,这主要是因为活性物质的利用率低,不能达到 100%。时间容量取决于活性物质的数量和利用率(k)。活性物质的利用率可按式(1-23)计算。

$$k=\frac{C_{实际}}{C_0}\times100\% \tag{1-23}$$

式中,$C_{实际}$ 为实际容量;C_0 为根据法拉第定律计算得到的理论容量。

也可以表示为:

$$k=\frac{m_0}{m}\times100\% \tag{1-24}$$

式中,m 为活性物质的实际质量;m_0 为电池实际容量根据法拉第定律计算得到的活性物质质量。

电池的容量取决于电极的容量,当正、负极容量不等时,电池的容量由容量小的电极决定,因为电池充放电时正极的容量等于负极的容量,也等于电池的容量。一般设计电池时负极容量过剩,正极容量决定了整个电池的容量。影响电池容量的主要因素有活性物质的质量与活性物质的利用率。一般情况下,活性物质的质量越大,电池的容量越大,电池的总质量和体积也越大。在电池质量一定的情况下,电池的实际容量由活性物质的利用率决定。提高正、负极活性物质的利用率是提高电池容量和降低电池成本的重要途径。

活性物质利用率的高低与以下因素有关:① 与活性物质自身有关。自身的活性高,利用率就高。活性物质的活性与其晶体结构、合成方法、尺寸、杂质含量等有关。② 与放电机制有关,即与放电电流密度 $i_{放}$ 有关,$i_{放}$ 越大,电池的容量降低。这是由于当电流密度上升时,导致电极极化增强,消耗在欧姆内阻上的能量也增加,使电池的容量下降,活性物质的利用率降低。③ 与电极和电池的结构有关。电极的结构(如极板的孔径、孔率、厚度和面积等)影响活性物质的利用率。④ 与放电深度有关。一般放电终止时电压越高,放出的容量越小。⑤ 与温度有关。温度降低,电池的容量降低,这是由于温度下降时造成了:a. 反应物扩散困难;b. 电解液内阻增大,电极易钝化。

放电制(放电率)表示放电电流的大小,常用时率和倍率表示。

时率:以放电时间(h)表示,如额定容量为 30 A·h,以 2 A 电流放电,30 A·h/2 A=15 h,电池以 15 h 时率放电。

倍率:电池放电 C 率,如 $1C$、$2C$、$0.333C$、$0.01C$ 是电池放电速率,表示放电快慢的一种量度。它在数值上等于电池额定容量的倍数,即"充放电倍率=充放电电流/额定容量",例如,额定容量为 100 A·h 的电池用 20 A 放电时,其放电倍率为 $0.2C$。$1C$ 充放电,充放电时间需要 1 h;$2C$ 充放电,充放电时间需要 0.5 h;$0.333C$ 充放电,充放电时间需要 3 h;$0.01C$ 充放电,充放电时间需要 100 h。

1.3.1.4 电池的能量与比能量

电池的能量是指电池在一定的放电条件下所能给出的能量,通常用瓦·时(W·h)表示。电池的能量可分为理论能量和实际能量。

理论能量 W_0:假设电池在放电过程中始终处于平衡状态,放电电压始终等于其电动势,且电极的活性物质全部参与反应,此时电池输出的能量为其理论能量 W_0,可用式(1-25)表示。

$$W_0 = C_0 E \tag{1-25}$$

式中,C_0 为理论容量;E 为放电电压保持电动势。

从热力学来看,电池的理论能量就是电池在恒温、恒压的可逆放电过程中电池所能做的最大有用功。

$$W_0 = -\Delta G = nFE \tag{1-26}$$

实际能量 W:电池在一定放电制度下实际输出的能量,等于实际容量与平均工作电压之积。因为活性物质的利用率一般情况下小于 100%,平均工作电压一般也小于其电动势,实际容量一般总是低于实际容量,可用式(1-27)表示:

$$W = CU_{\text{平均}} \tag{1-27}$$

比能量是单位质量或单位体积电池所输出的能量。体积比能量是单位体积电池输出的能量,单位为 W·h/L;质量比容量是单位质量电池所能输出的能量,单位为 W·h/kg。比能量又可以分为理论比能量(W'_0)和实际比能量(W')。

根据理论容量(C_0)的计算公式:$C_0 = \frac{m}{K}$,K 为活性物质的电化当量,g/(A·h)。理论质量比能量(W'_0)可以根据正、负极活性物质的电化当量和电池电动势来计算。

$$W'_0 = C_0 E = \frac{m}{K} E = \frac{1\,000}{K_+ + K_-} E \tag{1-28}$$

式中,K_+,K_- 分别为正、负极活性物质的电化当量;E 为电池电动势。

例如铅酸蓄电池的理论质量比容量可根据下面的反应式进行计算:

$$Pb + PbO_2 + 2H_2SO_4 \longrightarrow 2PbSO_4 + 2H_2O \tag{1-29}$$

几种反应物活性物质的电化当量分别为:$K_{Pb} = 3.866$ g/(A·h),$K_{PbO_2} =$

4.463 g/(A·h)，$K_{H_2SO_4}=3.656$ g/(A·h)，$E=2.044$ V。

$$W'_0=\frac{1\ 000\times 2.044}{3.866+4.463+3.656}=170.55\ (\text{W}\cdot\text{h/kg})$$

由于各种原因，电池的实际比能量小于理论比能量。

$$W'=W'_0K_EK_CK_G \tag{1-30}$$

式中，K_E 为电压效率，$K_E=U_{平均}/U$；K_C 为活性物质利用率，$K_C=C/C_0$；K_G 为质量效率，$K_G=m_0/(m_0+m_s)=m_0/G$。

电池放电时，工作电压一般低于电动势，K_E 小于 1；活性物质利用率也达不到 100%，K_C 小于 1。电池中除了活性物质，还有一些不参与反应的物质，其质量为 m_s，因此 K_G 也小于 1。因而电池的实际比能量远小于其理论比能量。

1.3.1.5 电池的功率与比功率

在一定的放电制度下，单位时间内电池所能供给的能量称为电池的功率，单位为瓦或千瓦。单位质量或单位体积电池输出的功率称为电池的比功率。比功率是电池的重要性能之一。

功率和比功率表示电池放电倍率的大小。一个电池的比功率越大，表示可以承受的工作电流越大，或者说其可以在高倍率下放电。功率也有理论功率和实际功率之分。

电池的理论功率可以用下式表示：

$$P_0=\frac{W_0}{t}=\frac{C_0E}{t}=\frac{ItE}{t}=IE \tag{1-31}$$

式中，t 为时间；C_0 为电池的理论容量；I 为电流。

若设 $R_外$ 为电路的电阻，$R_内$ 为电池的内阻，则式(1-31)可写成：

$$P_0=I(IR_外+IR_内)=I^2R_外+I^2R_内 \tag{1-32}$$

式(1-32)中的第一项为实际功率 P，第二项功率是消耗在电池内部的发热上的，而不能利用。

$$P_0=IE=I^2R_外+I^2R_内 \tag{1-33}$$

$$P_{实际}=I^2R_外 \tag{1-34}$$

$$P_{实际}=IE-I^2R_内\rightarrow\frac{\mathrm{d}P_{实际}}{\mathrm{d}I}=E-2IR_内 \tag{1-35}$$

如果 $P_{实际}$ 有极大值，$\frac{\mathrm{d}P_{实际}}{\mathrm{d}I}=0$，即 $E-2IR_内=0$，而 $E=IR_外+IR_内$，$IR_外+IR_内-2IR_内=0$，即$R_外-R_内=0$，也就是当$R_外=R_内$时，$P_{实际}$有极大值。

通常将 K 称为功率利用系数。

$$K=\frac{P_{实际}}{P_{理论}}=\frac{I^2R_外}{I^2R_外+I^2R_内}=\frac{R_外}{R_外+R_内} \tag{1-36}$$

1.3.1.6 电池的存储性能与循环寿命

储存性能：是指电池在开路时，在一定条件(温度、湿度等)下储存时容量的下降率，也称为自放电。容量的下降主要是由负极腐蚀和正、负极自放电引起的。

负极腐蚀：负极多数为活泼金属，标准电极电位比氢电极低，特别是有杂质存在时，杂质与负极形成腐蚀微电池。

自放电：从热力学来看，产生自放电的根本原因是电极活性物质在电解液中不稳定，因为大多数的负极活性物质是活泼的金属，在水溶液中的还原电位比氧负极低，因而会形成金属的自溶解和氢析出的共轭反应，使负极活性物质不断被消耗。同样正极活性物质也会与电解液或电极中的杂质发生作用被还原而产生自放电。

克服自放电的方法，一般是采用高纯度的原材料，或在负极材料中加入氢过电位高的金属(Hg、Cd、Pb)，或在电极或溶液中加入缓蚀剂来抑制氢的析出等。另外，电池的自放电也有可能由正、负极之间的微短路或正极活性溶解转移到负极上去而引起自放电。这时必须采用良好的隔膜来解决。

自放电速率用单位时间内容量降低的百分数来表示：

$$x=\frac{C_{前}-C_{后}}{C_{前}}\times 100\% \tag{1-37}$$

式中，$C_{前}$，$C_{后}$为储存前后电池的容量；t 为存储时间。

电池放电后，用一个直流电源对它充电，即此时发生的电极反应是放电反应的逆反应。这样使电极活性物质得到恢复，电池又可以重复使用，充电过程是一个电解过程。蓄电池经历一次充电和放电称为一次循环(或称为一个周期)。在一定的放电制度下，当电池的容量降到某一定值之前，电池所能承受多少次充放电，称为蓄电池的使用周期(或称为循环寿命)。周期越长，表示电池的性能越好。

蓄电池的充电方法有恒电流法和恒电压法，通常使用的是恒电流法。随着充电的进行，活性物质不断被恢复(负极物质还原，正极活性物质氧化)，电极反应面积不断缩小，充电电流密度不断增大，电极的极化电压不断增大，充电电压不断增大。基于在充电过程中有能量的损耗，因而有充电效率问题，可用容量输出效率和能量输出效率表示。

容量输出效率(capacity output efficiency，又称为 AH 效率)：是指电池放电输出能量与充电输入能量之比。

$$\eta_Q=\frac{Q_{放}}{Q_{充}}\times 100\% \tag{1-38}$$

能量输出效率(又称为 WH 效率)：是指电池放电输出能量与充电输入能量之比。

$$\eta_W=\frac{W_{放}}{W_{充}}\times 100\% \tag{1-39}$$

超过了充电终止电压，继续充电称为过充电。若低于放电终止电压，继续放电称为过放电。过充电不但会造成能量的无益消耗，而且会对电池的性能和工作环境造成危害；过放电会造成电池难以再充电。

影响循环寿命的因素有很多：① 活性物质的表面积在充放电循环中不断减小，使工作电流密度增大，极化增强；② 电极上活性物质脱落或转移，活性物质结构的变化引起活性降低；③ 电极材料的腐蚀；④ 电极产生枝晶，导致电池内部短路。另外，电池的使用寿命与放电深度、充放电率等有关。放电深度是指电池放出的容量与额定容量的百分比。

1.3.2 锂离子电池的设计

电池的结构、壳体及零部件，电极的外形尺寸及制造工艺，两极物质的质量比例和电池组装的松紧度对电池的性能都有不同程度的影响。因此，合理的电池设计和优化的生产工艺过程，是关系研究结果准确性、重现性、可靠性的关键。

锂离子电池作为一类化学电源，其设计也需要适合化学电源的基本思想及原则。化学电源是一种直接把化学能转变成低压直流电能的装置，这种装置实际上是一个小的直流发电器或能量转换器。按用电器具的技术要求，相应的与之相配套的化学电源也有对应的技术要求。制造商们均设法使化学电源既能发挥其自身特点，又能以较好的性能适应整机的要求。这种设计思想及原则使得化学电源能满足整机要求的过程称为化学电源的设计。

化学电源的设计主要解决问题包括：

① 在允许的尺寸、质量范围内进行结构和工艺的设计，使其满足整机系统的用电要求；

② 寻找可行和简单可行的工艺路线；

③ 最大限度降低电池成本；

④ 在条件许可的情况下提高产品的技术性能；

⑤ 最大可能实现无污染，将化学电源设计成绿色能源，克服和解决环境污染问题。

随着锂离子电池商品化，越来越多的领域都使用锂离子电池。目前使用的锂离子电池正极材料主要是钴酸锂，而钴是一种战略性资源，价格较贵且存在环境污染问题，科研工作者努力寻求替代材料。

1.3.2.1 电池设计的一般程序

电池设计包括性能设计和结构设计。性能设计是指电压、容量和寿命的设计。结构设计是指电池壳、隔膜、电解液和其他结构件的设计。

设计程序一般分为以下三步：

第一步：对各种给定的技术指标进行综合分析，找出关键问题。

通常为满足整机的技术要求，提出的技术指标有工作电压、电压精度、工作电流、工作时间、机械载荷、寿命等，其中主要的技术指标是工作电压(及电压精度)、容量和寿命。

第二步：进行性能设计。根据要解决的关键问题，在以往积累的试验数据和生产实际中积累的经验的基础上确定合适的工作电流密度，选择合适的工艺类型，进行合理的电压及其他性能设计。根据实际所需要的容量确定合适的设计容量，以确定活性物质的比例用量。选择合适的隔膜材料、壳体材质等，以确定寿命设计。选材问题应根据电池要求在保证成本的前提下尽可能选择新材料。当然这些设计之间都是相关的，要综合考虑。

第三步：进行结构设计。包括外形尺寸的确定，单体电池的外壳设计，电解隔膜的设计以及导电网、极柱、气孔设计等。电池组还要进行电池组合、电池组外壳、内衬材料以及加热系统的设计。

设计时着眼于主要问题，对次要问题进行折中和平衡，最后确定合理的设计方案。

1.3.2.2 电池设计的要求

电池设计是为了满足对象(用户或仪器设备)的要求进行的。因此，在进行电池设计前必须详尽了解电池使用的性能指标和使用条件，一般包括：电池的工作电压与精度；工作电流、放电电流、峰值电流；电池的工作时间，包括连续放电时间、使用期限或循环寿命；电池的工作环境，包括电池工作时所处状态及环境温度；电池的最大允许体积和质量。

锂离子电池应用领域越来越广，一些特殊的场合和器件对电池的设计有时还有一些特殊的要求，比如振动、碰撞、重物冲击、热冲击、过充电、短路等。同时还需考虑：电极材料来源、电池性能、影响电池特性的因素、电池工艺、经济指标、环境问题等。

1.3.2.3 电池性能的设计

在明确设计任务和做好有关准备之后即可进行电池设计。根据电池用户要求，电池设计的思路有两种：一种是为用电设备和仪器提供额定容量的电源，另一种是给定电源的外形尺寸，研制开发性能优良的新规格电池或异形电池。

电池设计主要包括参数计算和工艺制定，具体步骤如下：

① 确定组合电池中单体电池数量、单体电池工作电压与工作电流密度。

根据要求确定电池组的工作总电压、工作电流等指标，选定电池系列，参照该系列的“伏安曲线”(经验数据或通过实验所得)，确定单体电池的工作电压与工作电流密度。

$$单体电池数量=\frac{电池工作总电压}{单体工作电压}$$

② 计算电极总面积和电极数量。

根据要求的工作电流和选定的工作电流密度，计算电极总面积(以控制电极为准)。

$$电极总面积=\frac{工作电流}{工作电流密度}$$

根据要求电池外形最大尺寸，选择合适的电极尺寸，计算电极数量。

$$电极数量=\frac{电极总面积}{极板面积}$$

③ 计算电池容量。

根据要求的工作电流和工作时间计算额定容量。

$$额定容量=工作电流\times工作时间$$

④ 确定设计容量。

$$设计容量=额定容量\times设计系数$$

其中设计系数是为保证电池的可靠性和使用寿命而设定的，一般取1.1～1.2。

⑤ 计算电池正、负极活性物质的用量。

a. 计算控制电极的活性物质用量。

根据控制电极的活性物质的电化学当量、设计容量及活性物质利用率计算单体电池中控制电极的物质用量。

$$电极活性物质用量=\frac{设计容量\times活性物质电化学当量}{活性物质利用率}$$

b. 计算非控制电极的活性物质用量。

单体电池中非控制电极活性物质的用量，应根据控制电极活性物质用量确定，为了保证电池有较好的性能，一般应过量，通常系数取1～2。锂离子电池通常采用负极碳材料过剩，系数取1.1。

⑥ 计算正、负极板的平均厚度。

根据容量要求确定单体电池的活性物质用量。当电极物质是单一物质时，

$$电极片物质用量=\frac{单体电池物质用量}{单体电池极板数}$$

$$电极活性物质平均厚度=\frac{每片电极物质用量}{物质密度\times极板面积\times(1-孔隙率)}+集流体厚度$$

$$集流体厚度=\frac{网格质量}{物质密度\times 网格面积}(或者选定厚度)$$

如果电极活性物质不是单一物质而是混合物时，物质的用量与密度应换算成混合物质的用量与密度。

⑦ 隔膜材料的选择与厚度、层数的确定。

隔膜的主要作用是使电池的正、负极分隔开来，防止两极接触而短路，此外还应具有能够使电解质离子通过的功能。隔膜材质是不导电的，其物理化学性质对电池的性能有很大影响。锂离子电池经常用的隔膜有聚丙烯和聚乙烯微孔膜，Celgard 的系列隔膜已在锂离子电池中应用。隔膜的层数及厚度要根据隔膜本身性能及具体设计电池的性能要求确定。

⑧ 确定电解液的浓度和用量。

根据选择的电池体系特征，结合具体设计电池的使用条件（如工作电流、工作温度等）或根据经验数据来确定电解液的浓度和用量。

常用锂离子电池的电解液体系有：1 mol/L $LiPF_6$/PC-DEC(1∶1)，PC-DMC(1∶1)和PC-MEC(1∶1)或 1 mol/L $LiPF_6$/EC-DEC(1∶1)，EC-DMC(1∶1)和 EC-EMC(1∶1)。

PC(propylene carbonate)，碳酸丙烯酯，分子式为 $C_4H_6O_3$，是一种无色无臭的易燃液体。与乙醚、丙酮、苯、氯仿、醋酸乙烯等互溶，溶于水和四氯化碳。其对二氧化碳的吸收能力很强，性质稳定。工业上采取环氧丙烷与二氧化碳在一定压力下加成，然后减压蒸馏制得碳酸丙烯酯。可用于制作油性溶剂、纺丝溶剂、烯烃、芳烃萃取剂、二氧化碳吸收剂、水溶性染料及颜料的分散剂等。

EC(ethylene carbonate)，碳酸乙烯酯，分子式为 $C_3H_4O_3$，是一种性能优良的有机溶剂，可溶解多种聚合物。另可作为有机中间体，可替代环氧乙烷用于二氧基化反应，并且是采用酯交换法生产碳酸二甲酯的主要原料；还可用作合成呋喃唑酮的原料、水玻璃系浆料、纤维整理剂等。此外，还可应用于锂电池电解液中。碳酸乙烯酯还可以用作生产润滑油和润滑脂的活性中间体。

DEC(diethyl carbonate)，碳酸二乙酯，分子式为 $C_5H_{10}O_3$，是碳酸酯中的重要物质，常温下为有特殊香味的无色液体，可以作为化工生产中间体，有着广泛的用途。

DMC(dimethyl carbonate)，碳酸二甲酯，分子式为 $C_3H_6O_3$，是一种低毒、环保的性能优异、用途广泛的化工原料，是重要的有机合成中间体，分子结构中含有羰基、甲基和甲氧基等官能团，具有多种反应性能，在生产中具有使用安全、方便、污染少、容易运输等特点。

EMC(ethyl methyl carbonate)，碳酸甲乙酯，是一种有机化合物，分子式为 $C_4H_8O_3$，为无色透明液体，不溶于水，可用于有机合成，是一种优良的锂离子电池电解液的溶剂。碳酸甲乙酯应储存于阴凉、通风、干燥处，按易燃化学品规定储运。

⑨ 确定电池的装配比及单体电池容器尺寸。

电池的装配比是根据所选定的电池特性和设计电池的电极厚度等确定的，一般控制为80%～90%。根据用电器对电池的要求选定电池后，再根据电池壳体材料的物理性能和力学性能确定电池容器的宽度、长度及壁厚等。特别是随着电子产品的薄型化和轻量化，留给电池的空间越来越小，这就要求选用更先进的电极材料，制备比容量更高的电池。

1.3.2.4 锂离子电池结构的设计

从设计要求来说，由于电池壳体选定为 AA 型(14 mm× 50 mm)，则电池结构设计主要指电池盖、电池组装的松紧度、电极片的尺寸、电池上部空气室的大小、两极物质的配比等。对它们的设计是否合理将直接影响电池的内阻、内压、容量和安全性等。

电池盖的设计根据锂离子电池的性能可知在电池充电末期，阳极电压高达4.2 V以上。如此高的电压很容易使不锈钢或镀镍不锈钢发生阳极氧化而被腐蚀，因此传统的AA型Cd/Ni、MH/Ni电池所使用的不锈钢或镀镍不锈钢盖不能用于AA型锂离子电池。考虑到锂离子电池的正极集流体可以使用铝箔而不发生氧化腐蚀，所以在AA型Cd/Ni电池盖的基础上可进行改制设计。首先，在不改变AA型Cd/Ni电池盖的双层结构及外观的情况下，用金属铝代替电池盖的镀镍不锈钢底层，然后把此铝片和镀镍不锈钢上层卷边包合，使其成为一个整体，同时在它们之间放置耐压为1.0～1.5 MPa的乙丙橡胶放气阀。通过实验证实，改制后的电池盖不但密封性、安全性好，而且耐腐蚀，容易和铝制正极极耳焊接。

装配松紧度主要根据不同电池系列，电极和隔膜的尺寸及其膨胀程度来确定。对设计AA型锂离子电池来说，电极的膨胀主要由正、负极物质中的添加剂乙炔黑和聚偏氟乙烯引起，由于其添加量较少，吸液后引起的电极膨胀也不会太大；充放电过程中，由Li^+在正极材料中引起的电极膨胀也十分小，电池的隔膜厚度仅为25 μm，其组成为Celgard2300PP/PE/PP三层膜，吸液后其膨胀程度较小。综合考虑以上因素，锂离子电池应采取紧装配的结构设计。通过电芯卷绕、装壳及电池注液实验，并结合电池解剖后极粉是否脱落或粘连在隔膜上等结果，可确定AA型锂离子电池装配松紧度为86％～92％。

1.3.2.5 电池保护电路设计

为防止锂离子电池过充，锂离子电池必须设计有保护电路。锂离子电池保护器有适用于单节的，也有适用于2～4节电池组的。

对锂离子电池保护器的基本要求如下：

① 充电时要充满，终止充电电压精度要求在1％左右。

② 在充、放电过程中不过流，需设计有短路保护。

③ 达到终止放电电压要禁止继续放电，终止放电电压精度控制在1％左右。

④ 对深度放电的电池(不低于终止放电电压)，在充电前以小电流方式预充电。

⑤ 为保证电池工作稳定可靠，防止瞬态电压变化的干扰，其内部应设计有过充、过放电、过流保护的延时电路，以防止瞬态干扰造成不稳定。

⑥ 自身耗电省(在充、放电时保护器均应是通电工作状态)。单节电池保护器耗电一般小于10 μA，多节的电池组一般在20 μA左右。

⑦ 在达到终止放电时，它处于关闭状态，一般耗电低于2 μA；保护器电路简单，外围元器件少，占空间小，在电池或电池组中，保护器的价格低。

锂离子电池监控器除了有保护电路外(可保护电池在充电、放电过程中免于过充电、过放电和过热)，还能输出电池剩余能量信号(用LCD显示器可显示出电池剩余能量)，这样可以随时了解电池的剩余能量状态，以便及时充电或更换电池。它主要用于便携式电子产品中，如手机，摄像机，照相机，医疗仪器或音、视频装置等。

1.3.2.6 锂离子电池体系热变化与控制

电池体系的温度变化由热量的产生和散发两个因素决定，其热量的产生可以通过热分解和(或)电池材料之间的反应所致。

当电池中某一部分发生偏差时，如内部短路、大电流充放电和过充电，则会产生大量的热，导致电池体系的温度升高。当电池体系达到一定的温度时，就会导致系列分解等反应，使电池热破坏。同时由于锂离子电池中的液体电解质为有机化合物而易燃，因此体系温度较高时电池会着火。当产生的热量不多时，电池体系的温度不高，此时电池处于安全状态。锂离子电池内部产生热量的主要原因如下。

① 电池电解质与负极的反应。

虽然电解质与金属锂或碳材料之间有一层界面保护膜，但是保护膜使得其间的反应受到限制，当温度达到一定值时，反应活性增强，该界面膜不足以阻止材料之间的反应，只有在生成更厚的保护膜时才能阻止反应的发生。由于是放热反应，使得电池体系的温度升高，在进行电池的热测试时发现体系发生了放热反应。将电池置于保温器中，当空气温度升高到一定值之后电池体系的温度上升，且比周围空气的温度更高，但是经过一段时间后又恢复到周围的空气温度。表明当保护膜达到一定厚度后反应停止。不同类型的保护膜与反应温度有关。

② 电解质中存在的热分解。

锂离子电池体系达到一定温度时，电解质会发生分解并产生热量。对于 EC-PC/$LiAsF_6$ 电解质，开始分解温度为 190 ℃左右，加入 2-甲基四氢呋喃后，电解质的分解温度开始下降。

③ 电解质与正极的反应。

由于锂离子电池电解质的分解电压高于正极的电压，电解质与正极反应的情况很少发生。但是当发生过充电时，正极将变得不稳定，与电解质发生氧化反应而产生热。

④ 负极材料的热分解。

作为负极材料，金属锂在 180 ℃时会吸热而熔化，负极加热到 180 ℃以上时，电池温度将停留在 180 ℃左右。必须注意熔化的锂易流动，会导致短路。

对于碳负极而言，碳化锂在 180 ℃分解产生热量。针刺实验表明：锂的插入安全限度为 60%，插入量过多时，易导致在较低的温度下负极材料发生放热分解。

⑤ 正极材料的热分解。

工作电压高于 4 V 时，正极材料将不稳定，特别是处于充电状态时，正极材料会在 180 ℃时发生分解。与其他正极材料相比较，V_2O_5 正极比较稳定，其熔点（吸热）为 670 ℃，沸点为 1 690 ℃。对于 4 V 正极材料，处于充电状态时，它们的分解温度从高到低顺序为：$LiMnO_4$、$LiCO_2$、$LiNiO_2$。

$LiNiO_2$ 的可逆容量高，但是不稳定，通过掺杂（如加入 Al、Co、Mn 等元素），可有效提高其热稳定性。

⑥ 正极活性物和负极活性物的焓变。

锂离子电池充电时吸热，放电时放热，主要是因为锂嵌入正极材料中的焓发生改变。

⑦ 电流通过内阻而产生热量。

电池存在内阻（R_c），当电流通过电池时，内阻产生的热可用 I^2R_c 进行计算。其热量有时也为极化热。当电池外部短路时，电池内阻产生的热量为主要部分。

⑧ 其他。

对于锂离子电池而言，负极电位接近金属锂的电极电位，因此除了上述反应外，与胶黏剂等的反应也要考虑，如含氟胶黏剂（包括 PVDF）与负极发生反应产生的热量。当采用其他胶黏剂（如酚醛树脂基胶黏剂）时，可大幅度减少电池热量的产生。此外，溶剂与电解质盐也会导致反应热的生成。

降低电池体系的热量和提高体系的抗高温性能，电池体系则安全。此外，在电池制作工艺中采用不易燃或不燃的电解质，如陶瓷电解质、熔融盐等，也可以提高电池的抗高温性能。

1.3.3　锂离子电池组装

按照电池的结构设计和设计参数，如何制备所选择的电池材料并将其有效地组合在一起，并组装出符合设计要求的电池，是电池生产工艺所要解决的问题。由此可见，电池的生产工艺是否合理，是关系所组装电池是否符合设计要求的关键，是影响电池性能最重要的步骤。

参考 AA 型 Cd/Ni、MH/Ni 电池的生产工艺过程，结合对 AA 型锂离子电池的结构设计和锂离子电池材料的性能特点，反复实验，来确定 AA 型锂离子电池的生产工艺过程。

AA 型锂离子电池生产工艺过程涉及四个工序：① 正、负极片的制备；② 电芯的卷绕；③ 组装；④ 封口。这与传统的 AA 型 Cd/Ni 电池的生产过程并无太大区别，锂离子电池的工艺复杂得多，并且对环境条件的要求苛刻得多。锂离子电池的制造工艺技术非常严格，要求高。

其中正、负电极浆料的配制、正、负极片的涂布、干燥、轮压等制备工艺和电芯的卷绕对电池性能影响最大，是锂离子电池制造技术中最关键的步骤。

为防止金属锂在负极集体流上铜部位析出而引起安全问题，需要对极片进行工艺改进，铜箔的两面需用碳浆涂布。锂离子电池工艺流程的主要工序如下。

1.3.3.1　制浆

用专用的溶剂和黏结剂分别与粉末状的正、负极活性物质混合，经高速搅拌均匀后，制成浆状的正、负极物质。在锂离子电池中通常采用的黏结剂有 PVDF（聚偏氟乙烯，poly vinylidene fluoride）和 PTFE（聚四氟乙烯，poly tetra fluoroethylene）。

在整个制浆过程中，电极活性物质、导电剂和黏结剂的配制是最重要的环节。通常情况下电极都是由活性物质、导电剂、黏结剂和引线组成的，所不同的是正、负极材料的黏结剂类型不一样，以及在负极材料中需要加入不同添加剂。加入添加剂主要是为了提高黏结剂的黏附能力等。

配料过程实际上是将浆料中的各种组成按标准比例混合在一起，调制成浆料，以利于均匀涂布，保证极片的一致性。配料大致包括五个步骤，即原料的预处理、掺和、浸湿、分散和絮凝。

（1）正极配料

① 原料的预处理。

正极材料：脱水，一般用 120 ℃常压烘烤 2 h 左右。

导电剂：脱水，一般用 200 ℃常压烘烤 2 h 左右。

黏结剂：脱水，一般用 120～140 ℃常压烘烤 2 h 左右，烘烤温度根据相对分子质量的大小确定。

NMP（N-甲基吡咯烷酮，N-Methylpyrrolidone）：脱水，使用干燥分子筛脱水或采用特殊取料设施。

② 原料的掺和。

黏结剂的溶解(按标准浓度)及热处理:按标准浓度将黏结剂溶解并进行一定温度下的热处理。

正极材料和导电剂球磨:将粉料初步混合,使正极材料和导电剂黏结在一起,提高其团聚作用和导电性。配成浆料后不会单独分布于黏结剂中,球磨时间一般为 2 h 左右。为避免混入杂质,通常使用玛瑙球作为球磨介质。

③ 干粉的分散和浸湿。

固体粉末放置在空气中,随着时间的推移,将会吸附部分空气在固体的表面,液体黏结剂加入后,液体与气体争相从固体表面逸出。如果固体与气体吸附力比与液体的吸附力强,液体不能浸湿固体;如果固体与液体吸附力比与气体的吸附力强,液体可以浸湿固体,将气体挤出。

当润湿角<90°时,固体浸湿。

当润湿角≥90°时,固体不浸湿。

正极材料中所有组分均能被黏结剂溶液浸湿,所以正极粉料分散相对容易。

分散方法对分散的影响:静置法(分散时间长,效果差,但不损伤材料的原有结构);搅拌法(自转或自转加公转,时间短,效果佳,但有可能损伤个别材料的自身结构)。

搅拌桨对分散速度的影响:搅拌桨有蛇形、蝶形、球形、桨形、齿轮形等。一般蛇形、蝶形、桨形搅拌桨用来处理分散难度大的材料或者在配料的初始阶段使用;球形、齿轮形用于分散难度较低的状态,效果佳。

搅拌速度对分散速度的影响:一般来说搅拌速度越高,分散速度越快,但是对材料自身结构和设备的损伤就越大。

浓度对分散速度的影响:通常情况下浆料浓度越低,分散速度越快,但浆料太稀将导致材料的浪费和浆料沉淀加重。

浓度对黏结强度的影响:浓度越大,黏结强度越大;浓度越低,黏结强度越小。

真空度对分散速度的影响:高真空度有利于减小材料颗粒之间的空隙和表面的气体排出,降低液体吸附难度;材料在完全失重或重力减小的情况下分散均匀的难度将大幅度降低。

温度对分散速度的影响:适宜的温度下,浆料流动性好,易分散。太热时浆料容易结皮,太冷时浆料的流动性将大幅度降低。

④ 稀释将浆料调整为合适的浓度,便于涂布。

(2) 负极配料

其步骤大致与正极配料相同。

① 原料的预处理。

负极材料(一般为石墨):经过混合使原料均匀化,然后在 300～400 ℃常压烘烤,除去表面油性物质,提高与水性黏结剂的相溶能力。有些材料为了保持表面特性,不允许烘烤,否则效能降低。

黏结剂:适当稀释,提高分散能力。

② 掺和、浸湿和分散。

负极材料(石墨)与黏结剂溶液极性不同,不易分散。可先用醇水溶液将石墨初步润湿,再与黏结剂溶液混合。应适当降低搅拌浓度,提高分散性。

分散过程为减少极性物与非极性物之间的距离,提高它们的势能或表面能,其反应为吸热反应,搅拌时总体温度有所下降。如条件允许,应该适当升高搅拌温度,使吸热变得容易,同时提高流动性,降低分散难度。

搅拌过程,如加入真空脱气过程,排除气体,促进固-液吸附,效果更佳。

③ 稀释。

将浆料调整为合适的浓度,便于涂布。

配料注意事项:① 防止混入其他杂质;② 防止浆料飞溅;③ 浆料的浓度(固含量)应从高到低逐渐调整;④ 在搅拌的间歇过程中要注意刮边和刮底,确保分散均匀;⑤ 浆料不宜长时间搁置,以免其沉淀或均匀性降低;⑥ 需烘烤的物料必须密封冷却之后方可加入,以免组分材料性质变化;⑦ 搅拌时间的确定要考虑设备性能和材料加入量;⑧ 根据浆料分散难度选择搅拌桨,无法更换搅拌桨的,转速可由慢到快进行调整,以免损伤设备;⑨ 出料前对浆料进行过筛,除去大颗粒以防涂布时造成断带;⑩ 对配料人员要加强培训,确保其掌握专业技术和安全知识;⑪ 配料的关键是分散均匀,把握这个重点,其他方式可自行调整。

1.3.3.2　涂膜、分切、卷绕、装配与化成

(1) 涂膜

将制成的浆料均匀地涂覆于金属箔的表面,烘干,分别制成正、负极极片。大约有20多种涂膜的方法可以用于将液体料涂布于支持体上,而每一种技术都有许多专门的配置,所以有许多种涂布形式可供选择。通常使用的涂布方法包括挤出机、反辊涂布和刮刀涂布。

在锂离子电池实验室研究阶段,可用刮棒、刮刀或者挤压等自制的简单涂布实验装置进行极片涂布,这只能涂布出少量的实验研究样品。相对于刮刀涂布而言,一般大型生产线倾向于选择缝模和反辊涂布,因为容易处理黏度不同的正、负极浆料,并可以改变涂布速率,而且网上涂层的厚度很容易控制。这对于电极片涂层厚度的精度要求较高的锂离子电池生产来说是非常有用的,这样可以将涂层的厚度偏差控制在±3 μm。其中辊涂又有多种形式,按照辊涂的转动方向可分为顺转辊涂和逆转辊涂两种。此外还有配置3辊、4辊等多达10多种轮涂方式。

浆料涉及电池的正极和负极,即活性物质往铝箔或铜箱上涂敷的问题,活性物质涂敷的均匀性直接影响电池的质量,因此,极片浆料涂布技术和设备是锂离子电池研制和生产的关键。

选择涂布方法一般需要从以下几个方面考虑,包括涂布的层数、湿涂层的厚度、涂布液的流变性、需要的涂布厚度精度、涂布支持体或基材、涂布的速度等。除上述因素外,还必须结合极片涂布的具体情况和特点综合分析。电池极片涂布特点是:双面单层涂布、浆料湿涂层较厚(100～300 μm)、浆料为非牛顿型高黏度流体、极片涂布厚度精度要求高。涂布支持体为10～20 μm厚的铝箔和铜箔。

极片需要在金属箱两面都涂覆浆料。涂布技术路线一般是先单层涂布,另一面在干燥后再进行一次涂布。考虑到极片涂布属于厚涂层涂布,刮棒、刮刀和气刀涂布只适用于较薄涂层的涂布,不适用于极片浆料涂布。综合考虑极片浆料涂布的各项要求,可选择挤压涂布或辊压涂布。

对于较高黏度流体涂布，可用挤压涂布，可获得较高精度的涂层。要获得均匀的涂层，可采用条缝挤压涂布，挤压嘴的设计及操作参数要合适。

设计时需要有涂布浆料流变特性的详细数据。按提供的流变数据设计加工出的挤压嘴，在涂布浆料流变性质有较大改变时有可能影响涂布精度，挤压涂布设备比较复杂，运行操作需要专门的技术。

辊压涂布有 10 多种辊涂形式，要根据各种浆料的流变性质进行选择。也就是所设计的辊涂形式、结构尺寸、操作条件、涂液的物理性质等各种条件必须在一个合理的范围内，才能涂布出性能优良的涂层。

极片浆料黏度极高，超出一般涂布液的黏度，而且所要求的涂量大，采用现在的常规涂布方法无法进行均匀涂布。因此，应该根据其流动机理，结合极片浆料的流变特性和涂布要求，选择适当的极片浆料的涂布方法。

不同型号锂离子电池所需要的极片长度是不同的。如果采用连续涂布，再进行定长分切生产极片，在组装电池时需要在每段极片端刮除浆料涂层，显露出金属箔片。用连续涂布定长分切的工艺路线，效率低，不能满足最终进行规模生产的需要。因此，可考虑采用定长分段涂布方法，涂布时按电池规格需要的涂布及空白长度进行分段涂布。采用单纯的机械装置很难实现不同电池规格所需要长度的分段涂布。在涂布头的设计中采用计算机技术，将极片涂布头设计成光、机、电一体化智能化控制的涂布装置。涂布前将操作参数输入计算机，在涂布过程中由计算机控制，自动进行定长分段和双面叠合涂布。

极片浆料涂层比较厚，涂布量大，干燥，负荷大。采用普通热风对流干燥法或烘缸热传导干燥法等干燥方法效率低，可采用优化设计的热风冲击干燥技术，这样能提高干燥效率，可以进行均匀快速干燥，干燥后的涂层无外干内湿或表面皴裂等缺陷。

在极片涂布生产流水线中从放卷到收卷，中间包含涂布、干燥等许多环节，极片（基片）由多个传动点拖动。基片是较薄的铝箔、铜箔，其具有刚性差、易撕裂和产生折皱等特点，因此在设计中采用特殊技术装置。在涂布区使极片保持平展，严格控制极片张力梯度。在涂布流水线的传输设计中，宜采用直流电机智能调速控制技术，使涂布极片传输速度保持稳定，从而确保涂布的纵向均匀度。

极片涂布的一般工艺流程：放卷→接片→拉片→张力控制→自动纠偏→涂布→干燥→自动纠偏→张力控制→自动纠偏→收卷。

涂布基片（金属箔）由放卷装置放出，进入涂布机。基片的首尾在接片台连接成连续带后，由拉片装置送入张力调整装置和自动纠偏装置，再进入涂布装置。极片浆料在涂布装置中按预定涂布量和空白长度进行涂布。双面涂布时，自动跟踪正面涂布和空白长度进行涂布。涂布后的湿极片送入干燥道进行干燥，干燥温度根据涂布速度和涂布厚度确定。

(2) 分切

分切就是将碾压好的电极带按照不同电池型号切成装配电池所需的长度和宽度，准备装配。

(3) 卷绕

将正极片、负极片、隔膜按顺序放好后在卷绕机上把它们卷绕成电芯。为了使电芯卷绕得粗细均匀、紧密，除了要求正、负极片的涂布误差尽可能小外，还要求正、负极片的剪切误差尽可能小，尽可能使正、负极片为符合要求的矩形。此外，在卷绕过程中，操作人员应及时调整正、负极片、隔膜的位置，防止电芯粗细不均匀、前后松紧不一、负极片不能在两侧和正极片对正，尤其防止电芯短路情况的发生。卷绕要求隔膜、极片表面平整，不起折皱，否则电池内阻会增大。卷后正、负极片或隔膜的上下偏差小于 0.5 mm。卷绕松紧度要符合松紧度设计要求，电芯容易装壳但也不太松。这样才能使得用此电芯组装的电池均匀一致，保证测试结构具有较好的准确性、可靠性和重现性。

需要说明的是，除了机片的涂布工艺过程外，其他工艺过程均在干燥室内进行，尤其是在电芯的卷绕装壳后，要在真空干燥箱中 80 ℃真空干燥约 12 h 后，在相对湿度低于 5%的手套箱中注液，注液后的电池至少要放置 6 h 以上，待电极、隔膜充分润湿后才能化成、循环。

(4) 装配

按正极片、隔膜、负极片、隔膜自上而下的顺序放好，经卷绕制成电池芯，再经注入电解液、封口等工艺过程，即完成电池的装配，制成成品电池。

(5) 化成

用专用的电池充放电设备对成品电池进行充放电测试，对每一只电池都要进行检测，筛选出合格的成品电池，待出厂。

锂离子电池的化成主要有两个方面作用：一是使电池中活性物质借助于第一次充电转化成具有正常电化学作用的物质；二是使电极(主要是负极)形成有效的钝化膜或称为固体电解质界面膜(solid electrolyte interface，简称 SEI 膜)。

为了使负极碳材料表面形成均匀的 SEI 膜，通常采用阶梯式充放电的方法，在不同的阶段，充放电电流不同，搁置的时间也不同，应根据所用的材料和工艺路线具体掌握，通常化成时间控制在 24 h 左右。

负极表面的钝化膜在锂离子电池的电化学反应中，对于电池的稳定性扮演着重要的角色。因此电池制造商除了将材料及制造过程列为机密外，化成条件也被列为各公司制造电池的重要机密。电池化成期间，最初的几次充放电会因为电池的不可逆反应使得电池的放电容量在初期减少。待电池电化学状态稳定后，电池容量即趋于稳定。因此，有些化成程序包含多次充放电循环以达到稳定电池的目的。这就要求电池检测设备可提供多个工步设置和循环设置。以 BS9088 设备为例，可设置 64 个工步参数，并最多可设置 256 个循环且循环方式不限；可以先进行小电流充放循环，再进行大电流充放循环，反之也可以。

1.4　锂离子电池的优点与挑战

目前商品化的锂离子电池大多数由嵌入化合物组成，具有如下优点：

① 锂离子电池平均输出电压较高(3.6～3.9 V)，是 Ni-H、Ni-Cd 电池的 3 倍。

② 循环性能较好，使用寿命较长，一般均可以达到 500～1 000 次及以上。

③ 锂离子电池中不含镉、铅、汞等对环境有污染的元素，对环境污染小，称为绿色电池。

④ 无 Ni-Cd 电池存在的记忆效应。

⑤ 自放电率每月 6%～9%，而 Ni-H 每月 30%～35%，Ni-Cd 每月 25%～30%。

⑥ 可进行快速充放电，1C(1C 表示充放电倍率，1 h 放完电池的额定容量)充电容量可达到标称容量的 80%左右。

⑦ 锂离子电池工作温度范围比较宽，为－25～45 ℃，随着电池材料的改进，期望能在更宽的温度范围内工作。

锂离子、Ni-H、Ni-Cd和铅酸电池性能对比见表1-2。

表1-2　锂离子、Ni-H、Ni-Cd和铅酸电池性能比较

技术参数	Ni-H电池	Ni-Cd电池	铅酸电池	锂离子电池
工作电压/V	1.2	1.2	2.1	3.6
自放电率/(%/月)	30～35	25～30	5	6～9
循环寿命/次	300～700	300～600	400	500～1 000
体积比能量/(W·h/L)	200	150	70	270～360
质量比能量/(W·h/kg)	60～80	40～60	40	100～160

从实用的角度来看，目前商品化的锂离子电池面临着如下挑战[19]：

① 比能量密度需进一步提高。

目前商品化的锂离子电池一般采用层状嵌锂化合物 $LiCoO_2$ 为正极，石墨类材料为负极。由于上述电极材料是通过锂离子的嵌入/脱出来传输电流的，每次充放电循环交换的锂离子量有限，导致其比容量较低，不能满足电动汽车等大型动力电源的需求。

② 成本需进一步降低。

由于Co资源稀缺，导致正极材料 $LiCoO_2$ 的价格昂贵，随着正极技术的不断发展，可以采用新的材料为正极，以降低锂离子电池的成本。

③ 大倍率充放电性能有待提高。

快速充放电即大倍率充放电，会损害电池的寿命。目前锂离子电池在中小电流的电器中应用较多，而在大型动力电源(如电动汽车等)领域的应用有待于技术进步。

④ 循环寿命和搁置寿命需提高。

若在大型动力电源上应用，锂离子电池需提高循环寿命和搁置寿命(电池在静态放置状态下寿命的衰减)。

⑤ 安全性能。

目前锂离子电池需要保护电路以防止电池过充或过放破坏电极材料的结构和因此带来的电解液的分解[20]，且整包级别的安全性仍存在一定的隐患。

第 2 章　锂离子电池正极材料

锂离子电池正极材料是制约电池性能的关键因素之一。在实际应用中，锂离子电池的正极材料决定电池的工作电压、能量密度和功率密度。正极材料、隔膜材料和电解液占锂离子电池成本的比例分别为 40%、20%、10%。理想的正极材料应具有以下几个条件：

① 具有较高的脱嵌锂电位，从而使电池具有较高的工作电压。

② 单位质量的材料能可逆嵌脱尽量多的锂离子，以保证电池具有较高的质量比容量和质量比能量。

③ 嵌入化合物在整个反应过程中的电化学稳定性好，具有与电解质溶液的电化学相容性。

④ 正极材料应具有较好的离子和电子电导率，从而减少极化，使得电池在大电流下的充放电性能较好。

⑤ 在锂离子嵌脱过程中，材料的结构与体积变化小，使电池具有较高的可逆容量和较好的充放电可逆性。

⑥ 在嵌入化合物中，锂离子的扩散速度快，易快速充放电。

⑦ 正极材料应该原料廉价，制备工艺简单，安全且具有较好的环境友好性。

目前研究和应用较广的正极材料主要是锂过渡金属氧化物，大致可以分为三类：一维隧道结构的正极材料、二维层状结构的正极材料、三维框架结构的正极材料[21]。目前研究比较多的还有转换反应电极材料。

2.1　一维隧道结构的正极材料

一维隧道结构正极材料中的间隙空位只在一个方向上连通，锂离子脱嵌的路径是一维的，只能在一个方向上移动，这种离子通道易被晶格中位错或杂质等堵塞。典型代表是橄榄石型 LiM_2PO_4（M＝Fe，Co，Ni，Mn 等）材料（图 2-1）。

其中对磷酸铁锂 $LiFePO_4$ 的研究最为广泛。1997 年古迪纳夫首次报道了 $LiFePO_4$ 具有嵌脱锂的性能，因其来源丰富，价格较低，理论容量较高（170 mA·h/g），放电平台稳定（3.5 V 左右），循环性能优良，高温性能、安全性较好等优点，吸引了研究人员广泛的关注。

充电时发生氧化反应，锂离子从 FeO_6 层间脱出，经过电解液进入负极，电子经外电路到达负极，Fe^{2+} 变为 Fe^{3+}，$LiFePO_4$ 的量变少，$FePO_4$ 变多。

放电时相反，发生还原反应。由于 $FePO_4$ 与 $LiFePO_4$ 的空间结构相似，体积相差不大，$LiFePO_4$ 脱锂后晶胞体积减小 6.81%，密度增大 2.59%。

充放电过程中较小的结构变化可避免结构变化过大甚至崩塌造成比容量衰减。同时，还弥补了碳负极的膨胀，减小了应力。这些特点使得 $LiFePO_4$ 循环性能优良和安全性较好。

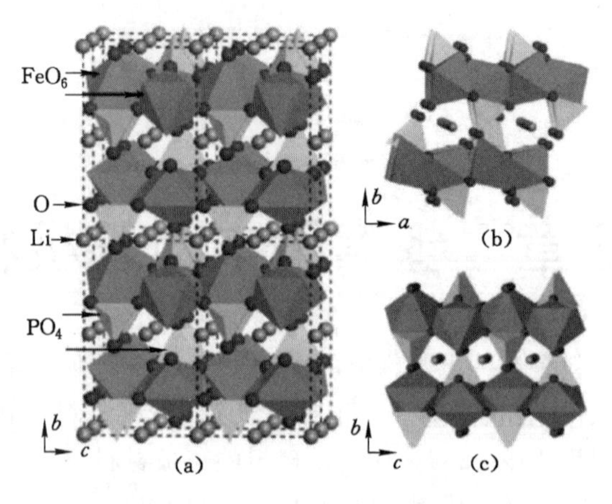

图 2-1 $LiFePO_4$ 的结构示意图

缺点：$LiFePO_4$ 的电导率低（$10^{-9}\sim10^{-10}$ S/cm），锂离子扩散系数低（$10^{-11}\sim10^{-14}$ cm^2/s），其电化学性能受到极大限制。目前研究者主要采取表面包覆、制备 $LiFePO_4$/导电剂复合材料、掺杂其他金属离子等方法提高其导电率。

2.2 二维层状结构的正极材料

2.2.1 α-$NaFeO_2$ 型层状结构 $LiMO_2$M(M=Co,Ni,Mn)

六方晶系，R-3m 空间群，α-$NaFeO_2$ 型结构。O 原子呈立方紧密堆积于 6c 位置，过渡金属 M 和 Li 分别处于 3a 和 3b 位置，交替占据八面体的空隙，沿着[111]晶面方向呈层状排列(图 2-2)。

氧离子的 $2p^6$ 能级与锂离子的 $1s^2$ 能级相差比较大，而与过渡金属能级比较接近。M-O 间电子云重叠程度大于 Li-O 间电子云重叠程度。M-O 键比 Li-O 键强。这种结构比较适合锂离子在 MO_6 八面体形成的二维空间内进行可逆脱嵌。

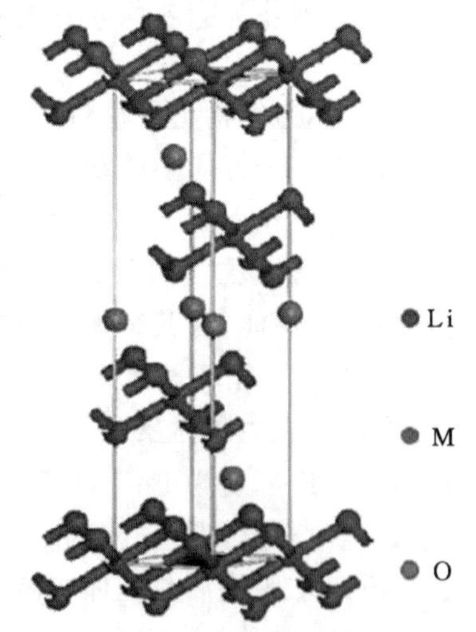

图 2-2 $LiMO_2$ 的结构示意图

2.2.1.1 层状的钴酸锂 $LiCoO_2$

20 世纪 90 年代索尼公司首次使用 $LiCoO_2$ 作为正极材料。$LiCoO_2$ 具有工作电压高、放电平稳、可大电流放电、电导率高、循环性能优良、生产工艺简单和电化学性质稳定等优点。

$LiCoO_2$ 市场应用最广泛，我国年产达 6 000 t 以上。其工作电压约 3.9 V，充电上限电压为 4.2 V，理论比能量为 1 068 W·h/kg，其理论比容量为 274 mA·h/g，实际比容量为 150 mA·h/g 左右。锂离子在 $LiCoO_2$ 材料中的扩散系数为 10^{-9} cm^2/s，其快速充放电性能比较好。

其缺点：比容量较低；抗过充电性较差；Co 全世界储量

有限(约 800 万 t),导致其价格昂贵,限制了锂离子电池的应用范围;$LiCoO_2$ 具有毒性,会污染环境。

$LiCoO_2$ 的合成方法有固相法和液相法。固相法有高温固相合成法和低温固相合成法,液相法有溶胶-凝胶法和离子交换法。

适当的改性可抑制电极材料在锂离子脱嵌过程中的不可逆相变,阻止锂离子空位的有序化重排,提高电极材料的循环性能和活性物质的利用率及实际容量。改性方法有掺杂和表面包覆,掺杂可以采用金属离子掺杂,如 Ni、Fe、V、Mn,表面包覆可以采用氧化物包覆(如 Al_2O_3、SnO_2 等)。

2.2.1.2　层状的镍酸锂 $LiNiO_2$

层状的镍酸锂 $LiNiO_2$ 的优点:理论比容量为 274 mA·h/g,实际比容量为 190～210 mA·h/g,工作电压为 2.5～4.2 V,自放电率低,不环境污染,与电解质相溶性良好,Ni 储量较多、价格低。

其缺点是制备十分困难:Ni^{2+} 的半径与 Li^{+} 的半径比较接近,在 Li 层中往往存在少量 Ni,其真正的组成应为 $Li_{1-x}Ni_{1+x}O_2$。过量的镍离子会妨碍锂离子的扩散,而影响电极材料的电化学活性。在充放电过程中,当嵌脱锂的量达到 0.75 以上时,$LiNiO_2$ 电极材料有部分镍进入锂层,导致材料结构发生从三方晶系到单斜晶系的相变。因此充电终止电压严格控制在 4.1 V 以下,实际比容量只有 190～210 mA·h/g。$LiNiO_2$ 的热稳定性不如 $LiCoO_2$,反应过程中 $LiNiO_2$ 可分解为 $Li_{1-x}Ni_{1+x}O_2$,释放出氧气,氧气与电解液反应,引发安全问题。

可以在材料中添加钴、锰、镓、铝等元素,这些元素可取代部分 Ni,使其不至于占据 Li 位,提高其结构稳定性,减小电极材料首次充放电的容量损失,提高其循环寿命。

2.2.1.3　层状的锰酸锂 $LiMnO_2$

层状的锰酸锂 $LiMnO_2$ 的理论比容量为 285 mA·h/g,实际比容量约为 170 mA·h/g。其比容量较高,资源丰富,对环境污染小,价格便宜。但制备困难,在热力学中处于亚稳定状态,脱锂后结构不稳定,容易发生向尖晶石型结构的转变,引起体积的膨胀和收缩,导致循环容量衰减较快。

目前针对 $LiMnO_2$ 的研究工作主要是通过改进合成工艺、掺杂少量其他元素(如 Al、Cr、Co、Ni 等),来部分缓解这种现象。

2.2.1.4　三元材料 $LiCo_xNi_yMn_{1-x-y}O_2$

$LiCo_xNi_yMn_{1-x-y}O_2$ 具有成本低、毒性低、热稳定性好、结构稳定等优点,合理地设计制备三元材料可有效提高正极材料的容量和循环性能[23]。

2.2.2　单斜晶系 $Li_{1+x}V_3O_8$

1 mol $Li_{1+x}V_3O_8$ 可嵌入 3 mol 锂离子,理论比容量为 279 mA·h/g,且充放电过程中体积变化较小(图 2-3)。锂离子在 $Li_{1+x}V_3O_8$ 中的扩散系数为 10^{-8}～10^{-11} cm²/s。物相较多,单相的 $Li_{1+x}V_3O_8$ 制

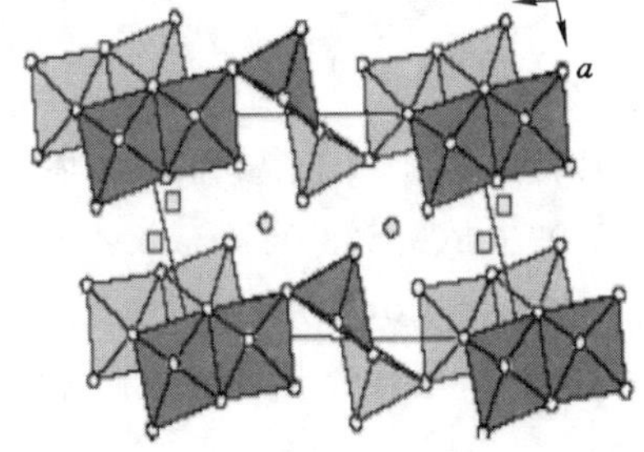

图 2-3　$Li_{1+x}V_3O_8$ 的结构示意图

备困难，而层状的 LiV_3O_8 电化学性能较好，成为研究人员关注的重点。通过优化制备工艺、掺杂等方法提高其比容量和循环性能。

2.2.3 正交结构 Li_2MSiO_4(M=Fe,Mn)的性能研究

正硅酸盐 Li_2MSiO_4(M=Fe,Mn)与磷酸盐系 $LiMPO_4$(M=Fe,Mn)材料相比具有相似的化学稳定性，并且具有较小的电子禁带与较高的电子电导率，是一类新的聚阴离子型锂离子电池正极材料。Li_2MSiO_4(M=Fe,Mn)属于正交晶系，空间群为 $Pmn2_1$，为 Li_3PO_4 的同构体，所有阳离子与氧原子均为四面体相关。与磷酸盐材料相比，Li_2MSiO_4 理论上可以允许可逆的嵌脱两个锂($M^{2+} \rightarrow M^{3+} \rightarrow M^{4+}$ 氧化还原对)，因而具有更高的理论容量，例如 Li_2FeSiO_4 脱出一个锂的理论比容量为 166 mA·h/g，脱出两个锂的理论比容量为 332 mA·h/g；Li_2MnSiO_4 脱出两个锂的理论比容量可达到 333 mA·h/g。正是由于上述材料的较大的脱出嵌入理论容量，使得硅酸盐材料成为非常有吸引力的新型锂离子电池正极材料[22]。

2.2.3.1 Li_2MSiO_4 的晶体结构

目前报道的 Li_2FeSiO_4 具有三种结构，首先是 A. Nytén 等[23]提出的第一种结构。图 2-4 给出了与 Li_3PO_4 的低温结构相似的晶体结构，是 Li_2FeSiO_4 沿 b 轴线方向的晶体结构，其中四面体结构正交晶系由 O 与 Li、Si、Fe 形成，晶体结构对应的空间群为 $Pmn2_1$，经科学测试所得晶格常数 a、b、c 分别为 0.626 61 nm、0.532 95 nm、0.501 48 nm。然后就是 S. I. Nishimura 等[24]报道的 800 ℃下制备的单斜晶系，空间群 $P2_1$，此结构中 LiO_4 和 FeO_4 四面体有共享的一条边。C. Sirisopanaporn 等[25]提出了 Li_2FeSiO_4 的一种新结构，即 900 ℃热处理形成的 Pmnb 空间群结构，该结构中 LiO_4 和 FeO_4 四面体有共享的两条边。

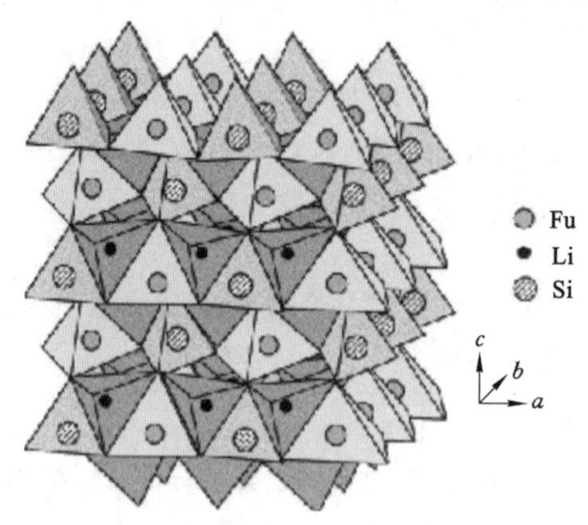

图 2-4 Li_2MSiO_4 的结构示意图

Li_2MnSiO_4 与 Li_2FeSiO_4 具有相同的晶体结构，测试所得其晶格常数 a、b、c 分别为 0.631 09 nm、0.538 00 nm、0.496 62 nm，并且二者同属于正交晶系。另外，在 Li_2MSiO_4(M=Fe,Mn,Co,Ni)系材料中，Li_2MnSiO_4 被认为在未来正极材料发展过程中具有客观的应用价值，其具有合理的电化学循环电压范围，脱出 1 个以上锂离子等优点。

2.2.3.2 Li_2MSiO_4 的电化学性能

如图 2-5 所示 Li_2FeSiO_4 前两周充放电曲线，可以看出：Li_2FeSiO_4 第一次充电电压平台在 3.1 V 左右，在第二次充电过程中电压平台降低为 2.8 V 左右；上述平台转换同时显示了在首次充放电过程中一个晶体相转变的过程，据推测可能包含一个结构从无序到有序化的过程。同样的实验结果在微分容量 $\partial X/\partial U$ 实验中也得到证实，$\partial X/\partial U$ 曲线显示第二个氧化峰比第一个氧化峰窄。这样的测试结果同样表明：材料结构从无序到有序化的过程在第一次充放电循环的过程中出现，与充放电展示的结果一致。但是 K. Zaghib 等[26]的测试却得到不同的结论：在第一次电化学循环以后，并未出现前面提出的首周中存在的相转变；测试条件：温度为 80 ℃，扫描速度为 20 mV/h，测试 Li_2FeSiO_4 电极材料的循环伏安（CV）特性。测试结果显示氧化电位为 2.80 V，还原反应电位为 2.74 V。Li_2FeSiO_4 正极材料氧化还原过程具有完全可逆性，充放电循环过程中结构稳定可逆，这说明在一定条件下，Li_2FeSiO_4 作为锂离子电极材料能表现出高度的可逆性，由此也能预见 Li_2FeSiO_4 正极材料的运用可观前景。

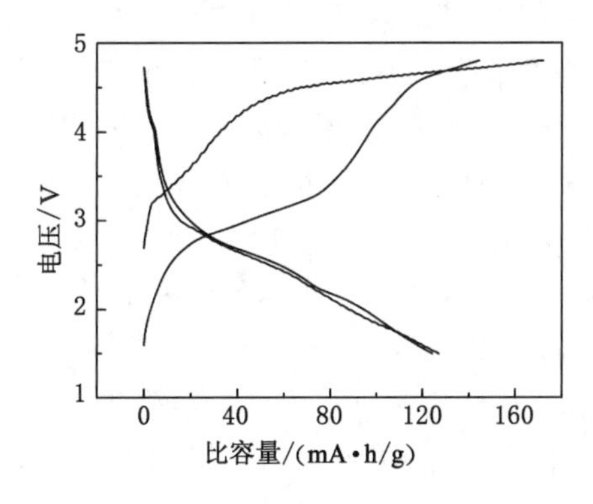

图 2-5 Li_2FeSiO_4 充放电曲线

Li_2MnSiO_4 充放电过程中可脱出 2 个锂离子，理论比容量达到 333 mA・h/g，Y. X. Li 等[27]合成 Li_2MnSiO_4 电极材料首次充电比容量为 310 mA・h/g，即脱出 1.88 个锂离子，首次放电比容量为 209 mA・h/g，仅经过 10 次充放电循环，放电比容量衰减为 140 mA・h/g。由此可见：Li_2MnSiO_4 目前的实际比容量还相对较低，要得到实际的应用还需要做大量的研究工作。Li_2MnSiO_4 较低的电子电导率制约了其在高功率型锂离子电极材料方面的应用。研究表明：Li_2MnSiO_4 结构中 Li^+ 和 Mn^{2+} 都处于四面体间隙中[28]，并且具有相近的离子半径（$r_{Li^+}=0.59$ Å，$r_{Mn^{2+}}=0.66$ Å）[29]，这种阳离子组合方式阻碍了 Li^+ 的扩散[30]。通常提高材料电导率的方法有两种：降低材料的颗粒度和对材料进行碳包覆。A. Kokalj 等[31]在 Li_2MnSiO_4 材料的结构稳定性方面进行了研究，研究结果显示：在脱出 1 个以下的锂离子时 Li_2MnSiO_4 结构稳定且可逆；当 Li_2MnSiO_4 充电过程中锂离子（脱出 1 个以上的锂离子）大量脱出时，结构将转变成无定形态，并且晶体结构会崩溃。

2.2.3.3 Li_2MSiO_4（M＝Fe，Mn）的合成方法

自 2005 年以来，Nytén 博士（瑞典乌普萨拉大学）用固相法合成出拥有较理想电化学性能的 Li_2FeSiO_4 锂离子电池正极材料。为了更好地改善 Li_2MSiO_4（M＝Fe，Mn）正极材料

的电化学性能，人们采用了各种方法对 Li_2MSiO_4（M＝Fe，Mn）电极材料进行合成，这些方法主要有：固相合成法、溶胶-凝胶法、微波合成法、水热合成法等。

（1）固相合成法

高温固相合成法是依赖物质之间的接触扩散来完成反应的[32]，而扩散是通过固体粉末（或溶液）之间机械混合过程中依赖物理接触实现的。应经过多次机械球磨（或研磨）及焙烧工艺来保证混合的均匀性，且后续反应必须在较高温度下焙烧完成。高温固相合成法在诸多化学材料制备中工业化应用最多，操作简单，易被工人掌握。然而，反应过程中反应物难以混合均一，且需要较高的反应温度和较长的反应时间。制备过程中调节产品的形貌特征比较困难，导致产物颗粒较采用其他合成方法制备的材料大，粒径范围从纳米到微米不等，颗粒生成不可控且不规则的形貌，上述所获形貌容易引起材料的电化学性能不易控制，不适宜在实验中的锂离子电池材料合成中应用。

A. Nytén 等[23]采用偏硅酸锂和二水草酸亚铁作为原料，加入碳源（采用原位碳包覆），通过机械球磨混合均匀以后，移入通有 CO/CO_2（体积比为 1∶1）保护气氛下的管式炉中，设定一定程序进行烧结，待随炉冷却后得到所需的电极材料。测试结果显示：活性材料的平均粒度为 150 nm 左右，材料并非单一纯相，存在少量的杂质。X. B. Huang 等以 $LiCO_3$、$FeC_2O_4 \cdot 2H_2O$ 和 SiO_2 为原材料，沥青为包覆碳源，采用固相法合成的 Li_2FeSiO_4/C 电极材料；在不同充放电倍率下进行测试，结果表明：在 0.2*C*、0.5*C*、1*C*、2*C* 倍率条件下，首次放电比容量分别为 139 mA·h/g、127 mA·h/g、118 mA·h/g、103 mA·h/g，并且在 1*C* 倍率时充放电 100 周比容量保持率为首次放电比容量的 93.6%。K. Zaghib 等采用了高温固相法制备了纯相的 Li_2FeSiO_4，Li_2FeSiO_4 中 Fe 为正二价，在反应过程中极易被氧化，在合成过程中采用铁屑作为还原剂，这样反应过程中铁屑会先于 Li_2FeSiO_4 被氧化，从而避免二价铁被氧化，为了做进一步的保证，并将进行烧结所用的管式炉抽到二级真空状态。通过上述方法获得的活性材料的粒径约为 80 nm，并且得到的电极材料为单一纯相。

（2）溶胶-凝胶法

溶胶-凝胶法是利用金属盐在一定的溶剂中的水解和聚合反应制备金属氧化物或金属氢氧化物的均匀溶胶[33]，然后利用溶剂、催化剂、螯合剂等使溶胶浓缩成透明凝胶，所得到的凝胶干燥后再经热处理即可获得所需纳米微粒。其中，控制溶胶-凝胶化的主要参数有溶液的 pH 值、溶液浓度、反应温度和时间等。通过调节工艺条件，可以制备出粒径分布窄的纳米颗粒。与固相法一样，溶胶-凝胶法适应工业化大规模生产的需求，合成工艺的各项参数易改变，其缺点是合成所有的设备价格较高和凝胶在干燥过程中易产生裂纹等。

R. Dominko 等[34-35]在 Li_2MnSiO_4 的合成及性能研究方面贡献较多，2006 年，首次采用改进的溶胶-凝胶法合成了电极材料 Li_2MnSiO_4，利用在溶胶-凝胶过程中具有络合作用的柠檬酸作为碳源，合成过程：将化学计量比的乙酸锂（$CH_3COOLi \cdot 2H_2O$）、乙酸锰（$C_4H_6MnO_4 \cdot 4H_2O$）和正硅酸乙酯[$C_2H_5O)_4Si$]（柠檬酸碳源），在水-乙醇体系中混合，于 70 ℃水浴锅中搅拌，得到凝胶混合物。得到的凝胶混合物于真空干燥箱中在 80 ℃烘干后得到干凝胶，研磨后得到反应前驱体。将上述反应前驱体在 Ar/H_2 气流保护下分别在不同的温度下煅烧处理不同时间，即可得到 Li_2MnSiO_4 样品。V. Aravindan 等[36]采用溶胶-凝胶法合成了纳米 Li_2MnSiO_4 材料，并研究了煅烧温度和含碳量对合成目标材料的影响，研究结果表明：700 ℃煅烧温度、0.2 mol 脂肪酸（相对于溶液中所有的金属离子）的碳含量条件下能获得性能最好的电极材料，在以上条件下获得的材料在室温下首次放电比容量为 113 mA·h/g。Z. P. Yan 等[37]通过溶胶-凝胶法，采用 HNO_3 水解正硅酸乙酯[$(C_2H_5O)_4Si$]，以抗败血酸为原位碳源合成 Li_2FeSiO_4 正极材料，SEM 及 HR-TEM 测试结果表明：获得了碳化效果较好的电极材料，这主要归功于 HNO_3 的石墨化催化作用，所合成的材料比表面积高达 395.7 m^2/g，在 $C/16$ 充放电倍率下，首次放电比容量为 135.3 mA·h/g。

(3) 微波合成法

微波烧结利用微波与材料颗粒之间的相互作用[38]，材料中的粒子吸收微波后被强迫振动而产生强烈或微弱的加热机制。其所需要的活化能较小，即使两者在烧结期间的扩散热机制有所不同。低温状态下扩散机制以表面扩散为主要反应，高温状态下以晶界扩散及体扩散为主要反应。对于微波烧结来说，晶界扩散及体扩散比表面扩散与蒸发-凝结作用重要，且决定晶粒大小与致密化程度。

曹雁冰等[39]以 Li_2CO_3、FeOOH、纳米 SiO_2 为原料，聚乙烯醇和超导碳为碳源，采用微波碳热合成法合成了 Li_2FeSiO_4/C 料。研究结果表明：微波合成法可以快速制备具有正交结构的 Li_2FeSiO_4 材料，在处理温度 650 ℃、12 min 条件下获得了高纯度、晶粒细小均匀的产物，并具有良好的电化学性能。以 $C/20$ 倍率进行充放电测试，首次放电比容量为 127.5 mA·h/g，20 次循环后比容量仍有 124 mA·h/g。T. Muraliganth 等[40]采用微波热处理法在 650 ℃条件下 6 h 合成了 Li_2MnSiO_4 和 Li_2FeSiO_4，电化学测试的结果表明：微波热处理法的合成材料具有较高的比容量及稳定的循环性能，Li_2FeSiO_4 室温时首次放电比容量为 148 mA·h/g；55 ℃时，首次放电比容量达到了 204 mA·h/g，超出了 Li_2FeSiO_4 的理论容量，这意味着在充放电过程中 Li_2FeSiO_4 已经不仅存在 Fe^{2+}/Fe^{3+} 氧化还原对，还有部分 Fe^{3+}/Fe^{4+} 氧化还原对；Li_2MnSiO_4 室温时首次放电比容量为 210 mA·h/g；55 ℃时，首次放电比容量达到 250 mA·h/g，但 Li_2MnSiO_4 比容量衰减较快且倍率性能差，这主要是材料脱锂过程中结构发生变化，Mn^{3+} 的溶解及材料本身低的电子电导率造成的。

(4) 水热合成法

水热合成法是在密闭体系中，水达到所需温度并在此温度下产生一定的压强，以水或其他有机溶剂为溶剂，原材料混合进行反应制备材料的一种方法。水热化学反应条件一般不同于通常条件，在此条件下水处于临界状态，也就是在高温高压水热条件下完成的，尤其是水温度超过临界温度(647.2 K)和水的临界压力(22.06 MPa)时，物质在水中的物理性能和化学反应性能均发生了很大变化，因此，鉴于以上因素，一些理论条件下可能反应的但是在通常条件下发生缓慢的一些反应，由于在水热条件下可加速水溶液中的离子反应和促进分解反应、置换反应、转化反应等在水热条件下变得可行。水热合成法所合成的材料显示出良好的电化学性能，主要是由于其多孔纳米结构和高的相纯度以及通过表面碳包覆提高材料的电导率。高的放电比容量和良好的高倍率充放电性能、循环稳定性显示所合成的复合正极材料是理想的动力电池用锂离子电池正极材料。

V. Aravindan 等[41]采用水热合成法，以 $LiOH \cdot H_2O$、纳米 SiO_2、$MnCl_2 \cdot H_2O$ ($FeCl_2$) 为原料合成了不同纳米级别的 Li_2MnSiO_4 (Li_2FeSiO_4)，并根据不同温度、不同时间的变化获得不同形貌的试样，所合成的 Li_2MnSiO_4 电极材料具有独特的形貌和较好的循环性能，首次放电比容量为 100 mA·h/g，且经过 100 周几乎没有衰减。Z. L. Gong 等[42]采用水热辅助溶胶-凝胶法合成粒径为 40～80 nm 的循环性能较好的 Li_2FeSiO_4，在

$C/16$ 倍率下，首次放电比容量为 160 mA·h/g，为理论比容量的 96%。并且具有很好的倍率性能，在 $5C$ 和 $10C$ 倍率下，首次放电比容量分别为 91 mA·h/g 和 78 mA·h/g，经过 50 周循环没有衰减。

2.3 三维框架结构的正极材料

2.3.1 尖晶石结构 $LiMn_2O_4$

锂离子分布在由共面的四面体和八面体形成的三维孔道中，这些通道可支持锂离子快速扩散(图 2-6)。

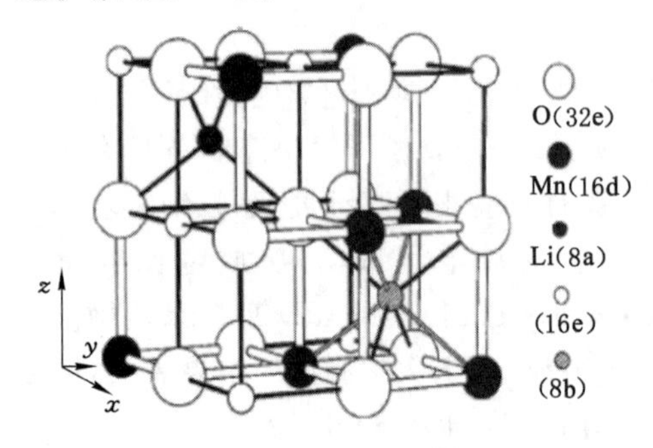

图 2-6 $LiMn_2O_4$ 的结构示意图

$LiMn_2O_4$ 的理论比容量为 148 mA·h/g，实际容量约为 120 mA·h/g，放电电压约为 4.15 V。其优点：成本较低、对环境污染小、容易合成、热稳定性和抗过充电性能比 $LiCoO_2$ 高、三维隧道结构更利于锂离子的脱嵌、适用于高功率动力电池，目前作为正极材料已在大动力型锂离子电池中得到应用。

其缺点：当电池在较高的电压下，电解液易氧化生成氢离子，诱导锰的溶解。电解液中的水分及HF、电压、温度、充放电状态、集流体及导电剂都有可能造成其分解，导致 $LiMn_2O_4$ 材料比容量迅速衰减。锂离子脱嵌过程中，电极表面易形成稳定性差的四方相 $Li_2Mn_2O_4$，引起立方对称的尖晶石结构和四方对称的岩盐结构之间的相互转换，即扬-特勒(Jahn-Teller)效应。这种结构畸变使得充放电过程中材料结构反复收缩、膨胀，变形严重，导致材料比容量的衰减，循环性能下降，特别是高温下比容量衰减更突出。

改性：

① 将添加剂加入电解液中，抑制 HF 的产生或 HF 与 $LiMn_2O_4$ 的反应。

② 掺杂金属阳离子，如 Li^+、Mg^{2+}、Zn^{2+}、Ni^{2+}、Al^{3+}、Co^{3+} 等，抑制 Jahn-Teller 效应，提高尖晶石结构的稳定性。

③ 表面修饰，通过在 $LiMn_2O_4$ 表面包覆一层有机物或者无机物/聚合物，如 $A1_2O_3$、Au、LBO、$LiCO_3$、聚吡咯等，可以减小 $LiMn_2O_4$ 材料与电解液的接触面积，缓解 HF 的侵蚀，抑制 Jahn-Teller 效应。

2.3.2 NASCDN 结构 $Li_3M_2(PO_4)_3$

单斜相 $Li_3M_2(PO_4)_3$(M=V，Fe，Ti 等)具有 NASCION(sodium superion conductor，钠快离子导体)结构(图 2-7)。锂原子处于此结构的孔隙中，锂离子有 3 个晶体学位置，Li(1)位于四面体位，Li(2)和 Li(3)位于准四面体位(五重位)。每个单元的 3 个 Li^+ 都能很好地脱嵌。

当 1 mol $Li_3V_2(PO_4)_3$ 材料中有 1 mol、2 mol、3 mol 锂离子进行脱嵌时，其理论放电比容量分别为 65 mA·h/g、133 mA·h/g、197 mA·h/g。但是当 3 mol 锂离子进行脱嵌

时，循环性能不好，比容量衰减较大。

缺点：电子电导率在较低室温下为 2.4×10^{-7} S/cm 左右。

改性：包覆碳、掺杂金属离子（如 Ti^{4+}、Ge^{4+}、Fe^{3+}、Cr^{3+}、Al^{3+} 等）来提高该材料的导电性能，以便改善其电化学性能。

包覆碳不仅可以提高 $Li_3V_2(PO_4)_3$ 的电子导电性，还可以抑制晶粒的长大，获得纳米级材料和缩短锂离子扩散的路径。

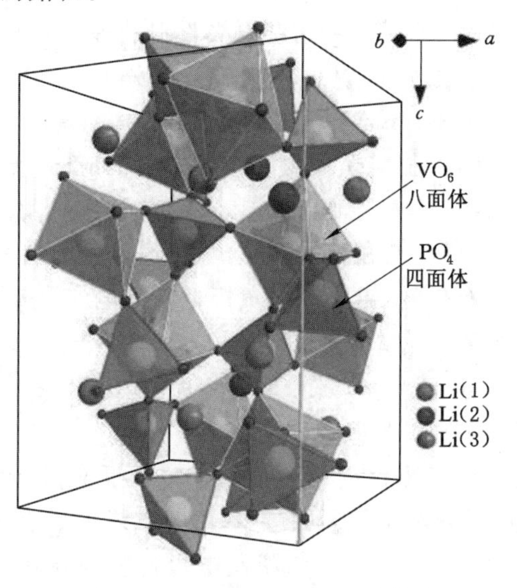

图 2-7　$Li_3M_2(PO_4)_3$ 的结构示意图

2.4　锂离子电池转化反应机制电极正极材料研究进展

目前商品化锂离子电池一般采用上述嵌脱锂材料为正极，如层状 $LiCoO_2$、尖晶石 $LiMn_2O_4$ 和橄榄石 $LiFePO_4$ 等，负极材料采用石墨类材料。上述电极材料是通过锂离子的嵌入/脱出来传输电流的，反应过程中，锂离子在正、负极之间可逆地脱嵌，发生均相反应，物质结构没有发生转变。受宿主材料结构的限制，锂离子的饱和嵌入量有限，因此每次充放电循环交换的锂离子量有限，导致其质量比容量较低（比转化反应机制电极材料的比容量低），转化反应过程中可发生电子转移，从而使这些电极材料理论质量容量和体积容量远大于嵌脱锂化合物。

近年来，电动工具、电动助力车、电动汽车等领域的迅速发展为锂离子电池提供了很好的应用市场，但同时对锂离子电池的循环寿命、能量密度、安全性、价格以及环境相容性等提出了更高的要求。因此嵌脱锂机制的材料已不能满足日益增长的能量密度的要求，急需发展新的电极材料。突破锂离子电池嵌脱锂反应机制是发展高能量密度电极材料的关键。

2000 年 P. Poizot 等[43]发表了有关过渡金属氧化物能够通过转化反应机制实现储锂功能的文章之后，人们广泛地研究了各种 3d-过渡金属二元化合物，M_xX_y（M=Co，Fe，Ni，Cu 等，X=F，O，S，N 等）作为锂离子电池电极材料，如塔拉斯肯（Tarascon）课题组已证实这些材料的容量可达 600～1 000 mA・h/g，且循环性能优良，梅尔（Maier）课题组、巴德韦

(F. Badway)课题组,国内复旦大学、厦门大学、武汉大学、湘潭大学等相关课题组对过渡金属化合物复合材料展开了系列研究。

2.4.1 转化反应机制

与嵌脱锂反应机制不同,转化反应过程中一些过渡金属化合物或半金属合金可以和锂离子发生可逆的转化反应(置换反应),即锂离子可以取代宿主结构中的金属,发生相变,反应过程中可发生多电子转移[44],从而使这些电极材料的理论质量容量和体积容量远大于嵌脱锂化合物[45]。如 Si 的质量容量与体积容量分别为 3 590 mA · h/g 和 8 365 mA · h/cm^3,远高于石墨的 372 mA · h/g 和 975 mA · h/cm^3。但是由于其反应过程中相变体积变化较大,导致 Si 活性材料颗粒内部产生较大的应力,循环过程中转化反应引起累积的晶界减聚力,最后导致容量损失,阻碍了其实际应用[46]。解决这些问题的措施主要有:调整组成电极的活性物质、导电剂和黏结剂的比例,这样虽然会最终减小电极的容量,但是这样的努力方向被证实是有效的,锡(Sn)基负极材料的电池已实现商品化。

转化反应的反应式可表示为:

$$M_a X_b + bn Li^+ + bn e^{-1} \rightleftharpoons b Li_n X + a M^0 \tag{2-1}$$

其中,M 代表过渡金属阳离子(M=Cu^{2+},Fe^{3+},Ni^{2+},Cr^{3+},Mn^{6+} 等),X 代表 O、F^-、P^{3-}、N 和 S^{2-} 等,M^0 为形成了零价的过渡金属。转化反应可逆性的关键是依赖逆过程中 $M_a X_b$ 的形成过程,依赖金属、纳米粒子的减少,由于纳米粒子有较大的界面面积,锂二元化合物基体的分解得以实现。影响转化反应机制电极材料商业化的主要因素有:转化反应过程中大的体积变化,充放电过程中的电压滞后,普遍存在的首次循环过程中库仑效率低下。

图 2-8 为嵌脱锂反应机制与转化反应机制示意图。

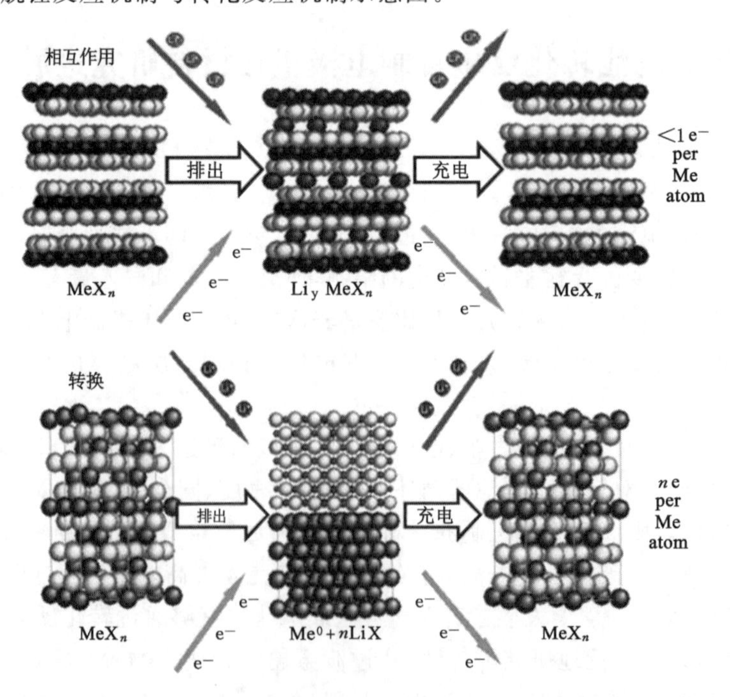

图 2-8 锂离子脱出嵌入反应机制与转化反应机制示意图[47]

图 2-9 为转化反应过程中典型的首次放电及随后的第 1、2 周电压曲线。将此复杂反应中的不同过程标注在相应的电压上。

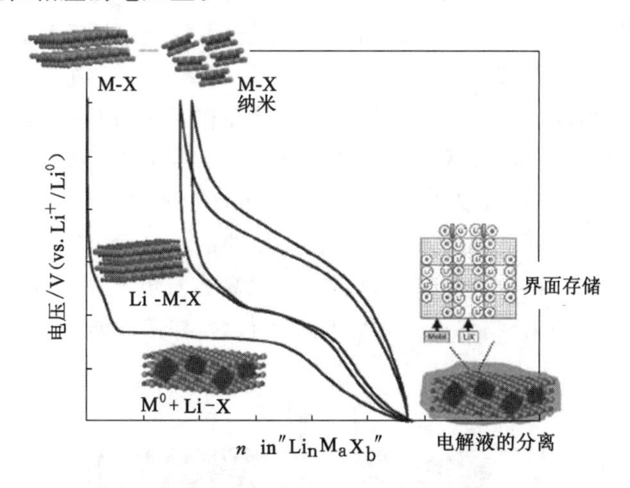

图 2-9　转化反应过程中典型的首次放电及随后的第 1、2 周电压曲线[48]

在基于转化反应的首次放电过程中，微米尺度的金属化合物和锂离子发生完全的还原反应，可以生成 1～10 nm 的金属颗粒/Li_nX 纳米复合物，金属纳米颗粒均匀分布在 Li_nX 中，形成致密的 M^0/Li_nX 纳米复合物，过渡金属化合物的结构完全改变，在随后的电化学循环过程中，这些粒子的尺寸基本保持不变。

在随后的首次充电过程中，M^0/Li_nX 纳米复合物发生氧化反应，复合物中的锂被金属置换出来又生成 M_aX_b，其结构与初始结构有可能不完全相同。

在放电过程中生成的锂化物氟化锂或氧化锂在热力学上高度稳定，一般情况下电化学性能不太活泼，Li 与 O 的电负性相差了 2.5 V，Li 与 F 的电负性相差 3 V。由于氟化锂和氧化锂的能带间隙比较宽，它们的电子和离子传导性较差，一般分别在 5 V、6.1 V 才能分解，而在这样的电压下一般的电解质也要分解。

但是由于在放电过程中生成的金属/LiF 或 Li_2O 复合物是纳米尺度，根据 S. Laruelle 等[49]的研究，纳米尺度的金属可提高 LiF 或 Li_2O 的电化学反应活性，使得 LiF 或 Li_2O 可以在较低电压下可逆形成与分解，因此该类过渡金属化合物可以通过转化反应具有储锂的功能。

另外，理论上脱嵌反应中 1 mol 金属化合物一般只能发生 1 mol 的锂离子脱嵌。而转化反应过程中，1 mol 金属化合物能发生 2～9 mol 锂离子的可逆反应，充放电循环过程中可以最大限度利用电极材料的所有氧化态，最大限度地交换活性材料中的电子，通过转化反应实现储锂功能的电极材料，其比容量通常是传统嵌锂材料的 2～4 倍，因而该类材料是极具潜力的新一代锂离子电池电极材料。

在研究中，人们观察到金属/LiO 或 LiF 纳米复合物，如 Co/Li_2O，Ni/Li_2O，Fe/Li_2O，Ti/LiF 等，在充放电过程中表现出高于理论比容量的储锂容量。在低电压(0～1.2 V)范围内，金属/LiO 或 LiF 纳米复合材料也表现出额外的容量，LiO 基的材料比 LiF 基的材料可以容纳更多的储锂容量。S. Laruelle 等将这一现象解释为锂离子与导电的聚合物薄膜发生反应，形成 SEI 膜。但是对 SEI 膜的研究表明超容量不能仅仅归结于 SEI 膜的形成。

L. Y. BeauLieu 等[50]将其归结为锂离子与在晶粒界面偏析的金属发生反应，但无法解释金属/Li_nX 相的存在，金属与锂离子之间不存在合金反应，而金属与 Li_nX 相均无储锂功能。

P. Balaya 等[51]提出了界面电荷储锂的物理模型，可以较好地解释过渡金属化合物的超容量现象。根据界面电荷储锂机制，如图 2-10 所示，锂离子与过渡金属化合物发生转换生成纳米 M/Li_nX 复合物，随着电压的下降，锂离子储存在界面的 Li_nX 上，而电荷储存在金属 M 一侧，导致电荷分离，在 M/Li_nX 界面处形成类“电容器”结构。在纳米结构的物体中，由于界面较多，界面效应起着很重要的作用。在 M/LiO 或 M/LiF 纳米复合体内没有 M 和锂离子的合金反应发生对界面能够实现储锂也是很重要的。界面电荷储锂机制是一种独特的储锂机制，这种机制的提出不但为开发锂离子电池高容量电极材料提供了新思路，而且电子、离子在 M/Li_nX 纳米复合物界面的存储与输运行为，在基础研究上也有重要的意义。

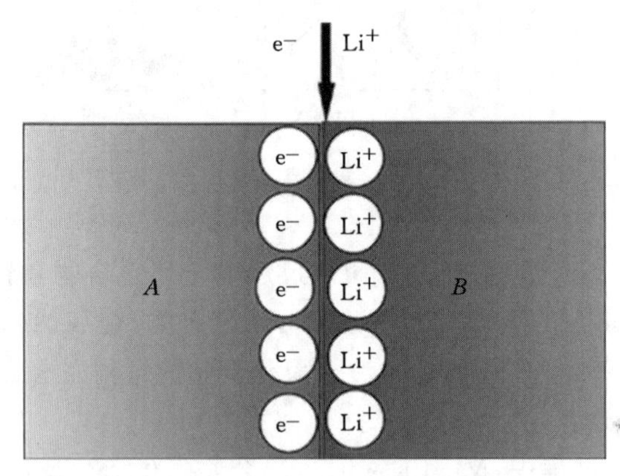

图 2-10　界面电荷储锂机制模型[52]

（A：金属 M，B：Li_nX）

通过转化反应实现储锂功能的电极材料主要有二元过渡金属氟化物、氧化物、氧氟化合物、磷化物等[53]。其中金属氟化物因为有较强的 M-F 化学键，且金属粒子氧化价态较高，放电电位平台（4.5～1.5 V）较高，希望作为锂离子电池正极材料时能表现出较高的可逆容量。其他过渡金属化合物则用作锂离子电池的负极材料。

2.4.2　过渡金属氟化物

在元素周期表中，氟电负性强，自由能较大，所形成的二元过渡金属氟化物的离子键强度比较高，用作电极材料时具有较高的理论电极电位。如果在高电位有可利用的可逆容量，则可用作锂电池正极材料。

目前，文献有报道的过渡金属氟化物材料主要有 TiF_3、VF_3、FeF_3、CoF_2、NiF_2、CuF_2 等，大多数金属氟化物的离子导电性比较好，但其离子键强且带隙宽，所以它们的电子电导率很小，制约了金属氟化物作为锂离子电池正极材料的应用。

S. Grugeon 等[54]的研究结果表明：金属氧化物粒子可以与锂发生电化学反应生成纳米级别的氧化锂与金属，处在纳米金属导电网络中的氧化锂，在纳米金属的催化作用下，在较低的电压下就能分解，从而使反应可逆。受此启发，人们开始重新研究金属氟化物。

阿马图奇（Amatucci）教授在 2002 年的美国 MRS 秋季会议和 2003 年召开的第一届国

际能源转换工程会议上，做了题名为《纳米金属氟化物复合材料——新一代电极正极材料》的报告，该课题组从 2003 年起开始研究基于转化反应机制储锂的锂离子二次电池电极材料，申请了 2 个氟化物正极材料的专利。梅尔课题组从 2003 年开始研究此类正极材料。表 2-1 为部分氟化物的理论电势及比容量。

表 2-1　部分氟化物的理论电势及比容量

MF_n	M 的原子序数	$\Delta_f G$/(kJ/mol)	E^0/V	比容量/(mA·h/g)	比能量/(W·h/kg)
LiF	3	−589			
TiF_3	22	−1 361	1.396	767	
VF_3	23	−1 226	1.863	745	1 386
CrF_3	24		2.28	738	1 683
MnF_2	25	−807	1.919	577	1 108
MnF_3	25		2.65	719	1 905
FeF_2	26	−663	2.664	571	1 519
FeF_3	26	−972	2.742	712	
CoF_2	27	−718	2.854	553	1 578
NiF_2	28	−604	2.964	554	1 640
CuF_2	29	−491	3.553	528	1 874
ZnF_2	30	−714	2.404	518	
AgF_2	47	−187	4.156	211	
SnF_2	50	−601	2.984	342	
BiF_3	83		3.13	302	945

氟化物，特别是电势高、价态高的氟化物（如 FeF_3、CuF_2 等），如果能够用于锂离子电池的电极材料，应该是很有潜力的。下面介绍目前研究较多的几种氟化物电极材料。

2.4.2.1　钛、钒、铬、锰的氟化物

1997 年阿拉伊(Arai)将 70%的 TiF_3、VF_3 与 25%的乙炔黑和 5%的黏结剂混合，在 2.0～4.5 V 以 0.1 mA/cm^2 的电流密度充放电，发现其放电平台分别为 2.5 V 和 2.2 V，可逆比容量约为 80 mA·h/g。

直到近期这些氟化物的完全转化反应才被观察到，其中 TiF_3 在 1.0 V 有平台，VF_3 在 0.5 V 有平台[55]，随后是电压斜坡，总容量超过 900 mA·h/g，拉曼光谱的检测结果证实了可逆的转化反应的发生，SEM 检测结果证明放电结束的产品是多孔的。如果不计算库仑效率较低的首次循环，比容量保持率还是比较高的，循环 15 周后 TiF_3 和 VF_3 分别还有 600 mA·h/g、400 mA·h/g 的比容量。

CrF_3/C 纳米粒子在 70 ℃时测试得到 682 mA·h/g 的比容量，接近理论比容量，但是只有 440 mA·h/g 的可逆比容量[56]。

MnF_2 和 MnF_3 降到 0.02 V 时分别得到 761 mA·h/g 和 1 120 mA·h/g 的首次比容量。2010 年崔艳华等[57]报道了在不锈钢基片上用脉冲激光沉积 MnF_2 薄膜的电化学性能，制备的薄膜 0.01～4.0 V 以 2 $\mu A/cm^2$ 电流密度充放电，首次放电时放电平台在 0.5 V 附近，放电比容量为 850 mA·h/g，循环 2 周后放电比容量约为 430 mA·h/g，与首次放电比容量相比有较大的衰减。循环 50 周后放电比容量为 350 mA·h/g。和粉体电极相比，物理沉积得到的薄膜电极有很多优点：① 可以通过调节沉积条件得到不同成分、不同晶相的薄膜；② 物理沉积的薄膜比较均匀，颗粒比较小，电化学活性更高，且在沉积过程中没有导电剂和黏合剂，更适合研究材料的电化学反应机理。

2.4.2.2 铁基氟化物正极材料

氟化铁中较强的 Fe-F 化学键导致了较高的电化学电势，因而具有较高的理论比容量，并且因为铁的存在其成本降低，性价比提高，且具有热稳定性好等优点，因而成为近年来研究的热点[58]。目前氟化铁的存在形式主要有 FeF_3 和 $FeF_3 \cdot xH_2O$（$x=3, 1, 0.5, 0.33$ 等），FeF_3 最常见的结构是 R-3c 空间群结构，如图 2-11 所示，$FeF_{6/2}$ 位于正八面体的各个顶点，Fe^{3+} 位于八面体中心，结构类似于钙钛矿型。

放电过程中，FeF_3 与锂离子的反应可以分为两个阶段[59]，2.5～4.5 V 对应锂离子的嵌入，即固溶反应阶段：$FeF_3 + Li^+ + e^- \rightleftharpoons LiFeF_3$；1.0～2.5 V 对应转换反应阶段：$LiFeF_3 + 2Li^+ + 2e^- \rightleftharpoons Fe + 3LiF$，对应 Fe^{2+}/Fe^0 的还原过程，两个阶段共有 3 个电子参与了转移，理论比容量可达 712 mA·h/g。

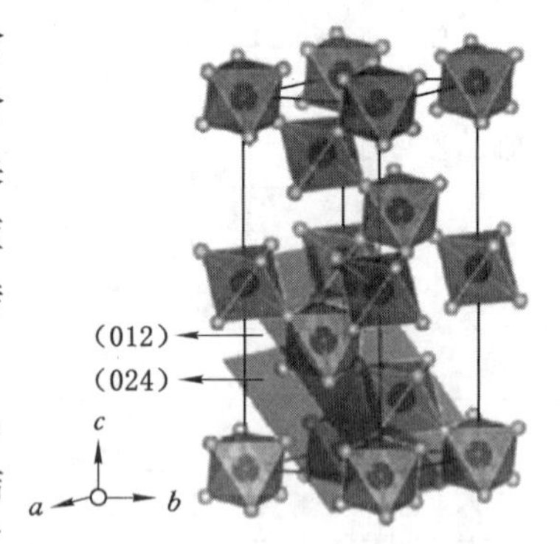

图 2-11　氟化铁的晶体结构示意图

但研究发现氟化铁具有以下不可忽略的劣势[60]：① 氟化铁的高反应活性使它易在潮湿的大气中形成结晶水或在水解反应中生成氟离子，这种不稳定性增大了氟化铁工艺的难度；② 由于 Fe-F 离子键能强，带隙宽，电子电导率低，制约了电池容量的提高；③ 氟化铁的充放电过程中会生成与氟化铁完全不同的相结构 LiF 和 Fe，新相的生成会改变氟化铁的体积，当体积变化较大时，会严重影响电池的循环性能。因此，为了解决氟化铁的低电导率和体积膨胀的问题，通常会对氟化铁进行一定改性处理。

(1) 氟化铁的表面改性

表面改性有利于氟化铁电极与电解质的界面稳定，提高离子和电子的导电性，抑制相的转变，降低电解液的酸度和防止体积剧烈变化等，从而提高电池的可逆容量与循环性能。B. J. Li 等[61]通过溶剂热法合成了三维多孔花朵状氟化铁（图 2-12），采用的氟源为 1-丁基-3-甲氧嘧啶四氟化盐，比起制备氟化铁常用的 HF，不但环境友好且安全。3C 的电流密度下，50 周循环后，仍保留了 123 mA·h/g 的可逆比容量。因为三维多孔结构导致的大的比表面积有利于电解液的渗透和电荷转移速率的提高，二者的协同作用造就了氟化铁优异的电化学性能。

T. Kim 等[62]成功制备了碳包覆 FeF_3 复合材料（图 2-13），该方法新颖、简单且性价比高，分别以 $FeCl_3$ 作为铁源，柠檬酸（$C_6H_8O_7$）作为碳源和螯合剂，乙二醇作为交联剂，之后

图 2-12　三维多孔花朵状氟化铁

使用 HF 气体进行热处理，使 FeF_3 包裹在石墨颗粒中，合成的碳包覆 FeF_3 复合材料记为 FC853，在合成过程中，Fe^{3+} 先被还原成 Fe^0，随后与 HF 气体反应生成 FeF_3，合成的 FC853 复合材料与纯 FeF_3 相比具有更高的比容量与更稳定的循环性能。

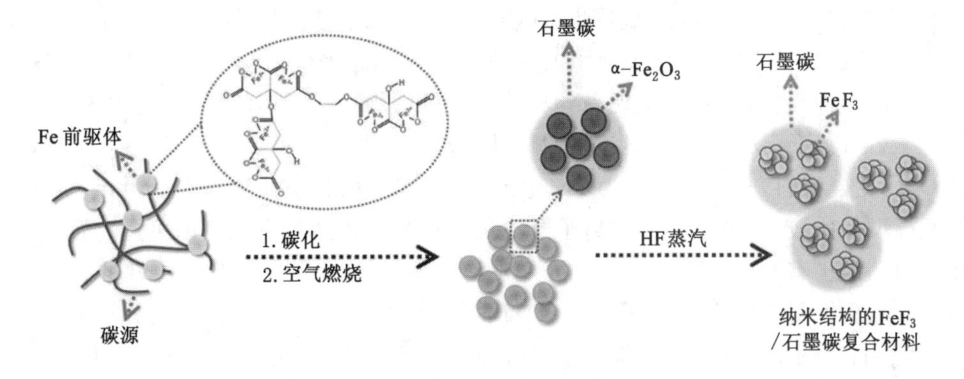

图 2-13　碳包覆 FeF_3 复合材料的合成示意图

相对于传统的碳包覆，TiO_2 由于成本低、环保、制备简单，常被用来进行材料的表面改性或轻微改变材料的结构，而且 TiO_2 具有高理论容量的同时还可以存储锂。因此，只要合理使用纳米 TiO_2 材料包覆氟化铁，既可以减轻氟化铁充放电过程中的体积膨胀，又可以为电荷传递提供快速转移的通道。基于此改性方法，R. Zhang 等[63]使用溶胶-凝胶法在球形的 $FeF_3 \cdot 0.33H_2O$ 表面均匀包覆一层 TiO_2（图 2-14），合成的被 TiO_2 包覆的 $FeF_3 \cdot 0.33H_2O$ 复合材料的颗粒直径约 1 μm，$FeF_3 \cdot 0.33H_2O$ 颗粒表面包覆的一层无定形的 TiO_2 可以促进 Li^+ 在活性物质表面的传输。用作锂离子电池正极材料时，循环 200 周后仍维持了 264 mA・h/g 的可逆比容量。

用以表面改性的物质除了碳、金属氧化物（TiO_2，V_2O_5，Al_2O_3，CeO_2，ZrO_2，SiO_2，ZnO）和磷酸盐类（$AlPO_4$），还有金属氟化物（AlF_3，Li_3FeF_6）等。J. Yang 等[64]通过在溶解过程中将少量的 $FeF_3 \cdot 0.33H_2O$ 替换成 Li_3FeF_6，在 $FeF_3 \cdot 0.33H_2O$ 表面形成一层极薄的 Li_3FeF_6 保护层，抑制电极的分解和充放电过程中电极体积的变化，是很有发展潜力的正极材料。合成的 Li_3FeF_6 保护层厚度可以控制在 1 nm，该保护层既可以促进 Li^+ 的传输，又可以保存 $FeF_3 \cdot 0.33H_2O$ 的大部分比容量，而且这种合成方法很容易实现，因此在合成高容量的氟化铁方面具有广阔的应用前景。

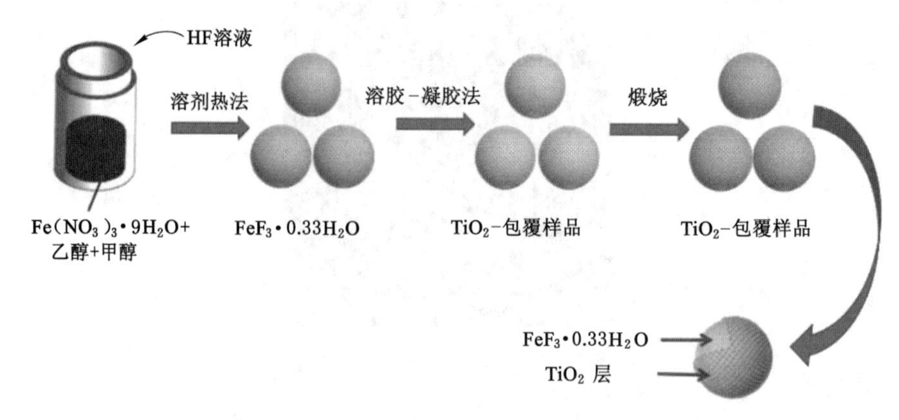

图 2-14　TiO_2 包覆 $FeF_3 \cdot 0.33H_2O$ 的制备流程图

(2) 氟化铁与碳纳米材料复合

由于氟化铁带隙宽，导电性差，因此可以通过与导电剂复合来提高材料的导电性，如碳纳米材料等。碳纳米材料具有比表面积大和理论电导率高等优点，且碳纳米材料和铁基氟化物可以形成多种复合结构，除了提高导电性，还可以缓解氟化铁在充放电过程中产生的体积变化[65]。S. Y. Wei 等[66]通过溶剂热法与机械球磨法制备了具有介孔结构的 $FeF_3 \cdot 0.33H_2O$/C 复合材料，其颗粒尺寸为 1～5 μm，介孔的平均孔半径约为 16.5 nm，虽然复合材料的颗粒尺寸比较大，但是作为锂离子电池正极材料时仍然具有较高的可逆比容量，主要因为开放的孔结构有利于 Li^+ 的转移。同样具有很大比表面积与良好导电性的石墨烯，也常被用来与氟化铁复合提高导电性。T. T. Bao 等[67]合成了 FeF_3/r-GO 复合材料，首先将 $FeCl_3$ 溶解在石墨烯中超声 1 h，然后将离心后得到的沉淀物先在 120 ℃ HF 氛围中保持 3 h，再在 300 ℃氮气氛围中保温 2 h，得到 FeF_3/r-GO 复合产物。FeF_3 与 r-GO 的密切接触提高了复合物的导电性，并减小了颗粒尺寸，对容量的提升大有裨益。

除了合成 FeF_3/C 和 FeF_3/r-GO 复合材料，S. W. Kim 等[68]还合成了 FeF_3/CNTs 复合材料，如图 2-15 所示，首先将碳纳米管在 HF 溶液中超声以产生缺陷，当氟化铁与有缺陷的碳纳米管复合时，氟化铁生长在缺陷处，像是氟化铁花苞长在碳纳米管树枝上一样，构成了很好的导电网络结构。而 L. S. Fan 等[69]利用 $FeF_3 \cdot 0.33H_2O$ 纳米粒子在碳纳米角(CNHs)上直接生长，制备了新型的氟化铁纳米复合材料。在 $FeF_3 \cdot 0.33H_2O$/CNHs 纳米复合材料中，CNHs 的中孔起着导电剂的作用并且作为 $FeF_3 \cdot 0.33H_2O$ 纳米颗粒的载体，两个组分之间的紧密接触可以为 Li^+ 的嵌入/脱出提供良好的转移通道。同时，CNHs 不仅可以抑制 $FeF_3 \cdot 0.33H_2O$ 在结晶过程中的生长和团聚，还充当“弹性混杂物”来承载 $FeF_3 \cdot 0.33H_2O$ 颗粒。W. B. Fu 等[70]通过将 FeF_3 封装在碳纳米纤维中(图 2-16)，不仅可以使 FeF_3 颗粒维持在纳米级，也可以保护 FeF_3 的结构不被破坏，同时，碳纳米纤维为离子和电子的快速转移提供了良好的通道，还可以减少电解液与 FeF_3 表面不必要的反应。通过充放电测试，循环 400 周后仍然有 500 mA·h/g 的可逆比容量，比容量保持率几乎为 100%。

(3) 氟化铁与离子掺杂

氟化铁较差的导电性，这一不可忽略的绝对劣势阻碍了氟化铁在商业电池中的应用。因此可通过降低氟化铁的带隙，提高其导电性，以此来提高氟化铁的能量密度。Z. H. Yang

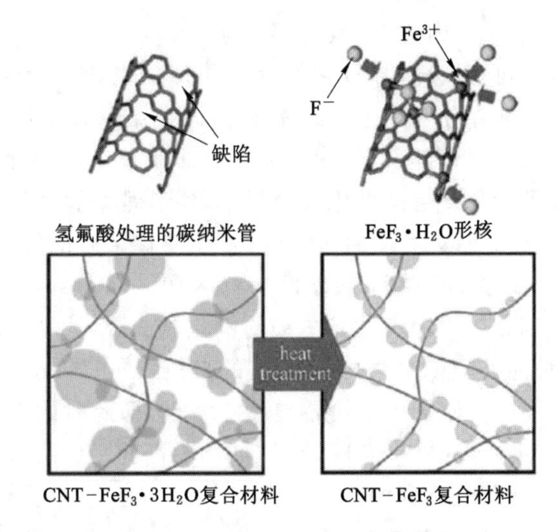

图 2-15　氟化铁碳纳米花的制备流程图

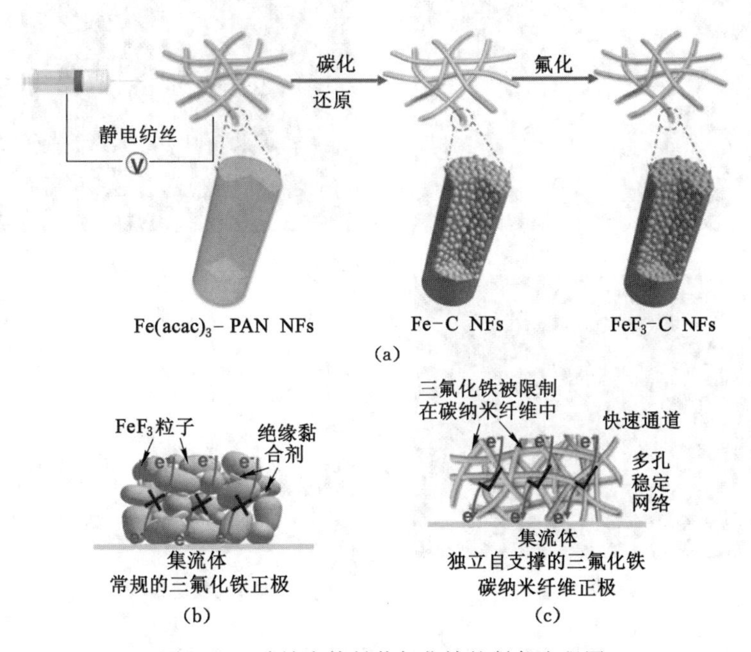

图 2-16　碳纳米管封装氟化铁的制备流程图

等[71]研究了 Co 的掺杂量对氟化铁的结构的影响，研究样品分别为 $CoFe_5F_{18}$、$Co_2Fe_4F_{18}$ 和 $Co_3Fe_3F_{18}$，研究表明：随着 Co 掺杂量的提升，氟化铁的晶体结构的稳定性逐渐降低，虽然 Co 的掺杂不能改善氟化铁的晶体结构，但是会降低氟化铁的带隙，提高导电性，从而提高电化学性能。J. Li 等[72]也对 Co 掺杂氟化铁进行了相关的研究(图 2-17)，通过原位溶剂热法合成了 $Fe_{(1-x)}Co_xF_3$/MWCNT(x=0,0.02,0.04,0.06)纳米复合物，研究结果同样表明：Co 的掺杂可以调节晶体结构，降低氟化铁的带隙，从而提高氟化铁的 Li^+ 扩散系数，当 x=0.04 时，复合物有较高的扩散系数($1.4\times10^{-11}\ cm^2/s$)，此时，电极的放电比容量可达到 217.0 mA·h/g(0.2C,2.0～4.5 V)。

Ti 也是很好的掺杂元素，因为 Ti 具有多价态，可以改变正极材料的电化学性能。此外，TiF_3 和 FeF_3 具有相同的结构，导致它们拥有相似的电化学活性。Y. Bai 等[73]研究了 Ti 的掺杂对氟化铁晶体的结构与导电性能的影响，研究结果表明：晶体的平均尺寸随着 Ti 掺杂量的增加而增加，而带隙却随着 Ti 掺杂量的增加而减小，带隙的降低可以提高氟化铁的导电性，但是微晶颗粒的生长会降低比表面积，不利于锂离子和电子的快速转移。只有适当的 Ti 掺杂量使二者处于相对平衡的状态时，才能使掺杂后的氟化铁达到理想的导电状态，当 Ti 的掺杂量为 1%时，Li^+ 扩散系数为 1.46×10^{-15} m^2/s，均大于无掺杂 Ti(8.57×10^{-16} m^2/s)和掺杂 2%Ti(1.37×10^{-15} m^2/s)的氟化铁。因而 1%Ti 掺杂量的氟化铁也具有相对优越的电化学性能。值得注意的是，Ti^{3+} 的半径(0.067 nm)小于 Fe^{3+} 的半径(0.078 nm)，当 Ti^{3+} 取代 Fe^{3+} 时，会使氟化铁的晶胞尺寸缩小，即此时的 $Fe_{0.99}Ti_{0.01}F_3\cdot3H_2O$ 的(002)晶面间距(3.83 Å)小于 $FeF_3\cdot3H_2O$ 的(002)晶面间距(4.09 Å)，而晶胞晶面间距的减小对锂离子和电子的转移是不利的。

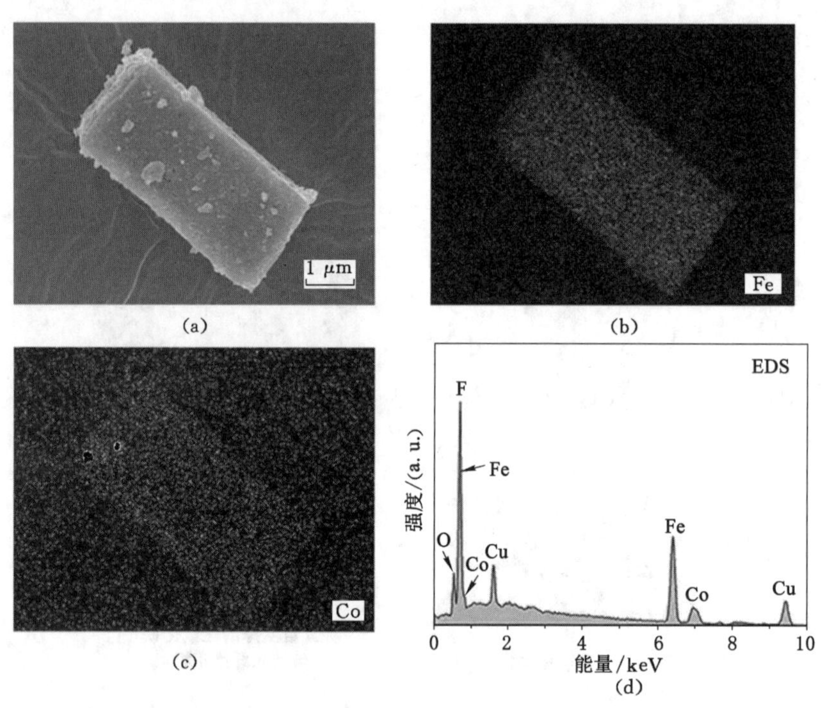

图 2-17 $Fe_{0.96}Co_{0.04}F_3$ 的 EDS 元素分析

(4) 三元铁基氟化物

基于氟化铁具有较高的氧化还原电位和可逆比容量，三元铁基氟化物逐渐成为人们研究的热点[74]。其中，六氟铁酸锂便是在氟化铁的基础上研发出来的一种新型正极材料。然而，由于铁基氟化物的高反应活性使它易在潮湿的大气或水解反应中生成氟离子，这种不稳定性使三元铁基氟化物的制备比较困难。近年来，E. Gonzalo 等[75]通过液相沉淀法制备了稳定的多晶型 α-Li_3FeF_6，其制备方法简单，不需要高温处理。合成的 α-Li_3FeF_6 为白色粉末，颗粒直径在 250～400 nm 之间，机械球磨 12 h 后，颗粒直径降低到 50 nm。应用于锂电池时，其可逆容量为 100 mA·h/g，接近于理论比容量(140 mA·h/g)的 70%。这是第一次将通过液相沉

淀法合成的 α-Li_3FeF_6 应用于锂电池正极材料，其合成方法简单，有利于规模化生产，将会带来很高的工业效益。然而 Li_3FeF_6 较低的容量却制约了其实际应用。目前，主要通过降低 Li_3FeF_6 颗粒直径或与导电剂复合来提高 Li_3FeF_6 电极的可逆比容量。A. Basa 等[76]使用液相沉淀法在不同温度下制备了 Li_3FeF_6（图 2-18），研究发现：温度越低，Li_3FeF_6 的颗粒直径越小，球磨 12 h 后，可逆比容量可以达到 120 mA・h/g。

图 2-18　Li_3FeF_6 及 60 ℃，25 ℃和 0 ℃时的 SEM 图

R. A. Shakoor 等[77]报道了一种新型的三元铁基氟化物 Na_3FeF_6，该材料是通过在氩气氛围中机械球磨 NaF 和 FeF_3 而合成的。该方法环保且安全，因为在整个制备过程中不需要任何有害气体或高温处理。电化学结果表明：Na_3FeF_6 室温下的可逆比容量为 200 mA・h/g，同样 Na_3FeF_6 自身的导电性也差，因此需要进行一定的改性处理。S. B. Sun 等[78]通过将 Na_3FeF_6 和碳纳米管复合，制备了 Na_3FeF_6/CNTs 复合材料，得到了 428 mA・h/g 的可逆比容量，循环 60 周后可逆比容量仍然可以维持在 296.7 mA・h/g。

（5）四元铁基氟化物

锂离子电池的能量密度同样可以通过增加正极的氧化还原电位来提高。而四元铁基氟化物可以提供多种高压氧化还原偶极，因而可以提供高比容量。但是大部分铁基氟化物的合成都离不开 LiF、HF 和 F_2 等有害物质，因此合成工艺具有一定的危险性。G. Lieser 等[79]采用无毒的化学物质通过溶胶-凝胶法合成了四元铁基氟化物 $LiMgFeF_6$。经过 20 周循环，可逆比容量为 107 mA・h/g，为理论比容量的 80%。同样用凝胶-溶胶法合成的 LiN-$iFeF_6$[79]和 $LiMnFeF_6$[80]的电极也具有较高的可逆比容量。

2.4.2.3　钴的氟化物

CoF_3 与 CoF_2 是钴的主要氟化物，其中 CoF_3 主要用作一次电池。Y. N. Zhou 等[81] 2006 年在不锈钢基片上采用脉冲激光沉积（PLD）方法制备了 LiF-Co 纳米薄膜，在 1.0～4.5 V 区间以 28 $\mu A/cm^2$ 的电流密度充放电，首周放电比容量为 550 mA・h/g，在 65 周的充放电循环中，每周比容量衰减 0.3%左右。

2.4.2.4 镍的氟化物

NiF_2 的理论比容量为 554 mA·h/g，理论工作电压为 2.964 V。周永宁等[82] 2006 年研究了 LiF-Ni 纳米复合薄膜的电化学性能，发现其首次放电比容量为 613 mA·h/g，第二次循环后放电比容量为 313 mA·h/g，之后循环性能较好。2008 年该课题组又用激光沉积方法制备了 NiF_2 薄膜[83]，首次比容量为 650 mA·h/g，可逆比容量为 540 mA·h/g。研究发现 NiF_2 薄膜电极在反应过程中存在 Li_2NiF_4 中间相，提出反应过程如下：

$$2Li^+ + 2e^- + NiF_2 \rightleftharpoons Ni + 2LiF(NiF_2\text{多晶体}) \tag{2-2}$$

$$Ni + 4LiF \rightleftharpoons 2Li^+ + 2e^- + Li_2NiF_4(Li_2NiF_4\text{纳米晶体}) \tag{2-3}$$

$$Ni + Li_2NiF_4 \rightleftharpoons 2Li^+ + 2e^- + 2NiF_2(2NiF_2\text{多晶体}) \tag{2-4}$$

首次放电过程如反应式(2-2)所示，为不可逆反应，反应电压为 1.5 V 左右；反应式(2-3)和式(2-4)是可逆反应。在随后的充放电过程中主要进行后两步。

2.4.2.5 铜的氟化物

CuF_2 因理论工作电压较高(3.553 V)、理论比容量较高(528 mA·h/g)、能量密度较大(1 874 W·h/kg)而成为一种较有吸引力的转换金属氟化物。1970 年前后就有许多研究者致力于提高作为锂一次电池正极材料的 CuF_2 的电化学性能，含水的 CuF_2（如 CuOHF 和 $CuF_2 \cdot 2H_2O$）可以提高其工作电压，但是其可用的能量密度只有理论的 25%；无水的 CuF_2 的比容量较高，但是在电解液中稳定性差，限制了其进一步的发展。

将传输离子与电子性能均较好的混合导电剂与纳米的金属氟化物复合可提高其电化学性能。2007 年 F. Badway 等[84]将 CuF_2 分别与碳、MoO_3、VO_2、V_2O_5、NiO、CuO 高能球磨，200 ℃热处理后得到复合材料，其中 CuF_2/C 复合材料的比容量为 250 mA·h/g。在上述复合材料中，CuF_2/MoO_3 复合材料表现出最好的性能，调整 MoO_3 的质量比例，比容量最大可达到 525 mA·h/g。XRD 的检测结果表明形成了 $CuF_{1.9}O_{0.22}$、$Mo_{0.12}O_{0.26}F_{0.1}$ 的纳米复合体，导电剂的引入有利于提高电极材料的电荷传输能力。

2009 年娜奥科(Naoko)根据核磁共振(NMR)和 XRD 的检测结果，认为 CuF_2 的反应机理可用下式表示：

$$2Li^+ + 2e^- + CuF_2 \rightleftharpoons 2LiF + Cu \tag{2-5}$$

他们提出了 CuF_2/C 复合材料的反应过程模型，如图 2-19 所示。根据以上模型提出了 CuF_2/C 的反应路径。第一批减少的 CuF_2 颗粒是与碳直接或更近接触的颗粒，电子通过导电剂 C 传输至 CuF_2 表面，Cu 从颗粒中被挤出，纳米 LiF 形成。Li 在 0～0.5 V 时，XRD 检测到了较大的 Cu 颗粒，没有检测到 LiF 颗粒，NMR 检测到了，但显示颗粒很小。

由于 CuF_2 是电子的不良导体，LiF 是电子和离子的不良导体，推断在一定程度上 CuF_2 中存在 F^- 的传导。F^- 在 CuF_2/Cu 界面快速传输至 CuF_2/电解质的界面，在界面上可以与 Li^+ 反应生成 LiF。Cu 在离碳较近的区域形成更大的颗粒。随着反应的进行，F^- 扩散得离 C 更远，或通过 CuF_2 相，或通过 CuF_2/Cu 界面，到达没有碳覆盖的表面形成 LiF。如果 LiF 有裂纹，一些反应可能发生包括 Li^+ 通过 CuF_2/Cu 界面（晶界）的迁移，在界面上形成绝缘的 LiF 层。Cu 开始在更大的 CuF_2 颗粒内形核，打破了 CuF_2 颗粒形成了 CuF_2/Cu 纳米微粒。因金属 Cu 与 CuF_2 颗粒体积不同，将导致大的压应力或拉应力和粒子的破碎。粒子的破碎降低了锂离子扩散的困难，开辟了锂离子到达反应点的通道。

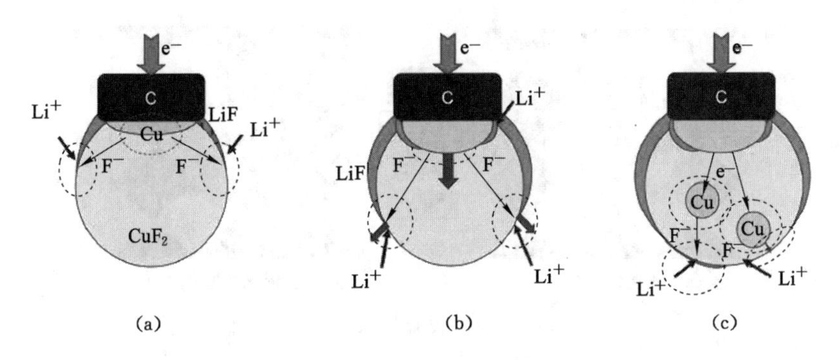

图 2-19　CuF_2/C 复合材料的反应过程路径

2008 年，张华等[85]在不锈钢基片上通过脉冲激光沉积法制备了纳米结构的 CuF_2 薄膜，在 1.0～3.5 V 范围内充放电，首次放电比容量为 860 mA・h/g，第二次放电比容量为 540 mA・h/g，20 周循环效率保持在 80%左右。除首次比容量衰减较大外，随后的充放电过程循环性能良好。

2.4.2.6　铋的氟化物

BiF_3 的理论输出电压为 3.13 V，质量比能量为 905 W・h/kg，但其体积比能量高达 7 170 W・h/L，且是很好的氟离子导体，这在转化反应的动力学方面起着很重要的作用，因此 BiF_3 也得到了一定的研究。事实上，铋不是过渡金属，氧化价态很稳定，有很小的倾向会发生像 FeF_3 和其他过渡金属氟化物开始的插入反应。但是 BiF_3 与过渡金属氟化物类似，Bi-F 能带间隙也比较大，BiF_3 的电子传导率较低，不能直接用作锂离子电池正极材料。

2005 年 M. Bervas 等[86]采用高能球磨的方法制备了 BiF_3/C 纳米复合材料，XRD 的结果显示球磨后形成了 BiO_xF_{3-2x}(x=0.02)，颗粒直径为 30 nm 左右。在 1.5～4.5 V 电压区间分别以 7.58 mA/g、22.72 mA/g、45.45 mA/g、113.64 mA/g、227.27 mA/g、454 mA/g 不同的电流密度充放电，放电电压平台大约为 3.0 V，充电电压平台大约为 3.4 V，首次放电比容量为 200～250 mA・h/g。以 909.09 mA/g(4C)充放电，放电比容量略高于 160 mA・h/g，高倍率性能远高于其他过渡金属氟化物的纳米复合物。2006 年他们又继续研究了 BiF_3/C 纳米复合材料的反应机理[87]，认为反应式如下：

$$3Li^+ + 3e^- + BiF_3 \rightleftharpoons 3LiF + Bi \tag{2-6}$$

与 FeF_3、TiF_3 不同，反应过程中没有观察到插入反应的发生。根据研究结果，提出了 BiF_3 锂化过程中电子、锂离子传输机制。当 Li_xBiF_3 中的 x 小于 1.5 时，传输机制如图 2-20(a)所示，电子通过碳基体传输至 BiF_3 表面，锂离子从电解质中迁移至 BiF_3 表面，和 BiF_3 反应生成 Bi^0 和 LiF。当 x 大于 1.5 时，所有的 BiF_3 颗粒表面均已反应完成，Li^+ 通过 Bi^0 和 LiF 的界面扩散至处于中心的未反应的 BiF_3 颗粒的表面，电子则通过金属 Bi^0 迁移至 BiF_3，完成反应，如图 2-20(b)所示。

脱锂机制如图 2-21 所示。当 Li_xBiF_3 中的 x 大于 1 时，电子从(Bi^0+LiF)复合体的表面通过金属 Bi^0 传输至碳基体，Li^+ 通过(Bi^0+LiF)的表面 Bi^0 从 LiF 纳米微粒迁移至电解质，Bi^0 氧化为 BiF_3，如图 2-21(a)所示。当 Li_xBiF_3 中的 x 小于 1 时，所有(Bi^0+LiF)复合体的表面均已氧化为 BiF_3，电子迁移先通过未反应的纳米金属 Bi^0 颗粒再通过 BiF_3 层，而

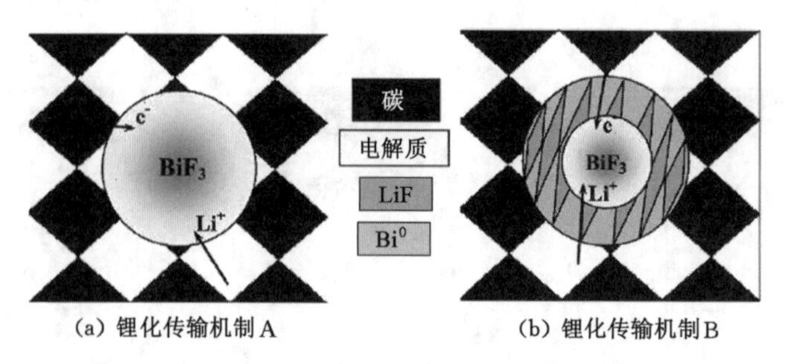

(a) 锂化传输机制A　　(b) 锂化传输机制B

图 2-20　BiF_3 锂化过程两种不同的传输机制图

Li^+ 从未反应的 LiF 中迁移穿过 BiF_3 层,如图 2-21(b)所示。机制 B 因电子和 Li^+ 要穿过绝缘的 BiF_3 层,因此动力学阻碍比机制 A 大得多。因此晶粒粒径是比较重要的,实验结果表明较小的平均晶粒粒径可提高比容量保持率。

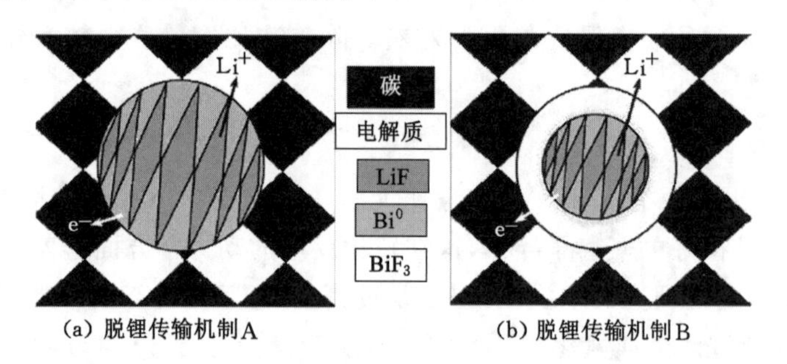

(a) 脱锂传输机制A　　(b) 脱锂传输机制B

图 2-21　Bi^0 和 LiF 脱锂过程两种不同的传输机制图

2006 年 M. Bervas 等[88]报道了铋的氧氟化物的合成方法,以 NH_4F 和 Bi_2O_3 为前躯体,合成 BiO_xF_{3-2x}。合成 BiOF 的反应式如下:

$$Bi_2O_3+2NH_4F=\!=\!=2BiOF+2NH_3+H_2O \tag{2-7}$$

合成 $BiO_{0.5}F_2$ 的反应式如下:

$$BiOF+3NH_4F=\!=\!=NH_4BiF_4+2NH_3+H_2O \tag{2-8}$$

$$NH_4BiF_4+0.5H_2O\overset{70^\circ}{=\!=\!=}BiO_{0.5}F_2+NH_3+2HF \tag{2-9}$$

他们对 $BiO_xF_{3-2x}(x=0,0.5,1,1.5)/C$ 复合的材料做了进一步的研究[89],研究结果表明:少量的氧阴离子的掺杂可显著提高金属氟化物的电化学活性。因金属氟化物具有较好的离子传导性、工作电压较高、金属氧化物带隙较小而具有良好的电子电导率,因此氟氧化物可能成为容量高、循环性能优良的锂电池正极材料。$BiO_{0.5}F_2/C$ 复合材料在 2~4.5 V 区间内以 7.58 mA/g 的电流密度充放电,循环 3 周后比容量可达到 187 mA·h/g。他们认为 BiOF 和锂离子的反应式如下:

$$3Li^++3e^-+BiF_3\rightleftharpoons 3LiF+Bi \tag{2-10}$$

2009 年 R. E. Doe 等[90]用第一性原理研究了 BiF_3 的平衡和非平衡转化反应,计算结果表明:BiF_3 和 Li 的反应非常直接,在平衡条件下首先 BiF_3 歧化成 Bi 和 $LiBiF_4$,$LiBiF_4$ 随后分解为 LiF 和 Bi。但实验研究表明:BiF_3 的转化反应过程并没有中间相 $LiBiF_4$ 形成,而从动力学角度看充放电过程中因为驱动力不足形成 $LiBiF_4$ 的可能性很小,反应过程中 Bi 不使用+3 以外的其他价态，这和实验结果吻合。

2010 年 A. J. Gmitter 等[91]通过球磨制备了 BiF_3、MoS_2、碳纳米管纳米复合材料，并研究了其在可逆转化反应过程中，在较高电压作用下，电解质分解的产物(固态界面膜，即 SEI 膜)的形成过程和形成动力学。研究结果表明：碳酸盐基的 SEI 膜的形成电位约为 2.0 V，分解电位约为 4.4 V。金属氟化物电极持续的可逆反应加剧了电极与电解液之间的反应。在 1 mol EMC(线性碳酸盐溶剂)基的 $LiPF_6$ 电解质中，BiF_3 纳米复合材料的循环性能比在环形碳酸盐溶剂(1 mol/L $LiPF_6$，EC：DMC)基的好。

2.4.2.7　过渡金属氟化物性能影响因素

过渡金属氟化物的电导率差，掺杂是提高其性能的重要手段之一。一般在其中加入电子电导率高的材料(如乙炔黑等)，并高能球磨形成纳米复合材料。武文等[92]在 FeF_3 中分别加入 MoS_2 和 V_2O_5，在 4.5～2.5 V 区间内，首次放电比容量分别为 170 mA·h/g 和 219 mA·h/g，十分接近此电压区间的理论值。另外他们发现高能球磨的时间也是影响其性能的重要因素之一：时间过短则不能达到均匀分散以及减小颗粒粒径的目的，时间过长则因球磨时产生的高热量使得纳米级别的颗粒再次团聚，从而使颗粒度增大，影响电池的循环性能；其最佳球磨时间为 3 h。

此外，不同温度下过渡金属氟化物正极材料性能差异较大。巴德韦在不同温度下测试 FeF_3：C 纳米复合材料的充放电性能时，发现室温下电池的首次放电比容量仅为 367 mA·h/g，而当温度达到 70 ℃时，其首次放电比容量高达 660 mA·h/g。这是因为较高温度能提高过渡金属氟化物的活性，一定程度上使电子电导率上升，同时使电子和离子在正极材料中的传输速度增大，提高其反应活性。

对于用 PLD 获得的纳米薄膜电极而言，其电化学性能与粉末电极有很大区别。由于它不含导电剂和有机黏结剂，其实际容量较大，首次放电容量多出现超容量，电导率低，动力学活性较差，放电平台工作电压较粉末电极低很多。值得关注的是，这种薄膜电极在低电压区间内具有高度可逆的容量，可能与界面充电机制有关。当薄膜电极有很多晶界时，其界面类似无数电容叠加，因此这种储锂机制不能被忽略。

第3章 锂离子电池负极材料

锂离子电池负极材料是决定锂离子电池性能优劣的关键因素之一。一般来说，优良的负极材料应具备以下要求：① 比能量高；② 相对锂电极的电极电位低；③ 充放电反应可逆性好；④ 与电解液和黏结剂的兼容性好；⑤ 比表面积小（<10 m/g）；⑥ 密度高（>2.0 g/cm^3）；⑦ 嵌锂过程中结构稳定性好；⑧ 资源丰富，价格低廉；⑨ 在空气中稳定，无毒副作用。

根据与锂离子的反应机理和其电化学性能，负极材料可以分为以下三类：① 嵌入脱出型负极材料，例如碳材料（石墨、多孔碳、碳纳米管、石墨烯等）、二氧化钛（TiO_2）和新钛酸锂（$Li_4Ti_5O_{12}$）等；② 合金化/去合金化型负极材料，例如硅（Si）、锗（Ge）、锡（Sn）、铝（Al）、铋（Bi）、二氧化锡（SnO_2）等；③ 转换反应型负极材料，例如过渡族金属氧化物（Mn_xO_y、NiO、Fe_xO_y、CuO、MoO_2）等，各种金属硫化物、磷化物和金属氮化物。例如过渡族金属氧化物（Mn_xO_y、NiO、Fe_xO_y、CuO、MoO_2 等）、硫化物（M_xS_y）、磷化物（M_xP_y）和氮化物（M_xN_y），其中 M 为金属元素。

目前已商品化的负极材料主要为碳素材料，如石油焦、无定形碳及中间相碳微球。沥青类化合物热处理时，发生热缩聚反应生成具有各向异性的中间相小球。把中间相小球从沥青母体中分离出来形成的微米级球形碳材料称为中间相碳微球（mesocarbon microbeads，简称 MCMB）。正在研究中的负极材料主要有氮化物、锡基氧化物、锡合金以及其他一些金属间化合物等。

近年来对石墨负极材料的研究工作主要集中在如何提高其实际比容量、充放电效率、循环性能以及降低生产成本等方面。石墨负极有一些难以克服的缺点，比如在碳负极表面易形成钝化层（SEI 膜）。SEI 膜对稳定循环性能有重要作用，但是会造成不可逆比容量损失。2004 年，K. S. Novoselov 等[93]以石墨为原料，通过微机械力剥离法得到一系列称为二维原子晶体的新材料——石墨烯（graphene），其厚度仅为 1 个原子，具有非常独特的电性能、导热性能和光学性能。

鉴于碳材料的局限性，寻找性能更良好的非碳负极材料仍是锂离子电池研究的重要课题。近年来，有很多研究者都报告了他们研究非碳负极材料所取得的成果，尤其是有关金属间化合物。锡基负极材料具有比能量高、廉价、无污染、易加工合成等优点，受到研究者的广泛关注。然而锡基材料在充放电过程中会产生严重的体积膨胀，导致出现电极粉化、剥落等现象。为提高锡基负极材料的电化学性能，可采用对金属锡材料纳米化、合金化、包覆处理等方法[94][主要包括锡基复合材料、锡合金、锡基氧化物（锡氧化物及锡复合氧化物材料）三类锡基负极材料]。近几年来硅材料成为一种新型的负极材料，硅材料的储锂比容量最高，高达 4 200 mA · h/g，超过石墨理论比容量的 10 倍，而且硅的电压平台略高于石墨，充电时难以引起表面析锂，具有较好的安全性能[95]。此外，硅是地壳中丰度（丰度：一种化学元素在某个自然体中的重量占这个自然体总重量的相对份额，称为该元素在自然体中的丰度）最高的元素之一，来源广泛，价格便宜。硅负极材料有很多优点，但是在电化学储锂过程中，平均每个硅原子结合 4.4 个锂原子生成 $Li_{22}Si_5$ 合金相，材料的体积变化达 3 倍以上，易造成电极材料的破碎、粉化和破坏电极活性物质与集流体的接触性，致使电极材料活性颗粒与集流体失去良好的电接触和机械接触。为改善硅基负极材料的体积效应，常采用纳米化、合金化、复合化等方法（主要包括单质硅、硅化物、硅-非金属复合材料）。

3.1　嵌入脱出型负极材料

3.1.1　石墨

自索尼公司首次采用碳质材料作为商业锂离子电池负极材料以后，碳质材料便成为锂离子电池负极材料的主要原料。碳材料具有多种结构和同素异形体，由于其导电性能好、物理化学性质稳定、机械性能强、来源丰富、成本低，以及具有良好的锂离子嵌入脱出可逆性，碳材料作为锂离子电池负极材料时表现出优异的储锂性能。与其他嵌锂材料相比，碳材料具有高比容量、低电化学电势、良好的循环性能、廉价、无毒、在空气中稳定等优点，是目前最理想的锂离子电池负极材料。石墨是锂离子电池碳材料中研究最多的一种。

3.1.1.1　石墨的晶体结构

碳元素的原子序号为 6，碳原子的 6 个基本电子的轨道为 $1s^2 2s^2 2p^2$。由于在最多可容纳 8 个电子的 L 壳层只有 4 个电子，因此，邻近碳原子间很容易通过 2s 和 2p 轨道间的杂化形成 σ 和 π 两种强共价键。其中，sp^3 杂化形成的是 σ 键，它有 4 个不完全充满的杂化轨道，σ 键互成 109°28′，构成四面体结构的金刚石晶体，σ 键的强度为 350 kJ/mol。sp^2 杂化形成 3 个相等的杂化轨道，其中 3 个 σ 键在同一个平面上互成 120°，并与垂直于该平面的 pz 轨道通过 π 键构成碳六角网格平面。碳六角网格平面则通过范德瓦耳斯力堆积成石墨晶体，因此石墨具有层状结构，显各向异性。层面上的 σ 键强度为 430 kJ/mol，sp^2 杂化的 pz 轨道垂直于层面取向，具有像金属中的电子一样的迁移性。图 3-1 为六方石墨的晶体结构示意图。

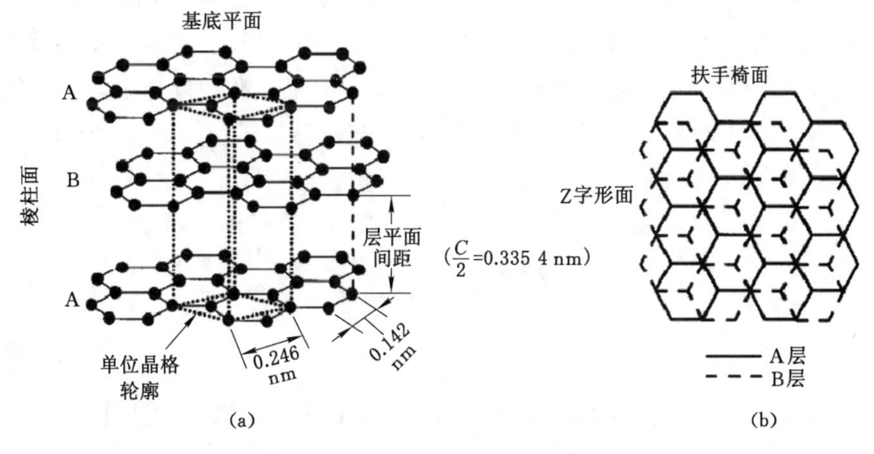

图 3-1　六方石墨的晶体结构示意图

层状结构的石墨中一般含有 2 种晶相，一种是六方相（又称为 2H 相，$a=b=0.2461$ nm，$c=0.6781$ nm，$\alpha=\beta=90°$，$\gamma=120°$），空间点群 P63/mmc，碳原子层以 ABAB…次序堆叠；另一种是菱形相（又称为 3R 相，$a=b=c$，$\alpha=\beta=\gamma\neq90°$），空间点群为 R3m，碳原子层按 ABCABC…次序堆叠，如图 3-2 所示。二者真密度相等，均等于 2.256 g/cm^3。

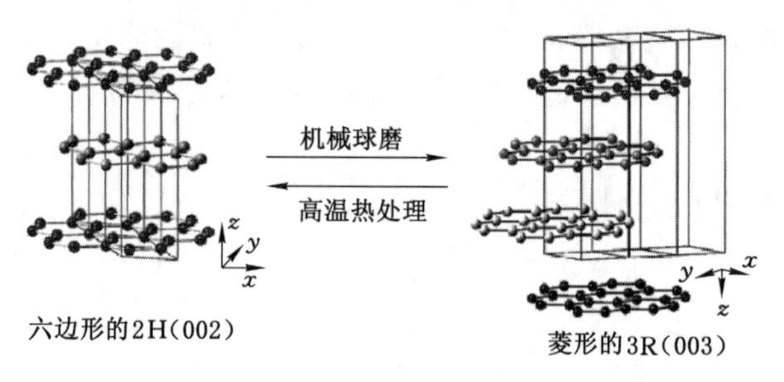

图 3-2　六方相和菱形相石墨的堆积次序示意图

与菱形相相比，六方相在热力学上更稳定，二者的热力学焓差 $\Delta H=0.6$ kJ/mol。六方相和菱形相在一定条件下可以相互转变。例如，在机械球磨时，石墨在剪切力的作用下层片容易滑移，六方相部分向菱形相转变，菱形相含量增加。而在高温热处理时，石墨中的缺陷被消除，同时菱形相向更稳定的六方相转变，六方相含量增加。但是，机械球磨作用不可能使六方相完全转变成菱形相，而合适的高温热处理有可能使菱形相完全转变成六方相。

自从石墨开始被用作锂离子电池的负极材料，人们就考察了菱形相含量对石墨负极电化学行为的影响。一般而言，菱形相含量越高，石墨负极的嵌锂容量越高，且与电解液的相容性越好，不容易发生溶剂共嵌入，菱形相含量大于 30％的石墨能够在 PC（碳酸丙烯酯，propylene carbonate）基电解液中稳定地进行充放电。这是由于机械加工过程中不仅增加了菱形相含量，还会引入更多的结构缺陷（比如晶界和线缺陷），这些缺陷能够阻止溶剂化锂离子共嵌入石墨层间。更高的嵌锂容量可能是由于除了层间储锂外，六方相与菱形相的晶界也能存储锂离子。

石墨晶体的结构参数主要有 L_a、L_c、d_{002} 和 G。L_a 表示石墨晶体沿 a 轴方向的平均尺寸；L_c 表示石墨晶体沿 c 轴方向的平均尺寸；d_{002} 表示相邻两石墨片层的平均间距，理想石墨的层间距 d_{002} 为 0.335 4 nm，而无定形碳的 d_{002} 可达 0.37 nm，甚至更大；G 为碳材料的石墨化度，表示碳材料的结构接近理想石墨的程度。一般石墨化程度越大，L_a 和 L_c 的值也就越大。石墨晶体的这些结构参数可以通过 XRD 来确定，见式(3-1)至式(3-4)。

$$d_{002}=\frac{\lambda}{2\sin\theta_{(002)}} \tag{3-1}$$

$$L_a=\frac{1.84\lambda}{\beta_{(101)}\cos\theta_{(101)}} \tag{3-2}$$

$$L_c=\frac{0.89\lambda}{\beta_{(002)}\cos\theta_{(002)}} \tag{3-3}$$

式中，λ，β，θ 分别为入射 X 射线的波长、X 射线衍射峰的半高全宽和衍射角。

$$G=\frac{0.3340-d_{002}}{0.3440-0.3354}\times100\% \tag{3-4}$$

3.1.1.2　石墨的表面结构

物质表面层的分子所处环境与内部分子不同，因此表面层的性质不同于主体。在锂离子电池中，电化学反应首先在电解液和电极材料的界面发生，电极材料的表面结构对界面反应有很大影响，因此研究负极材料时必须考虑它的表面结构。碳材料的表面结构包括表面上碳原子的键合方式、端面和基面的比例、表面上化学或物理吸附的官能团、杂质原子、缺陷等。

在石墨化碳材料中，由于各向异性结构而形成了不同的表面：端面(edge plane)和基面(basal plane)，如图3-1所示。在充放电过程中，锂离子从石墨的端面插入，若基面上存在结构缺陷，也可能从基面插入，因此基面和端面的比例对锂离子的嵌脱反应有较大影响。研究表明：当石墨颗粒的粒径较小时，端面占的比例较大，有利于锂离子的嵌入-脱出。此外，端面也有两种类型：Z字形(zig-zag)面和扶手椅(arm-chair)面(图3-1)，其中Z字形面上的碳原子比扶手椅面的碳原子化学活性更高。

石墨表面的杂原子主要有氢原子和氧原子，它们可能以化学键合的羟基或羧基形式存在(图3-3)，此外，石墨表面可能还有氮、硫等原子。

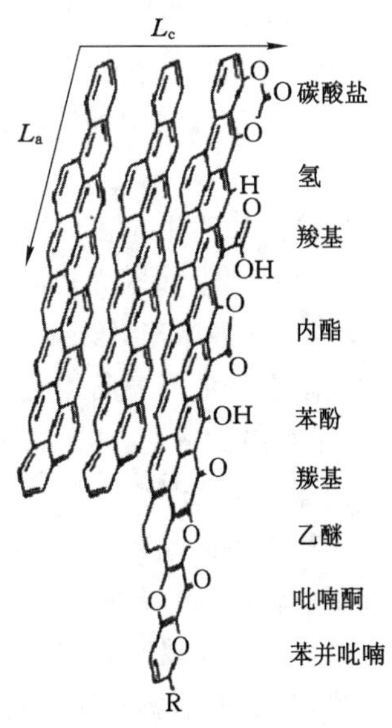

图3-3　石墨表面可能的含氢氧官能团

3.1.1.3　石墨的生成与分类

碳材料可以分为石墨碳和非石墨类碳，如图3-4所示。石墨包括天然石墨、人造石墨和各种石墨化碳(如石墨化碳纤维和石墨化中间相碳微球)。

天然石墨是一种非金属矿物，常与石英、长石等共生，组成含石墨的岩石，或在深度变质的煤层中生成；人造石墨是将无定形碳在高温下热处理一段时间，使其结构向层状石墨晶体结构转变得到的一种产物。

根据在高温下是否能够石墨化，可以将非石墨类碳材料分为软碳和硬碳两种。其中软碳可以在高温下(大于2 300 ℃)石墨化，而硬碳材料则即使在大于2 800 ℃的高温下也难以石墨化。

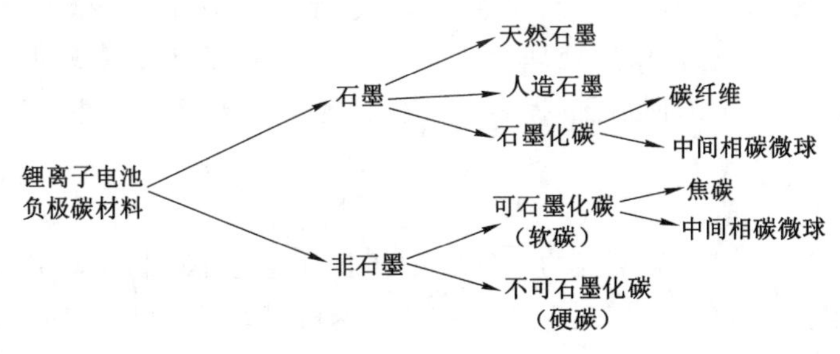

图3-4　锂离子电池碳负极材料的分类

(1) 天然石墨

天然石墨按结晶形态可分为显晶质石墨和隐晶质石墨两大类，前者结晶粗大，晶体直径大于 1 μm，呈鳞片状或块状，又称为鳞片状石墨；后者晶粒细小，晶形不明显，又称为土状石墨或微晶石墨。天然石墨因为产地和后续加工工艺的不同，在结构和性能上存在很大差异。

① 显晶质石墨

显晶质石墨按其结晶的形状又可以分为两种：a. 形状呈颗粒状的致密结晶石墨，称为块状晶质石墨；b. 形状呈鱼鳞片状的称为鳞片状石墨。

鳞片状石墨外观为黑色或银灰色，结晶程度较高。其矿床主要存在于太古宙古老变质岩中。在原岩中沉积有大量的有机质碳，随着地层的变化，在高温、高压下经过深度变质作用，碳质气化逸出，在适宜的地质条件下冷却再结晶成为优质的鳞片状石墨晶体，粒度一般在 3 mm 以下。鳞片状石墨矿床的石墨含量一般都不太高（3%～10%），个别富矿可达 20%。

块状晶质石墨是由气成作用所形成的。地球深处的高温高压含碳气体沿着裂缝上升，在接近地表温度和压力较低的岩缝中冷凝为粗大的结晶石墨，矿体填充在片麻岩开口裂隙中，厚度为几厘米至几米，石墨含量很高，一般达 60%以上，有的高达 80%～90%。

我国出产的晶质石墨主要是鳞片状石墨，约占总保有量的 98%，主要分布在山东莱西、平度，黑龙江的柳毛，内蒙古的兴和等地。

② 隐晶质石墨

这种石墨的晶粒很小，微晶直径一般为 0.01～0.1 μm，是由微小的天然石墨晶体构成的致密集合体，肉眼难以辨认其晶形，故称为隐晶质石墨，又称为土状石墨或微晶石墨。这种石墨是由煤田受热力接触变质作用而生成的，保留着煤矿外貌和层状结构，矿石为黑色致密块状，有从无烟煤过渡至石墨的特征，石墨含量一般为 60%～80%，最低只有 15%。隐晶质石墨可选性差，一般品位较高的矿石经手选、磨粉即为成品，但品位低的矿石必须浮选。我国吉林磐石，湖南郴州和新化的石墨属于此类型。

③ 改性石墨

改性石墨是指利用一些物理或化学的方法对天然石墨进行处理，使其表面结构和形貌发生相应的改变，从而使得材料具有更好的循环性能和更高的比容量。

人们尝试了多种方法进行改性：a. 球形化以减小天然石墨的比表面积，减小材料在循环过程中的副反应；b. 构造核-壳结构，即在天然石墨表面包覆一层非石墨化的碳材料（如热解碳、沥青碳、树脂碳等）；c. 修饰或改变天然石墨表面的物理化学状态（如官能团），主要采用酸、碱、超声、球磨等处理方法，或在空气、氧气、水蒸气中进行轻微氧化处理；d. 引入非金属元素（如 B，F，N，S）进行掺杂处理。从改性结果来看，天然石墨球形化结合构造核-壳结构，更有利于天然石墨循环性能的提高。目前，碳包覆球形天然石墨已经成为主流负极材料之一。

(2) 人造石墨

人造石墨是将易石墨化软碳经约 2 800 ℃以上石墨化处理制成，二次粒子以随机方式排列，其间存在很多孔隙结构，有利于电解液的渗透和锂离子的扩散，因此人造石墨能提高锂离子电池的快速充放电能力。

石墨化中间相碳微球为球形片层颗粒，主要由对煤焦油进行处理获得中间相小球体，再经 2 800 ℃以上石墨化处理得到。

微晶成长机理是目前描述无定形碳向石墨转变的最常用的机理。该机理认为：无定形碳是由大量石墨微晶构成的，其不同于石墨之处主要是晶体的大小，这种微晶可以看成有序排列的六角网格平面大分子，是转化为石墨的基础。当温度达到足以使这些分子边缘的原子或基团游离时，在没有其他杂原子占据这些空键的情况下，原来互相平行定向堆积的一些大分子便以这些自由键为中心结合成更大的平面分子，称为"定向熔接"。同时处于大分子上下方的共轭 π 键促使乱层结构的平面分子移动或扭动，以达到最大限度重叠，形成三维有序排列的石墨结构。

在以六角网平面的积层体（石墨微晶）为基本结构单元的碳石墨材料中，有 3 个重要的参数：结晶的大小（L_a）、积层的厚度（L_c）、积层的间距（d_{002}）。这些参数与碳石墨材料的热处理温度密切相关，一般来说，随着热处理温度的提高，L_a、L_c 值增大，d_{002} 值减小，如图 3-5 所示。L_a、L_c 值增大，表明石墨微晶生长。d_{002} 值减小，表明六角网平面的积层形式逐渐向具有规则取向的石墨结构变化。如图 3-6 所示，随着热处理温度的升高，碳材料的结构逐渐向有序的石墨结构转变。

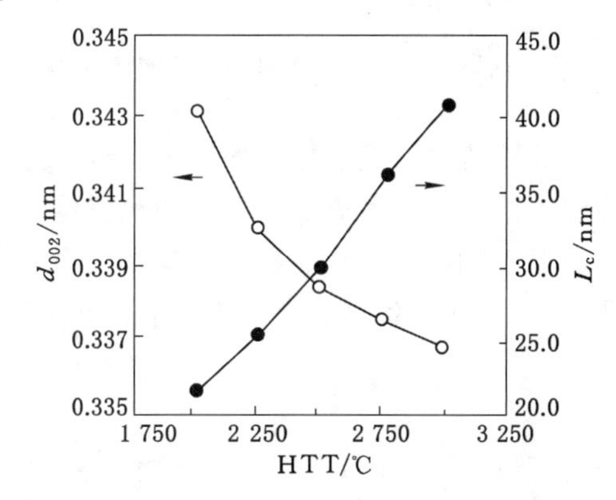

图 3-5　热处理温度（HTT）与 L_c 值和 d_{002} 值的关系曲线

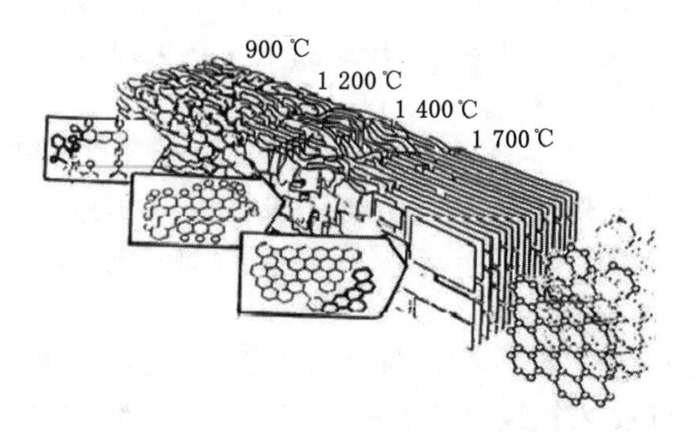

图 3-6　碳的晶体结构随热处理温度的变化

（3）非石墨类碳（无定形碳材料）

可用于锂离子电池的碳负极材料除了上述的石墨化碳以外还有非石墨类碳（无定形碳），无定形碳是人们最早研究并应用于锂离子电池中的材料。无定形碳材料在 X 射线测试中，在（002）晶面没有明显的衍射峰，均为无定形结构，由无定形碳和石墨微晶组成，材料内部存在大量的微孔结构，这些微孔结构在充放电过程中可以成为储锂的小仓库，所以其理论比容量远高于石墨类材料的比容量。根据其结构特性可分为软碳和硬碳。硬碳和软碳材料均可以通过含碳有机物的热解得到。

图 3-7 为锂离子在石墨和无定形碳中的储存示意图。其存在一定的电压滞后以及不可逆容量较高等现象,限制了该材料在锂离子电池中的应用[94]。为了解决以上问题,科研工作者对碳材料进行了大量改性研究,主要包括对碳材料进行杂原子掺杂、纳米化结构设计以及多孔结构设计等。

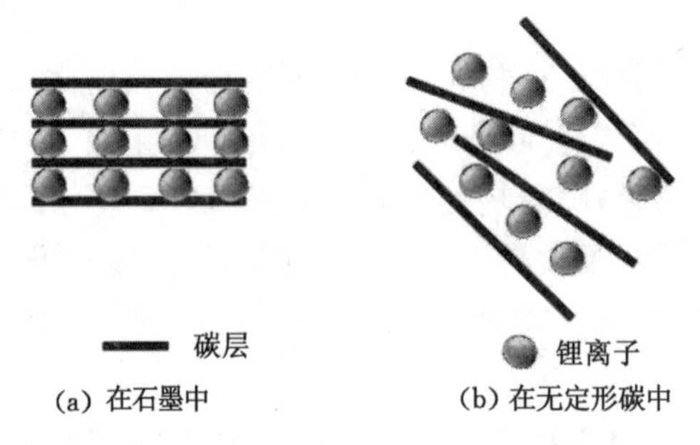

图 3-7 锂离子在石墨和无定形碳中的储存示意图

无定形碳材料内部丰富的孔结构提供了更多的嵌锂位点,使其比容量远高于石墨材料,而且丰富的孔道和交连的碳骨架也便于锂离子和电子的快速传输。但是这种无序结构也导致无定形碳材料石墨化程度低,导电性差,从而影响材料的电化学性能,而增加材料的石墨化程度往往又会破坏其孔结构,因此制备具有合适石墨化程度和一定孔隙结构的材料是碳负极材料发展的关键。

① 软碳材料

软碳是指高温热处理时可以石墨化的碳材料,软碳材料密度大,质地软,材料内部为乱层无序结构。热处理温度对材料结构和嵌脱锂性能的影响较大,当 900 ℃处理时材料具有典型的乱层结构;高温(2 800～3 000 ℃)处理后,乱层结构消失,直至成为纯石墨结构。

常见的软碳材料包括焦炭、针状焦、碳纤维、中间相碳微球等。其中针状焦、焦炭和中间相碳微球可用储量丰富的煤炭制备。

a. 焦炭

焦炭是最早应用于商品化锂离子电池的碳负极材料,根据原料的不同可将焦炭分为沥青焦、石油焦等。Sony 公司于 1990 年研制的第一代锂离子电池就是采用石油焦作为负极材料。

焦炭是最具有代表性的软碳,是经液相碳化形成的一类碳素材料。在碳化过程中氢原子及氧、氮、硫等杂原子逐渐被驱除,碳含量增大,并发生一系列脱氢、环化、缩聚、交联等化学变化。焦炭本质上可视为具有不发达的石墨结构的碳材料,碳层大致平行排列,但网面小,积层不规整,属乱层构造,$d_{002}=0.34\sim0.35$ nm,明显大于理想石墨的层间距。焦炭可经进一步的高温处理(大于 2 000 ℃)进行石墨化。通常 HTT(heat treatment temperature,热处理温度)越高,石墨化程度就越高,此外添加剂及压强对石墨化过程也有较大的影响[96]。

大多数报道的低温处理的焦炭嵌锂容量较低,一般低于 250 mA・h/g,也有远大于 Li_6C 容量的报道,不过主要是靠增加 0.8～1.2 V 的高电势区间的容量获得的,与石墨的反应电势完全不同,表明焦炭的电极反应的本质有别于通常意义上的层间嵌入。根据有关研究结果,锂在石油焦中的最大理论化学嵌入量为 LiC_{12},电化学容量为 186 mA・h/g。这主要是由于嵌锂时碳材料会发生体积膨胀，而焦炭中存在的结构缺陷将阻碍碳材料的体积膨胀，造成只能形成 2 阶 GIC（石墨插层化合物，graphite intercalation compound）(LiC_{12})，不能进一步嵌锂形成 1 阶 GIC(LiC_6)。

焦炭的充放电曲线与石墨电极低而平稳的充放电曲线不同，如图 3-8 所示，焦炭在充放电时电压变化较急骤，而且充放电曲线在 0～1 V 之间是逐渐变化的，这种电势变化在最初的锂离子电池中有利于剩余容量的检测，但随着充电器性能的提高，这已不能视为优点，反而降低了锂离子电池的能量密度。

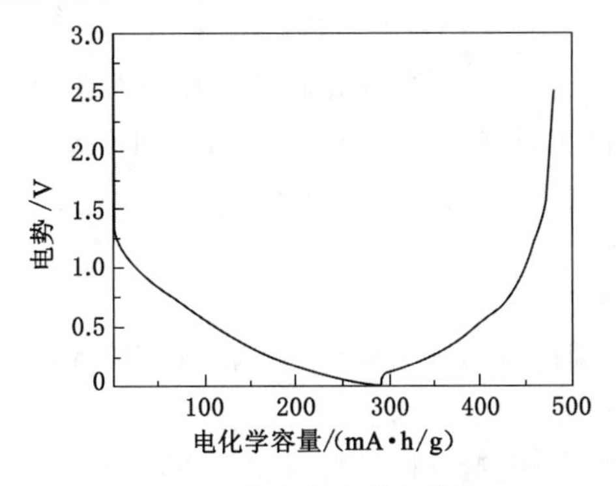

图 3-8　焦炭的充放电曲线

焦炭具有热处理温度低、成本低以及与 PC 相容等优点，因此可以降低电池成本。但是由于焦炭嵌锂容量低、放电电势较高，焦炭的真实密度约为石墨的 80%，从而限制了电池的容量和能量密度，已逐渐被石墨及其他负极材料代替。

b. 煤基针状焦负极材料

针状焦是一种外观为银灰色，具有纤维状或针状纹理走向的多孔人造石墨碳材料。针状焦作为一类新型的锂离子电池的负极碳材料，具有各向异性、易石墨化、电导率高、灰分低、热膨胀系数小及成本低等优点，是锂离子电池负极材料中的一种重要材料。按照生产原料的不同，针状焦可分为油系针状焦和煤系针状焦。煤系针状焦生产工艺过程主要有原料预处理、液相碳化工艺和气流拉焦。

c. 煤基中间相碳微球

自 J. D. Brooks 和 H. Taylor 在沥青液相碳化期间发现液晶状各向异性碳质中间相球体以来，人们对碳质中间相进行了大量研究，并且以中间相沥青为原料成功开发了针状焦、碳纤维等一系列新型碳材料，其中采用各种方法从中间相沥青基质中分离制备的微米级中间相球体称为中间相碳微球（mesocarbon microbeads，MCMB）。

中间相碳微球的应用领域比较大，除了用作锂离子电池的负极材料，还可以用于制备高密高强碳材料、高性能液相色谱填料、超高表面积活性炭、催化剂载体等。中间相碳微球的制备研究始于 20 世纪 60 年代，但是在锂离子电池中的应用研究却在 20 世纪 90 年代初才开始有文献报道。

制备中间相碳微球的常规方法：热处理稠环芳烃化合物（煤焦油沥青、石油焦沥青等）以聚合产生中间相小球体，然后采用适当的方法将中间相小球体从母液中分离出来。文献报道的分离方法主要有溶剂萃取法和热离心分离法等。溶剂萃取法是利用喹啉、吡啶等溶剂将母液萃取而得到中间相碳微球。热离心分离法则是在较高的温度下，利用中间相碳微球与母液的密度不同而初步分离，再利用溶剂抽提进一步分离。两种方法各有优缺点，前者操作和设备简单，但需要大量的溶剂，操作费时，适于实验室研究；后者溶剂消耗量大幅度减少，但是设备复杂，适于工业化生产。热处理温度对 MCMB 的结构影响很大，当热处理温度大于 1 000 ℃时，随着热处理温度的升高，MCMB 的层间距 d_{002} 急剧减小，c 轴结晶长度 L_c、a 轴结晶长度 L_a 显著增大。

石墨化的中间相碳微球已逐步实现商品化，日本大阪煤气化学公司率先推出锂离子电池用石墨化中间相碳微球；上海杉杉科技有限公司采用鞍山热能研究院的技术，也于 2001 年上半年建成生产线投产。目前商用中间相碳微球放电容量已接近石墨的理论容量，其循环性能、能量密度等性质仍需要进一步研究开发。中间相碳微球可通过微观结构调整、热处理、形状粒度优化、表面氧化改性、包覆掺杂及与其他材料复合等方法来提升其电化学性能，使其满足锂离子电池的需求。

d. 无烟煤基负极材料

高温碳化处理无烟煤制得材料，具有微孔结构和石墨结构，作为锂离子电池负极材料时兼具了石墨化碳和非石墨化碳的电学性能。

在无烟煤碳化制备锂离子电池负极材料的过程中，原煤的预处理除杂过程和碳化温度是影响材料比容量、循环性能、微晶结构等的主要因素。

杂质使材料微晶结构产生缺陷，锂离子在结构内部脱嵌的过程中造成结构塌陷，使循环性能下降。

随着碳化温度的不断提高，材料内部的微孔孔容不断减小，材料中氢含量也不断减小，这都将导致放电比容量减小。

变质程度高的无烟煤石墨化产品，石墨化程度最高，石墨片层发育良好，具有良好的循环性能和倍率性能。石墨化程度越高，晶体取向性越好，越接近于石墨，其不可逆容量也越大。无烟煤石墨化负极材料相比针状焦等负极材料，虽然克容量等性质不占优势，但是电池的循环稳定性良好。

总之，软碳石墨化程度低、晶面间距大、晶粒小，软碳材料表面有较多的极性基团，与电解液相容性好，Li^+ 在材料中扩散速度快，利于 Li^+ 在材料内部穿梭，有利于快速充放电。但是碳层内部存在较多缺陷，如杂原子、错位、空穴等，使得锂离子嵌入与脱出比较困难，同时电解液容易渗透，也使得电解液容易消耗，首次不可逆容量损失增加，输出电压偏低，无明显充放电平台。

以石墨化的中间相碳微球为代表的负极材料可表现出优秀的循环稳定性，但是可逆容量较低，限制了软碳材料的进一步应用。

② 硬碳材料

硬碳材料为经过高温热处理仍然无法转变为石墨的碳材料，其密度低，质地较硬。即使热处理温度达到 2 800 ℃，硬碳材料也难以石墨化，热处理后的硬碳材料的类石墨网络结构较差，只有少层石墨层发生堆叠，并且排列极不规则，内部含有大量的空腔结构。主要由有机高分子树脂、煤等经高温处理获得，因此种类很多。常见的硬碳主要包括有机聚合物热解碳[聚乙烯醇(polyvinyl alcohol，PVA)，聚氯乙烯(polyvinyl chloride，PVC)，聚偏二氟乙烯(polyvinylidene difluoride，PVDF)，聚丙烯腈(polyacrylonitrile，PAN)等]，树脂碳(如酚醛树脂、环氧树脂、聚糠醇树脂等)和炭黑(如乙炔黑)等。

近年来,大量的研究结果表明许多低温热解碳材料具有很高的嵌锂比容量,如索尼公司通过热解聚糠醇得到比容量为 450 mA·h/g 的碳材料,Kanebo 公司用聚苯酚作为前驱体的热解碳负极材料的可逆比容量达到 580 mA·h/g,远超出石墨类碳材料的理论嵌锂比容量(372 mA·h/g),从而得以大量研究与开发。

典型的热解硬碳材料的充放电曲线如图 3-9 所示,它有别于石墨及软碳材料(如焦炭)的充放电曲线,具有较大的首次充放电不可逆比容量(一般大于 20%)和电压滞后现象(放电电势明显高于对应的嵌锂状态的充电电势)。

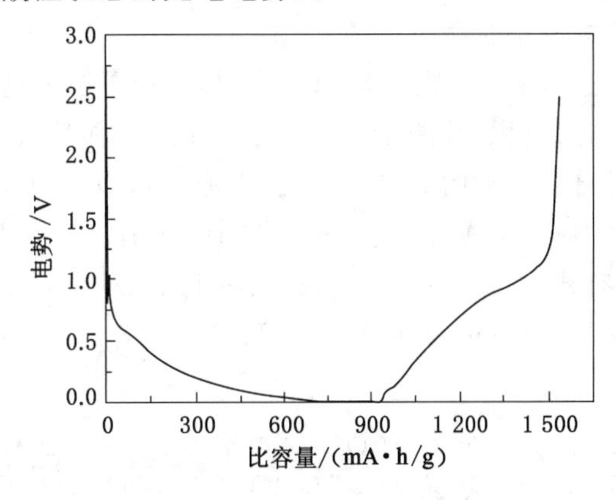

图 3-9　热解硬碳材料的充放电曲线

硬碳与软碳相比,晶粒更小、取向更不规则、层间距更大(一般在 0.38 nm 以上),但是硬碳密度小,表面孔隙多,具有很高的比容量,早已被索尼公司商业化,作为锂离子电池负极材料。

硬碳材料充放电没有石墨那样低而平的充放电平台,存在电压滞后现象。但是这种非石墨化的材料中存在大量孔隙结构,使储锂活性位点大幅度增加,嵌锂比容量高,超过了石墨的理论比容量(372 mA·h/g)。并且该类材料不规则结构多晶面间距较大,有利于锂离子在碳层之间的扩散和电子传输,可以实现快速充放电。除此以外,该材料可以与有机电解液很好相容,因此可以使用较低价格的电解液。

和石墨化碳相比,无定形碳材料有着更大的储锂比容量,因为锂离子不仅可以储存在碳层之间,还可以储存在碳层的边缘。

虽然热解硬碳材料一般具有很高的可逆嵌锂比容量,但是其存在相当大的不可逆比容量、严重的电压滞后现象及对空气敏感等缺陷,使得热解硬碳材料应用于商品化锂离子电池面临着很大的困难。深入研究原料结构与热解碳材料性质之间的关系,利用分子设计合成一些具有特殊网络结构的高聚物,从而显著降低其不可逆比容量和电压滞后现象,是制备嵌锂性能优异的热解碳材料的一个重要发展方向。

3.1.1.4　石墨用作锂离子电池负极材料的特性

石墨材料的结晶度较高,导电性好,具有良好的层状结构,适合锂离子可逆地嵌入和脱出,表现出良好的循环性能,且嵌、脱锂反应发生在 0～0.25 V(vs Li/Li^+),具有平坦的充放电平台,可与提供锂源的正极材料 $LiCoO_2$、$LiMn_2O_4$ 等匹配,组成的电池平均输出电压高,因此碳石墨材料是目前商业化最成熟的锂离子电池负极材料。

下面简单介绍石墨负极的嵌脱锂机理、石墨负极稳定充放电的保证——固体电解质中间相(solid electrolyte interphase,SEI)膜。

(1) 石墨负极的嵌脱锂机理

石墨晶体具有强的各向异性层状结构,因而具有特殊的化学性质,一些原子、分子或者离子可以嵌入石墨晶体的层间,但是并不破坏二维网状结构,仅使层间距增大,生成石墨特有的化合物,通常称为石墨层间化合物(graphite intercalation compounds,GICs),插入的化学物质称为插入物。根据插入物(客体)和六角网格平面层(主体)结合关系的不同,GICs可以分为施主型、受主型和共价结合型三大类。

锂离子电池的出现正是基于石墨主体可以被客体锂原子嵌入这一原理。石墨的嵌锂过程是锂离子嵌入石墨层间的过程,锂原子嵌入后,石墨层片中碳原子的 sp^2 杂化轨道不变,层面保持平面性,存在可自由运动的 π 电子,而且锂原子可以提供电子,增加了石墨层的电子,所以锂-石墨层间化合物具有更高的导电性。同时,石墨层与嵌入层平行排列,而且是每隔1层、2层、3层……有规则地插入,分别称为一阶、二阶、三阶……石墨层间化合物(lithium-graphite intercalation compounds,Li-GICs)。图3-10是不同阶数Li-GICs的结构示意图。

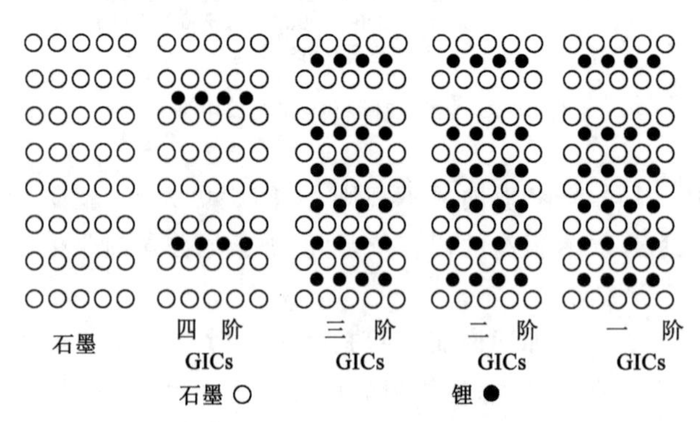

图3-10 石墨及不同阶锂-石墨层间化合物的结构示意图

石墨的嵌锂过程是锂离子嵌入石墨层间的过程,随着锂在石墨中嵌入量的增加,逐渐生成稀释的1阶、4阶、3阶、2阶、1阶等不同相的锂-石墨层间化合物(Li-GICs)。不同阶数的Li-GICs生成过程中发生的反应可表示为:

$$C_6 + 0.083Li^+ + 0.083e^- \rightleftharpoons Li_{0.083}C_6 \quad (LiC_{72})\text{稀释相 1 阶} \tag{3-5}$$

$$\text{稀释相 1 阶} \quad Li_{0.083}C_6 + 0.083Li^+ + 0.083e^- \rightleftharpoons Li_{0.166}C_6 \quad (LiC_{36})\text{4 阶} \tag{3-6}$$

$$\text{4 阶} \quad Li_{0.166}C_6 + 0.056Li^+ + 0.056e^- \rightleftharpoons Li_{0.222}C_6 \quad (LiC_{27})\text{3 阶} \tag{3-7}$$

$$\text{3 阶} \quad Li_{0.222}C_6 + 0.278Li^+ + 0.278e^- \rightleftharpoons Li_{0.5}C_6 \quad (LiC_{12})\text{2 阶} \tag{3-8}$$

$$\text{2 阶} \quad Li_{0.5}C_6 + 0.5Li^+ + 0.5e^- \rightleftharpoons LiC_6 \quad \text{1 阶} \tag{3-9}$$

在石墨嵌锂的过程中,石墨片层的堆叠次序ABAB…(或ABCABC…)均逐渐转换为AAA…堆叠次序。对于2H相石墨来说,这种结构变化是可逆的;但是对于3R相石墨而言,经过电化学循环后,大部分的3R相转变成2H相。

当石墨的嵌锂深度达到 LiC_6 时,两相邻的石墨片层直接彼此相对,石墨片层的间距增大至0.37 nm，与嵌锂前的0.335 4 nm相比，增大了约10.3%，此时嵌锂容量达到石墨的理论比容量(372 mA·h/g)，但是一般天然石墨和人造石墨的比容量均低于此理论值。

石墨的嵌锂机理可以通过电化学还原的方法证实，基本方法有两种：恒电流法和循环伏安法。相比而言，循环伏安法尤其是慢速扫描循环伏安法(slow scan rate cyclic voltammetry，SSCV)更为有效。SSCV测试时的扫描速率一般很小(≤20 μV/s)，这有利于考察电化学反应的可逆性和反应机理。图3-11为石墨负极的SSCV曲线，扫描速率为4 μV/s。如图3-11所示，负向扫描表征的是石墨的嵌锂过程，在0.09 V、0.12 V、0.16 V和0.21 V附近出现了4个氧化峰，每个峰都代表了一个两相共存区，对应于不同阶数Li-GICs形成过程的阶转变，这与恒电流充电曲线上的电位平台表征的结果一致。正向扫描曲线上存在4个还原峰，表征的是石墨的脱锂过程[97]。

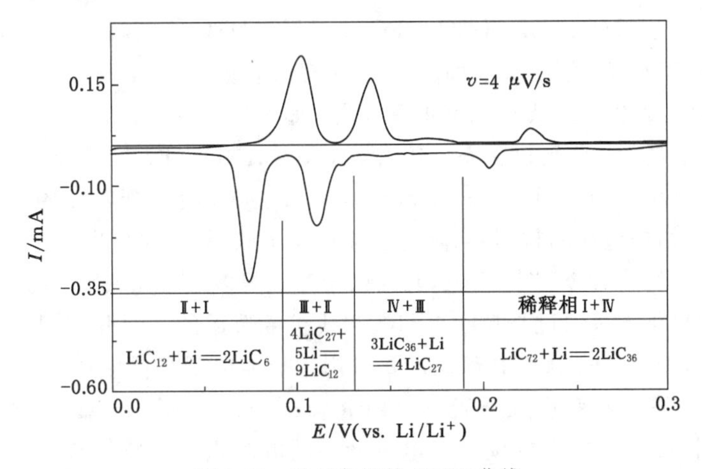

图3-11 石墨负极的SSCV曲线

(2) 固体电解质界面膜

锂离子电池在首次充放电过程中，当碳电极从开路电压(open circuit voltage，OCV)被极化至较低的电压(3～2.5 V→0 V vs Li/Li$^+$)时，有机电解液中的溶剂、锂盐阴离子和痕量的杂质会在碳电极表面发生还原分解反应，不溶解的还原产物在电极表面沉积下来，形成一层电子绝缘、离子可导的钝化层，这层钝化层被称为固体电解质界面(solid electrolyte interface，SEI)膜，其厚度可能从几埃到几百埃。这一模型最早是由Peled提出的。碳材料表面在电化学嵌锂之前形成SEI膜已被证实，除此之外，其他一些负极材料，如锡的氧化物、合金表面也能形成SEI膜，而且正极表面也可以通过阳极氧化形成SEI膜。

SEI膜主要有两个作用，一是只允许锂离子通过，防止溶剂共嵌入时引起结构破坏；二是电子绝缘，可以阻止电解液在负极材料表面的氧化还原反应，减少因其分解而产生的不可逆反应。SEI膜也有两个负面影响：一方面它的形成消耗了锂离子，造成首次库仑效率低；另一方面增大了电极/电解液的界面电阻，使Li$^+$传导速率下降。

由于Li的嵌入过程必须要经由覆盖在碳负极上的SEI膜，因此SEI膜的特性决定了嵌、脱锂以及碳负极/电解液界面稳定的动力学性能，也就决定了整个电池的性能，如循环寿命、自放电以及电池的高低温性能等。要优化电极界面SEI膜的性质，一般是通过改善电极表面的性质和优化电解液组成来实现的。

优良的 SEI 膜必须具备以下性能：① 致密，能够有效地防止电解液溶剂的进一步还原以及共插入；② 具备较高的离子导电性和电子绝缘性；③ 具备较好的热稳定性；④ 具备较高的化学稳定性，即不与电极材料和电解液发生反应。

下面简要介绍 SEI 膜的组成和形成机理。

① SEI 膜的结构与组成

对 SEI 膜结构和组成已进行了广泛研究，现在普遍接受的锂电极表面 SEI 膜的模型为：a. 内部由低氧化态的无机盐组成致密部分；b. 外部由有机层组成多孔部分。X-射线光电子能谱(X-ray photoelectron spectroscopy，XPS)对锂电极在烷基碳酸酯基电解液中形成的 SEI 膜的深度剖析指出，SEI 膜为一具有马赛克状的多层结构，越接近锂表面的钝化层，SEI 膜组分的氧化态就越低。

对在 $LiAsF_6$ 基 DMC、干燥的 EC：DEC 和湿 EC：DEC 等电解液中新鲜制备的锂电极表面的 XPS 分析表明：越接近 Li 表面，SEI 膜含有低氧化态的无机组分就越多。靠近锂电极表面的 SEI 膜主要由一些低氧化态的无机盐[如 Li_2O、Li_3N、LiX(X＝F、Cl 等)]组成，SEI 膜的外部则主要由一些高氧化态的组分(如 ROLi、$ROCO_2Li$、LiOH、Li_xMF_z 等)组成。利用扫描原子力显微镜(atomic force microscope，AFM)研究了锂电极的表面，研究结果显示：锂表面的纳米结构包括晶粒间界、隆起线和平坦区域，晶粒间界主要由 Li_2CO_3、Li_2O 以及电解液的还原产物(如 LiCl 等)组成，其结构中存在很多位错和缺陷。锂沉积过程中形态的改变主要是锂离子大量通过晶粒间界和隆起线扩散造成的。因此，晶粒间界和隆起线在控制锂沉积形态，如枝晶的生成中有着重要作用。扫描电子显微镜(scanning electron microscope，SEM)和傅立叶变换红外光谱(fourier transform infrared spectroscopy，FTIRS)研究结果显示：锂几乎在所有的碳酸酯电解液中的电沉积都呈枝晶状，在锂枝晶上形成的 SEI 膜外层主要由 $LiOCO_2R$、Li_2CO_3、LiOH 以及内层 Li_2O 组成。当电解液中含有少量 HF 时，具有半球状的锂上的电沉积是非常光滑的。这些光滑的锂表面被一层非常薄的(20～50 Å)由 LiF/Li_2O 层组成的表面膜覆盖，而且表面膜的组成与含有 HF 的碳酸酯溶剂的类型无关，锂表面 SEI 膜的组成对少量 HF 的存在非常敏感，这可能是因为在电解液中 LiF 是一种非常稳定的产物。石墨颗粒表面的 SEI 膜成分如图 3-12 所示。

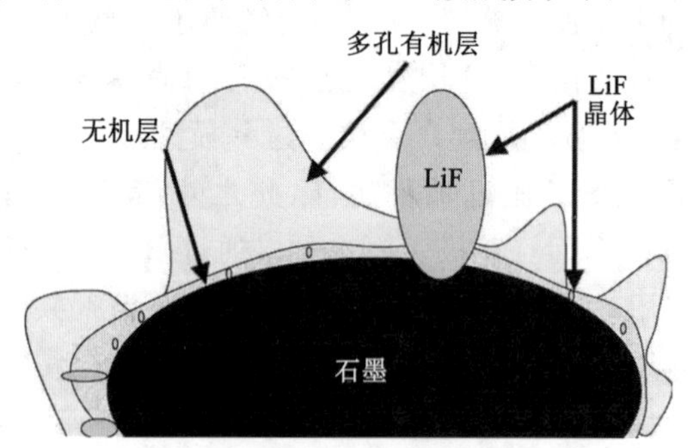

图 3-12　石墨颗粒表面的 SEI 膜示意图

在有机电解液中，锂电极表面有 SEI 膜组分(主要包括电解液的组分：有机溶剂、锂盐阴离子、添加剂等)以及一些不溶物(电解液中的杂质如 H_2O、HF 等在锂电极表面还原产生的不溶产物)，同时可能还含有锂电极表面原始组分(Li_2O、LiOH 和 Li_2CO_3)与上述电解液组分反应生成的不溶产物。总的来说，在烷基碳酸酯基电解液中，锂电极表面SEI膜主要由$ROCO_2Li$组成，对环状溶剂来说，主要是烷基碳酸二锂；对链状溶剂来说，主要是烷基碳酸单锂。对EC-DMC基电解液而言，可能存在一些烷氧基锂（如CH_3OLi）。在烷基碳酸酯-醚混合溶剂电解液中，锂电极SEI膜的主要组分是烷基碳酸酯的还原产物——烷基碳酸锂。但同时光谱学研究指出：即使在醚和烷基碳酸酯物质的量之比为1∶1的情况下，醚也可以被还原并沉积到锂电极表面，成为SEI膜的组成部分，因此SEI膜组分中也含有一定量的烷氧基锂（ROLi）化合物，它们相对量的多少与溶剂的物质的量之比和所使用的特定溶剂有关。在贮存过程中，这些膜的老化过程将会使其组分发生变化。在纯溶剂或$LiClO_4$、$LiAsF_6$基电解液中，痕量的水将与碳负极表面组分$ROCO_2Li$发生反应，生成更稳定的Li_2CO_3。在$LiBF_4$、$LiPF_6$基电解液中，锂盐分解产生的HF会和表面组分发生反应，生成LiF，因此在$LiClO_4$基电解液中锂电极的SEI膜主要由$ROCO_2Li$、Li_2CO_3、卤化锂和LiOH-Li_2O组成，而在$LiPF_6$基电解液中LiF是SEI膜的主要组分。

除溶剂的还原反应外，还存在锂盐的还原反应。但锂盐在锂电极表面的化学成分中的重要程度与溶剂的反应活性有关。例如在PC基电解液中，锂盐的还原反应不如在EC：DMC基电解液中那样显著。AsF_6^-被还原为LiF、Li_xAsF_y等；PF_6^-被还原为LiF、Li_xPF_y等；$N(SO_2CF_3)^{2-}$被还原为LiF、锂的氮化物以及锂的硫化物（如Li_2S、$Li_2S_2O_4$、Li_2SO_3等）[98]。

② SEI膜的形成机理

通常石墨电极在EC基电解液中首次极化过程中，在1.0～0.8 V范围内EC发生生成Li_2CO_3的还原反应，极化到更低电位下，EC会还原生成烷基碳酸锂。因此EC还原分解过程可以分为以下两个步骤：

a. 单电子还原过程：

$$EC+2e^-+2Li^+ = Li_2CO_3+CH_2=CH_2(气) \tag{3-10}$$

b. 双电子还原过程：

$$EC+e^-+Li^+ = (EC^-,Li^+) \tag{3-11}$$

$$2(EC^-,Li^+) = (—CH_2—O—CO_2Li)_2+CH_2=CH_2(气) \tag{3-12}$$

$$2(EC^-,Li^+) = (—CH_2—CH_2—OCO_2Li)_2 \tag{3-13}$$

图3-13为EC基电解液中的EC组分在石墨表面还原分解示意图。

由图3-13可知：EC分子首先发生单电子还原，在电极表面获得电子成为阴离子自由基，自由基可以发生多种反应，相应地生成不同的固体不溶物沉积在石墨电极表面，此时沉积的固体不溶物主要为Li_2CO_3。当电位降低时，EC将发生双电子反应，相应反应产物继续沉积在石墨电极表面，覆盖了单电子还原产物，其成分主要为烷基碳酸锂。

③ SEI膜的破坏与修饰机制

在锂离子电池首次循环过程中，是否形成品质优良的SEI膜对锂离子电池的性能有直接影响。SEI膜不溶于溶剂，能够阻止溶剂分子与电极的直接接触，从而避免溶剂分子与锂离子共插入石墨层间，破坏石墨结构，造成容量不可逆衰减。无机盐层的形成除了生产过程中与空气接触形成以外，更主要的还是EC的还原产物，EC的还原产物与电解液中痕量水、酸的反应产物，还有一部分EC的还原产物随着温度升高分解出无机盐。多孔的有机层主要就是EC溶剂的还原产物。在SEI膜中，无机盐层中的Li_2CO_3与多孔的有机层的导锂性

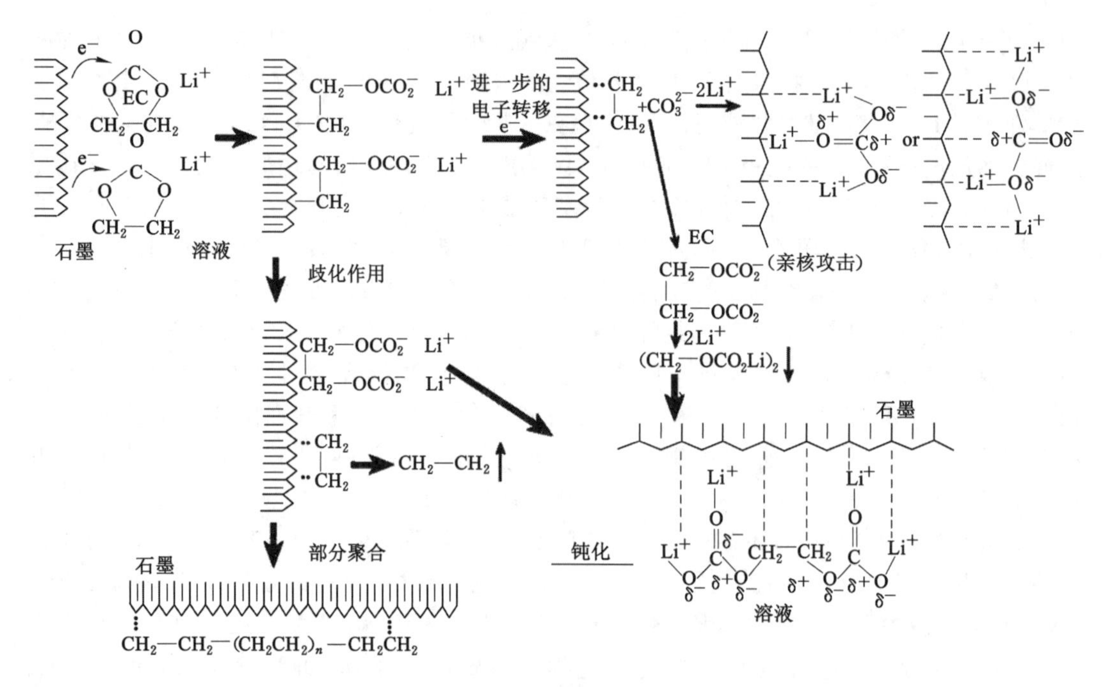

图 3-13　石墨负极在 EC 基电解液中 SEI 膜的形成示意图

能均比 LiF 与 Li_2O 的强。导锂性的强弱代表电池的内阻大小。当温度升高时，有机层中的烷基碳酸锂容易分解，有机层具有较好的黏弹性，可以包容石墨随着嵌脱锂造成的体积变化。当有机层变薄时，容易导致 SEI 破裂，这样就会使断裂处的石墨表面再次形成 SEI 膜，同时会破坏石墨结构，造成容量的不可逆损失，所以 SEI 膜的组成与结构都影响电池的使用性能。图 3-14 为石墨负极表面 SEI 的破坏机制示意图。

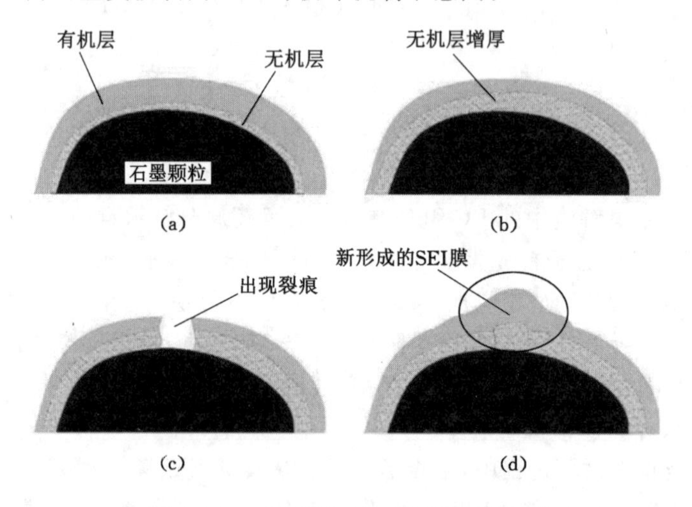

图 3-14　石墨负极表面 SEI 膜破坏机制

图 3-14(a)为正常形成的 SEI 膜，最外面的区域代表多孔的有机层，中间区域代表致密的无机层，最里面部分代表石墨颗粒。电解液中或多或少会含痕量的水，这些水分可以与无机层中的烷基碳酸锂反应，也可以与 $LiPF_6$ 反应生成 HF，其反应式如下：

$$LiPF_6 + 4H_2O \!=\!=\!= LiH_2PO_4 + 6HF \tag{3-14}$$

$$(-CH_2-O-CO_2Li)_2 + H_2O \!=\!=\!= Li_2CO_3 + CO_2 + (CH_2OH)_2 \tag{3-15}$$

$$Li_2CO_3 + 2HF \!=\!=\!= 2LiF + CO_2 + H_2O \tag{3-16}$$

由上面的反应式可以看出：有机层会慢慢被水与酸侵蚀反应成为无机物。由此导致无机层慢慢增厚，有机层变薄，如图 3-14(b)所示。因为无机层中 LiF 与 Li_2O 几乎没有导锂性，并且这两种物质是 SEI 被电解液中酸杂质与痕量水侵蚀的产物，所以此时的 SEI 膜的阻抗已经增大，这样会导致电池内耗增加。SEI 膜中的无机层较致密，几乎没有黏弹性，SEI 膜的黏弹性主要由无机层提供，所以无机层变薄导致 SEI 膜的整体黏弹性下降。所以此时的 SEI 膜不能包容石墨因嵌脱锂造成的体积变化，溶剂产生裂痕，如图 3-14(c)所示。产生裂痕处，石墨与电解液直接接触，电解液会在石墨表面继续还原，在石墨收缩与膨胀过程中，裂痕处的 SEI 膜会变得更厚，形成一个鼓包，如图 3-14(d)所示。如此下去，石墨颗粒表面的 SEI 膜会越来越厚，导致电池的内阻升高，内耗增加，输出功率减小，可逆比容量也会减小，锂离子的嵌入也会变得较困难。由此看出控制有机电解液中水与酸的含量对电池的品质有多么大的影响。朱静等研究了水分对锂离子电池性能的影响，研究发现：当电池中水分含量超过 0.023 5%时 $LiCoO_2$ 在循环过程中有明显的溶解现象。S. F. Lux 等[99]使用光谱椭偏仪研究了 $LiPF_6$ 基电解液在 50 ℃下 HF 的产生机制，他们以 SiO_2 作为蚀刻目标，以此测量 HF 产生的量，研究发现：HF 在 70 h 后产生，并且随着时间推移 HF 的量及产生速度都增大。

田雷雷等在 1 mol/L $LiPF_6$-EC∶DMC 电解液中添加饱和的 Li_2CO_3，研究发现：加入 Li_2CO_3 后成功抑制了石墨电极首次极化过程中 EC 还原分解产生乙烯与碳酸锂的单电子还原过程，使得有机层在 SEI 膜中的比例增大，提高了 SEI 膜的黏弹性，可以更好地包容锂离子嵌入石墨层中造成的体积变化，从而使锂离子的嵌入更容易；同时减少了锂离子电池中电解液的消耗，提高了电池的可逆容量和循环性能。而且 Li_2CO_3 本身为碱性物质，可以很好地抑制电解液中酸对 SEI 膜的腐蚀。具有类似作用的 Na_2CO_3 与 K_2CO_3 分别被报道，李佳等[100]在 1 mol/L $LiPF_6$-EC∶DMC 电解液中添加饱和 Na_2CO_3，研究发现：添加 Na_2CO_3 后可以促进在石墨电极表面形成更稳定的 SEI 膜，抑制循环过程中电解液的进一步还原分解，增强了锂离子的嵌脱可逆性。

④ 锂盐对 SEI 膜性能的影响

文献中在论述 SEI 膜的形成机制过程中，无论是溶剂共嵌入模型还是溶剂直接分解模型，几乎没有涉及锂盐阴离子的还原对 SEI 膜性能的影响。虽然奥尔巴克(Aurbach)等也认为锂盐阴离子也会在碳负极上还原，但其还原产物在 SEI 膜的形成中并不起关键作用。然而莱恩(Ryu)等认为：当在还原过程中锂盐阴离子和溶剂分子同时发生还原反应时，锂盐阴离子的还原过程就可能影响与溶剂还原过程相关的 SEI 膜沉积的致密性、均匀性和钝化性能。如果锂盐阴离子和溶剂分子同时还原沉积到石墨电极表面形成 SEI 膜，它们就会相互影响其沉积过程从而降低 SEI 膜的钝化性能。相应的，如果溶剂分子的还原过程不受锂盐阴离子还原过程的影响，其 SEI 膜的性能就会得到改善。在 EC∶DEC 基电解液中，当锂盐为 $LiAsF_6$ 时，它有较强的反应活性，相应的，其 SEI 膜性能优于锂盐为 $LiPF_6$ 或 $LiN(SO_2CF_3)_2$。莫里根基(Morigaki)等研究了 MCMB 在 $LiPF_6$、$LiBF_4$ 和 $LiClO_4$ 的 EC∶DMC 电解液中的界面现象。现场 AFM 观察结果显示：锂盐阴离子的种类强烈影响石墨基体的形态变化。这可能与首次充放电循环过程中电池的不可逆比容量损失有关。在 $LiPF_6$ 基电解液中石墨负极的膨胀最剧烈。Edström 等发现在碳负极(如石墨、MCMB、炭黑)上形成的 SEI 膜的热稳定性与电解质锂盐的类型有关。当使用 $LiSO_3CF_3$ 作为锂盐时,SEI 膜热破坏的温度为 104 ℃,LiTFSI 时为 120 ℃,$LiBF_4$ 时为 58 ℃,$LiPF_6$ 时为 102 ℃。李(Lee)等研究发现:当锂离子电池保存在 80 ℃以下时,在 $LiPF_6$-EC:DEC 电解液中碳负极上的 SEI 膜的热行为表现为周期性的破坏、再形成的循环过程。这可以由阻抗谱图的振荡变化反映出来,这种热不稳定性主要是由 $LiPF_6$ 的分解产物 PF_5 引起的,PF_5 与 SEI 膜组分发生反应,导致 SEI 膜的破坏,一部分石墨表面随后就会暴露在电解液中,加速了其和电解液的反应,从而形成新的 SEI 膜,这种 SEI 膜被破坏和再形成的过程导致了阻抗谱的振荡行为。因此当电池在较高温度下使用时,锂盐的种类可能影响 SEI 膜的稳定性。赫斯特德(Herstedt)等研究发现:当石墨负极表面 SEI 膜的组成中含有较多锂盐的还原产物时,往往伴随着较高的比容量衰减。

⑤ 影响 SEI 膜性能的其他因素

如前面述及,SEI 膜作为电极材料与电解液在电池充放电过程中的反应产物,其组成、结构、致密性与稳定性在很大程度上由电解液的性质决定,但也受到电极材料、温度、循环次数以及充放电电流密度的影响。

负极材料的各种性质,包括材料种类,电极组成、结构、形态(特别是表面形态)对 SEI 膜的形成具有重要的影响。人们对各种类型的碳负极材料,包括热解碳、碳纤维、石油焦、人造石墨和天然石墨等进行了深入研究,结果表明:材料的石墨化程度和结构有序性不同,所形成 SEI 膜的各种性质也不同。即使对于同一种碳材料,微粒的表面不同区域(基础面和边缘面)所形成的 SEI 膜也有很大差异。

一般认为高温条件会使 SEI 膜的稳定性下降和电极循环性能变差,这是因为高温时 SEI 膜的溶解和溶剂分子的共嵌入加剧,而低温条件下 SEI 膜趋于稳定。石川(Ishiikawa)等在优化低温处理条件时发现:在−20 ℃时生成的 SEI 膜循环性能最好,这是因为低温时形成的 SEI 膜致密、稳定,并且阻抗较低。安德森(Andersson)等认为:在高温条件下,原来的 SEI 膜会遭到严重破坏,并在原来的膜上生成一层新的"宏观膜"(macroscopic layer)。宏观膜并不能像 SEI 膜一样覆盖于整个碳微粒的表面,结构也不完整,所以稳定性变差。而他们的另一篇文献则认为:高温条件下,原来的膜进行结构重整,膜的溶解与重新沉积使新的膜具有多孔结构,从而使得电解液与电极产生进一步接触并继续还原。目前在锂离子电池制造商中普遍采用的化成后在 30～60 ℃之间保温老化,以改善电池的循环性能和优化电池的贮存性能,就是基于在较高温度下 SEI 膜的结构重整之说。

电极表面的反应是一个钝化膜形成与电荷传递的竞争反应。由于各种离子的扩散速度不同和离子迁移数不同,所以在不同的电流密度下进行电化学反应的主体就不相同,膜的组成也不同。多尔(Dollé)及其合作者在研究 SEI 膜时发现:电流密度对膜的厚度影响不大,却使得膜的组成截然不同。低电流密度时 Li_2CO_3 首先形成,而 ROCOOLi 则延迟到电极放电结束前才开始形成;高电流密度时,ROCOOLi 没有在膜中出现,膜中只含有 Li_2CO_3,这使得膜的电阻变小,电容增大。奥塔(Ota)等采用色谱-质谱联用研究 SEI 膜时发现:在高电流密度条件下,锂离子开始插入时(0.8 V vs Li^+/Li)无机膜层就开始形成,有机膜层后形成;在低电流密度时,SEI 膜中找不到无机层。

⑥ 碳负极在长期循环过程中的稳定性

在有机电解液中，即使石墨负极表面存在稳定的SEI膜，但是在长期循环过程中锂化石墨电极和电解液之间仍不可避免存在小规模反应，这是其长期循环过程中比容量衰减的主要机制，导致更多的表面组分沉积到石墨负极表面，使其在以后的充放电循环过程中石墨电极的表面阻抗不断增大。这是因为锂离子嵌入过程中，石墨颗粒体积的增大，导致SEI膜的应力发生变化，由于锂盐沉积物组成的SEI膜的黏弹性是有限的，石墨负极的表面钝化也不可能是完美无缺的，所以在锂离子嵌脱过程中石墨负极表面形态的变化，导致SEI膜的破裂几乎是不可避免的。因此在每一次循环过程中，石墨电极和电解液之间都会存在小规模的、不断的反应以修复被破坏的SEI膜，这些小规模的反应逐渐消耗掉电池中有限的锂和电解液。而且这种SEI膜的破坏和修复，导致在长期循环过程中SEI膜的增厚，不仅会增大电化学反应的电阻，还会增大石墨颗粒与集流体之间，以及石墨颗粒与石墨颗粒之间的电阻，导致电极比容量的衰减。在这种情况下，石墨负极比容量的衰减往往不是活性材料结构的破坏造成的，而是活性材料在全充或全放电过程中需要太高的过电位造成的。因此当石墨负极活性材料基体保持稳定时，它的比容量衰减主要是其表面SEI膜的破坏和修复造成的[97]。

3.1.1.5　石墨类负极材料改性方法

传统的石墨类碳材料用作锂离子电池负极时存在许多不足之处。

石墨类碳材料对电解液的要求相对较高，在电池正常充电过程中与电解液存在溶剂共嵌现象，使材料结构在充放电过程中逐渐崩塌，使电池的各项性能都下降，大幅度缩减电池的循环使用寿命。无定形碳材料对电解液的要求并没有那么严格且与电解液有很好的相容性，储锂能力也有所提高，不过无定形碳的石墨化程度低、导电性差，电池在首次充放电时可逆比容量较低且倍率性能差。

石墨的层间结合能仅为16.7 kJ/mol，在充放电过程中，石墨结构反复膨胀和收缩，石墨片层容易剥离，电化学循环稳定性不够好。

石墨的层间距小，Li^+在石墨层间的扩散速率小(约10^{-12} cm^2/s数量级)，大电流充放电性能不理想，无法满足动力电源对功率特性的要求。

首次充放电过程中不可逆比容量损失较大，尤其是比表面积大的微晶石墨。因此需要对石墨进行改性，常规的碳负极材料的改性方法分为以下几种：表面处理、杂原子掺杂、纳米化及多孔化[101]。

(1) 碳材料的表面处理

锂离子得失电子的电化学反应及首次充电时的SEI膜成膜反应均在碳材料的表面进行，因此碳材料的表面结构与性质对其电化学性能的影响非常显著。许多研究工作者在碳材料的表面改性方面进行了大量有益的探索并取得了很大的成果，包括酸、热和超声波处理，高温下氢处理，含活性锂的还原电解质处理等，均不同程度提高了碳负极的充放电性能，其中对碳材料的表面氧化处理是最为简单、有效的方法。

1994年，日本东芝公司的哈拉(M. Hara)等报道了采用轻度氧化的方法来改善MCMB的表面结构并提高其充放电性能的研究。他们认为：在2 800 ℃石墨化处理后的中间相碳微球的表面有一层比内部具有更高石墨化程度的碳，这层碳使得MCMB的充放电比容量小并且循环性能差。他们将MCMB在空气中630～660 ℃下氧化一段时间，然后在

1 000 ℃下 Ar 气氛中处理 5 h，通过这种表面处理来除去表面的碳层，改性后的 MCMB 的循环稳定性大幅度提高。

为了克服单一采用某种材料时的不足，综合几种不同碳材料的优点，采用在高度石墨化的碳材料或硬碳材料表面包覆一层无定形碳材料，制备出具有核-壳复合结构的碳材料。例如，以天然石墨、高度石墨化的 MCMB 等为核和以无定形碳为壳层的复合型材料兼具了焦炭和石墨的优点，能够很好地与含 PC 的电解液相容，具有较高的比容量。在石墨表面包覆环氧树脂、聚丙烯腈等有机聚合物后热解得到核-壳结构碳材料，具有非常稳定且接近石墨理论比容量的嵌锂比容量。利用精制煤焦油在石墨表面气相沉积而获得核-壳结构的碳材料，所得核-壳结构碳材料的充放电比容量、首次充放电效率相对于原材料都有了大幅度的提高。在碳材料表面包覆一层金属或金属化合物膜来改善碳材料的性能，采用这样的复合材料作为负极的锂离子电池具有较高的首次充放电效率、高比容量和长循环寿命。

（2）碳材料的掺杂处理

引入杂原子对碳材料进行改性是提高碳材料电化学性能的一种有效手段。常见的杂原子有氮、硫、磷、硼等原子，理论计算及实验研究均表明：引入 N、S、P、B 等原子进入二维碳材料可以有效地提高材料的化学活性与导电性，并且掺杂后的碳材料对电解液的浸润性更好，有助于提高其电化学性能。目前杂原子掺杂二维碳材料的制备方法主要包括两种：一种是直接合成法，将具有杂原子的材料热处理，保留杂原子于终产物碳材料中，从而得到具有杂原子掺杂的碳材料。另一种方法为后处理法，将不含杂原子的碳材料在具有杂原子的气氛内高温处理。例如，在氨气气氛中进行高温处理便可以得到具有 N 掺杂的碳材料，在氯化硼气氛中进行煅烧便可以得到具有 B 掺杂的碳材料。相比直接合成法，采用后处理法得到的氮原子掺杂的碳材料稳定性较差[102]。

（3）碳材料的纳米化

对碳材料进行纳米化设计一方面有利于增大材料的比表面积，有助于电解液和活性材料充分接触。另一方面可以缩短锂离子从电解液到负极材料内部之间的距离，实现锂离子的快速扩散及电池的快速充电和放电。研究比较多的纳米结构碳材料有纳米管、纳米球和纳米纤维等[103]，但材料的纳米化生产条件苛刻，成本较高[104]。

（4）碳材料的多孔化

此外，多孔化结构设计也有利于碳材料电化学性能的提升。多孔结构的碳材料有着非常大的比表面积，能够使电解液与活性材料充分接触，提高电解液在材料中的渗透。此外，多孔结构的碳材料中具有许多纳米级和微米级的孔洞，不仅可以为锂离子的传输提供快速路径，还可以为锂离子的储存提供较多活性位点[105]。因此，多孔结构的碳材料比石墨拥有的容量更高。L. L. Shi 等[106]以镁铝层状氧化物微球为模板制备了分层级的多孔碳微球，获得了出色的电化学性能，在 50 mA/g、200 mA/g 和 1 000 mA/g 的测试条件下，其可以分别达到 1 140.5 mA・h/g、650.3 mA・h/g 和 347.9 mA・h/g 的可逆比容量。

3.1.1.6 石墨作为导电添加剂的应用

石墨除了作为电极材料使用，还可以与炭黑一起作为锂离子电池正极和负极材料的导电剂，已得到了广泛应用。尽管所占比例较低，一般质量分数为 5%～10%，但导电剂的结晶度、形态及添加量等在很大程度上影响电池的充放电性能。

导电剂主要在以下三个方面改善锂离子电池的性能：① 提高电子电导，改善活性材料颗粒之间及活性材料与集流体之间的接触；② 提高离子电导，在活性颗粒之间形成不同大小和形状的孔隙，使活性材料与电解质充分浸润；③ 提高极片的可压缩性，改善极片的体积能量密度，并提高可弯折性、剥离强度等。

碳材料是当前锂离子电池中最主要的导电剂，可分为炭黑和导电石墨两大类。炭黑是目前使用最广泛的导电剂，主要采用有机物（天然气、重油等）不完全燃烧或受热分解而得到，并通过高温处理以提高其导电性与纯度。石墨导电剂基本为人造石墨，与作为锂电池负极的大颗粒人造石墨相比，作为导电剂的人造石墨具有更小的颗粒度，一般为 3～6 μm，且孔隙更发达和比表面积更大，因而有利于电池极片颗粒的填充以及改善离子和电子电导率。

炭黑导电剂具有更好的离子和电子导电能力，而石墨导电剂具有更好的可压缩性和可分散性。

因为炭黑具有更大的比表面积，所以有利于电解质的吸附而提高离子电导率。另外，碳一次颗粒团聚形成支链结构或簇，能够与活性材料形成链式导电结构，有助于提高材料的电子导电率。

石墨导电剂具有更好的可压缩性，可提高电池的体积能量密度和改善极片的工艺特性，一般配合炭黑使用。根据电池的不同要求，可以对导电剂加入种类和使用量进行调整，可选择一种导电剂，也可以选择两种或以上导电剂混合使用。

虽然炭黑导电剂在商品锂离子电池中已经得到了广泛使用，但性能仍有提高的空间。导电剂的研究集中在以下三个方面：① 无论在水体系中还是在 N-甲基吡咯烷酮溶剂中，导电剂都应均匀良好分散；② 与具有高电子导电性的碳纳米管、石墨烯等新型碳材料复合，充分利用材料的协同效应，发展新型的复合导电剂以降低导电剂的使用比例和提高其性能；③ 在满足电池制备工艺的基础上，提高比表面积和电解质吸附能力，进一步提高极片的离子电导率。

3.1.2　其他碳负极材料

其他碳负极材料主要包括一维的碳纳米管、碳纤维、碳纳米线，二维的石墨烯，三维的多孔碳材料以及杂原子掺杂的碳材料等。

3.1.2.1　碳纳米管

（1）碳纳米管的性质

碳纳米管（carbon nanotubes，CNTs）可以看作石墨烯片卷成的中空管，一般分为单壁碳纳米管和多壁碳纳米管。碳纳米管的电导率高达 10^5～10^6 s/m、密度小、抗形变能力强（弹性模量为 1 TPa）、强度高（达 60 GPa），一维柱状结构有利于离子传输。自从 1991 年被发现以来，碳纳米管及其复合材料作为高性能锂离子电池负极材料已被广泛研究。实验表明：单壁碳纳米管和双壁碳纳米管的锂离子电池比容量分别为 400～600 mA・h/g 和 550～750 mA・h/g，远大于石墨的理论值。通过模拟计算发现这主要归因于以下几点：① 锂离子可以存储在碳纳米管壁的两侧；② 锂离子可以通过管壁上的缺陷插入多壁碳纳米管的壁间；③ 碳纳米管之间的空间可以储存更多的锂离子。

但是碳纳米管具有大的缺陷，在首次循环过程中会消耗大量的电解液，形成不可逆的 SEI 膜，从而导致碳纳米管具有较低的首次库仑效率。虽然此类现象在石墨类材料或硬碳材料中也存在，但是当碳纳米管用作锂离子电池负极材料时尤为严重。此外，不同于石墨类负极，碳纳米管负极在放电过程中不具有稳定的电压平台，从而导致使用碳纳米管负极组装的全电池不具有稳定的工作电压，影响全电池的能量密度。

通过改变碳纳米管的管壁厚度、管径、多孔性和形状，其电化学性能得到了大幅度改善。而且通过大量研究发现：对碳纳米管进行掺杂和表面活化（KOH 和 $ZnCl_2$ 刻蚀）均能改善碳纳米管的储锂性能。

(2) 碳纳米管作为导电剂

尽管碳纳米管难以直接作为负极材料应用，但是利用碳纳米管具有较高电导率的特性，与炭黑配合作为导电剂使用获得了较大的市场空间。与导电炭黑和导电石墨相比，碳纳米管导电剂具有如下突出优点：碳纳米管具有良好的电子导电性，纤维状结构能够在电极活性材料中形成连续的导电网络；添加碳纳米管后极片具有较高的韧性，能够缓冲材料在充放电过程中因体积变化而引起的剥落，从而提高电极的循环寿命；碳纳米管可以大幅度提高电解质在电极材料中的渗透能力。碳纳米管的主要缺点是不易分散。

(3) 碳纳米管高比容量复合负极材料

商品化锂离子电池的负极材料主要是石墨微球，其较低的理论储锂比容量（372 mA・h/g）限制了锂离子电池能量密度的进一步提高。因此，提升负极材料的储锂容量成为改善锂离子电池性能的关键。在众多负极材料中，通过氧化还原反应过程储锂的过渡金属氧（硫）化物或与锂发生合金化反应的硅、锡、锗基材料，由于具有理论储锂比容量高和储量丰富等优点引起了广泛关注，但这些材料存在明显的缺陷，如电导率低、充放电过程中体积变化剧烈、易破裂剥落等。利用碳纳米管的柔性结构与这些材料复合，能够有效提高材料的循环寿命。一方面增强电极材料的导电性，另一方面，碳作为柔性基体可以吸收体积膨胀时的应力，有助于增强电极材料的稳定性，此外碳材料尤其是纳米碳材料的加入可以有效防止纳米活性材料的团聚，从而提高电极材料的循环稳定性。

(4) 碳纳米管高功率复合电极材料

碳纳米管复合锂离子电池材料的另一个重要研究方向是利用碳纳米管具有较高电子电导率的特性，与低电子电导率材料复合以提高其倍率特性。碳纳米管高比容量复合负极材料按照复合方式与材料结构可以分为碳纳米管与活性材料机械混合、原位外包覆结构和原位内填充结构。

由于碳纳米管具有一维柔性结构，与活性材料直接机械混合，即能够显著提高材料的循环特性。为了解决机械混合过程中碳纳米管难以分散、分布不均匀以及与活性材料结合力较弱等问题，一般采用各种原位复合方法，如水热反应、沉淀法、电沉积、气相化学沉积等来制备具有活性物质外包覆或内填充结构的碳纳米管原位复合电极材料。

活性负极材料分散于碳纳米管表面，可以有效避免活性负极在充放电过程中的团聚和粉化，从而提高电极材料的循环稳定性。

将活性电极材料复合在碳纳米管外面，尽管能有效改善电导性，防止团聚并缓解充放电时的体积膨胀，但活性材料黏附在碳纳米管外面，阻止了碳纳米管间的直接接触而引起电极材料的整体性能下降；活性物与电解液直接接触进行脱嵌锂时会形成不稳定的 SEI 膜，严重影响电极的电化学性能。另外，碳纳米管外表面的电极材料在充放电时容易脱落而导致电极材料的循环稳定性降低。

碳纳米管具有独特的中空管状结构，将活性物质限制在碳纳米管内，不仅可以增强电接触，改善电极的电导性，缓解体积膨胀，还能有效防止活性物质的粉化、脱落，并抑制其表面不稳定SEI膜的形成。同时，碳纳米管具有的纳米限域效应能增强电极的电化学储锂性能，因而将活性负极材料填充到碳纳米管内部空腔能有效改善电极的电化学性能。

目前合成内填充结构碳纳米管复合负极材料常用的方法主要有：① 采用湿化学过程将碳纳米管开孔和填充，这种方法难以实现活性纳米粒子在碳纳米管内的选择性填充（即活性物质完全填充到中空管腔内），附着在碳纳米管外表面上的活性纳米粒子会极大影响材料的电化学储锂性能；② 在制备碳纳米管时原位填充，此过程一般采用气相化学沉积过程，能够填充到碳纳米管中的材料种类受到反应过程限制较大，同时填充的样品尺寸和材料性能与反应过程关系极为密切，很难调控；③ 采用阳极氧化铝模板法制备碳纳米管，并结合湿化学及气相沉积法将储锂材料填充到碳纳米管的管腔内，因该过程样品制备无须开孔，没有催化剂杂质，因而所得样品纯度高、均一性好，但模板制备过程过于复杂和烦琐。因此，需要进一步发展合成内填充结构碳纳米管复合负极材料的方法，简化制备过程，降低制备成本，以满足实际应用需要。

3.1.2.2　碳纳米纤维

碳纳米纤维（carbon nanofibers，CNFs）具有较高的结晶取向度和机械强度及较好的导电和导热性能等优点。CNFs可通过化学气相沉积或静电纺丝等方法制备。与碳纳米管相比，制备碳纳米纤维的方法简单且成本低廉，用电纺丝技术还可以制备自支撑的碳纳米纤维膜。与碳纳米管不同，碳纤维的表面存在大量的缺陷，因此可以极大地减小锂离子的传输距离，同时有利于锂离子向碳纤维内部扩散，加快锂离子的嵌入/脱嵌速度。作为锂离子电池负极材料时，在大电流密度下表现出优异的倍率性能。

但是首次循环过程中电极表面形成的SEI膜，使电极具有较高的不可逆比容量损失和较低的库仑效率。目前，人们正通过各种方法改善碳纳米纤维电极的储锂性能，主要包括：① 利用非金属或金属掺杂提高纳米碳纤维的缺陷度，为存储更多的锂离子提供空间；② 制备多孔的碳纳米纤维，增大电极与电解液的接触面积，改善电池的循环性能等。

3.1.2.3　石墨烯

2004年，英国曼彻斯特大学安德烈-海姆教授和他的同事首次通过微机械力从高取向热解石墨上剥离出单片的石墨烯（graphene）碳层。这种单层碳原子厚度的二维碳材料具有大理论比表面积（2 600 m^2/g）和蜂窝状空穴结构，因而具有较高的储锂能力。此外，材料自身的高电子迁移率[约15 000 $cm^2/(V \cdot s)$]、突出的导热性能[约3 000 $W/(m \cdot K)$]、良好的化学稳定性以及优异的力学性能，使其作为复合电极材料的基体更具有突出优势[107]。

（1）石墨烯的制备

目前制备石墨烯的方法主要有4种：微机械力剥离法、化学气相沉积法、化学还原氧化石墨法和热膨胀法。

微机械力剥离法和化学气相沉积法可以获得具有良好微观形貌的单层石墨烯，但是该方法复杂，且仅能获得少量石墨烯，不适合石墨烯的大规模生产和应用。

化学还原氧化石墨法是将氧化石墨烯通过水合肼或者其他还原剂还原制备石墨烯薄片的方法，制备流程如图3-15所示。氧化石墨烯是通过Hummers法、Brodie法或者Staudenmaie法从天然石墨剥离获得的。这种方法简单，能大量制备石墨烯，但是由于过程中引入了含氧基团，最终石墨烯含有的残留含氧基团影响其电化学性能，导致石墨烯在溶剂中的分散性能变差，发生不可逆团聚，造成石墨烯层厚度增大。

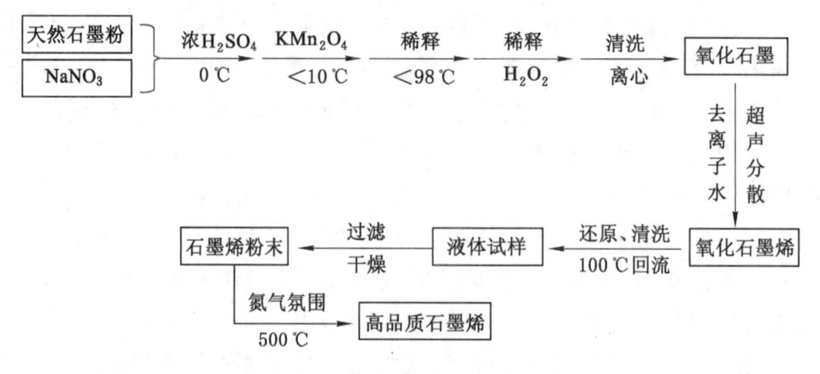

图 3-15　石墨烯材料的制备路线

此外，由于还原反应使用具有毒性和强腐蚀性的化学试剂，反应时间长，因此不是最理想的大规模制备石墨烯的方法。有研究者提出采用绿色无害且价格便宜的铁粉作为还原剂替代传统还原剂，如图 3-16 所示。铁粉和少量 HCl 加入氧化石墨烯(graphene oxide，GO)的悬浮液中。在 Fe 和 H^+ 的作用下，60 min 后棕色的氧化石墨烯悬浮液迅速变暗。由于氧化石墨烯层具有亲水性，GO 在水介质中很容易剥离。GO 片很容易在水中形成稳定的胶体悬浮液。在引入 H^+ 之后，Fe 粉末与 H^+ 反应，Fe 失去电子，产生吸附在 Fe 颗粒表面的 Fe^{2+}，从而使带负电荷的 GO 片吸附在带正电荷的 Fe 颗粒表面，形成球形结构。GO 片紧密覆盖在 Fe 颗粒表面，这有助于 GO 的还原，形成还原的氧化石墨烯(reduced GO)。还原过程可以表示如下：

$$GO + aH^+ + be^- \longrightarrow reducedGO + cH_2O$$

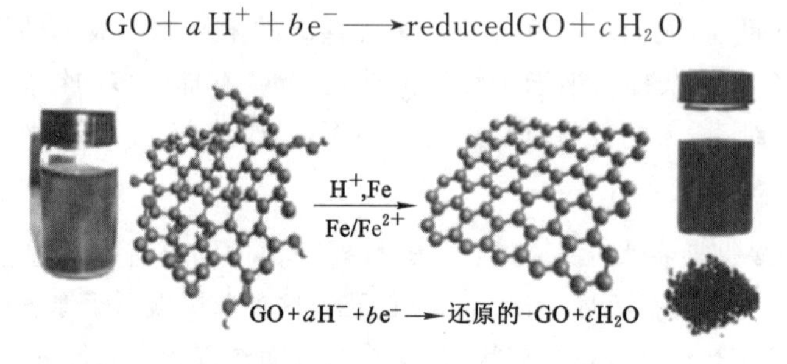

图 3-16　铁粉还原氧化石墨烯的原理示意图

通过热膨胀法剥离氧化石墨也能获得形貌规整的单层石墨烯，但反应条件苛刻：为达到石墨烯片层完全剥离为单层/少层结构，通常需要快速升温至 1 000 ℃，这样的反应条件能耗大且不易控制。而改进后的低温高真空的热膨胀剥离法，能在 200 ℃高真空条件下剥离得到单片层石墨烯。

(2) 石墨烯在负极材料中的应用

相比其他碳/石墨材料，石墨烯是以单片层单原子厚度的碳原子无序松散聚集形成的，这种结构有利于锂离子的插入，在片层双面都能储存锂离子，形成 Li_2C_6 结构，理论比容量(744 mA·h/g)明显提高。研究者进一步通过分子轨道理论计算发现 0.7 nm 石墨片层间距是储锂的最佳层间距。此时，锂离子以双层形式存储在石墨片层结构的空穴中，这种层间距能有效防止电解质进入片层间，发生形成SEI膜的不可逆反应。同时，石墨烯自然形成的皱褶表面也为锂离子提供了额外的存储空穴。因此，石墨烯的微观形貌和结构很大程度上决定了石墨烯作为锂离子电池负极材料的电化学性能。

(3) 石墨烯的电化学性能

纯石墨烯材料由于首次循环库仑效率低、充放电平台较高以及循环稳定性较差，并不能取代目前商用的碳材料直接作为锂离子电池负极材料使用。这主要是由于石墨烯较大的比表面积会导致材料与电解质接触面积大，材料中存储的锂离子与电解质分子会发生不可逆反应形成SEI膜；同时，化学还原法不能完全去除石墨烯表面的含氧基团，这些基团的存在使得在电化学反应中石墨烯负极材料会发生一系列的副反应，造成可逆比容量的进一步下降。此外，通过化学还原法获得的石墨烯在溶剂中易团聚，导致片层的层数增加，积成多层结构，这种致密堆积的厚石墨烯片层妨碍了锂离子的扩散，造成嵌锂/脱锂过程中的迟滞现象，从而丧失了其因高比表面积而具有高储锂空间的优势。

因此，需要通过对石墨烯进行结构或表面官能团改性，采用掺杂和复合等手段提高其储锂性能。另外，石墨烯可以作为一种优异的基体材料在复合电极材料中发挥更大的作用。

(4) 石墨烯改性负极材料

石墨烯可以更广泛地应用于其他负极材料改性，制备出电化学性能更加优异的石墨烯复合材料。

目前研究的锂离子电池非碳基负极材料主要有锡基、硅基以及过渡金属类为主的电极材料，该类材料具有高理论比容量，但其缺点是在嵌锂/脱锂过程中体积变化明显，材料的内应力大，在反复充放电后材料易破裂，从集流体上脱落，活性物质含量下降，从而导致材料的循环性能变差。

石墨烯掺杂改性后的复合材料能改善这两种材料单独使用时的缺点，充分发挥石墨烯与被改性材料之间的协同效应。复合材料的结构以及电化学性能优势主要体现在以下几个方面：① 石墨烯片层柔韧，在无外力作用下表面卷曲皱褶，这种特性使其能形成稳定的空间网络，可以有效缓解金属类电极材料在充放电过程中体积的变化，提高材料的循环寿命；② 石墨烯优异的导电性能能增强金属电极材料中活性物质与集流体的导电接触，增强材料的电子传输能力；③ 石墨烯表面的活性位点能控制在其表面生长的金属电极材料颗粒保持在纳米尺寸，使锂离子和电子的扩散距离减小，改善材料的倍率性能；④ 大多数金属氧化物具有高储锂比容量，复合材料的比容量相对于纯石墨烯有较大幅度提高；⑤ 金属纳米颗粒插入石墨片层结构间，能扩大石墨层间距，增大石墨烯的比表面积，从而增加石墨烯材料的储锂比容量；⑥ 金属或金属氧化物的纳米颗粒能覆盖石墨烯表层，最大限度防止电解质插入石墨烯片层导致电极材料剥落，从而改善材料的循环稳定性能。

石墨烯复合材料的制备关键是使纳米颗粒均一分散在单层或多层石墨烯表面及层间，其改性效果主要取决于两种材料的混合或复合效果。原位合成制备的石墨烯复合材料为了获得更好的晶型，往往最后都需要热处理。表面活性剂的亲水亲油基团能更好地定向控制纳米颗粒在石墨烯表面的排布情况。还原石墨烯是疏水性的，而表面的含氧基团为亲水性的，一端亲水一端疏水的表面活性剂胶束连接在石墨烯表层后，使石墨烯表层具有亲水性，从而可以使金属电极材料更均一、更多地分布在石墨烯表层。同时表面活性剂能作为分子模板控制纳米颗粒在石墨烯表层的成核和生长。

纳米颗粒与石墨烯微观形貌以及分散效果是影响电极材料性能的主要因素，而纳米颗粒与石墨烯的质量比也会影响复合材料的电性能。在制备石墨烯复合材料时不能为了提高材料的比容量而一味增加有更高理论比容量的金属纳米颗粒的含量，这将导致石墨烯在复合材料中不能起到结构支撑作用，导致材料的循环性能下降。当两种材料比例适中时，两者的协同作用达到最佳，复合材料兼具高比容量和良好的循环稳定性。但是由于制备方法的差异，不同材料的最佳复合比例不尽相同。

目前主要采用两种方法合成石墨烯复合高比容量负极材料，即采用原位合成方法制备石墨烯/过渡金属氧化物复合材料和石墨烯与活性材料自组装合成石墨烯/硅、锗等高比容量负极。目前广泛采用化学剥离法石墨烯作为原料，结合各种原位复合方法，如沉淀法、溶胶-凝胶法、水热合成等方法制备石墨烯/金属氧化物复合材料。首先将石墨烯或氧化石墨烯均匀分散在水或乙醇等溶剂中，然后金属离子通过水热或沉淀等过程与石墨烯发生原位反应，并经热处理等过程得到过渡金属氧化物/石墨烯复合材料。石墨烯表面含氧官能团除了影响金属氧化物的形态之外，还能够有效增强金属氧化物与石墨烯的界面结合强度，提高复合材料的电化学性能。

原位合成能够得到具有良好界面结合强度的过渡金属氧化物/石墨烯复合材料，但是合成过程较复杂，对一些难以采用湿化学法进行合成的非氧化物单质负极，如 Si 或 Ge 单质等，并不适合。为此发明了一种石墨烯与活性材料直接进行自组装以合成石墨烯复合材料的方法，这种方法较简易，目前已在 Si、Ge 等材料中得到应用。

(5) 石墨烯作为导电添加剂的应用

天然石墨和乙炔黑等是常用的电极材料的导电添加剂。将石墨烯或者其他碳类导电添加剂添加到电极材料中时，石墨烯作为导电添加剂的改性效果明显优于天然石墨和乙炔黑。石墨烯替代传统导电添加剂的阻碍是材料的高倍率性能不理想，在低倍率条件下的循环性能和比容量提高。

总之，石墨烯材料因其独特的结构和良好的物理、化学性质，广泛应用于各行各业：① 将石墨烯应用于超级电容器，做成石墨烯超级电容器，具有稳定的循环性能、循环寿命长、比容量大等特点；② 石墨烯材料因具有较高的电子导电率和较高的导热系数等，广泛应用于各种涂料，如防腐、防水涂料，导电涂料，导热涂料；③ 石墨烯因具有独特的二维结构和优异的电化学性能，通过与其他无机纳米材料复合，做成高效的催化剂，应用于催化领域。

3.1.3 钛基负极材料

除了碳材料外，还有一些负极材料的储锂方式属于嵌入和脱出型，比如尖晶石结构的钛酸锂($Li_4Ti_5O_{12}$)，虽然嵌锂过程中 1 mol 的钛酸锂最多只能嵌入 3 mol 的锂离子，使其仅可获得 175 mA·h/g 的理论比容量，但在锂离子脱嵌过程中基本不会对其晶体结构产生破坏，具有较好的结构稳定性[108]。因此，可以在牺牲一定比容量的基础上将其作为负极材料实现锂离子电池的快速、安全以及长循环的充放电，但较低的电子导电率是制约其应用的最大阻碍。图 3-17 为锂离子和电子在 $Li_4Ti_5O_{12}$ 颗粒以及碳包覆后的 $Li_4Ti_5O_{12}$ 颗粒中的传输示意图[109]。对材料进行纳米化以及多孔结构设计有利于缩短锂离子传输距离，实现锂离子的快速扩散，改善材料的倍率性能。此外，采用导电性较好的材料对钛酸锂进行包覆或者掺杂，也可以有效改善其导电性。菲克(Feckl)等通过水热法和高温煅烧合成了具有较多孔结构的钛酸锂材料，该材料由较小的纳米颗粒构成，同时具有大量均匀分布的孔洞。在电流密度为 17.5 A/g 和 140 A/g 的测试条件下，材料可以分别获得 173 mA·h/g 和 128 mA·h/g 的可逆比容量，具有较高的比容量和出色的倍率性能。

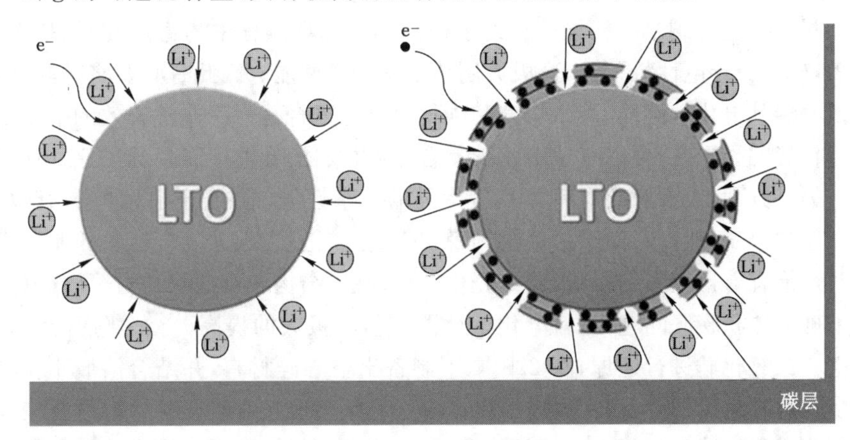

图 3-17　锂离子和电子在 $Li_4Ti_5O_{12}$ 颗粒以及碳包覆后的 $Li_4Ti_5O_{12}$ 颗粒中的传输示意图

3.2　合金化/去合金化型负极材料

合金化/去合金化型负极材料具有较高的比容量，其储锂是通过放电时和锂离子形成合金，充电时锂离子可逆地从合金材料中脱出来实现，主要包括锡基、硅基、磷基和锑基等材料。储锂过程可表示如下：

$$M+xLi^{+}+xe^{-}=Li_{x}M \tag{3-17}$$

3.2.1　硅基负极材料

硅(Si)在地壳中有着比较大的储量，其具有 4 000 mA·h/g 的极高理论比容量，远超过目前商用的石墨材料的比容量，被看作最有可能的下一代商用锂离子电池负极材料。然而，其在充放电循环过程中会产生严重的体积变化问题。一方面，巨大的体积改变将导致硅材料出现严重粉化和破裂，从铜箔上脱落而不能形成较好的接触。另一方面，破裂后的硅表面会不断产生新的 SEI 膜，使得电解液不断被消耗和电极材料的阻抗增大，最终导致电池出现较快的比容量衰减和较差的循环稳定性。此外，作为典型的半导体，硅材料导电性比较差，这严重制约了该类材料比容量的利用和倍率性能的提升[110]。为了提升硅负极材料的电化学性能，科研人员进行了许多相关的改性研究，主要包括硅的纳米结构设计、硅和其他材料复合以及黏结剂的研究等。

硅的纳米结构设计是改善其性能的一种有效措施，包括制备纳米线、纳米片、纳米颗粒、纳米管和多孔纳米硅等[111]。纳米尺度的材料可以减小锂离子的传输距离，同时抑制循环过程中硅材料的体积改变，活性材料粉化和粉碎减少，H. T. Nguyen 等[112]制备了高度交织的硅纳米线，在循环过程中可以阻止部分硅纳米线从集流体上脱落，保持纳米线和集流体的良好接触，从而改善了材料的循环性能。在 2 100 mA/g 测试条件下，电极材料的可逆比容量高达 3 100 mA·h/g，循环 40 圈后比容量几乎没有衰减。然而纳米硅材料具有较大的比表面积，在 SEI 膜的形成过程中会造成大量锂离子的消耗，从而导致材料出现较低的库仑效率。此外，复杂的合成工艺和高成本的制造制约了纳米硅材料的大规模应用。

虽然通过对硅进行纳米结构设计有助于提高其在循环过程中的稳定性，但是作为半导体材料的代表，硅自身导电性特别差，这极大制约了其倍率性能。因此有必要将硅与其他的材料进行复合以改善其电化学性能，其中将硅和碳材料进行复合是一种非常有效的措施。一方面，碳材料有着较好的导电性，可以有效地改善复合之后材料的导电性能，从而提高电极反应动力学的参数。另一方面，大多数碳材料都具备优异的力学性能，能够充当缓冲层，有效减轻循环过程中硅的体积改变，从而有助于材料结构稳定性的提升。在碳硅复合材料的制备中，材料结构的设计对性能有着比较大的影响，比如壳核结构、夹层结构和石榴状结构等碳硅材料的设计成功克服了硅的体积膨胀问题，材料电化学性能获得了极大的提高[113]。郑炳河[114]通过低温熔盐法对空心二氧化硅进行还原，在 220 ℃下制备出空心硅材料，并结合溶胶-凝胶法制备出具有纳米多孔空心结构的硅材料，通过原位聚合法利用多巴胺对空心硅材料进行表面包覆，再经过高温碳化后得到了碳包覆空心硅的复合材料，复合材料有着形貌均匀的核壳结构，在电流密度为 0.1 A/g 下，首次放电比容量高达 2 786.5 mA·h/g，对应的首次库仑效率高达 82.3%；在 1 A/g 下循环 500 圈后，其放电比容量仍保持 1 840 mA·h/g 的高容量。

此外，将硅与金属材料或者导电聚合物等材料复合也能有效改善其电化学性能，如图 3-18 所示。F. H. Du 等[115]利用镁热法还原多孔空心纳米二氧化硅得到多孔空心纳米硅，然后使用导电聚合物聚吡咯对纳米硅进行包覆，制备了聚吡咯包覆纳米多孔空心硅复合材料。聚吡咯

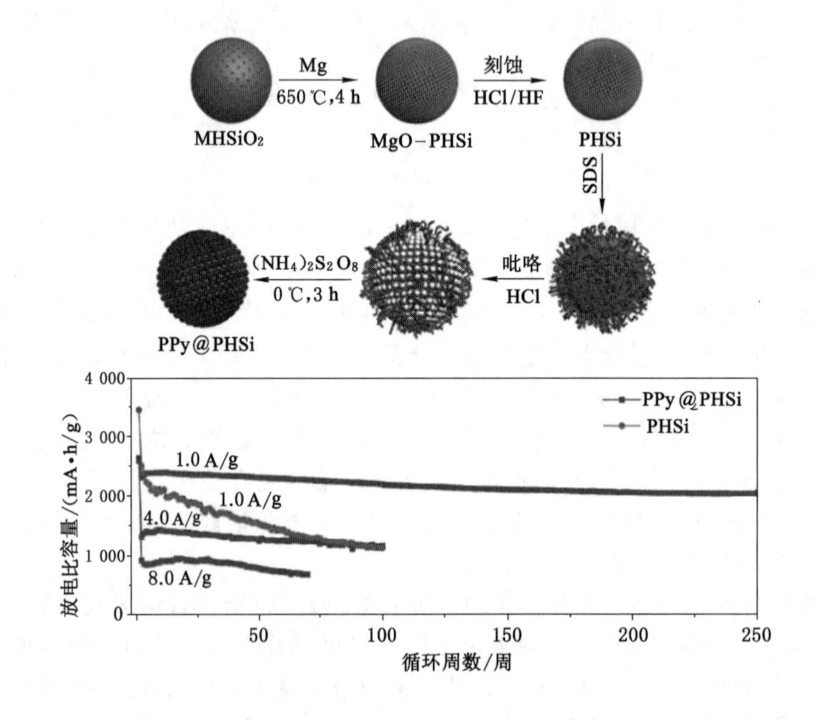

图 3-18　PPy@PHSi 纳米颗粒的制备过程及电化学性能

表面包覆层可以极大提高材料的整体导电性，多孔硅的结构不仅可以缓解自身的体积改变，还能促进锂离子在电极材料与电解液之间的传输。得益于这种巧妙的结构设计，材料获得了优异的电化学性能，在电流密度为 1 000 mA/g 的条件下经过 250 周循环后，还能获得约 2 300 mA・h/g 的较高可逆比容量，而且比容量保持率高达 88%。L. Lin 等[116]制备了单层多孔硅和铜交替叠加的薄膜材料，该薄膜材料在 1 000 mA/g 下循环 1 000 周后比容量还能稳定在 3 124 mA・h/g，在较大电流密度(2 A/g)条件下循环 450 周后还可以获得 2 086 mA・h/g 的可逆比容量，展现出了非常优异的电化学性能。

黏结剂对保持电极材料机械完整性至关重要，所以黏结剂的选择对硅基材料有非常大的影响。由于硅巨大的体积膨胀，聚偏二氟乙烯(PVDF)等黏结剂较弱的作用力不能保持电极的完整性[117]。研究者们对功能性黏结剂进行了大量研究以提高硅的循环稳定性，比如：聚丙烯酸、羧甲基纤维素、环糊精、聚酰亚胺及藻朊酸盐等黏结剂[118]，这些黏结剂主要通过和纳米硅颗粒表面的二氧化硅形成氢键或者共价键以增强和硅纳米颗粒的相互作用，从而改善材料的循环稳定性。此外，开发具有双重导电作用和黏结作用的黏结剂也是现在研究的热点。L. Wang 等[119]制备了一种可收缩的高导电性聚合物黏结剂(PEDOT:PSS)，PEDOT:PSS 是一种高分子聚合物的水溶液，导电率很高，根据不同的配方可以得到导电率不同的水溶液，是由 PEDOT 和 PSS 两种物质构成的。PEDOT 是 EDOT(3,4-乙烯二氧噻吩单体，3,4-ethylenedioxythiophene monomer)的聚合物，PSS 是聚苯乙烯磺酸盐(PSS：polystyrene sulfonate)，这两种物质在一起极大提高了 PEDOT 的溶解性。将硅和该黏结剂直接制备成电极材料，在 840 mA/g 的电流密度下循环 700 周后，可逆比容量还能达到 1 500 mA・h/g，作为黏结剂的效果远优于 CMC(羧甲基纤维素，carboxymethyl cellulose)和 PVDF 等黏结剂。

硅氧化物(SiO_x)与硅相比有着更好的循环稳定性，因此受到了广泛关注。SiO_x 可以与锂反应，在初始放电过程中生成惰性的组分(硅酸盐和氧化锂)，在接下来的循环过程中硅酸盐和氧化锂可以充当缓冲物质，在一定程度上降低充放电过程中硅产生的体积改变所造成的影响[120]。但在首次放电过程中生成的惰性组分会造成材料首次库仑效率偏低，加之 SiO_x 较差的导电率，使得硅氧化物在电池上的应用受到了阻碍。硅氧化物的改性方法和硅材料类似，可以通过改变材料的形貌结构以及和其他材料复合等方法改善其电化学性能。Z. L. Li 等[121]通过溶胶-凝胶法合成了西瓜状结构的 SiO_x-TiO_2@C 纳米颗粒，均匀嵌入复合材料中的 TiO_2 可以有效提高材料的电子和离子导电率，同时外层的碳包覆可以有效抑制材料循环过程中的体积改变现象。该复合材料在 1 000 mA/g 的条件下经过 600 周循环后表现出了优异的循环性能，获得了高达 700 mA・h/g 的可逆比容量。

3.2.2　锡基负极材料

锡基负极材料中研究比较多的是锡、锡基合金以及锡基氧化物等。和石墨等材料相比，锡具有较高的理论比容量(993 mA・h/g)、较好的导电性以及价格低，受到了研究者的广泛关注。但和硅类似，在合金化和去合金化反应中锡基材料会发生较大的体积改变。较大的体积膨胀将导致电极材料粉碎，活性材料与铜箔之间失去良好的接触，材料比容量急剧下降。对材料进行纳米化设计、多孔结构设计以及和其他材料复合等常规的改性手段都能有效改善材料的电化学性能。Z. Q. Zhu 等[122]制备了锡纳米颗粒均匀嵌入多孔碳材料中的复合材料，多孔碳和锡的复合不仅有利于抑制锡的体积膨胀，还可以提供良好的导电网络，较好的结构设计使得材料获得了优异的循环性能。此外，将锡与其他金属制备成合金材料也能有效改善其性能。利用在反应过程中不同的组分和锂反应的电位存在差异，当锡和锂反应时未参与反应的金属可以充当缓冲结构时，缓解锡的体积改变。当其他金属为惰性组分时，虽然惰性金属不会参与反应，但是其可以充当导电网络提升复合材料的导电性。此外，锡的氧化物也吸引了研究者的关注。锡的氧化物首先和锂离子反应生成锡单质和惰性的氧化锂，然后单质锡继续和锂离子进行合金化反应。第一步反应生成惰性的氧化锂可以一定程度上缓解锡的体积改变，但还是需要采取其他措施提高材料的循环稳定性。K. N. Zhang 等[123]制备了氧化石墨烯与二氧化锡的复合材料。材料具有较高的比容量以及优异的倍率性能表现，在测试条件为 100 mA/g 时复合材料可以获得 1 121 mA・h/g 的较高的可逆比容量，在 2 000 mA/g 较大电流密度下经过 2 000 周循环之后电极材料比容量的保持率达到惊人的 86%。

3.2.3 磷基负极材料

磷的理论比容量接近 2 600 mA・h/g，在现有的负极材料中仅次于硅。虽然磷有着较高的理论比容量，但由于磷在较高温度下不稳定以及在充放电过程中会产生较大的体积改变，所以研究相对较少。目前研究较多的是将磷和碳进行复合，J. Sun 等[124]采用高能球磨的方法制备了磷碳复合材料，在制备过程中复合材料生成了稳定的磷-碳键，提高了其在循环过程中的稳定性。材料在 0.2*C* 倍率下可以获得 2 786 mA・h/g 的首次放电比容量，而且经过 100 周循环之后可逆比容量还能接近 2 200 mA・h/g。此外，将磷和铁、镍和钴等金属制备成合金化材料也有利于提高其导电率和缓解循环过程中的体积改变。

3.3 转换反应型负极材料

转换反应型负极材料主要包括镍、钴、锰、铁和铜等金属的氧化物以及硫化物，该类材料的理论比容量远大于碳负极材料的比容量。与碳负极材料进行嵌脱锂的储锂方式不同，该类材料能够和金属锂之间发生可逆的氧化还原反应，然后利用反应过程中大量电子转移的方式进行储能。在初始放电过程中，金属化合物和锂离子发生氧化还原反应生成相应的金属单质以及锂化合物。在随后的充电过程中，又可逆地生成金属化合物。在反应过程中 1 mol 的金属化合物可以和 2～9 mol 的锂离子反应，因此该类材料具有较高的理论比容量，但是在反应过程中该类材料同样会发生严重的体积改变现象，使得材料结构受到破坏以及电池发生较快的比容量衰退。此外，该类材料多为半导体，导电性能都不理想，严重影响其电化学性能。通过对材料进行纳米化设计、多孔结构设计、包覆以及和其他材料复合可以有效改善其储锂性能[125]。D. Gu 等[126]制备了碳纳米管包覆 Co_3O_4 纳米颗粒的材料，通过特殊的设计将 Co_3O_4 纳米颗粒束缚在多孔碳纳米管的管腔内部，碳纳米管既可以缓解材料的体积改变，又能够充当碳纳米管/Co_3O_4 复合材料的导电网络，提高了复合材料的导电性能。得益于其出色的结构设计，材料获得了突出的倍率性能和稳定的循环性能。

3.3.1　过渡金属氧化物

S. Mitra 等[127] 2000 年在 *Nature* 上报道了 3d 过渡金属氧化物作为锂电池负极材料。随后，他们又做了大量的工作研究此类材料与锂反应的机理。该类材料主要包括 CuO、FeO、CoO 等以及它们的高价氧化物，如 Fe_2O_3、Fe_3O_4、MoO_3、TiO_2 等[108]，该类氧化物因能提供 300～1 100 mA・h/g 的可逆比容量而受到广泛研究，但大多数金属氧化物电子电导率较低，限制了其应用。表 3-1 是部分氧化物的理论电势及比容量。

表 3-1　部分氧化物的理论电势及容量

M_xO_y	电压/V	比容量/(mA・h/g)	能量密度/(W・h/kg)	M_xO_y	电压/V	比容量/(mA・h/g)	能量密度/(W・h/kg)
MnO	1.03	756	779	V_2O_3	0.945	1 073	1 014
FeO	1.61	746	1 201	Cr_2O_3	1.09	1 058	1 153
CoO	1.8	715	1 287	Mn_2O_3	1.43	1 018	1 455
NiO	1.95	718	1 400	Fe_2O_3	1.63	1 007	1 641
CuO	2.25	674	1517	Bi_2O_3	2.17	345	749

众所周知，石墨的反应电位与 Li 金属负极接近，因此在滥用或过充状态下，易在石墨表面生成 Li 金属枝晶，使得锂离子电池存在安全隐患。对于过渡金属氧化物而言，其发生氧化还原反应的电位高于 Li 金属的形成电位，故而使得电池的安全性能得到增强。

3.3.1.1　钼的氧化物

近年来，MoO_2 因为具有良好的电导率和高的比容量而成为一种很有前途的负极材料。MoO_2 由框架和通道部分构成，该框架具有金红石型结构，包含 MoO_6 八面体链，如图 3-19 所示。通道位于框架结构内部，Li^+ 沿着 *a* 轴一维通道可逆脱嵌。与 MoO_3 的宽禁带不同，MoO_2 导电性很好，具有金属特性。其具有优良的催化性能、光电效应、光学性能和场发射性能。

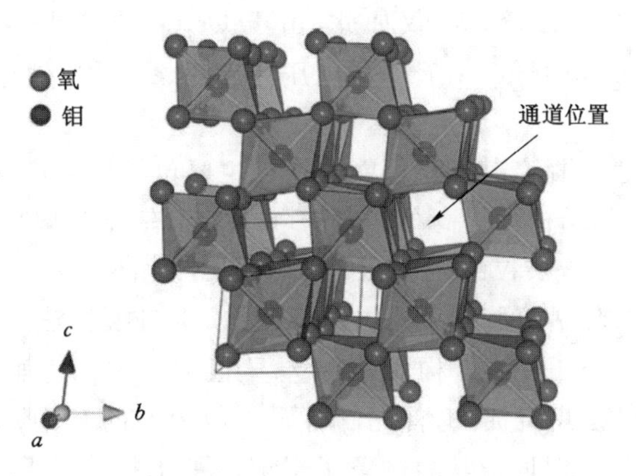

图 3-19　金红石型 MoO_2 的晶体结构

W. Cho 等[128]通过喷雾热解技术制备了 MoO_2/C 复合物,颗粒大小为 30～50 nm,作为锂离子电池负极材料时,首次放电和充电比容量为 270 mA·h/g 和 225 mA·h/g (0.8～3.2 V),并具有良好的循环性能。

L. C. Yang 等[129]通过在 MoO_2 纳米带前驱体中加入乙醇和葡萄糖水热,再在惰性气体氛围下煅烧,获得了碳包覆 MoO_2 纳米带。作为锂离子电池负极时,MoO_2 碳包覆纳米带在 100 mA/g 电流密度下首周具有 769.3 mA·h/g 的可逆比容量(0～3.0 V),30 周后仍具有 80.2%的比容量。当电流密度增大时,此种材料仍表现出高的比容量和良好的循环性能。

3.3.1.2 铬的氧化物

铬氧化合物中,具有典型代表性的材料是 Cr_2O_3,因此这里重点阐述 Cr_2O_3 基负极材料的电化学性能和一些研究进展。

(1) Cr_2O_3

Cr_2O_3 的理论振实密度为 5.235 g/cm^3,为菱形六面体结构。商品化 Cr_2O_3 一般为墨绿色晶体,平均粒径一般为 200～800 nm。在首次放电过程中,与其他过渡金属氧化物的嵌锂机制相同,发生在 Cr_2O_3 电极上的转化反应具体可用下式表达:

$$6Li^+ + Cr_2O_3 + 6e^- \rightleftharpoons 3Li_2O + 2Cr \quad (3\text{-}18)$$

因此,尽管理论上 Cr_2O_3 的比容量只有 1 058 mA·h/g,但实际比容量一般高于理论比容量,额外的储锂比容量主要来源于转化反应产物 Li_2O/Cr 纳米相之间界面电荷储锂。相比其他过渡金属氧化物,Cr_2O_3 具有较低的标准电极电位(1.058 V vs Li/Li^+)[130]和平均充电平台较低(1.2 V)等优点,很有希望替代石墨成为锂离子电池负极材料。然而商品化 Cr_2O_3 的循环性能很差,比容量保持率较低(第二次放电比容量仅为首次放电比容量的一半)。J. Hu 等运用透射电镜观察了 Cr_2O_3 电极的 SEI 膜随充放电过程变化的 TEM 图像,发现在完全插锂的情况下,SEI 膜厚度为 20～90 nm。而锂完全脱出时 SEI 膜厚度仅约为 5 nm,部分电极界面出现裸露的现象。他们认为转化反应生成的新相导致电极结构发生较为严重的体积膨胀,以及不稳定的 SEI 膜形成和分解都造成了 Cr_2O_3 循环性能的下降。由于部分电极表面失去 SEI 膜的保护作用,电解液进一步与电极发生反应,最终导致活性物质脱离电极片或者电极破碎。不仅如此,由于 Cr_2O_3 电子电导率较低(仅为 1.78×10^{-7} S/cm),在充放电过程中会存在严重的电压滞后现象。这些缺点都制约着 Cr_2O_3 获得实际应用。

针对 Cr_2O_3 的改性以提高其循环性能的途径主要包括抑制 Cr_2O_3 在充放电过程中的体积膨胀、稳定 SEI 膜的结构和提高材料电子电导率。有研究表明:制备具有特殊结构形貌的 Cr_2O_3 或者将 Cr_2O_3 颗粒纳米化处理都有助于提高 Cr_2O_3 的电化学性能。目前 Cr_2O_3 的合成方法主要包括溶胶-凝胶法、共沉淀法、水热模板法、微波等离子法等,然而采用不同方法合成的 Cr_2O_3 的结构和形貌差异很大。如周立群等[131]以 $Na_2Cr_2O_7\cdot2H_2O$ 和 $Na_2S\cdot9H_2O$ 运用沉淀法,首先制备了松散形态的 $Cr(OH)_3$ 作为前驱体,通过控制前驱体煅烧的温度和时间成功地制备了 Cr_2O_3 纳米粉体,TEM 分析结果表明:纳米颗粒的平均粒径为 50 nm,颗粒大小分布均匀。张鹏等[132]以铬酸钾水溶液作为铬源,以 CO_2 气体为酸化剂,甲醛为还原剂,并且加入表面活性剂,通过水热还原法得到水合

Cr_2O_3，继而在 800 ℃下煅烧得到 Cr_2O_3 球形超细粉体，平均粒径约为 100 nm。研究结果表明：不同的表面活性剂、还原剂甲醛的用量以及酸化剂的初始分压均对产物的形貌有影响。廖辉伟等[133]以乙酰丙酮和 $CrCl_3 \cdot 6H_2O$ 为原料，首先制备了乙酰丙酮铬作为前驱体，之后以十六烷基三甲基溴化铵作为表面活性剂，采用水热法于 180 ℃下合成了 Cr_2O_3 纳米棒，XED 和 SEM 分析结果表明：Cr_2O_3 为六方相结构，纳米棒的直径为 70～80 nm，长度为 0.5～1.2 μm。大量研究表明：不同结构形貌的 Cr_2O_3 的电化学性能不相同。L. Dupont 等[134]以 $Cr(NO_3)_3 \cdot 9H_2O$ 为铬源，采用水热模板法合成有序的介孔状 Cr_2O_3，充放电结果表明：首次放电比容量在 1 200 mA · h/g 以上，但是随后比容量逐渐下降，15 周循环后又逐渐上升，这主要是由于电解液在放电过程中分解所消耗的 Li^+ 没有在接下来的充电过程中完全脱出，随着循环次数的增加，分解产物会聚集在介孔 Cr_2O_3 内，改善了活性物质的塑性性能，抑制了体积膨胀，从而改善了随后的循环性能。H. Liu 等[135]采用真空辅助浸渍法合成了二维六方结构和三维立方结构两种高度有序的介孔 Cr_2O_3，并将其应用于锂离子电池负极材料，充放电测试表明：在电压为 0～3 V、倍率为 0.1C 条件下，二维六方结构和三维立方结构的 Cr_2O_3 首次放电比容量分别为 1 473 mA · h/g 和 1 565 mA · h/g，均高于理论比容量，循环 100 周后分别仍有 521 mA · h/g 和 540 mA · h/g 左右比容量剩余，表现出了更加优异的循环性能，主要是由于独特的介孔结构具有相对较大的比表面积和窄小的孔径。

此外，改善 Cr_2O_3 电化学性能的方法还包括：掺杂原子半径与铬相近的金属阳离子(Mg^{2+}、Al^{3+} 等)、碳包覆以及一些氧化物的掺杂和包覆。H. Li 等[136]采用制备纳米 Cr_2O_3、碳包覆、掺杂金属镁离子以及碳包覆和掺杂金属离子相结合等多种方法对 Cr_2O_3 的电化学性能进行改善，发现将掺杂金属镁离子和碳包覆两种方法结合时，尽管材料首次比容量有所下降，仅为 900 mA · h/g，未达到 Cr_2O_3 的理论比容量，但是循环 20 周后仍有 800 mA · h/g 的可逆比容量，比容量保持率达到 88.8%以上，显示出了良好的循环性能。他们认为这主要是由于一方面镁离子的掺入提高了电子和锂离子在活性材料中的传导率，另一方面碳包覆可以有效地抑制充放电过程中体积膨胀引起的活性材料颗粒之间、活性材料与集流体之间失去良好接触的现象。赵星等将电子电导率较高的 TiO_2 掺入 Cr_2O_3 材料中，运用高温固相法，1 000 ℃下合成了 Cr_2O_3/TiO_2 复合材料。SEM 结果显示复合材料颗粒直径约为 600 nm，颗粒分布较均匀。充放电结果显示复合材料的首次放电比容量达到 1 012 mA · h/g，低于 Cr_2O_3 的理论比容量，主要是因为 TiO_2 本身的比容量不高。循环 22 周后还有约 455 mA · h/g 可逆比容量，比容量保持率达到 74%，均高于商品化 Cr_2O_3，表明 TiO_2 的掺入可以有效改善 Cr_2O_3 的循环性能。

(2) 其他铬基氧化物

除了 Cr_2O_3，目前研究比较多的铬基氧化物主要包括 Cr_3O_8、Cr_8O_{21} 以及富锂的 $LiCr_3O_8$ 等。Cr_3O_8 和 Cr_8O_{21} 主要用作锂电池正极材料，且制备过程较复杂。吕星迪[138]以铬酸为原料，在 270 ℃氧气气氛中制备了高纯度的 Cr_3O_8，研究发现铬酸的分解温度、升温速率和分解时间对产物的结晶性能均有影响，充放电结果表明：电压区间为 2.0～4.0 V 时，首次放电比容量达到 430 mA · h/g，15 周循环后仍有 300 mA · h/g 的可逆比容量剩余，循环效率在 95%以上，比容量衰减的部分原因可能是活性材料在嵌锂过程中发生了由晶态至非晶态的转变。此处重点讨论作为锂电池负极材料的 $LiCr_3O_8$，因此对于其他作为锂电池正极材料的铬氧化合物不再赘述。

针对 $LiCr_3O_8$ 材料的研究始于 1966 年，威廉米（K. A. Wilhelmi）等率先研究了 $LiCr_3O_8$ 的晶体结构，研究结果表明：$LiCr_3O_8$ 晶格主要是由铬氧四面体和铬氧八面体组成的，其中在沿着 c 轴方向上，铬氧八面体以共用棱边的方式交错排列成串，而铬氧四面体以共用角的方式将八面体串连接成三维框架结构，每个四面体与 3 个不同的串相接，锂原子和铬原子在八面体中随机排列。科克斯班（R. Koksbang）和福特克斯（D. Fauteux）首次对不同温度下的 $LiCr_3O_8$、$NaCr_3O_8$、KCr_3O_8 的电化学性能进行了深入研究，通过充放电测试，他们观察了电压区间为 1～4 V 的 $LiCr_3O_8$ 的充放电性能曲线，结果发现在首次放电曲线上 2 V 左右发现了一个较为平坦的平台。经过计算，他们认为：在此平台上嵌入了大约 4 个 Li^+，而在充电曲线上 2 V 左右对应的平台仅有 1 个 Li^+ 脱出。这表明大部分 Li^+ 的嵌入是不可逆的过程，体现在充放电曲线上就是存在很大一部分不可逆的比容量，证明了在仅有一小部分锂嵌入 $LiCr_3O_8$ 结构时，晶体结构会发生不可逆的坍塌破坏。不仅如此，他们还测试了 125 ℃下 $LiCr_3O_8$ 的充放电曲线，发现与室温下所得到的充放电曲线一致，这表明 $LiCr_3O_8$ 电极具有良好的耐高温性能。经过对 $LiCr_3O_8$ 电极首次放电 EIS 谱的测试，他们认为在电极电位 2 V 以下的低频区域的半圆 R_{ct} 是与六价铬还原为三价铬有关。R. Vidya 等[139]根据第一性原理，以 KCr_3O_8 的原子排列为模型，计算并验证了 $LiCr_3O_8$ 中的铬存在两种价态，分别是＋6 和＋3。不仅如此，他们还构筑了 $LiCr_3O_8$ 的晶体结构模型，证实了作为半导体材料的 $LiCr_3O_8$ 具有相对狭窄的带隙。尽管对 $LiCr_3O_8$ 的研究很早就已经开始，但是对于 $LiCr_3O_8$ 作为锂离子电池负极材料的充放电性能、循环性能以及脱嵌锂的机理研究的报道却很少。这可能是由于一方面 $LiCr_3O_8$ 的合成工艺较为复杂，对合成条件的要求较苛刻；另一方面少量锂离子嵌入 $LiCr_3O_8$ 晶体就会发生结构的不可逆坍塌。

3.3.2 过渡金属磷化物

过渡金属磷化物主要作为锂离子电池的负极材料，其中关于铁的磷化物、钛的磷化物、钒的磷化物、铜的磷化物、镍的磷化物、钴的磷化物、镓的磷化物、铟的磷化物、锰的磷化物、锌的磷化物等均有文献报道[140]。过渡金属磷化物与二元过渡金属氧化物相比，其质量比容量和体积比容量都比较高，充放电电压平台相对较低，反应过程中的体积变化也比较小，被认为是一种较有潜力的负极材料。相关的研究结果表明：过渡金属原子序数比较小的金属磷化物，如 Ti、V(原子序数为 22,23)，与锂离子的反应机理是传统的脱出嵌入机制；金属原子序数比较大的金属磷化物，如 Co、Ni(原子序数为 27,28)，和锂离子的反应机理是转化反应；金属原子序数处于中间的金属磷化物，如 Mn、Fe(原子序数为 25,26)，与锂离子的反应机理则是连续的嵌锂、转化反应两步机制。虽然过渡金属磷化物有很多优点，但是因为合成困难，自身导电性差等，一直没实现产业化。表 3-2 是各种磷化物合成的方法与颗粒粒度的总结。表 3-3 是各种过渡磷化物转化反应的电压平台。

表 3-2　转换金属磷化物纳米粒子溶剂合成方法的总结[141]

磷化物	合成原料与条件	颗粒平均粒度与形貌
FeP	$Na_3P/FeCl_3$ 在苯溶剂中，180～190 ℃，24 h	200 nm
CoP/Co_2P	$Na_3P/CoCl_2$ 在苯溶剂中，150 ℃，8 h	CoP：25 nm，纺锤形； Co_2P：49 nm，球形
Co_2P	$P_4/CoCl_2$ 在乙二胺溶剂中，150 ℃，8 h	50 nm，片状
NiP	$Na_3P/NiCl_2$ 在甲苯溶剂中，150 ℃，8 h； $P_4/NiCl_2$ 在 NH_4OH 中，160 ℃，12 h； $P_4/NiCl_2$ 在乙二胺溶剂中，80～140 ℃，12 h； $P_4/NiCl_2$ 在乙二胺/聚丙烯酰胺溶剂中，120～180 ℃，20 h	10 nm，球形； 16 nm，球形； 50 nm，片状； 20、200 nm，片状
Cu_3P	$P_4/CuCl_2$ 在 NH_4OH 溶剂中，140 ℃，10 h； $P_4/CuCl_2$ 在乙二胺溶剂中，80～140 ℃，12 h	30 nm，片状 30～90 nm，片状

表 3-3　过渡磷化物转化反应的电压平台[47]　　单位：V

磷化物	电压	磷化物	电压	磷化物	电压
MnP_4	0.2	FeP_2	0.3	FeP	0.1
CoP_3	0.3	NiP_3	0.7	NiP_2	0.5～0.3
Ni_3P	斜面	CuP_2	0.7	Cu_3P	0.8

3.3.3　过渡金属硫化物

转化金属硫化物最早成为锂离子电池的首选电极材料。1980 年以来层状的 TiS_2 一直被考虑作为锂离子电池的负极材料，一方面，碱金属与硫电化学反应的技术可行性是众所周知的，高温的钠硫电池在日本已得以应用；另一方面，锂硫材料在氧化还原反应中具有 1 675 mA・h/g(2 500 W・h/kg)的理论比容量，完全反应生成 Li_2S。但是由于反应中生成各种中间相，这些中间相可能部分溶解在电解质中，材料的导电性降低，并最终移动至负极电极材料处，与锂反应使之钝化，导致库仑效率大幅度降低。已有几种被报道过的过渡金属硫化物可通过转化反应生成 Li_2S 和金属的纳米颗粒。表 3-4 是几种过渡金属硫化物转化反应的电压平台。

表 3-4　过渡金属磷化物转化反应的电压平台　　单位：V

硫化物	电压	硫化物	电压	硫化物	电压
CrS	0.8	CoS_2	1.65～1.3	NiS	1.5
MnS	0.7	$Co_{0.92}S$	0.7	Ni_3S_2	1.4
FeS_2	1.5	Co_9S_8	1.1	CuS	2.0～1.7
FeS	1.3	NiS_2	1.6	Cu_2S	1.7
MoS_2	0.6	WS_2	0.8～0.6		

3.3.4 过渡金属氮化物

晶体的 VN、Mn_4N、Fe_3N、CoN 和 Co_3N 或是这些材料的无定形薄膜都可以与锂发生转化反应。根据文献报道，CV 曲线显示了循环过程中不同的氧化还原峰，可得到 400～500 mA·h/g 的比容量，当氮原子和金属原子的数量之比小于或等于 1 时，可观察到大于 1 000 mA·h/g 的比容量。CrN 和 VN 的首次比容量高达 1 800 mA·h/g、1 500 mA·h/g，高于理论比容量 1 200 mA·h/g。由于可逆性较差，比容量损失较大，但 50 周后仍有 650 mA·h/g 的比容量。

Cu_3N 与锂离子通过转化反应生成 Li_3N 和 Cu，已有文献报道[142]，反应过程中观察到 5.1 mol 的锂离子参与反应，相当于 675 mA·h/g 的比容量，且高倍率下比容量保持率较高，但也观察到氧化铜的生成，可能的原因是电解质的分解，这个现象凸显氮基电极材料反应的复杂性。表 3-5 是几种过渡金属氮化物转化反应的电压平台。

表 3-5 几种过渡金属氮化物转化反应的电压平台　　单位：V

氮化物	电压	氮化物	电压	氮化物	电压
CrN	0.2	CoN	0.8	Ni_3N	0.6
Fe_3N	0.7	Co_3N	1.2		

第 4 章　锂离子电池电解质

电解质的品质对锂离子电池的性能有着直接影响。电解质在锂离子电池中的作用是作为传送锂离子的载体,同时把电池的正极、负极与隔膜等主要部分连接起来组成一个紧密关联的整体,电解质的品质对电池的性能有很大的影响。锂离子电池电解质按形态分为液态电解质和固态电解质。液态电解质包括非水溶剂电解质、水系电解质和离子液体。固态电解质包括无机固体电解质和聚合物电解质。目前应用最广泛的是非水溶剂电解质。

4.1　非水溶剂电解质

由于传统水系电解质的理论分解电压只有 1.23 V,因此以水为溶剂的电解液体系的铅酸蓄电池电压最高也为 2 V 左右。然而锂离子电池的工作电压高达 3～4 V,所以传统的水系电解质已不能应用到锂离子电池上,因而目前常用的锂离子电池的电解质是电化学反应窗口更宽的非水电解质体系[143]。

锂离子电池电解质必须达到以下基本要求:

① 电导率在较宽的温度范围内较高且较稳定,最好达到$(1\sim2)\times10^{-3}$ S/cm。

② 在较宽的温度范围内不分解、不反应,稳定性好。

③ 电化学反应窗口宽,最好在 0～5 V 之间能保证电解液不发生显著的副反应。

④ 与电极材料的相容性好,能够形成稳定、有效的钝化膜。

⑤ 安全性能好,闪点高,不易燃。

⑥ 造价成本低。

⑦ 低毒或者无毒,不会对人体造成危害。

锂离子电池电解质通常由电解质锂盐、有机溶剂与添加剂三个部分组成。

电解质锂盐是提供锂离子的源泉,保证电池在充放电循环过程中有足够的锂离子在正、负极之间往返,从而实现可逆循环。因此必须保证电极与电解液之间没有副反应发生。为了满足以上要求就需要在电解液生产过程中控制有机溶剂和锂盐的纯度和水分等指标,以确保电解液在电池工作时充分、有效地发挥作用。

由于锂离子电池负极的电位与锂接近,比较活泼,在水溶液体系中不稳定,因此必须使用非水、非质子性有机溶剂作为锂离子的载体。有机溶剂为溶剂化锂离子的产生提供基础。使用添加剂是改善锂离子电池某些性能的有效手段。

有机电解质在锂离子电池中不但占整个电池质量的 15%、体积的 32%,而且其性能直接决定锂离子电池比容量和循环性能。因此研发品质优越的电解质是锂离子电池成功商品化的前提与保证[144]。

4.1.1 电解质锂盐

锂作为一种活泼元素，其盐种类很多，然而适宜应用在锂离子电池中的锂盐却非常有限。从应用角度出发，满足锂离子电池的锂盐必须具有如下性质：① 锂盐在有机溶剂中有足够高的溶解度，缔合度低，易解离，以保证电解液具有较高的电导率；② 锂盐的阴离子具有较高的氧化和还原稳定性，在电解液中稳定性好，还原产物有利于电极钝化膜的形成；③ 无毒或者低毒，对环境污染小；④ 易于制备和纯化，生产成本低。

锂离子电池电解质锂盐按阴离子种类的不同，可以分为无机阴离子锂盐和有机阴离子锂盐两大类。无机阴离子锂盐主要包括 $LiClO_4$、$LiBF_4$、$LiASF_6$ 和 $LiPF_6$ 等，有机阴离子锂盐主要包括三氟甲基硫黄锂（lithium trifluoromethyl sulfide，$LiCF_3SO_3$）、二（三氟甲基硫磺）亚胺锂[Bis (trifluoromethanesulfonimide) lithium，$LiN(CF_3SO_2)_2$，LiTFSI]、三（三氟甲基磺酰）甲基锂[Tri (trifluoromethylsulfonyl) methyl lithium，$LiC(SO_2CF_3)_3$]、新型硼酸锂、有机磷酸锂等。也可以简单地根据阴离子是否含氟，而分为含氟锂盐和不含氟锂盐。

阴离子结构是影响锂盐性能的重要因素，具有较小的晶格能是锂盐在有机溶剂中获得一定溶解度的首要条件，因此，锂盐阴离子首先必须具有较大的阴离子半径，其次易与锂离子解离，以提高电解液的电导率。此外，锂盐阴离子还应该具有较好的电化学稳定性、热稳定性以及分解产物能在负极表面形成稳定的 SEI 膜等。含氟锂盐阴离子具有电荷离域作用，一方面抑制了离子对的形成，提高了电解液的电导率；另一方面，提高了电解液体系的电化学稳定性，而且含氟锂盐的分解产物有利于形成稳定的 SEI 膜。因此含氟锂盐一直是锂离子电池电解质锂盐的主体，也是其重要的发展方向。

4.1.1.1 无机阴离子电解质锂盐

多种简单锂盐（如 LiF、LiCl 和 LiBr 等）都因为在锂盐中溶解度较小，而未能在锂离子电池中获得应用。LiI 基电解液虽然具有较适中的电导率，但是 LiI 在非水状态下的制备较为困难，而且 I^- 易被氧化。Li_3AlF_6 和 $LiSi_2F_6$ 在有机溶剂中溶解度较低（只有 0.1 mol/L 左右），其电导率一般为 10^{-5} S/cm 量级。$LiSbF_6$、$LiAlCl_4$ 具有较大的阴离子和较小的晶格能，采用它们作为锂盐的有机电解液具有较高的电导率，如 1 mol/L 的 $LiSbF_6$＋THF 和 $LiAlCl_4$＋THF 电解液的电导率为 16×10^{-3} S/cm。$LiTaF_6$ 和 $LiNbF_6$ 基有机电解液也具有合适的电导率，但是其价格昂贵，难以获得较高的纯度。除此以外，$LiSbF_6$ 和 $LiTaF_6$ 还被发现在电解液中会引发环状醚的聚合。因此，在众多的锂盐中只有 $LiClO_4$、$LiAsF_6$、$LiBF_4$ 和 $LiPF_6$ 等在锂离子电池中可能获得应用。

高氯酸锂（$LiClO_4$）：无色结晶，有潮解性，相对分子质量为 106.40，沸点为 430 ℃（分解），熔点为 236 ℃，溶于水，溶于乙醇，相对密度为 2.43。2.0 mol/L 的 $LiClO_4$/MF（甲酸甲酯，methyl formate，MF）溶液的电导率为 0.048 S/cm。$LiClO_4$ 是研究历史最长的锂盐，有适当的电导率、热稳定性和耐氧化稳定性，但是国际锂电池界普遍认为它只适合于研究工作体系，而不能用于实用型电池，这是因为 $LiClO_4$ 本身是一种强氧化剂，人们担心在某种不确定的条件下可能会引起安全问题。

六氟砷酸锂（$LiASF_6$）：在已知的锂盐中，$LiASF_6$ 基电解液具有最好的循环效率、相对较好的热稳定性和几乎最高的电导率。其中的 As 具有毒性且价格较高，限制了它的应用。

四氟硼酸锂($LiBF_4$):不但热稳定性差,易水解,而且电导率相对较低,1 mol/L $LiBF_4$/PC 的电导率为 0.003 4 S/cm,在锂离子电池中研究与应用较少。

六氟磷酸锂($LiPF_6$):以较好的电导率、电化学稳定性和环境友好性在商品化的锂离子电池中获得了应用,而其他电解质锂盐则多用于实验室研究。$LiPF_6$ 具有以下优点:① 在电极上尤其是碳负极上能形成适当的 SEI 膜;② 对正极集流体能实现有效的钝化以阻止其溶解;③ 有较宽广的电化学稳定窗口;④ 在各种非水溶剂中有适当的溶解度和较高的电导率;⑤ 有相对较好的环境友好性。

4.1.1.2　有机阴离子电解质锂盐

有机阴离子电解质锂盐主要包括三氟甲基硫黄锂($LiCF_3SO_3$)、二(三氟甲基硫黄)亚胺锂[$LiN(SO_2CF_3)_2$(LiTFSI)]和三(三氟甲基磺酰)甲基锂[$LiC(SO_2CF_3)_3$]以及它们的衍生物。到目前为止,在所有的阴离子锂盐中,$LiN(SO_2CF_3)_2$ 和 $LiC(SO_2CF_3)_3$ 具有最大的电导率。

$LiCF_3SO_3$ 在一些二次锂电池体系中表现出较高的循环效率,但不如 $LiClO_4$、$LiPF_6$ 和 $LiAsF_6$ 等,其电导率大约为 $LiPF_6$ 的一半。同时 $LiCF_3SO_3$ 基的有机电解液应用于锂离子电池时,还存在对铝或铜电极集流体的腐蚀以及和碳负极、层状过渡金属氧化物的相容性问题。$LiCF_3CF_2SO_3$ 与 $LiCF_3SO_3$ 具有相近的电导率,其他全氟烷基和全氟芳基磺酸锂的电导率均小于 $LiCF_3SO_3$,在已研究过的所有的三氟烷基和全氟芳基磺酸锂盐中,$LiCF_3SO_3$ 具有最高的电导率和最低的价格。

$LiN(SO_2CF_3)_2$(LiTFSI)首先为阿曼德(Amand)提出用作锂离子电池电解质锂盐,具有和 $LiPF_6$ 相近的电导率,而且它具有内在的电化学稳定性和热稳定性,并不易水解,其热分解温度超过 360 ℃。LiTFSI 被认为是中间相炭微球(mesocarbon microbeads,简称 MCMBs,一种高度石墨化的碳材料)电极的最具吸引力的电解质锂盐之一,如 MCMBs(介稳相球状碳)的最具吸引力的电解质锂盐,即使反复循环也能够确保稳定的几乎接近最大能量的放电能量。在每一种电解液体系中,除第一次循环外几乎每次充放电循环的库仑效率都接近 100%,这主要是由于 LiTFSI 能够在 MCMBs 上形成低电阻、稳定的 SEI 膜。但是当 LiTFSI 基有机电解液应用于锂离子电池时,同样腐蚀铝箔集流体,这主要是由于 TFSI-易吸附在 Al 箔表面,从而吸附阳离子 Li^+ 形成 LiF,使其钝化膜多孔疏松。而且 Al^+ 会将磺酰基还原为 S^{2-},自身被氧化成 Al^{3+},从而导致集流体的严重腐蚀。

改善 LiTFSI 对正极集流体腐蚀电位的方法主要有三种:① 在电解液中添加全氟无机阴离子盐(如 $LiPF_6$),从而在集流体表面形成含氟的钝化膜,阻止 $TFSI^-$ 在集流体表面的吸附;② 使用低黏度的醚类溶剂,以降低 Al^{3+}、Cu^{2+} 和 Fe^{2+} 等离子的 $TFSI^-$ 络合盐的溶解度;③ 用具有较大分子半径的亚胺盐替代 LiTFSI,如二(三氟甲基磺酰)亚胺锂[$LiN(SO_2CF_2CF_3)_2$](相对分子质量为 287.1),作为锂电解质锂盐替代 LiTFST,在有机 EC+THF 电解液体系中对正极集流体(铝集流体)的电压在 4.4 V 以上(VSLi/Li^+)。例如,刘成勇等[143]制备了一种新型含氟磺酰亚胺锂盐(三氟甲基磺酰)(三氟乙氧基磺酰)亚胺锂{Li[(CF_3SO_2)($CF_3CH_2OSO_2$)N],简写为 Li[TFO-TFSI]},该盐具有较高的热分解温度(212 ℃),其碳酸酯电解液具有良好的热稳定性、化学和电化学稳定性,与石墨电极材料也具有良好的相容性,在 4.2 V 以下,对 Al 箔没有腐蚀性。室温下,用 Li[TFO-TFSI]为电解液，人造石墨为负极、$LiCoO_2$ 为正极组成的锂离子电池具有良好的循环性能，循环 100 周后放电比容量仍保持在 123 mAh/g。

$LiC(SO_2CF_3)_3$ 首先被多米尼(Dominey)制备出，也具有很好的热稳定性和电化学稳定性，300 ℃以上时才开始出现分解现象。同样具有较好的电导率，在相同的电解液体系中，只比 LiTFSI 小 10%左右。$LiC(SO_2CF_3)_3$ 基有机电解液应用于锂离子电池时，对铝或不锈钢电极集流体不存在腐蚀问题，$LiC(SO_2CF_3)_3$ 基有机电解液的这种优越的稳定性，主要是由于 $LiC(SO_2CF_3)_3$ 具有巨大的阴离子、连接在中心碳原子上的位阻效应和负电荷的高度离域化。巨大的阴离子使多价盐(如 Fe^{2+} 和 Al^{3+} 的盐)在有机溶剂中溶解度较小，从而使它们能够在暂时去钝化的集流体材料表面腐蚀点沉积再钝化；连接在中心碳原子上的位阻效应和负电荷的高度离域化使 $LiC(SO_2CF_3)_3$ 的阴离子很难被直接氧化。但是 $LiC(SO_2CF_3)_3$ 价格较为昂贵，对其商业化应用形成巨大障碍。

4.1.1.3 常用锂盐的性能对比

$LiPF_6$ 具有非常突出的氧化稳定性。在单一溶剂 DMC 电解液体系中，几种电解质锂盐的氧化电势从大到小顺序为：$LiPF_6$、$LiBF_4$、$LiASF_6$、$LiClO_4$。

在 EC/DMC 电解液体系中的电导率从大到小顺序为：$LiASF_6 \approx LiPF_6$、$LiClO_4$、$LiBF_4$。

塔拉斯肯(Tarascon)报道 $Li_{1+x}Mn_2O_4$ 作为电池正极材料时，在 DMC+EC(1∶1)溶剂体系中，几种锂盐的氧化稳定性按从强到弱顺序为：$LiPF_6$、$LiClO_4$、$LiBF_4$、$LiASF_6$、$LiN(SO_2CF_3)_2$、$LiCF_3SO_3$。

电导率按从大到小顺序为：$LiASF_6 \approx LiPF_6$、$LiClO_4 \approx LiN(SO_2CF_3)_2$、$LiBF_4$、$LiCF_3SO_3$。

几种电解质锂盐的热稳定性从强到弱的顺序为：$LiCF_3SO_3$、$LiN(SO_2CF_3)_2$、$LiASF_6$、$LiBF_4$、$LiPF_6$。

在 PC 或 EC 基电解液中，离子间缔合作用由强到弱顺序为：$LiCF_3SO_3$、$LiBF_4$、$LiClO_4$、$LiPF_6$、$LiN(SO_2CF_3)_2$、$LiASF_6$[146]。

SEI 膜的组成中约有 50%来自锂盐的分解产物，因此，锂盐在阳极界面上的还原过程对锂离子电池性能有着重要的影响。

奥尔巴克(Aurbach)及其他研究工作者的一系列研究成果表明 $LiPF_6$ 在阳极表面的还原反应一般认为主要包括以下过程：① $LiPF_6$ 分解为 LiF 和 PF_5；② PF_5 与电解液中的痕量的水反应，生成 HF 和 POF_3；③ HF 和电极表面的碳酸盐或碳酸酯盐反应，生成 LiF 和 H_2CO_3 或者 $ROCO_2H$；④ POF_3 在电极表面首先发生还原反应，然后再与 LiF 反应，生成 $Li_xPF_yO_z$ 型化合物，如 $LiOPF_2$。$LiClO_4$ 在阳极表面发生还原反应，主要生成 $LiClO_x$、LiCl 以及 Li_2O 等。

$LiAsF_6$ 在碳负极表面的还原过程主要包括两步：① $LiAsF_6$ 被还原为 LiF 和 AsF_3；② AsF_3 进一步被还原，生成 LiF 和 $Li_{3-x}AsF_{3-x}$。

$LiBF_4$ 在阳极表面发生还原反应，主要生成 LiF 和 Li_xBF_y 等。

$LiCF_3SO_3$ 在阳极表面的还原过程主要包括三步：① $LiCF_3SO_3$ 被还原生成 Li_2SO_3 和 C_2F_6；② C_2F_6 进一步被还原，生成 CF_3CF_2Li 和 LiF；③ Li_2SO_3 进一步被还原，生成 Li_2S 和 Li_2O。

$LiN(CF_3SO_2)_2$ 在阳极表面的还原过程主要包括三步：① $LiN(CF_3SO_2)_2$ 被还原生成 Li_3N 和 CF_3SO_2Li；② CF_3SO_2Li 进一步被还原，生成 $Li_2S_2O_4$、$C_2F_xLi_y$ 和 LiF 等；③ $Li_2S_2O_4$ 进一步被还原，生成 Li_2S 和 Li_2O。

4.1.1.4　电解质锂盐研究进展与发展方向

$LiBF_4$ 和 $LiPF_6$ 具有较好的电化学稳定性和较好的环境友好性，但它们的热稳定性较差，而且易于水解。通过控制阴离子结构，在分子中引入其他吸电子基团，可提高锂盐的热和水解稳定性，这是新型电解质锂盐研究中使用的重要方法。

(1) 络合硼酸锂类电解质锂盐

络合硼酸锂具有较好的环境友好性，在电解质锂盐的研究中受到了一定的重视。$LiB_{10}Cl_{10}$ 曾经被用于 Li/TiS_2 电池体系中，显示了较好的化学稳定性，但它较昂贵的价格阻止了其商业化应用。5-磺基水杨酸苯氧基硼酸锂[$(LiB(SO_3)C_6H_3(O)(COO)OC_6H_5)$]分子中的5-磺基水杨酸含有羟基、羧基和磺酸基，与硼酸络合物形成稠环化合物，电荷的分散不仅提高了热稳定性，还使电解液的电导率和氧化稳定性得到提高。其氧化稳定电位超过了4 V，在DMSO/PC(1∶1)混合溶剂中0.4 mol/L的5-磺基水杨酸苯氧基硼酸锂的电导率为0.7 ms/cm，基本上都可以满足实用化电池对电解质锂盐的要求。

(2) 基于六氟磷酸锂的新型电解质锂盐的探索

为了改善 $LiPF_6$ 热稳定性差和易水解的缺点，Sachio 等提出用氟代烷基取代六氟磷酸锂分子中氟，生成的氟代烷基氟磷酸锂，如 $LiPF_4(CF_3)_2$，在保持了六氟磷酸锂的优点的同时，还具有较好的热稳定性和在非质子溶剂中较强的抗水解能力，而且随着氟代烷基中氟原子数的增加，该类化合物的热稳定性和抗水解能力增强。研究结果表明：在干燥环境中保存的全氟代烷基氟磷酸锂在100 ℃以下时未见有分解，在130 ℃以上时才略有分解现象发生。Kita 等研究了 $LiPF_{6-n}(CF_3)_n$ $(n=1,2,3)$ 锂盐，发现它们的热稳定性从强到弱顺序为 $PF_4(CF_3)_2^-$、$PF_5(CF_3)^-$、$PF_3(CF_3)_3^-$、PF_6^-；离子解离能力从大到小顺序为 $LiPF_3(CF_3)_3$、$LiPF_4(CF_3)_2$、$LiPF_5(CF_3)$、$LiPF_6$。

(3) 电解质锂盐的发展方向

电解质锂盐的发展方向应该还是控制阴离子结构。一方面要求电解质锂盐阴离子结构能满足其在有机溶剂中有足够的溶解度和解离度，另一方面要求阴离子的分解产物有助于快速形成稳定的SEI膜。另外，还要求锂盐自身具有较好的稳定性、可行的生产工艺以及有竞争力的价格。虽然从前文的论述中可以看出：具有新型结构和功能的电解质锂盐不断被报道，但是从性能、价格和生产工艺等综合考虑，$LiClO_4$、$LiBF_4$、$LiASF_6$、$LiPF_6$、$LiCF_3SO_3$ 和 $LiN(SO_2CF_3)_2$ 等仍是近期锂离子电池电解液采用的主要锂盐。$LiPF_6$ 仍将是商业化锂离子电池采用的主要电解质锂盐。同时，多种锂盐的混合使用有可能也是一个重要的发展方向。

虽然前人对各种结构类型的电解质锂盐进行了广泛研究，但是六氟磷酸锂作为锂离子电池技术中的主导电解质锂盐的地位仍然是无法挑战的。下面介绍一下六氟磷酸锂的生产工艺与产业化技术。

4.1.1.5　六氟磷酸锂生产工艺

伴随着锂离子电池技术的不断成熟和应用范围的不断扩大，国内外对六氟磷酸锂生产工艺进行了广泛的研究。

(1) 工艺原理

根据对近年来关于六氟磷酸锂制备方面文献的查阅，可以总结出六氟磷酸锂的制备方法主要有四种：气-固反应法、HF溶剂法、有机溶剂法、离子交换法。

各种制备方法的基本原理如下：

① 气-固反应法：

$$\text{LiF(固)} + \text{HF(气)} \longrightarrow \text{LiHF}_2\text{(固)} \longrightarrow \text{LiF(多孔)} + \text{HF(气)} \tag{4-1}$$

$$\text{LiF(多孔)} + \text{PF}_5 \longrightarrow \text{LiPF}_6 \tag{4-2}$$

② HF溶剂法：

$$\text{PF}_5 + \text{LiF} \xrightarrow{\text{HF}} \text{LiPF}_6 \tag{4-3}$$

③ 有机溶剂法

$$\text{PF}_5 + \text{LiF} \xrightarrow{\text{有机溶剂}} \text{LiPF}_6 \tag{4-4}$$

其中的有机溶剂主要为制造有机电解液时使用的DEC、DMC等。

④ 离子交换法：

$$\text{XPF}_6 + \text{Li}^+ \longrightarrow \text{LiPF}_6 + \text{X} \tag{4-5}$$

其中X主要为Na^+、K^+、${NH_4}^+$等。

在这些制备方法中，气-固反应法虽然操作较为简单，但是生成的$LiPF_6$覆盖在LiF表面形成一层致密的保护膜，阻止了反应的进一步进行，从而导致最终产品的纯度较低，含有大量的LiF。采用溶解重结晶的方法来纯化产品，不但会使整个生产过程变得复杂，而且纯化中所使用的有机溶剂从产品中的脱除也是一个极为难处理的问题。有机溶剂法虽然避免了使用HF，但PF_5不仅会和有机溶剂DEC、DMC等发生反应，还会引起它们的聚合，导致很难获得高纯度的产品。离子交换法避免了使用PF_5作为原料，但其中使用的醇基锂或氨等同样存在与有机溶剂法中存在的问题相类似的问题。HF溶剂法虽然使用了腐蚀性介质HF，但是由于PF_5与LiF都易溶于HF中，因此可以在液相中发生均相反应，使整个反应易进行和控制，因此该方法中解决的主要问题是耐HF介质材料的选择问题，这些问题在工艺上只要使用适当的耐氟材料，就能很好得到解决。因此该方法是目前所有制备$LiPF_6$的方法中最易实现产业化的一种方法。

(2) 杂质对六氟磷酸锂性能的影响

影响$LiPF_6$产品质量的最重要因素主要有四个：① $LiPF_6$产品的纯度；② H_2O的含量；③ HF的含量；④ 一些杂质离子(如Na^+、K^+、Ca^{2+}、Fe^{2+}、Ni^{2+}等)的含量。$LiPF_6$产品的纯度是$LiPF_6$产品质量的首要指标，给出了$LiPF_6$产品中总杂质含量。但是由于$LiPF_6$产品的绝对纯度的测量较为困难，因此一般产品中所给出的$LiPF_6$产品的纯度往往是通过差减法获得的$LiPF_6$产品的纯度。具体的做法：将$LiPF_6$产品溶于DME、DMC或DEC等溶剂中，过滤后获得的不溶物的量，从初始产品中扣除不溶物的量，而获得$LiPF_6$产品的纯度。虽然也有文献报道，可用氯化四苯砷作为指示剂，采用电流滴定法测定六氟磷酸根离子的浓度，但该方法使用了水溶液，因此该方法能否用于最终标定$LiPF_6$产品的纯度还有待于探讨。此外，一些光谱学方法，如Raman光谱，对定性确定$LiPF_6$产品的纯度也有很重要的意义。水含量对$LiPF_6$产品性能的影响可分为对$LiPF_6$产品自身稳定性的影响和对电池性能的影响。在存在微量水的情况下，六氟磷酸锂易发生水解反应。

$$\begin{cases} LiPF_6 = LiF + PF_5 \\ PF_5 + H_2O = POF_3 + 2HF \end{cases} \tag{4-6}$$

该过程中产生的氟化氢反过来又会催化上述反应的加速进行。

此外，存在的微量的水会和锂或锂碳电极表面的SEI膜组分 $ROCO_2Li$ 反应生成 Li_2CO_3、ROH 和 CO_2。SEI膜中无机碳酸盐组分的增加会使它更稳定，同时也会一定程度降低它的电阻率。当水的含量超过100 ppm(1 ppm $=1\times10^{-6}$)时，初始形成的SEI膜组分 $ROCO_2Li$、$LiCO_3$ 等和水扩散到锂电极的内表面，反应生成 $LiOH\text{-}Li_2O$。这些过程将会导致SEI膜厚度增加和电阻增大。HF会与在锂或锂碳电极表面初始形成的SEI膜组分 $ROCO_2Li$、Li_2CO_3 等反应使其溶解，生成含有较多LiF的SEI膜，从而导致锂或锂碳电极界面阻抗的增大。此外，HF也是造成正极材料溶解和容量、循环效率等电池性能衰减的重要因素。金属杂质离子具有比锂离子低的还原电位，因此在充电过程中，金属杂质离子将首先嵌入碳负极中，减少了锂离子嵌入的位置，因此减小了锂离子电池的可逆比容量。高浓度的金属杂质离子的含量会导致锂离子电池可逆比容量下降，金属杂质离子的析出还可能导致石墨电极表面无法形成有效的钝化层，使整个电池遭到破坏。但锂离子半径较小，锂离子在石墨层间的迁移速率大于其他金属离子，因此低浓度的金属杂质离子对电池性能影响不大。

(3) 杂质来源分析与产品质量的控制

由上述对 $LiPF_6$ 产品生产工艺的原理的分析可知：制备 $LiPF_6$ 产品的原料主要有 PF_5、HF和LiF，HF在生产过程中主要起到溶剂的作用。因此造成 $LiPF_6$ 产品不纯的因素主要包括LiF的纯度、PF_5 的纯度、HF的纯度、HF对反应器的腐蚀。

市售的LiF的纯度一般为99%，其中含有较多的 SiO_2(约0.10%)、Fe_2O_3(约0.05%)和其他金属杂质离子(如 Ca^{2+}、Al^{3+}、Mg^{2+} 等)。在HF溶剂中，SiO_2 和HF会发生以下反应

$$\begin{cases} SiO_2 + 4HFP = SiF_4 + 2H_2O \\ Fe_2O_3 + 6HF = 2FeF_3 + 3H_2O \end{cases} \tag{4-7}$$

因此 SiO_2 和 Fe_2O_3 的存在会直接导致 $LiPF_6$ 产品中水含量的增加，而且随着生产过程的不断进行，HF溶剂中的水含量也会不断增加，HF溶剂需要不断进行纯化。用于生产电池的碳酸锂纯度可达到99.9%以上，其中不挥发性杂质的含量小于20 ppm，因此作为制备 $LiPF_6$ 产品的原料应该由碳酸锂经特定的方法获得。

PF_5 可以由赤磷直接氟化或者由 PCl_5 与HF反应制备，但无论采用哪一种方法制备，PF_5 产品中几乎不可避免都存在 POF_3，在HF溶剂中，POF_3 和HF会发生以下反应：

$$POF_3 + 3HF = HPF_6 + H_2O \tag{4-8}$$

因此，POF_3 的存在会和 SiO_2、Fe_2O_3 的存在一样，导致 $LiPF_6$ 产品中含水量增加。所以 PF_5 在使用前必须经过严格的纯化过程，确保产品中不含有 POF_3。最终的产品可通过红外光谱法对 PF_5 的纯度监测。

普通的无水HF中总含有一定量的水分以及其他杂质(如氟硅酸、二氧化硫等)，导致 $LiPF_6$ 产品质量降低，因此在 $LiPF_6$ 产品生产中使用的HF必须是高纯的无水HF，一般应满足以下要求：水分含量≤5 ppm，其他杂质金属离子含量≤20 ppm。

虽然不锈钢、Ni 等材料在严格的钝化后具有较好的耐无水 HF 的腐蚀能力，但是在生产过程中，由于搅拌、温度升高等影响，HF 仍然有可能对它们造成腐蚀。为了避免上述过程的发生，制备 $LiPF_6$ 产品的反应器必须使用 PTFE(poly tetra fluoroethylene，聚四氟乙烯，俗称“塑料王”)作为材料或内衬 PTFE 的反应器。

(4) $LiPF_6$ 产品的生产过程

采用 HF 溶剂法生产 $LiPF_6$ 产品的主要过程包括以下几个步骤：

① 向合成反应器内加入适量的 HF，搅拌使 LiF 溶解于 HF 中：$LiF+HF = LiHF_2$。

② 向合成反应器内加入 PF_5 气体，由于 PF_5 气体与 LiF 反应，合成反应器内 PF_5 气体的压力不断降低，当合成反应器内 PF_5 气体的压力不再降低时，表示整个合成过程结束。生成的 $LiPF_6$ 产品以沉淀的形式沉淀在合成反应器底部。

③ 过滤获得 $LiPF_6$ 粗产品。

④ 在特定的纯化反应器中对 $LiPF_6$ 粗产品进行纯化。

整个制备过程中应该注意的问题：① PF_5 与 LiF 反应生成 $LiPF_6$ 的过程为放热过程，因此整个制备过程应该在较低的温度下进行，同时应该对合成反应器进行不断冷却。② $LiPF_6$ 极易水解，而且热稳定性较差，因此 $LiPF_6$ 的纯化过程必须谨慎。$LiPF_6$ 与 HF 易生成 $LiPF_6$ 和 HF 复合物，导致 HF 从 $LiPF_6$ 中分离具有一定的困难。但如果前述制备过程控制较好，$LiPF_6$ 中除 HF 外，其他杂质含量较低，一些研究表明。这种 $LiPF_6$ 产品具有较好的热稳定性，而且在 180 ℃以下具有较低的分解压力，因此可利用这一原理对 $LiPF_6$ 产品进行热真空纯化。最终获得的产品应达到以下指标：① $LiPF_6$ 纯度≥99.9%；② HF 含量≤100 ppm；③ LiF 含量≤0.08%。

4.1.1.6 六氟磷酸锂产业化技术

4.1.1.6.1 六氟磷酸锂产业化技术概述

六氟磷酸锂是白色粉末状或细小晶粒，易溶于 DEC、EC 等有机溶剂中，化学稳定性较好，与大多数有机物和无机物不反应，但是有毒性，遇水分解变成酸，对肌体组织有腐蚀作用，不能直接接触，必须储存于气密性容器内，使用时必须在绝对湿度低于 10 ppm 的干燥气氛下操作，防止分解。作为锂离子电池电解质锂盐的六氟磷酸锂，其最重要的质量参数除产品的纯度外，还有水和自由酸(以 HF 计)。一般情况下，其至少应达到以下质量指标：① 纯度大于 99.5%；② H_2O 含量小于 30 ppm；③ HF 含量小于 150 ppm；④ 不溶物含量小于 0.5%；⑤ 某些金属(Fe、Al、Mn、Zn、Cr、Ni、Ti、Cu、K 等)离子含量分别小于 20 ppm。

因此整个六氟磷酸锂的制造过程中最复杂、最关键的技术就是如何以最廉价的原料、最简单的工艺，获得满足锂离子电池要求的六氟磷酸锂。尤其是如何使其中的含水量、含酸量达到质量要求，更是关键之处。

虽然有多种方法可用于合成六氟磷酸锂，但是下述合成方法最有可能实现六氟磷酸锂的大规模生产：

$$LiF+PF_5 \xlongequal{HF} LiPF_6 \tag{4-9}$$

这一反应体系的产品质量主要取决于起始反应物的纯度，使用绝对高纯度起始反应物是最终获得高纯度产品的保证。为了保证最终产品的质量，在六氟磷酸锂的生产中必须使用高纯度原材料，如 LiF 的杂质含量必须小于 0.1%；AHF 的纯度应大于 99.95%，水含量小于0.03%；五氟化磷应经严格纯化后才能使用。由于上述高纯度原材料一般从市场上较难购买，即使能够购买到，价格也会很高，因此实际上在六氟磷酸锂生产过程中使用的高纯度原材料也必须自行生产。

除确保使用高纯度原材料外，六氟磷酸锂的热稳定性较差，受热易分解。

$$LiPF_6 \xlongequal{\triangle} LiF + PF_5 \tag{4-10}$$

当六氟磷酸锂中存在微量水分时，会进一步发生下述反应：

$$PF_5 + H_2O = POF_3 + 2HF \tag{4-11}$$

上述反应不但会加剧六氟磷酸锂的分解，而且产生的HF还会催化六氟磷酸锂的分解，从而加速其分解。因此六氟磷酸锂的整个生产过程必须在密闭、干燥气氛（水含量小于10 ppm）下完成。

六氟磷酸锂的生产涉及较多诸如F_2、HF一类的有毒有害物质，生产过程中必然有一定量的含氟废气和废水外排，做好含氟废气和废水的治理工作不仅是工厂顺利生产的必要条件，也是造福子孙后代的大事。

根据以上分析可以看出六氟磷酸锂的生产工艺流程主要包括以下七个工段：① 氟气的生产与纯化；② 五氟化磷的生产与纯化；③ 氟化锂的生产；④ 氟化氢的纯化；⑤ 六氟磷酸锂的合成与纯化；⑥ 废气和废液处理；⑦ 分析化验与产品质量控制。其生产工艺流程如图4-1所示。

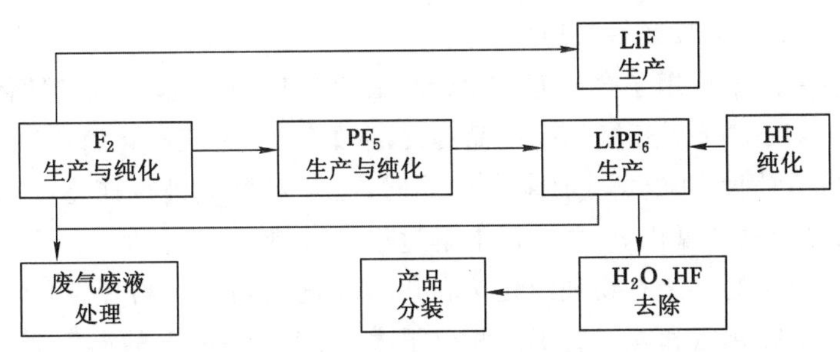

图4-1　六氟磷酸锂生产工艺流程图

4.1.1.6.2　六氟磷酸锂产业化生产工艺

(1) 氟气的生产与纯化

氟气一般采用中温电解法生产，这种制氟方法一般是在80～110 ℃温度下实现的。典型的2 000 A霍凯尔中温槽是一个带水汽夹套的钢制矩形容器，由两个部分组成，每一个部分是一个电流强度为1 000 A的单独电解槽，共有28块碳阳极，阳极块的尺寸为457 mm×156 mm×32 mm，阴极由钢板制成。电解质的组成近似与分子式KF·2HF相当，或为60%KF和40%HF。如果往电解质内加入1%～2%的氟化锂或氟化钠，则能使电解槽的工作情况得到改善。

电解制氟过程中，在阳极上主要发生以下电化学反应：

$$F^- - e = F \tag{4-12}$$

或

$$HF_2^- - e = F + HF \tag{4-13}$$

$$F + F = F_2 \tag{4-14}$$

当电解液中存在其他阴离子，如 OH^-、S^{2-}、SO_4^{2-} 时，氟的电极电位较高，这些杂质离子将有优先放电析出的可能性。低电流电解除去电解液中的水，就是 OH^- 离子在阳极上优先放电析出氧的过程。

在阴极上主要发生以下电化学反应：

$$H^+ + e \Longrightarrow H \tag{4-15}$$

$$H + H \Longrightarrow H_2 \uparrow \tag{4-16}$$

或

$$K^+ + e \Longrightarrow K \tag{4-17}$$

$$K + HF \Longrightarrow KF + H \tag{4-18}$$

$$H + H \Longrightarrow H_2 \uparrow \tag{4-19}$$

氢的电极电位高于钾，因此在阴极上优先放电析出的应该是氢，而不是钾。但氢的过电位较高，并随着电流密度增大而增加。当阴极电压达到钾的电极电位时，钾的放电析出是可能发生的。此外电解温度过低，H^+ 的扩散速度低于其放电速度时，由于浓差极化的传导，也会出现钾的放电析出。

电解制氟的工艺系统主要包括加料系统、氟气系统、氢气系统、热水循环系统、氮气系统、电解液转移系统、废酸液抽吸系统等。

电解产生的氟气中，杂质含量（体积含量）一般为：HF4％～8％；$N_2$0.1％～0.4％；$O_2$0.3％～0.5％；$CO_2$0.12％～0.14％。

含氟化氢较多的氟气用于合成五氟化磷和氟化锂时，氟化氢只起惰性稀释剂的作用，无助于氟化反应，相反会降低五氟化磷产品的冷凝效率，增大五氟化磷冷凝物中氟化氢的含量，影响产品质量。因此在电解生产氟气的同时，必须对氟气进行纯化，一方面使氟气得到净化，另一方面也回收了氟化氢，并返回电解过程中，以降低成本。

常用的氟气纯化的方法有物理纯化法和化学纯化法两种。物理纯化法又称为冷凝法，其基本原理是基于氟化氢和氟气的沸点相差很大，当控制在一定的温度下时，氟化氢冷凝为液体，而氟气仍不冷凝，从而使氟气与氟化氢分离。该方法的缺点是：冷冻剂消耗量大，净化效率低，很难获得高纯度氟气。化学纯化法，也称为化学吸附法，其基本原理是基于在低温下氟化氢与氟化钠反应生成二氟氢钠，在高温（>300 ℃，一般控制在 360 ℃）下二氟氢钠分解，发生如下反应：

$$NaF + HF \Longrightarrow NaHF_2 \tag{4-20}$$

$$NaHF_2 \xlongequal{\Delta} NaF + HF \tag{4-21}$$

从而制得高浓度无水氟化氢，达到纯化氟气和回收氟化氢的目的。该方法的突出优点是：经过处理的氟气具有很高的纯度，其中氟化氢的浓度可降低到 0.5％以下。此外，该方法用于处理较大流量氟气时，经济性较好。使用粉状 NaF 时，由于表面会结膜，气体不易进入吸收剂内层，纯化效果较差。压成片状或粒状的 NaF，在吸收 HF 后，因晶格变化而使体积增大，容易碎裂，堵塞通道。因此化学吸附法的吸附剂一般为多孔氟化钠，是用市售的二氟氢钠或将粉状氟化钠通入氢氟酸制成二氟氢钠后，以少量水调匀，压制成直径约为 10 mm 的圆片。片状二氟氢钠在 80～100 ℃烘干去水后与氟化氢反应，即制成多孔氟化钠。氟气生产与纯化的工艺流程如图 4-2 所示。

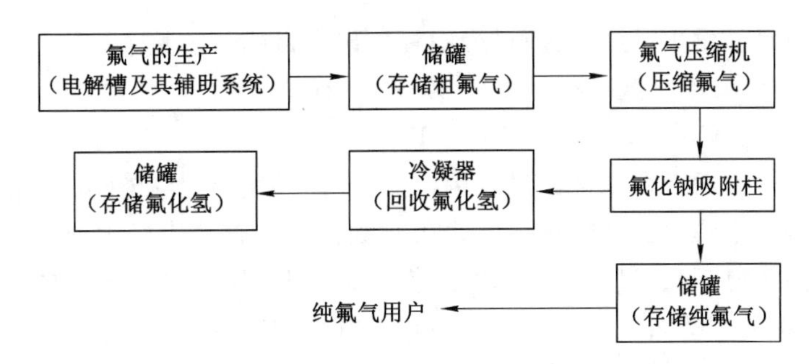

图 4-2　氟气的生产与纯化工艺流程图

（2）五氟化磷的生产与纯化

① 概述

五氟化磷，分子式为 PF_5，相对分子质量为 125.97，为无色气体。干燥时不腐蚀玻璃，在湿空气中强烈发烟。熔点为 −91.6 ℃，沸点为 −84.8 ℃，密度为 5.80 g/L。PF_5 易水解和强吸潮，极微量的湿气也使其生成 POF_3 和 HF，水分更多时则进一步水解生成磷酸。

五氟化磷的合成方法：虽然有多种方法可用于制备五氟化磷，但能够实现五氟化磷工业化生产的方法只有直接氟化法和氟化氢法两种。

a. 直接氟化法，即干法。

$$2P(s)+5F_2 = 2PF_5(g) \tag{4-22}$$

b. 氟化氢法，即湿法。

$$PCl_5(s)+5HF(l) = PF_5(g)+5HCl(g) \tag{4-23}$$

采用上述两种方法制备五氟化磷时各有优缺点。氟化氢法避免了使用价格较昂贵且氧化能力较强的氟气作为起始原料，但在反应物中生成的氯化氢和氟化氢，其沸点和熔点均与五氟化磷相近，使其与五氟化磷的分离较为困难。直接氟化法反应产物单一，氟气与五氟化磷的沸点和熔点差别较大，使它们分离易实现，但原材料氟气必须由电解法制得，成本相对较高。表 4-1 给出了五氟化磷合成中可能出现的一些气体的熔点和沸点。

表 4-1　一些气体的沸点　　单位：℃

组分	熔点	沸点
F_2	−223	−187
PF_3	−151.5	−101.8
PF_5	−93.6	−76.1
POF_3	−40.0	−39.8
HF	−85	19.5
HCl	−112	−85

② 直接氟化法

直接氟化法由红磷同氟分子反应生产五氟化磷。红磷的纯度直接决定五氟化磷的质量。所要求红磷最低质量指标如下：① 红磷含量不低于 99.3%（质量分数）。② 杂质含量（质量分数）：H_3PO_4 含量小于等于 0.5%，H_2O 含量小于等于 0.25%。

红磷极易与氟气发生反应，反应过程中释放出大量的热。整个反应过程分为两步：

$$2P+3F_2 = 2PF_3 \tag{4-24}$$

$$PF_3+F_2 = PF_5 \tag{4-25}$$

因此反应中一方面必须保证氟气过量，另一方面必须控制红磷和氟气的反应速度，同时不断除去反应过程中释放出的热量。因此在五氟化磷的合成中必须使用螺旋进料反应器，即在氟气过量的情况下，通过控制红磷的进料量，达到控制红磷和氟气的反应速度的目的。此外，原料红磷中的一些杂质（如水和氧气）和五氟化磷发生反应：

$$2H_2O+4F_2 = 4HF+O_2 \tag{4-26}$$

$$H_2O+PF_5 = POF_3+2HF \tag{4-27}$$

因此红磷在使用时应在真空烘箱中干燥，以除去杂质。螺旋进料反应器应安装在充满惰性气体的手套箱中，以防止空气的组分（如水、氧气）进入合成过程。直接氟化法生产五氟化磷的生产工艺流程如图 4-3 所示。

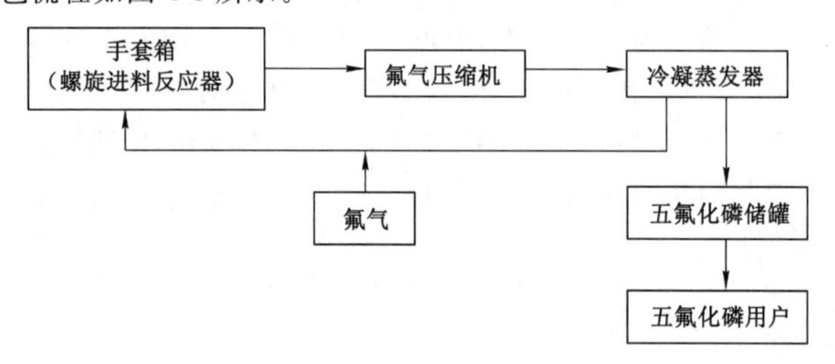

图 4-3　直接氟化法生产五氟化磷工艺流程图

整个生产工艺由螺旋进料反应器（用于将元素磷与氟作用合成五氟化磷）、氟气压缩机（用于将气体混合物和反应产物在循环回路中循环）和冷凝蒸发器（用于从气体混合物中分离出五氟化磷以及合成结束后对五氟化磷气体进行纯化）构成一个闭合回路，反应中生成的五氟化磷在冷凝蒸发器中被冷凝，未被冷凝的氟气继续循环与红磷反应。反应过程中氟气的压力不断降低，当压力不再降低时反应结束。冷凝蒸发器中的五氟化磷在一定温度范围内蒸发，即可获得高纯度的五氟化磷。

c. 氟化氢法

与直接氟化法相似，五氯化磷与氟化氢的反应过程中释放出大量的热，整个反应过程分为如下两步：

$$PCl_5+3HF = PCl_2F_3+3HCl \tag{4-28}$$

$$PCl_2F_3+2HF = PF_5+2HCl \tag{4-29}$$

因此在五氟化磷的合成中也必须使用螺旋进料反应器，即在氟化氢过量的情况下，通过控制五氯化磷的进料量，达到控制五氯化磷和氟化氢的反应速度的目的。所不同的是反应温度不同，采用直接氟化法时在常温下即可进行，而采用氟化氢法时，由于氟化氢沸点较低，必须在低温下进行。其生产工艺流程如图 4-4 所示。

生产过程中首先在螺旋进料反应器中放入一定量的氟化氢，在 −75～60 ℃之间加入五氯化磷，反应生成的五氟化磷和氯化氢气体经冷凝蒸发器冷冻，反应结束后，冷凝蒸发器中的五氟化磷在一定温度范围内蒸发，即可获得高纯度的五氟化磷。

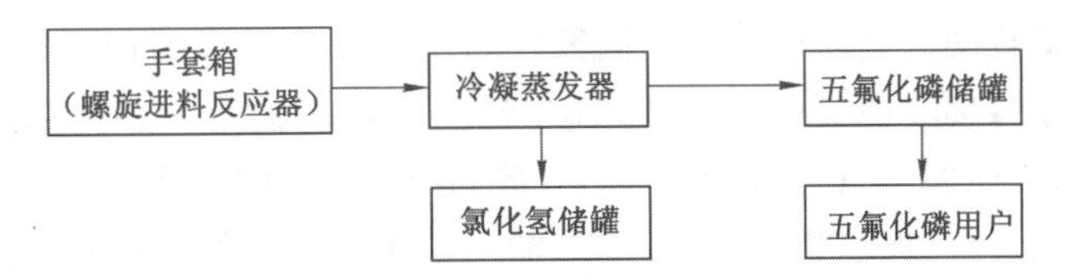

图4-4　氟化氢法生产五氟化磷的工艺流程图

（3）氟化锂的生产

氟化锂，分子式为LiF，相对分子质量为25.94。它是白色的非吸潮立方结晶，不能形成水合物，在碱金属氟化物中最难溶解，既难溶解于水，也难溶解于醇和其他有机溶剂。氟化锂可以由碳酸锂或氢氧化锂与氢氟酸反应，经过滤、干燥制得。高纯氟化锂可由其他锂盐（如硝酸锂、氯化锂）的水溶液与氢氟酸或氟化氢铵溶液反应制得，也可以用氯化锂经溶剂萃取净化后与高纯度氢氟酸反应制得。采用上述方法制得的高纯度氟化锂的质量指标如下：氟化锂（LiF）含量（质量分数）≥99%、二氧化硅（SiO_2）含量（质量分数）≤0.05%、铁（Fe）含量（质量分数）≤0.005%、硫酸盐（以SO_4^{2-}计）含量（质量分数）≤0.05%、氯（Cl）含量（质量分数）≤0.005%、钙（Ca）含量（质量分数）≤0.1%、铝（Al）含量（质量分数）≤0.01%、镁（Mg）含量（质量分数）≤0.01%。

可以看出：采用传统方法制得的LiF纯度较低，杂质含量较高，而且一般为结晶状态，不利于LiF的溶解，因此采用传统方法生产的氟化锂很难作为生产高纯度六氟磷酸锂产品的原料，为此专门开发了一种生产高纯度氟化锂的方法——直接氟化法，用于生产高纯度粉末状的氟化锂。其基本原理如下：

$$Li_2CO_3+F_2 = 2LiF+CO_2+\frac{1}{2}O_2 \tag{4-30}$$

上述反应使用的碳酸锂原料具有以下质量指标（电池级）：碳酸锂（Li_2CO_3）含量（质量分数）为99.9%、钙（Ca）含量（质量分数）≤0.002%、铁（Fe）含量（质量分数）≤0.001%、铜（Cu）含量（质量分数）≤0.000 1%、铅（Pb）含量（质量分数）≤0.000 1%、镍（Ni）含量（质量分数）≤0.000 1%、氯（Cl）含量（质量分数）≤0.05%。

采用直接氟化法制得的氟化锂产品中氟化锂的质量分数不低于99.9%，其中任一种金属离子杂质的含量不高于20 ppm，残留在氟化锂产品中的碳酸锂含量（质量分数）不超过0.01%。直接氟化法生产氟化锂的生产工艺流程如图4-5所示。

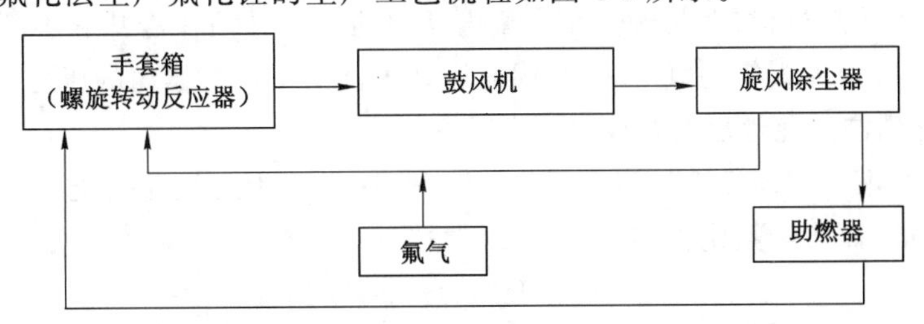

图4-5　直接氟化法生产氟化锂的生产工艺流程图

整个氟化锂的生产工艺由螺旋转动反应器（用于合成氟化锂）、鼓风机（用于在回路中循环反应气体）、旋风除尘器（用于在螺旋转动反应器之后从反应气流中分离出固体产物）和助燃器(用于使螺旋转动反应器中碳酸锂同氟气的主要反应过程的产物进一步氟化)等组成。在生产过程中,往螺旋转动反应器中装入碳酸锂,将反应器密闭并抽真空至0.13 kPa。从上述的纯氟气储罐往循环系统(包括鼓风机、螺旋转动反应器、旋风除尘器)供应氟气,压力不超过0.1 MPa。打开鼓风机进行合成。当回路中气体混合物的压力达到0.14 MPa时,开动助燃器并继续循环至压力恒定,即完成整个氟化锂的合成。

(4) 氟化氢的纯化

国产无水氟化氢优级产品的质量指标如下[符合《工业无水氟化氢》(GB 7746—2011)]:氟化氢含量(HF)≥99.95%、水分含量(H_2O)≤0.030%、氟硅酸含量(H_2SiF_6)≤0.01%、二氧化硫含量(SO_2)≤0.007%、不挥发酸含量(以H_2SO_4计)≤0.005%。

可以看出:国产无水氟化氢优级产品中仍然含有较高的含水量和较多的杂质,很难直接应用于六氟磷酸锂的合成,使用之前必须严格纯化。氟化氢的纯化可根据精馏原理实现,纯化后氟化氢中的水分含量不超过0.005%~0.01%,金属杂质含量不超过1~5 ppm。纯化后的氟化氢被用于六氟磷酸锂的合成。

(5) 六氟磷酸锂的合成与纯化

① 六氟磷酸锂的合成与纯化的基本原理

采用氟化氢溶剂法合成六氟磷酸锂的过程主要包括以下四个步骤:a. 氟化锂在氟化氢中溶解;b. 五氟化磷与氟化锂反应合成六氟磷酸锂;c. 六氟磷酸锂从AHF溶液中分离;d. HF从六氟磷酸锂产品中脱除。在上述过程中,最重要的步骤是纯六氟磷酸锂从AHF溶液中的分离和残余HF从六氟磷酸锂中的脱除。

实现这些操作过程主要有两种方法:a. 直接蒸发氟化氢溶液和真空干燥固体六氟磷酸锂;b. 使用压力或真空通过过滤器倾析沉淀的六氟磷酸锂,然后进行真空干燥。在我们看来,第2种方法优于第1种方法,这是因为使用压力或真空通过过滤器倾析沉淀的六氟磷酸锂,一方面可以避免蒸发大量的氟化氢溶剂,另一方面可以避免氟化氢溶剂中尚未反应的氟化锂残留在六氟磷酸锂产品中。

a. 氟化锂在氟化氢中的溶解

氟化锂极易溶解在氟化氢溶剂中,这是因为氟化锂和氟化氢能够反应生成二氟氢锂,使其极易溶解于氟化氢溶剂中。

$$LiF + HF \longrightarrow LiHF_2 \tag{4-31}$$

上述反应为放热过程,因此氟化锂在氟化氢中的溶解必须在冷却和不断搅拌的条件下进行,氟化锂应缓慢加入氟化氢溶剂中,同时密切关注溶解反应器内的压力。

b. 五氟化磷与氟化锂反应合成六氟磷酸锂

五氟化磷与氟化锂同样极易溶于氟化氢溶剂,这是因为五氟化磷能够和氟化氢溶剂反应生成六氟磷酸,而溶于氟化物溶剂。

$$PF_5(g) + HF(l) \longrightarrow HPF_6(l) \tag{4-32}$$

向合成反应器内加入五氟化磷气体,五氟化磷气体会立即和氟化锂发生反应,由于五氟化磷气体与氟化锂反应合成,反应器内五氟化磷气体的压力不断降低,当合成反应器内PF_5气体的压力不再降低时,整个合成过程结束。整个反应过程可用下式表示:

$$PF_5 + LiHF_2 \xrightarrow{HF} LiPF_6 \downarrow + HF \tag{4-33}$$

或者

$$PF_5(g)+HF(l)=\!=\!=HPF_6(l)$$

$$HPF_6+LiHF_2 \xlongequal{HF} LiPF_6\downarrow+2HF \tag{4-34}$$

上述反应中生成的 $LiPF_6$ 产品沉淀在合成反应器底部。整个制备过程中应该注意的问题是五氟化磷与氟化锂反应生成六氟磷酸锂的过程为放热过程，因此整个制备过程应该在较低的温度下进行，同时应该对合成反应器不断冷却。

c. 六氟磷酸锂从 AHF 溶液中的分离

该步骤可实现六氟磷酸锂从 AHF 溶液中的分离，一般使用压力通过过滤来实现，过滤获得的六氟磷酸锂被留在倾析过滤器中，在－80～20 ℃范围内通过倾析除去 HF 获得的物质是含有 8%～11%的自由流体物质。

d. HF 从六氟磷酸锂产品中的脱除

$LiPF_6$ 与 HF 易生成 $LiPF_6$-HF 复合物，导致 HF 从 $LiPF_6$ 中的分离具有一定的困难。六氟磷酸锂的纯化可通过热真空的方法实现，但是氟化氢的过度蒸发往往会导致六氟磷酸锂的部分分解，这主要表现为利用五氯化磷与氟化锂反应合成六氟磷酸锂，六氟磷酸根易分解。

$$HPF_6 \xlongequal{HF,\triangle} HF+PF_5 \tag{4-35}$$

因此导致最终的六氟磷酸锂产品中 PF_6^- 含量的降低，以及 LiF 含量的增加。

六氟磷酸锂产品纯化的最佳温度和真空度，可以通过对从倾析后获得的六氟磷酸锂粗产品进行热失重分析研究获得。

六氟磷酸锂粗产品的微商热失重(derivative thermogravimetric，DTG)曲线一般存在两个峰，DTG 曲线的第一个峰在 85～95 ℃范围内，主要与 HF 的脱除有关，可用以下热分解反应式表示：

$$LiPF_6 * HF \xlongequal{\triangle} LiPF_6+HF \tag{4-36}$$

DTG 曲线的第二个峰在 185～200 ℃范围内，主要与六氟磷酸锂的热分解有关。

$$LiPF_6 \xlongequal{\triangle} LiF+PF_5 \tag{4-37}$$

如果假定式(4-36)和式(4-37)的过程为一级反应，那么 TG(热失重，thermal gravity)曲线和 DTG 曲线可以通过脱除组分(HF 和 PF_5)的浓度来解释：

$$TG=C_{HF}(T,t)+C_{PF_5}(T,t) \tag{4-38}$$

$$DTG=d(C_{HF})/dt+d(C_{PF_5})/dt \tag{4-39}$$

式中，

$$C_{HF}(T,t)=C_1^* \exp[t^* A_1^* \exp(-E_1/(RT))] \tag{4-40}$$

$$C_{PF_5}(T,t)=C_2^* \exp[t^* A_2^* \exp(-E_2/(RT))] \tag{4-41}$$

式中　$C_{HF}(T,t)$——HF 质量浓度的变化(相对于初始浓度 C_1)；

$C_{PF_5}(T,t)$——PF_5 质量浓度的变化(相对于初始浓度 C_2)；

A_1，A_2——表征式(4-36)、式(4-37)过程速率常数的指前因子；

E_1、E_2——HF 和 PF_5 脱除过程的表观活化能；

T——温度，K；

t——时间，min；

R——气体常数，1.987 cal/(mol/K)。

斯凡特·奥古斯特·阿伦尼乌斯(Svante August Arrhenius)，瑞典化学家。1889年，阿伦尼乌斯通过大量实验与理论论证，揭示了反应速率与温度的关系，即阿伦尼乌斯公式：$k=A\mathrm{e}^{-\frac{E_a}{RT}}$，$k$ 为化学反应速率常数、R 为摩尔气体常数、T 为反应温度、E_a 为表观活化能、e 为 2.718，式中 A 称为指前因子，也称为阿伦尼乌斯常数，单位与 k 相同。它是一个只由反应本性决定，而与反应温度及系统中物质浓度无关的常数，A 是反应的重要动力学参量之一。

在元反应中，并不是反应物分子的每一次碰撞都能发生反应。阿伦尼乌斯认为，只有“活化分子”之间的碰撞才能发生反应，而活化分子的平均能量与反应物分子平均能量的差值为活化能。近代反应速率理论进一步指出，两个分子发生反应时必须经过一个过渡态-活化络合物，过渡态具有比反应物分子和产物分子都要高的势能，互撞的反应物分子必须具有较高的能量足以克服反应势能垒，才能形成过渡态而发生反应，此即活化能的本质。

前人采用数值近似的方法对六氟磷酸锂实验样品计算式(4-40)、式(4-41)中的系数 A_1、A_2、E_1、E_2 进行了计算，并推导出 $K(T)$ 的变化公式，如式(4-42)所示。该式适用于描述 $LiPF_6$ * HF 的分解过程。

$$K(T)=A_1^*\exp[-E_1/(RT)] \tag{4-42}$$

式中，$A_1=(4\sim5)\times10^{26}\ \mathrm{min}^{-1}$；$E_1=46\ 700\sim46\ 800$ cal/mol。

$LiPF_6$ 的分解[式(4-37)]可以用下式表示：

$$K(T)=A_2^*\exp[-E_2/(RT)] \tag{4-43}$$

式中，$A_2=1\times10^7\sim2\times10^7\ \mathrm{min}^{-1}$；$E_2=18\ 700\sim19\ 400$ cal/mol。

用上述估测的 $LiPF_6$ * HF 和 $LiPF_6$ 的热分解过程常数 A_1、A_2、E_1 和 E_2 可计算六氟磷酸锂实验样品中 $LiPF_6$ 和杂质 LiF 的含量与干燥温度的关系曲线，从而获得最佳干燥温度。如果六氟磷酸锂制备过程控制得较好，$LiPF_6$ 中除 HF 外，其他杂质含量较低。一些研究结果表明：这种六氟磷酸锂产品具有较好的热稳定性，而且在 180 ℃以下具有较低的分解压力，但是如果六氟磷酸锂控制得不好，含有较多的杂质，尤其是六氟磷酸锂粗产品中含有较多水时，其热分解温度会降到很低，甚至低于 50 ℃时六氟磷酸锂即发生分解。总之，通过对 $LiPF_6$ 干燥过程的优化能够制造出具有下列特征的高品质产品：① $LiPF_6$ 纯度≥99.9%；② HF 含量≤100 ppm；③ LiF 含量≤0.08%。

② 六氟磷酸锂合成与纯化的生产工艺

六氟磷酸锂的合成与纯化的生产工艺流程如图 4-6 所示。整个生产系统由氟化锂溶解反应器(用于制备氟化锂的 HF 溶液，并将溶液供应给合成 $LiPF_6$ 的反应器)、六氟磷酸锂合成反应器(用于进行 $LiPF_6$ 的合成并将反应混合物倾入倾析器的过滤器)、倾析器[用于从合成反应器的反应混合物中过滤 $LiPF_6$ 半成品、接受母液(或初始 HF)以及将母液加热和脱气以去除 PF_5]、纯化反应器(用于从 $LiPF_6$ 半成品中除去痕量的氟化氢)、氟化钠吸附柱(用于吸附氟化氢)、氧化铝吸附柱(用于吸附五氟化磷)和分子泵(用于在 $LiPF_6$ 的最后干燥阶段为纯化反应器提供高真空)等组成。

a. 氟化锂在氟化氢中的溶解过程

将称有一定量氟化锂的容器放在有干燥气氛的密闭装料箱中，打开容器并将 LiF 倒入溶解器的分配器中。在溶解器中配制 LiF 溶解在 HF 溶液中，步骤如下：向溶解器的冷却套中通入冷水，开动搅拌装置，借助分配器向溶解器小量地加入 LiF。在装入 LiF 时控制溶解器中的压力，LiF 溶解过程中会放热致使溶解器中的压力升高。如果压力很快升高则停止加入 LiF，靠冷却和溶液搅拌使压力降下来，在此之后再继续加入 LiF。将配制好的反应溶液倒入合成反应器，即完成氟化锂的溶解过程。

b. 五氟化磷与氟化锂反应合成六氟磷酸锂的过程

由移动式液氮容器往合成反应器的冷却套中供应液氮，开动搅拌装置。当六氟磷酸锂合成反应器中的溶液温度达到 −50 ℃时开始通入五氟化磷。

六氟磷酸锂的合成是一个放热反应，在六氟磷酸锂合成过程中，六氟磷酸锂合成反应器中的温度会不断升高，但是溶液的温度不容许超过 −50 ℃，如果反应器不能保持此温度，则应减小 PF_5 的流量。

当输入预定量的 PF_5 后，$LiPF_6$ 的合成即结束。这个量根据五氟化磷合成分段的五氟化磷贮存器内的压力降计算。过程结束时温度为 −50～80 ℃，五氟化磷的压力不小于 0.1 MPa。

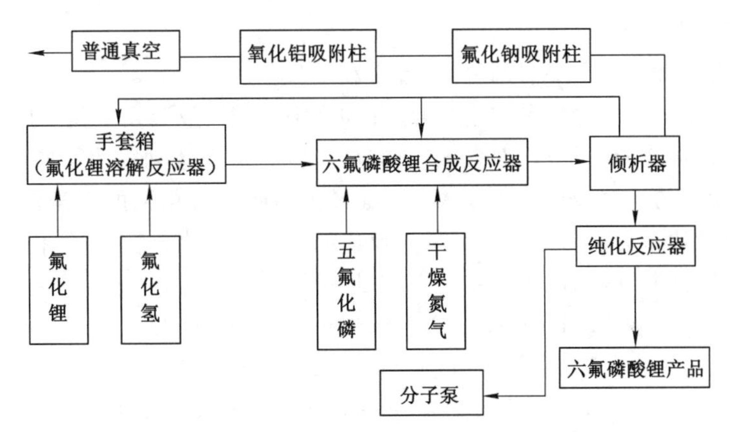

图 4-6　六氟磷酸锂合成与纯化的生产工艺流程简图

c. 六氟磷酸锂从 AHF 溶液中的分离

合成六氟磷酸锂之后，把合成反应器内的溶液倒入倾析器的过滤器中，在过滤器上分离滤液（$LiPF_6$ 半成品）和母液，母液为 HF，内含溶解在其中的五氟化磷和六氟磷酸锂。用专门的抽气装置除去过滤器中的五氟化磷，再充以干燥氮气使气压达到大气压。专门抽气系统可通过废气净化单元将装置抽真空到剩余压力为 25～50 mmHg（1 mmHg = 133.32 Pa）。为了捕集含氟气体，废气经过两个串联的化学吸附柱。在气体流经的第一个柱中填充粒状氟化钠（NaF），氟化钠于 80～100 ℃可捕集氟化氢气体。在第二个柱内充有氧化铝，后者在 200 ℃捕集 PF_5。

在充满干燥氮气的手套箱中打开过滤器的法兰，把 $LiPF_6$ 半成品装入专门用于运输六氟磷酸锂半成品的密闭容器。往母液接收器的外套中供给热水，将溶液温度提高到 20～30 ℃。溶液被加热时，溶入其中的五氟化磷气化，后者在超压下可以进入六氟磷酸锂合成反应器以合成六氟磷酸锂。母液接收器中的溶液脱除五氟化磷完毕（容器内压力不再高于 0.12 MPa），将溶液由母液接收器抽入氟化锂溶解器，以溶解新的一份氟化锂。

d. HF从六氟磷酸锂产品中的脱除

将放在密闭容器内的 $LiPF_6$ 半成品转移到充满干燥氮气的手套箱中，把容器中的 $LiPF_6$ 转移到纯化反应器中。对纯化反应器加热，至温度为80 ℃时抽真空，从六氟磷酸锂中除去残留的氟化氢。除去氟化氢是在不断搅拌六氟磷酸锂的情况下进行的，分为三个阶段。第一阶段将纯化反应器抽真空到剩余压力为25～50 mmHg；第二阶段将纯化反应器抽真空到剩余压力为 10^{-2}～10^{-4} mmHg；第三阶段用涡轮分子泵将纯化反应器抽真空到剩余压力为 10^{-4}～10^{-6} mmHg。

(6) 废气和废液处理

国家对含氟废气、废水的排放都做出了严格的规定，如《大气污染物综合排放标准》(GB 16297—1996)中规定：含氟废气的最高允许排放浓度为9.0 mg/m^3（非普钙工业区），15 m高排气筒最高允许排放速率为0.10 kg/h（二级）。《污水综合排放标准》(GB 8978—1996)中规定：非低氟地区或非黄磷工业区含氟废水的外排浓度不得超过10 mg/L（二级标准）。因此做好六氟磷酸锂生产过程中含氟废气和废水的治理是实现顺利生产的必备条件之一。

① 含氟废气治理方法

含氟废气的治理方法主要有两种，即湿法和干法。

湿法就是利用气态氟化物易被水吸收，并和水中的碱性成分发生化学反应，生成易溶于水、不易挥发的固体物质的特点，对含氟气体进行洗涤，从而达到除去含氟气体中氟化物的目的。湿法中使用的水溶液通常为碳酸钠、氢氧化钙或氢氧化钠的水溶液，被洗涤的气体中，所含的氟化物通常为易与上述溶液发生反应的气体含氟化合物，如氟化氢、四氟化硅等。以碳酸钠水溶液为例在洗涤过程中主要发生以下反应：

$$2HF + Na_2CO_3 = 2NaF + H_2O + CO_2 \tag{4-44}$$

$$3SiF_4 + 2H_2O = 2H_2SiF_6 + SiO_2 \tag{4-45}$$

$$H_2SiF_4 + Na_2CO_3 = Na_2SiF_6 + H_2O + CO_2 \tag{4-46}$$

常用的湿法处理含氟废气的方法都是将含氟废气通过采用上述水溶液作为吸收液体的吸收室和吸收塔。吸收室耐用、稳定性好，能够除去大部分气体中的氟。吸收塔除去含氟量较低的气体具有较好的吸收率。工艺中经常采用的流程有“二室一塔制”和“三室一塔制”等。该方法的主要缺点为存在水的二次污染和设备腐蚀问题，同时温度较低时吸收过程中反应生成的盐可能会结晶析出而堵塞管道。湿法处理含氟气体一般的处理效率都在95%以上。

干法净化含氟气体主要是利用某些吸附剂的吸附活性强的特点来完成对含氟气体的净化的。常用吸附剂主要有活性炭、硅胶、活性 Al_2O_3 和分子筛等，其中活性 Al_2O_3 具有较好的性能价格比而在含氟废气的治理中得到了应用，它具有稳定性好、吸附容量大，不用频繁再生等优点。吸附的装置有固定床、移动床和流化床。固定床装置的设计已开发多种方法，并在工业中得到了应用。该方法可除去含氟气体中90%～95%的含氟量。

② 含氟废水治理技术

目前含氟废水的治理技术可以分为沉淀法和吸附法两大类，其中向废水中投加石灰乳是沉淀法处理高浓度含氟废水的经典技术。前人的研究结果表明：向含氟废水中添加石灰乳，随着添加量的增加，pH值在6.5～11.0范围内，随着pH值的升高，废水中氟浓度不断降低，当pH值大于10时，氟含量可降至20 mg/L左右。当$Ca(OH)_2$的投加浓度达到10 g/L时pH值约为10.3，此时继续增加$Ca(OH)_2$的投加浓度，废水中的含氟量不再减少。经过这样处理的水样还是很难做到达标排放。如果在上述处理后废水中继续加入混凝剂硫酸铝、碱式氯化铝以及助凝剂聚丙烯酰胺，可使含氟废水中的含氟量降低至15 mg/L以下，可满足三级标准排放。对含氟废水通过上述化学沉淀——混凝沉淀工艺流程处理后，其中的氟含量可被脱除99%以上。

吸附法就是利用吸附剂(如活性Al_2O_3)对氟离子的特定吸附作用，实现脱除含氟废水中的氟离子。国内外采用活性Al_2O_3脱除水中的氟，可将含氟量从5.5 mg/L的水质降至0.5 mg/L。但活性Al_2O_3价格昂贵，投资大。国内一些单位曾进行过用改性铝土矿或氢氧化铝废渣来替代活性Al_2O_3，研究结果表明在适当的条件下可获得较满意的结果。除活性Al_2O_3外，某些天然沸石作为滤料吸附去除水中氟离子也可以得到较满意的结果。

③ 六氟磷酸锂工厂含氟废气、废水的治理

六氟磷酸锂工厂生产过程中产生的含氟废气主要有三种，即氟化氢、五氟化磷和氟气。这三种气体中，氟化氢和五氟化磷都极易与碱性水溶液发生反应，生成可溶性的氟化物。五氟化磷与碱性水溶液的反应式如下：

$$PF_5 + 4H_2O \longrightarrow H_3PO_4 + 5HF \tag{4-47}$$

$$H_3PO_4 + 5HF + 3NaOH \longrightarrow Na_3PO_4 + NaF + 3H_2O \tag{4-48}$$

氟气与水发生反应，会生成具有爆炸性质化合物OF_2，因此氟气不能用碱性水溶液直接吸收。

$$F_2 + H_2O \longrightarrow OF_2 + H_2 \tag{4-49}$$

为了避免以上过程的发生，可先将含有氟气的废气进行焚烧，焚烧的一般做法是将氟气通过填充碳或硅的焚烧柱，发生反应使其转变为相应的氟化物。

$$xF_2 + 2C \longrightarrow 2CF_x \tag{4-50}$$

$$Si + 2F_2 \longrightarrow SiF_4 \tag{4-51}$$

碳的价格较便宜，但氟气与碳在500 ℃以上的温度中才能发生反应；硅的价格相对较高，但是硅与氟气在常温下就可以发生反应，易操作。

六氟磷酸锂生产过程中产生的废气含氟废气量小，大部分废气都由真空管道外排。基于以上原因，对含氟废气的治理主要采用以下方法：

a. 在每一生产工段真空管道与主真空管道连接处设置一活性Al_2O_3吸收柱，这样既使含氟废气得到净化，也保护了真空泵。

b. 在含有氟气的废气出口端设置一焚烧柱，使氟气转化为四氟化硅。

c. 所有的含氟废气最后经通风系统进入废气处理中心，废气处理中心采用“一室一塔制”对含氟废气进行最后处理。

六氟磷酸锂生产过程中产生的废水主要由废气治理中产生的二次含氟废水和清洗产生的含氟废水组成，所产生的废水具有量小、间断排放和浓度较低的特点。基于以上特点设置了一个大蓄水池，将废水集中排放至此，达到一定量后，用化学沉淀——混凝沉淀法处理，再经活性Al_2O_3吸收柱处理后达标外排。

为了保持建立良好的生态循环系统，除采取上述治理措施外，在厂区内和厂区周围种植一些选择性吸附和抗氟能力强的松树，再种植一些对氟敏感的植物(如雪松、唐菖蒲)，这样既可以充分利用树木的吸收、净化和阻挡作用，提高环境的自净能力，又可以利用生物来监测大气氟污染，从而达到综合治理的目的。

④ 六氟磷酸锂工厂含氟废气、废水的监测

含氟废气一般都是使用采气监测的方法，具体做法为：先用大气采样机获得样品，再用氟离子选择电极测得总含氟量，最后换算为大气中的含氟量。含氟废水中的氟离子含量同样也是采用氟离子选择电极测得的。《水质氯化物的测定 离子选择电极法》(GB 7484—1987)对用氟离子选择电极法测定工业废水中的氟离子浓度进行了较为详细的规定，因此对工业废水中的氟离子浓度的测定可参照该方法执行。

(7) 六氟磷酸锂产品质量分析

对作为锂离子电池电解质的六氟磷酸锂有严格的质量要求。影响六氟磷酸锂产品质量的主要因素包括：① 在 DEC(碳酸二乙酯)中不溶物的含量；② 水的含量；③ 游离酸(以 HF 计)的含量；④ 金属杂质离子的含量。保证企业售出的产品符合电池工业的要求，必须对 $LiPF_6$ 的质量进行认真的分析化验。

① 六氟磷酸锂中不溶物(指在 DMC 或 DEC 中)含量的测定

精确称量(用万分之一天平)约 1 g 的 $LiPF_6$ 溶于 10 mL 碳酸二甲酯中，充分搅拌，待溶解完毕，用定量滤纸过滤，并用碳酸二甲酯充分洗涤容器及滤纸(4～5 次)。将滤纸及不溶物置于已称重的铂皿中，先在烘箱内烘干，然后放在马弗炉上慢慢灰化滤纸，再于 700 ℃下灼烧 20 min，将坩埚置于干燥器中冷却半小时，取出称重。

不溶物含量用下式计算：

$$(\text{坩埚加的质量-空坩埚质量})/LiPF_6\ \text{样品量} \times 100\%$$

② 六氟磷酸锂中含水量的测定

由于要求产品中的水分含量小于 20 ppm，因此必须采用精密的检测手段。可选择传统的卡尔费休恒电流库仑法检测六氟磷酸锂中的 H_2O 含量。测量原理：由水(H_2O)、碘(I_2)、二氧化硫(SO_2)、甲醇(CH_3OH)、吡啶(C_5H_5N)反应生成 $C_5H_5N \cdot HSO_4CH_3$(甲基硫酸吡啶)和 C_5H_5NHI(氢碘酸吡啶)。

$$H_2O + I_2 + SO_2 + CH_3OH + 3C_5H_5N \longrightarrow C_5H_5N \cdot HSO_4CH_3 + 2C_5H_5NHI \quad (4\text{-}52)$$

碘是在含有碘离子的阳极电解液中产生的。

$$2I^- = I_2 + 2e^- \quad (4\text{-}53)$$

一旦被滴定的溶液中存在水，产生的碘即按式(4-52)反应。一旦所有的水被反应掉，在阳极电解液中出现少量过量的碘，卡尔费休水分分析仪的双铂丝电极就能探知碘已过量，立即停止碘的产生。根据法拉第定律，产生的碘的量与产生的电流成正比。在方程式(4-52)中，I_2 和 H_2O 按 1∶1 反应，因此 1 mol 的水(18 g)等于 $2 \times 96\ 500C$，或 $10.72C/1$ mg H_2O。因此用测量电量的总消耗的方法可以测定水分总量。梅特勒-托利多公司生产的 DL32/39 型卡尔费休水分分析仪能精确测量 1×10^{-6} 级水分。

实际测量中一般首先精确称取一定量的六氟磷酸锂，将其溶于经严格除水和精制后并已知含水量的有机溶剂(如 DEC 等)中配制成电解液，然后对该电解液的含水量进行测定。六氟磷酸锂的含水量可通过下式确定：

$$C_{H_2O} = \frac{C_1[\text{ppm}] \times m[\text{g}] - C_2[\text{ppm}] \times \{m[\text{g}] - \text{con}C_1[\text{g/g}] \times m[\text{g}]\}}{\text{con}C_1[\text{g/g}] \times m[\text{g}]} \quad (4\text{-}54)$$

式中，C_1、C_2 为电解液和有机溶剂中的含水量；conC_1 为电解液中六氟磷酸锂的含量；m 为被测定有机电解液的质量。

③ 六氟磷酸锂中氟化氢含量的测定

氟化氢可以通过滴定法测定。六氟磷酸锂遇水易分解产生氟化氢，因此检测六氟磷酸锂中氟化氢含量需采用非水溶剂作为滴定介质进行非水滴定。可以选择氢氧化四乙基铵(tetraethyl ammonium hydroxide，TNBAH)的甲醇或乙醇溶液作为滴定剂，对六氟磷酸锂中的氟化氢进行电位滴定。选择氢氧化四乙基铵(TNBAH)的乙醇溶液作为滴定剂，滴定曲线突跃更明显。滴定终点的指示方法主要有两种：① 指示剂法；② 电位阶跃法。指示剂法可使用甲氧基溴甲苯兰作为指示剂，目测判断重点，不可避免会存在一定的误差，其测定结果往往精度很低。总的来说，相对于指示剂滴定法，电位滴定法更具有优越性。

实际测量中，与六氟磷酸锂中含水量的测定一样，首先精确称取一定量的六氟磷酸锂，将其溶于经严格除水和精制后并已知含水量的有机溶剂(如 DEC 等)中配制成电解液，然后对该电解液的含水量进行测定。六氟磷酸锂中氟化氢的含量最终可按下式确定：

$$\text{ppmHF}=\frac{\text{con}C_2[\text{mol/g}]\times m_1\times M(\text{HF})[\text{g/mol}]\times 10^6}{\text{con}C_1[\text{g/g}]\times m[\text{g}]} \tag{4-55}$$

式中，conC_2 为 TNBAH 的浓度；m_1 为消耗的 TNBAH 的质量。

④ 六氟磷酸锂中各种金属离子杂质的测量

选用电感耦合等离子体(inductive coupled plasma emission spectrometer，ICP)作为光源，原子发射光谱仪(atomic emission spectrometry，AES)能有效检测高、中、低含量的元素(从百分之几十至 1×10^{-8})，可同时测定多种金属离子。

4.1.1.6.3　六氟磷酸锂生产设备和管道的准备工作

由于对六氟磷酸锂产品的纯度要求很高以及在工艺过程中使用含氟化合物，因此工作前对设备和管道必须专门处理。预处理包括：① 所有同反应介质接触的设备、管道和仪表(组成整套装置的所有分段)的表面均清洗和进行化学处理；② 直接同氟气接触的设备、管道和仪表(包括氟气纯化分段、氟化锂制备分段、五氟化磷制备分段以及六氟磷酸锂制备分段中的 PF_5 输入管道)，其表面均需用氟气处理使之钝化。

(1) 清洗和化学处理

凡用于处理气态氟气和氟化物的器具、附件和管道，为保证投产时的安全运行，最重要的条件是仔细地清洗同氟气接触的表面。所有同氟气接触的设备、附件、测量仪表和管道均需清洗。此外，有一些在发生事故时会受到氟气侵蚀的部件空间也应进行清洗。清洗包括机械清洗和除油。按规定机械清洗应进行除尘、除污和除锈等。氟塑料的表面的机械清洗可用软布擦拭。表面洁净度用目视法监控。

机械清洗后，设备应除油。只有干燥的器具、部件和零件才可以除油。除油可用有机溶剂，应确保充分去除表面的油脂而不会引起金属表面腐蚀。随设备的大小和构造不同，除油方法也是不同的。管道的除油既可以将溶剂放在其中循环流动，也可以周期性地注入和倾出。当以溶剂浸湿纸片后在纸片上不留油渍时，即可认为管道已经除油。大尺寸的器具和容器可用溶剂蒸气除油，也可以用溶剂细流喷洗设备内表面。小的零部件可以采用在几个溶剂浴中逐次浸泡的方法除油。带有封闭空间的压力表和其他测量控制仪表的除油在专门的装置中进行，该方法是靠压力差交替抽真空和充入溶剂，将充入溶剂的仪表保持 2～

3 min,然后抽真空以除去溶剂,再充入溶剂,如此多次反复以充分除去油脂。

清洗后的零件于 100 ℃下干燥,以充分除去溶剂。除油后的零件才可以用于装配生产线。

(2) 钝化

先把可能同氟气接触的设备装配好,然而检查其密闭性(有些部件和容器可以在系统外单独检查)。只有在确认系统的密闭性达标之后才可以钝化。钝化的方法有两种:在常温下和在较高温度下进行。常温钝化法是将系统充以氟气并于静态下保持一定的压力。钝化时体系中不应有死角。为此,当进行静态钝化时,要先将系统抽真空,或用小流量的氟气吹入该系统,吹出的气体则排放到带有净化器的通风系统中。氟气吹入的速度不大于 1 m/min。钝化所需的时间与环境温度有关,温度越低,钝化时间越长。较高温度下钝化是指将氟气通过预热到 60～80 ℃的装置。

选择何种钝化方法取决于各种条件和钝化对象。对于工作压力不超过 0.17 MPa 的器具和系统,可以吹入氟气和氮气(或氩气)的混合气体,气体流速不超过 1 m/min。然后在系统中充满氮气和氟气的混合物(氟气含量为 40%～50%)并保持 2 h,然后将气体排入通风。再往系统中吹入氟气以置换氟气、氮气混合物,吹出的气体被排放到通风系统。再继续通入氟气至压力达到 0.17 MPa 并保持两昼夜,然后分析气体中氟气的含量。如果分析结果表明气体中氟气的浓度不低于初始量的 99%,则可以认为钝化已完成。

4.1.1.6.4 生产安全

(1) 氟及氟化氢的毒性

① 氟化氢的毒性

接触无水氟化氢和各种浓度的氢氨酸均会对人体产生极大的危害,对皮肤、眼睛、黏膜、肺都有强烈的腐蚀作用。眼中溅入少量氢氟酸能强烈刺激眼睑,使之发炎,直至溃疡。眼中溅入大量氢氟酸能立即使人失明。氢氟酸与皮肤接触会引起灼烧,使皮肤逐渐坏死,导致永久性的细胞损坏。当轻度灼伤皮肤时,初始无明显症状,但是数小时后能引起深度损伤。这主要是由于氢氟酸离解成 H^+,降低了表层细胞的缓冲能力,氟离子则能通过细胞壁慢慢渗透到深层,从细胞中沉淀出钙离子。空气中若含有 0.1 mg/m^3 氟化氢,长期吸入会引起呼吸器官、脑、肠、胃和骨骼组织形态变化。但是当浓度小于或等于 0.03 mg/m^3 时,就不会发生这种情况。当不慎吸入氟化氢后,应立即将受害人抬到没有被污染的地方,并输氧急救。空气中氟化氢的允许含量因情况不同而有差异,一般在 10 h 以内的允许浓度都在 0.5～2.5 mg/m^3 范围以内,我国允许浓度为 1 mg/m^3。

② 氟的毒性

氟对人体的伤害比氟化氢更厉害。吸入低浓度的氟会引起呼吸道炎症;吸入高浓度的氟则会使肺部严重充血。美国政府工业卫生学家会议(ACGIH)规定:允许氟离子在空气中的浓度(氟离子质量与空气质量之比)极限值为 1×10^{-6} m^{-3},而氟化氢在空气中的浓度(氟化氢质量与空气质量之比)极限值为 7×10^{-6} m^{-3}。氟浓度很低时人就可以感到明显的刺激臭味,因此不至于有人会大意而吸入氟气至有害浓度。针对氟的忍受能力和伤害程度的研究还表明眼睛对氟最敏感,皮肤也会感到刺痛和烧伤。ACGIH 规定在紧急情况下,曝气极限(EEL)为 25×10^{-6}/5 min,忍受极限(ETL)为 15×10^{-6}/10 min。

吸入氟会引起腐蚀与不适,不会产生慢性中毒。但是在若干年内多次接触或摄入氟化物,至集存量较大时会出现慢性中毒。如果每天吸收 20～80 mg 或更多的氟化物,10～

20年后最终会严重致残，骨骼中氟含量的积聚导致骨组织蜕化变质。

(2) 救治

皮肤接触氟气的烧伤往往当时感觉并不明显，如果认为可疑时，应立即用配好的水溶液药物浸洗。这一水溶液药物的配方为：20%硫酸镁，18%甘油，6%氧化镁，1.2%盐酸普罗卡因。

氟气烧伤较氟化氢引起的灼伤恢复愈合要快得多。如果皮肤沾染上氢氟酸，应立即用大量3%的氢氧化钠或10%的碳酸氢钠溶液冲洗；如果手上沾上氢氟酸，应在上述溶液中浸洗一段时间，然后涂上新配制的软膏（2% $MgSO_4$、6% MgO、18%甘油、1.2%盐酸普鲁卡因，用蒸馏水配成）。

当皮肤与氢氟酸接触灼伤后，可向皮下注射10%的葡萄糖酸钙溶液，然后涂上上述软膏中和。当被低浓度的氢氟酸灼伤时，可用氯化镧溶液代替葡萄糖酸钙治伤；也可以用水立即冲洗皮肤灼烧处，再将受伤处置于用冰冷却的酒精(70%)或用冰冷却的饱和硫酸镁溶液中浸泡1.5 h以上，灼烧处若无病理变化，可涂上述新制备的软膏。当眼中溅入氢氟酸时，必须立即就近用水冲洗，然后用蒸馏水至少冲洗15 min。

(3) 防护

操作过程中氟及氟化氢存在腐蚀、燃烧、毒性等诸多安全问题，以下几点要特别重视：

① 制氟过程中要防止电解槽内发生混合气体爆炸，例如阴极室漏入空气，由于电解液的波动，导致氟气或氢气从分隔罩下缘穿越混合等。

② 任何情况下操作含氟设备时必须穿戴防护手套、面罩和防护服，避免与氟化氢或氟气直接接触。生产车间应备有应急用的防毒面具。

③ 在生产设备中严禁使用油脂等有机物，要注意管道清洁，否则会引起燃烧、放热、金属材料熔化破裂、毒气冲出等事故。

④ 除设有隔离的仪表控制室外，生产车间还应有良好的通风，为工作人员在检修时提供新鲜空气和安全环境。

即使是短时间内使用低压氟气，操作人员也必须进行适当防护，要戴安全眼镜和干净的橡胶手套。接近稍高压力的氟气阀门或钢瓶时，一定要戴防护面罩，还应备好供氧面具。高压氟装置如发生泄漏，与金属反应会引起燃烧，所以还应有屏蔽保护。钢瓶应安放在离操作岗位一定距离处，采用延伸的手柄操纵阀门。

4.1.2　有机溶剂

有机溶剂在电解液中作为解离锂盐，提供可移动锂离子的载体，它是电解液的主体部分，电解液的性能与溶剂性能密切相关。用作锂离子电池电解液溶剂的基本要求如下[142]：① 溶剂能够溶解足够多的锂盐，能够提供足够的锂离子浓度来传递，即具有高的介电常数；② 具有较低的黏度，使锂离子的传输更容易；③ 与正、负电极的兼容性好，不会破坏正、负电极的结构，不会溶解正、负电极材料；④ 液程较宽，即在较宽温度范围内保持液态，溶剂具有较高的沸点与较低的熔点；⑤ 必须具有较高闪点、低毒、价格便宜。

有机溶剂有：质子溶剂（乙醇、甲醇、乙酸）、惰性溶剂（四氯化碳）、极性非质子溶剂（碳酸酯、醚类、砜类等）。质子溶剂含有活泼的质子氢，不适合用于锂离子电池；锂盐在惰性溶剂中的溶解度小；常用的是极性非质子溶剂。

在锂离子电池中应用较多的溶剂有碳酸酯类、醚类、砜类、腈类、氟代碳酸酯,还有离子液体等。

4.1.2.1 碳酸酯类溶剂

在目前的商品化锂离子电池中,电解液的溶剂大多数为碳酸酯类有机溶剂。碳酸酯类溶剂具有较高的闪点、较低的熔点、较好的化学稳定性。常用的碳酸酯类有环状碳酸酯(如碳酸乙烯酯 EC、碳酸丙烯酯 PC 等)和链状碳酸酯(如二甲基碳酸酯 DMC、碳酸二乙酯 DEC、碳酸甲乙酯 EMC 等)。

没有哪一种单独溶剂能够满足锂离子电池对有机溶剂的所有要求,因此典型的有机溶剂都是混合有机溶剂。

EC,化学式为 $C_3H_4O_3$,相对分子质量为 88.06,密度为 1.321 8 g/cm^3,熔点为 35~37 ℃,沸点为 248 ℃,闪点为 160 ℃,折光率为 1.415 8(50 ℃),黏度为 1.90 mPa·s(40 ℃),介电常数 ε 为 89.6,是一种性能优良的有机溶剂,可溶解多种聚合物;另可作为有机中间体,可替代环氧乙烷用于二氧基化反应,并且是酯交换法生产碳酸二甲酯的主要原料;还可以用作合成呋喃唑酮的原料、水玻璃系浆料、纤维整理剂等。此外,还应用于锂电池电解液中。EC 还可以用作生产润滑油和润滑脂的活性中间体。

PC,为常温常压下无色透明、略带芳香味的易燃液体,化学式为 $C_4H_6O_3$,相对分子质量为 102.09,密度为 1.198 g/cm^3,凝固点为 −49.27 ℃,闪点为 128 ℃,着火点为 133 ℃,沸点为 242 ℃,相对介电常数较高(25 ℃时为 66.1);化学、电化学、光稳定性较高;与乙醚、丙酮、苯、氯仿、醋酸乙烯等互溶,溶于水和四氯化碳,是一种优良的极性溶剂。对二氧化碳的吸收能力很强,性质稳定。缺点:有一定的吸湿性。工业中采用环氧丙烷与二氧化碳在一定压力下加成,然后减压蒸馏制得。可用作油性溶剂、纺丝溶剂、烯烃、芳烃萃取剂、二氧化碳吸收剂、水溶性染料及颜料的分散剂等。

DMC,常温时为一种无色透明、略有气味、微甜的液体,化学式为 $C_3H_6O_3$,相对分子质量为 90.0,熔点为 4 ℃,沸点为 90 ℃,密度为 1.069 g/cm^3,难溶于水,但可以与醇、醚、酮等几乎所有的有机溶剂混溶。

DMC,毒性很低,在 1992 年就被欧洲列为无毒产品,是一种符合现代清洁工艺要求的环保型化工原料。其分子结构包含羰基、甲基和甲氧基等官能团,并具有多种反应特性。其安全、方便、污染少并且易生产运输。DMC 具有优异的溶解性能、较窄的熔点范围(2~4 ℃)和较低的沸点(90 ℃)、较大的表面张力、较低的黏度和介电常数。同时,它具有更高的蒸发温度和更快的蒸发速度,因此可以在涂料工业和制药工业中用作低毒溶剂。DMC 的闪点高,蒸气压低,在空气中的爆炸下限高,因此是一种绿色溶剂,兼具清洁性和安全性。

DEC,化学式为 $C_5H_{10}O_3$,相对分子质量为 118.13,密度为 0.97 g/cm^3,沸点为 126.8 ℃,熔点为 −43 ℃,相对密度为 0.975(20 ℃/4 ℃),折射率为 1.3846,闪点(闭杯)为 32.8 ℃。DEC 是无色透明的液体,微有刺激性气味,是一种性能优良的溶剂,不溶于水,溶于醇、醚等有机溶剂,不单独使用,作为共溶剂使用。易燃,与空气易形成爆炸性混合物。

EMC,化学式为 $C_4H_8O_3$,为无色透明液体,不溶于水,可用于有机合成,是一种优良的锂离子电池电解液的溶剂。碳酸甲乙酯应储存于阴凉、通风、干燥处。

另外,一些别的溶剂,如羧酸酯类中的 γ-丁内酯(γ-Butyrolactone,γ-BL)曾经在一次电池中使用过，由它制成的电解液电导率比PC与EC的低，并且羧酸酯自身非常容易水解，因此其应用受到限制。甲酸甲酯（MF）、乙酸甲酯（methyl acetate，MA）、丙酸甲酯（methyl propionate，MP）等链状羧酸酯的熔点较低，在有机电解液中作为添加剂可以提高锂离子电池的低温性能[147]。

MF，别名乙酸甲酯，化学式为 $HCOOCH_3$，是一种酯类有机化合物，为无色有香味的易挥发液体，与乙醇混溶，溶于甲醇、乙醚，容易水解，潮湿空气中的水分也会使其水解，是重要的有机合成中间体，具有广泛的用途，可直接用作处理烟草、干水果、谷物等的烟熏剂和杀菌剂，也常用作硝化纤维素、醋酸纤维素的溶剂，在医药中常用作磺酸甲基嘧啶、磺酸甲氧嘧啶、镇咳剂右美沙芬等药物的合成原料。

MA，化学式为 $C_3H_6O_2$，主要用作有机溶剂，是喷漆人造革及香料等的原料。

MP，化学式为 $C_4H_8O_2$，为无色透明液体，微溶于水，混溶于乙醇、乙醚。常用作硝酸纤维素、硝基喷漆、涂料、清漆等的溶剂，也可以用作香料及调味品的溶剂，还用作有机合成中间体。

在碳酸酯类有机溶剂中，环状的EC与PC的极性高，介电常数大，溶解锂盐能力强，然而较强的分子作用导致黏度较高，锂离子移动速度慢。然而链状的DMC、DEC、EMC的极性低，介电常数低，溶解锂盐能力低，但是流动性好，锂离子在其中迁移速度快。因此为了获得较好的使用性能，在一定程度上取长补短，常把环状和链状的碳酸酯类有机溶剂混合使用。C. Capiglia等[148]指出EC与EMC的体积比为2∶8时能提供最好的低温性能与最高的锂离子电导率。在以石墨为负极的锂离子电池中，在首次充放电过程中，EC可以在石墨表面形成一层稳定的钝化层，即SEI膜，这是别的有机溶剂实现不了。在 Li^+ 嵌入石墨前，PC不能在负极还原形成稳定SEI膜，溶剂化 Li^+ 共插入石墨层中导致石墨结构破坏[149]。锂离子溶剂化是指锂离子在溶剂中形成溶剂分子包围的过程。溶剂分子可以围绕 Li^+ 中心形成溶剂化壳。溶剂化结构指的是溶剂分子在包围锂离子时的排列方式和构型。当PC在电解液中的体积含量低于25%时，基本上不会发生还原分解，可能是由于其中的PC分子全部溶剂化，不存在自由的PC分子。

经过长时间的探索研究和实践，常规的锂离子电池电解液已基本定型。商品化的电解液主要采用 $LiPF_6$ 作为锂盐，常用的电解液体系包括EC/EMC、EC/DEC、EC/DMC/EMC、EC/DMC/DEC等构成的混合溶剂。

尽管传统的碳酸盐基电解质占主导地位，而且电极/电解质界面的稳定方法也在不断发展，但是新型高压电解质的开发和研究仍需付出巨大的努力。5 V级锂离子电池的使用迫切需要研究新型的高压电解质，但是与传统电解质相比要求更高。除了对溶剂的基本要求（如较宽的液相温度范围、较高的离子导电性、高热稳定性和化学惰性等）外，新型高压溶剂还必须在高压下表现出优异的阳极稳定性，并在阳极表面形成稳定的SEI层。近年来，砜基溶剂、离子液体溶剂、腈基溶剂和碳酸酯基溶剂衍生物以其优异的高氧化电位和优异的物理化学特性为下一代5 V级电池打开了大门[150]。

4.1.2.2 醚类溶剂

醚类有机溶剂介电常数低，黏度较小，但是醚类的性质活泼，抗氧化性不好，故不常用作锂离子电池电解液的主要成分，一般作为碳酸酯的共溶剂或添加剂使用，来提高电解液的电导率。有机醚类溶剂同样包括链状醚和环状醚。

链状醚主要包括2,2-二甲氧丙烷(dimethoxypropane,DMP,化学式为$C_5H_{12}O_2$)、二甲氧甲烷(dimethoxymethane,DMM,化学式为$C_3H_8O_2$)等。醚类碳链越长,化学稳定性越好,越难被氧化,然而也会造成黏度增大,电解液的电导率因此降低。二甲醚(dimethyl ether,DME)是用途广泛的链状醚,能与$LiPF_6$发生螯合反应生成$LiPF_6$-DME,此螯合物稳定性较好,使锂盐能更多地溶解在含有DME的溶剂中,从而提高了电解液的电导率。但是DME具有较强的化学反应活性,很难在负极表面形成稳定的SEI膜。

DME,化学式为C_2H_6O,标准状态下为无色有气味的易燃气体,与空气混合能形成爆炸性混合物,接触热、火星、火焰或氧化剂易燃烧爆炸。接触空气或在光照条件下可生成具有潜在爆炸危险性的过氧化物,密度比空气大,能在较低处扩散到相当远的地方,遇火源会着火回燃。若遇高热,容器内压增大,有开裂和爆炸的危险。主要作为甲基化剂用于生产硫酸二甲酯,还可以合成N,N-2甲基苯胺、醋酸甲酯、醋酐和乙烯等;也可以用作烷基化剂、冷冻剂、发泡剂、溶剂、浸出剂、萃取剂、麻醉药、燃料、民用复合乙醇及氟利昂气溶胶的代用品。用于护发、护肤、药品和涂料中,作为各类气雾推进剂。在国外推广的燃料添加剂在制药、染料、农药工业中有着许多独特的用途。

环状醚类溶剂主要包括四氢呋喃(tetrahydrofuran,THF)、2-甲基四氢呋喃(methyl tetrahydrofuran,2-Me-THF)等。在锂电池中,被测试过性能最优的一元溶剂电解液是2-Me-THF/$LiAsF_6$。托比斯希玛(Tobishima)等报道了把EC加入2-Me-THF/$LiAsF_6$电解液中,该电解液体系可以明显提高锂电池循环寿命与输出功率。

THF,又称为氧杂环戊烷、1,4-环氧丁烷,是一个杂环有机化合物,化学式为C_4H_8O,属于醚类,是呋喃的完全氢化产物,为无色透明液体,溶于水、乙醇、乙醚、丙酮、苯等,主要用作溶剂、化学合成中间体、分析试剂。

4.1.2.3 砜基溶剂

含硫溶剂中最有可能在锂离子电池中使用的是砜类。但是大部分砜类在室温下为固体,只有与其他溶剂混合才能构成液体电解液。此外砜类溶剂一般具有非常高的稳定性和库仑效率,有利于提高电池的安全性和循环性能。但是砜类的熔点高和黏度大,是它的最大缺点。

作为石油工业的副产品,砜基溶剂具有成本低、电化学反应窗口宽、电压大于5 V(vs. Li+/Li)等优点[151],是一种很有发展前途的高压电解质。通常从结构来看,砜基溶剂是环状或无环的,但相对于取代基,也可以分为对称和非对称两类。

最近环丁砜和/或有机亚硫酸盐,如亚硫酸二甲酯(dimethyl sulfite,DMS,化学式为$C_2H_6O_3S$)、亚硫酸二乙酯(diethyl sulfite,化学式为$C_4H_{10}O_3S$)、亚硫酸丙烯(propylene sulfite,化学式为$C_3H_6O_3S$)和乙烯基亚硫酸乙烯酯(vinyl ethylene sulfite,VES,化学式为$C_2H_4O_3S$),也被用作锂离子电池电解液中的溶剂或添加剂。

遗憾的是,大多数砜基溶剂具有很高的熔化温度,特别是那些具有分子对称性的溶剂。研究发现:分子对称性的破坏会导致熔点大幅度降低。例如,在DMS中引入甲基后,相应生成的非对称砜EMS的熔点大幅度降低到36.58 ℃。此外,X. G. Sun等[152]也提到了这一点。其合成了低熔点的含醚的砜,如乙基甲氧基乙基砜(ethyl methoxyethyl sulfone,EMS)。以砜为基础的电解质可能无法在石墨阳极表面形成有效的SEI膜,能否形成有效的SEI膜对于砜基电解质至关重要,它可以解决与石墨阳极的相容性问题。此外,由于维生素C(vitamin C,VC,化学式为$C_6H_8O_6$)和二氟草酸硼酸锂(lithium difluoric oxalate borate,LiDFOB,化学式为$LiC_2O_4F_2B$)能够在石墨或中间碳微球(MCMB)表面形成稳定的SEI膜,因此,它们被用作添加剂或替代锂盐来改善石墨阳极在砜电解质体系中的电化学性能。改变烷基取代基是改善砜与阳极材料相容性的另一种方法。例如,砜中烷基的氟化似乎有助于在阳极上形成稳定的固体电解质界面。许多砜基高压电解质由于使用由聚丙烯或聚乙烯等材料制成的商用隔膜[153]而面临着严重的润湿性问题,与使用传统碳酸盐基电解质的系统相比,这些隔膜具有相对较高的黏度。解决这一问题的一些折中方法是将砜与其他碳酸盐溶剂混合,或使用表面改性的分离器。

4.1.2.4　腈类溶剂

根据腈基的数目,腈类溶剂可以分为单腈和二腈类溶剂。到目前为止,在大多数情况下,电解质中腈的含量在10%以下,这使得人们更倾向于认为腈类是电解质中的共溶剂或添加剂。例如,P. Wang等[154]研究了3-甲氧基丙腈(3-methoxypropionitrile,MPN,化学式为C_4H_7NO)、3-乙氧基丙腈(3-ethoxypropionitrile,EPN,化学式为C_5H_9NO)和3-(2,2,2-三氟)乙氧基丙腈(FEPN)等单腈溶剂锂电解质溶液的物理特性和电化学特性,以及它们在纳米$Li_4Ti_5O_{12}$基高功率锂离子电池中的性能。与碳酸盐基电解质相比,所有这些单腈基电解质都显示出更高的速率。研究结果表明:含二腈电解质体系具有较宽的液体温度范围、较高的热稳定性和较高的阳极电位。此外,在LiTFSI与腈电解质中,腈基可以在铝表面形成有效的保护层,有助于抑制LiTFSI盐在高电位下引起的铝集热器的腐蚀[155]。尽管一些单腈和二腈具有相关的正极稳定性和适当的物理、热性能,但长期以来人们认为它们在锂离子电池中的应用是不可行的,因为它们在低电位下的热力学性能不稳定,即腈溶剂的还原不能发生在碳正极上,特别是在石墨上形成稳定的SEI膜。

4.1.2.5　氟代碳酸酯溶剂电解液

通常来说,最高占有分子轨道(highest occupied molecular orbital,HOMO)的能量越小,抗氧化性越强;最低未占有分子轨道(lowest unoccupied molecular orbital,LOMO)的能量越小,抗还原性越弱。而在碳酸酯类溶剂中加入氟元素可以降低HOMO和LOMO的能量。因此氟代碳酸酯溶剂不仅熔点低、难燃烧、热稳定性好,还有较高的氧化还原电位,还可以参与形成较好的SEI膜,因此是一种不错的耐高压电解液。在众多的氟代碳酸酯溶液中,氟代碳酸乙烯酯(fluoroethylene carbonate,FEC)具有较好的综合性能,K. Fridman等利用FEC替换EC之后,明显提高了$Si/LiNi_{0.5}Mn_{1.5}O_2$电池的循环性能[156],但是氟代碳酸酯合成困难、价格高,限制了氟代碳酸酯溶液的应用。

锂离子电池电解液添加剂的使用是提高锂离子电池性能的最有效和最经济的方法之一。研究表明:只需在电解液中添加少量的添加剂就能显著改善电池某些性能,如电池的充放电比容量、循环性能、电解液的导电率、可逆比容量等。

K. Fridman等[157]发现三(三甲基硅烷)硼酸酯[Tris(trimethylsilyl) borate,TMSB],化学式为$C_9H_{27}BO_3Si_3$,能够显著改善以$Li[Li_{0.2}Mn_{0.54}Ni_{0.13}Co_{0.13}]O_2$作为正极材料的高压锂离子电池长期充放电循环后的比容量保持率。J. Xia等[158]将三烯丙基磷酸酯(triallyl phosphate,TAP,化学式为$C_9H_{15}O_4P$)添加剂应用到$Li[Ni_{0.42}Mn_{0.42}Co_{0.16}]O_2$/石墨全电池中,发现TAP能显著提高电池的库仑效率,改善电池长期充放电循环性能。X. X. Zuo

等[159]报道，在 $LiPF_6$ 基电解液中添加 1.0%～2.0% 的 $LiBF_4$，能够显著改善石墨/$LiNi_{0.5}Mn_{0.3}Co_{0.2}O_2$ 电池 3.0～4.5 V 电位区间内的比容量保持率和界面阻抗。他们认为高电位下的 $LiPF_6$ 和 $LiBF_4$ 会分解为 BF_3，BF_3 参与 $LiNi_{0.5}Mn_{0.3}Co_{0.2}O_2$ 表面钝化膜的形成。BF_3 与其他缺电子硼酸盐或硼烷一样是典型的路易斯酸，可以作为阴离子受体与电解质/电极界面上 $LiPF_6$ 的分解产物 LiF 反应。

4.1.2.6 离子液体助溶剂

通常把完全由离子组成、在 373.15 K 以下仍呈液态的物质定义为室温离子液体，又称为离子液体(ionic liquid，IL)。离子液体一般由特定的、体积相对较大的有机阳离子和体积较小的无机阴离子构成。它具有不易燃、难挥发、可回收、良好的溶解能力(包括大范围的无机/有机金属物质)等性质，是一种“绿色溶剂”，也是挥发性有机溶剂的合适替代品。此外，由于离子液体中阴、阳离子几乎可以无限组合，也是一种“可设计的溶剂”。适当的阴、阳离子组合可以调节离子液体的一些性质，如密度、黏度、疏水性等，这种方式有助于设计和合成具有独特理化性质的离子液体，以满足其对特定应用的需求。

目前离子液体已被广泛应用于许多领域，如在电化学领域用作电化学溶剂、电解质材料和电极材料等；在分离萃取领域应用于液液萃取、固液萃取等过程中；在有机合成和催化领域用作反应介质和催化剂；在气体吸收领域用作气体吸收剂等。

(1) 离子液体及其分类

离子液体按照划分方法大致可以细分为以下类型：

① 按照所含阳离子，可以分为咪唑类、铵类、吡啶类等离子液体，其中一些阳离子的结构如图 4-7 所示。

② 按照所含阴离子的差异，可分为卤化/非卤化盐离子液体。阴离子可以是无机或有机来源的。常见的阴离子有：氟磺酰基酰亚胺(fluorosulfonyl imide，FSI^-)、双三氟甲磺酰亚胺(Bis (trifluoromethanesulfonimide)，$[TFSI]^-$，化学式为 $C_8H_7F_3OS$)、卤化物、四氟硼酸盐(BF_4^-)、六氟磷酸(PF_6^-)、乳酸盐等。

③ 按照离子液体所含阴/阳离子的酸碱性可以分为酸性、碱性和中性离子液体。例如，磺酰基/质子化烷基咪唑盐是酸性离子液体；由$[BF_4]$、甲磺酸、硫氰酸盐和对甲苯磺酸等离子可以合成中性离子液体；由乳酸盐、甲酸盐、乙酸盐和二氰胺(dicyandiamide，[DCA])等阴离子制备的离子液体被归类为碱性离子液体。

(2) 功能化离子液体

功能化离子液体的概念是由戴维丝(Davis)首先提出的，是指通过共价键将功能基团键合到普通离子液体的 1 个或 2 个离子上，从而使离子液体具有特定的功能。功能化离子液体的性质与非功能化离子液体相比发生了显著变化，例如，在离子液体中引入磺酸官能团(SO_3H)，会导致离子液体具有强 Bronsted 酸性(一般广义的酸分为 Lewis 酸和 Bronsted 酸，后者是指由质子电离产生的酸性，区别于 Lewis 酸是由接受电子对而产生的酸性)。而在离子液体中引入叔氨基可以增强离子液体的亲核性，引入羟基则会显著提高离子液体的亲水性。此外，离子液体中功能基团的引入，还可以为离子液体提供共价结合或催化活化溶解底物的能力、改变离子液体的溶剂参数(偶极性、氢键的酸碱性、极化率等)、增大离子液体在环境中的降解速率等。

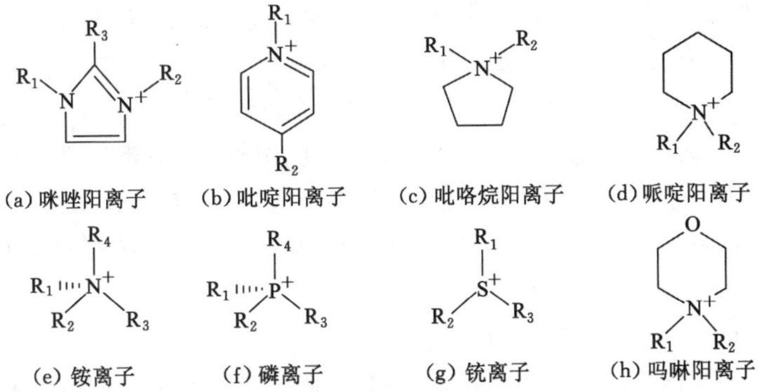

(a) 咪唑阳离子　(b) 吡啶阳离子　(c) 吡咯烷阳离子　(d) 哌啶阳离子

(e) 铵离子　(f) 磷离子　(g) 锍离子　(h) 吗啉阳离子

图 4-7　常见离子液体阳离子

功能化离子液体按不同的划分方法可以划分为不同的类型：① 根据所含功能基团的酸碱性不同，可大致分为酸性功能化、碱性功能化和中性功能化离子液体三种。例如，带有$-NH_2$基团的氨基功能化离子液体具有高碱性，而带有$-SO_3H$基团的磺酸基功能化离子液体则具有强 Bronsted 酸性。② 根据功能基团在离子液体中引入的位置，又可以划分为阴/阳离子功能化和双功能化离子液体。阴离子功能化是引入[OH]、$[CF_3SO_3]^{-1}$和$[CN]^{-1}$等功能基团到离子液体中。阴离子功能化可以通过卤素离子液体与盐(含有目标阴离子)进行交换的方法来实现。阳离子功能化包括腈基、醚基、羧基和手性功能化等。阳离子功能化可以通过在侧链上引入功能基团、引入手性碳和引入新型阳离子母核等方法来实现。双功能化离子液体则是结合阴、阳离子功能化的功能基团而形成的离子液体。

功能化离子液体在许多领域有着广泛的应用。① 在有机合成领域，功能化离子液体可以作为合成过程中的稳定剂、溶剂和载体。② 在催化领域，功能化离子液体可以用作反应过程的催化剂。③ 在气体分离领域，功能化离子液体被设计和开发用于选择性分离CO_2、SO_2等气体。④ 在电化学领域，功能化离子液体可以用作潜在的电解质。例如，贝洛宰(Belhocine)等制备了一系列基于七元氮杂环庚烷的离子液体，发现氮杂离子液体具有非常宽的电化学窗口，因而具有很高的电解质潜力；金谊德[160]合成制备了11种以二(三氟甲基磺酰)亚胺为阴离子的新型双醚基功能化季铵阳离子液体，系统研究了该类离子液体的物理性质和电化学性质。离子液体的热分解温度集中在340～355 ℃范围内，大部分离子液体在室温下为液态，且9种离子液体的熔点都低于－60 ℃。离子液体的电化学窗口值集中在5.0～5.1 V，表明其具有较好的电化学稳定性。所有电解质对金属锂都具有良好的化学稳定性；在 $Li/LiFePO_4$ 电池 0.1 *C* 倍率充放电测试中，所有电解质都显示出较好的循环性能。

(3) 离子液体与共溶剂

尽管离子液体有其独特的特点和优势，但是也有不足之处。当离子液体必须从混合物中分离出来时，离子液体所特有的低蒸气压可能不利于分离。此外，纯离子液体的价格昂贵(为有机溶剂成本的2～100倍)和黏度较高。由于离子液体动态黏度通常在10～500 cP之间(黏度，viscosity，将两块面积为1 m^2的板浸于液体中，两板距离为1 m，若施加1 N的切应力，使两板之间的相对速率为1 m/s，则此液体的黏度为1 Pa·s。1 cP=10^{-3} Pa·s)，大多数离子液体在环境温度下的黏度明显高于水(0.890 cP)或乙二醇(16.1 cP)。在实际应用中,共溶剂二甲基亚砜[dimethyl sulfoxide,DMSO,化学式为$(CH_3)_2SO$]、N,N-二甲基甲酰胺(N,N-dimethylformamide,DMF,化学式为C_3H_7NO)、1,3-二甲基-2-咪唑啉酮(1,3-dimethyl-2-imidazolidinone,化学式为$C_5H_{10}N_2O$)等通常被添加到离子液体中,它的加入会影响离子液体的物理性质和化学性质,如黏度、密度、极性、导电性以及溶解性等。此外,对离子液体-共溶剂体系的研究有助于研究分子间相互作用的转变,这对于理解离子液体的微观结构、性质和相应的应用是十分重要的。目前,离子液体-共溶剂体系已被应用于许多领域。

(4) 离子液体在锂离子电池中的应用

近年来离子液体作为锂离子电池的添加剂或助溶剂引起了人们越来越多的兴趣,因为离子液体具有优异的物理化学性质,包括良好的热稳定性、不可燃性、极低的蒸汽压、宽范围的液相温度等。其在高电压下(高于5.3 V vs. Li+/Li)具有很高的抗氧化性[161]。

与传统的有机溶剂相比,室温离子液体具有一系列突出的优点:① 蒸汽压低,不易挥发;② 不可燃、稳定性好;③ 液体状态温度范围广,最高可达300 ℃;④ 对有机物、无机物都有良好的溶解性,使许多化学反应得以在均相中完成,且反应器体积大为减小;⑤ 具有较大的可调控性,离子液体的溶解性、液体状态范围等物化性能,取决于阴、阳离子的构成和配对,可根据需要,定向设计离子液体体系;⑥ 离子液体作为电解质具有较大的电化学窗口、良好的导电性、热稳定性和极好的抗氧化性;⑦ 当用另一溶剂萃取目标物时,通过重力作用,就可以实现溶剂和目标物的分离,从而保证溶剂和催化剂的高效使用。

在许多被测试的离子液体(IL)体系中,那些基于季铵盐(含吡啶和吡咯基团)的体系表现出良好的电化学性能,并能抑制树枝状锂的形成,从而提高电池的安全性。另外,离子液体具有较宽的电化学稳定窗口,一般大于5 V(vs. Li+/Li),这是其应用于5 V锂离子电池的主要依据。例如,N-丁基-N-甲基吡咯烷基亚氨酰亚胺(Py14-TFSI)离子液体显示了超过5.5 V(vs. Li+/Li)的宽的电化学稳定窗口。这一有趣的性质表明:Py14-TFSI离子液体可以用作实际的高压电解质[162]。

离子液体的优异性能使其在锂离子电池中具有广阔的应用前景,但是在实际应用中仍存在一些尚未解决的问题。例如,大多数离子液体仍然相当昂贵,而且还与碳阳极发生了意想不到的不可逆反应。此外,它们通常具有较高的黏度,这与低的本征电导率和较差的速率能力有关[163]。

这些问题限制了IL基电解质在高功率密度电池领域的应用。因此,为了降低电解液的黏度,解决电解液与碳阳极的相容性问题,人们提出了许多新的解决方案。改善IL基电解质电化学性能最常用的方法之一是使用混合(复合)溶剂、含有离子液体的电解质溶液和其他一些有机溶剂。

H. F. Xiang等报道[164]:通过在0.4 mol/kg的双三氟甲基磺酰亚胺锂(LiTFSI)+PP13−TFSI电解液中加入一定量(例如20%或40%)的低黏度碳酸二乙酯(DEC)作为助溶剂,$LiCoO_2$/Li电池的速率性能得到了大幅度提高。由于IL基电解质的自然特性,人们对其进行了深入研究,并取得了很大的进展。尽管如此,仍然存在的缺陷和不足大大限制了其在锂离子电池中的应用,包括黏度和熔点较高,导致电池的倍率性能和低温性能较差。

有机溶剂种类较多,选择时可按以下标准:① 有机溶剂对电极应该是惰性的,在电池的充放电过程中不与正、负极发生电化学反应,稳定性好;② 有机溶剂应该有较高的介电常数和较小的黏度，以使锂盐有足够高的溶解度，保证高的电导率；③ 熔点低、沸点高、蒸气压低，从而使工作温度范围较宽；④ 与电极材料有较好的相容性，电极在其构成的电解液中能够表现出优良的电化学性能；⑤ 综合考虑电池循环效率、成本、环境因素等。

新兴有机溶剂开发是改善锂离子电池性能的一个重要途径，目前新型溶剂研究工作主要集中于不燃和阻燃有机溶剂两个方面。不燃有机溶剂是通过在常用有机溶剂分子中引进卤素原子降低有机溶剂的可燃性，甚至使其完全不燃。阻燃有机溶剂不仅本身不会燃烧，还能够通过气相阻燃机理，也有可能同时通过凝聚相阻燃机理来阻止其他常规有机溶剂的燃烧，而受到较多的重视。如三甲基磷酸酯（trimethyl phosphate，TMP，化学式为 $C_{13}H_{19}ClNO_3PS_2$）就是优良的阻燃剂，以它作为锂离子电池的有机溶剂无疑可以显著提高电池的安全性。

4.1.3 锂离子电池电解液添加剂

在锂离子电池电解液中添加少许物质就可以明显提升电池的某些性能，比如提高电池的可逆比容量、提高电解液的电导率、改善电池的循环性能等，这些少许物质被称为添加剂。因为用很少量的添加剂就可以大幅度改善电池的使用性能，而且不会影响电池其他的性能，所以锂离子电池添加剂的研发始终是锂离子电池不可或缺的部分。添加剂通常包括以下特征：① 用较少的量就可以明显提升电池的某种或者几种性能；② 与电极的相容性好，不会破坏电极结构或者腐蚀电极；③ 与电解液兼容性好，不与电解液发生不良反应，而且最好能够与电解液相混溶；④ 造价低廉，无毒，对环境无污染。锂离子电池电解液添加剂按照作用机制可分为阻燃添加剂、过充电保护添加剂、导电添加剂、SEI 成膜添加剂、控制电解液中水和 HF 含量的添加剂和多功能添加剂等。而目前研究较多的是 SEI 成膜添加剂、导电添加剂、过充电保护添加剂等。

4.1.3.1 阻燃添加剂

目前商品化常规的锂离子电解液溶剂都是碳酸酯类，此类溶剂性质是极易燃烧的，当电池过充或者过热，可引起电解液的燃烧或电池的爆炸。为了提高电池的安全性能，可以在电解液中加入一些高沸点、高闪点和不易燃的添加剂来改善常规电解液的易燃性，特别是在电动车越来越普及的如今社会，改善锂离子电池电解液易燃性的研究是锂离子电池应用的一个重要方面。

在使用锂离子电池过程中，电解液在温度较高的情况下易发生氢氧自由基的链式反应。所以阻燃添加剂的核心机理就是破坏氢氧自由基的链式反应，此机理称为自由基捕获机理。阻燃添加剂中通常还有 P、N、F 几种阻燃元素，当温度较高时，阻燃添加剂能够汽化分解释放出阻燃元素的自由基，阻燃元素自由基能够吸引捕获电池体系中氢自由基，从而终止链式反应。

目前电解液阻燃添加剂主要分为磷酸酯类、磷腈类及磷氮类。其中磷酸酯类研究较多，因为此类阻燃效果理想，价格低廉。2001 年 X. M. Wang 等[6]首次将磷酸三甲酯(TMP)作为阻燃添加剂使用后，其他烷基磷酸酯也渐渐引起人们的关注。比如磷酸三正丁酯(tributyl phosphate，TBP)、异丙基化磷酸三苯酯(isopropylated triphenyl phosphate，IPPP)、甲基膦酸二甲酯(dimethyl methylphosphonate，DMMP)等。DMMP 是最近开发出来的，其阻燃能力比 TMP 强，在 1 mol/L $LiPF_6$/EC：DEC 中加入 10%DMMP 电解液就达到几乎不燃。但是含有烷基的磷酸酯与石墨负极的兼容性较差，这是其严重缺点，用苯基替代烷基能够大幅度提高添加剂与石墨负极的兼容性。Feng J. K. 等采用三甲氧基苯基磷酸酯（trimethoxyphenyl phosphate，TMPP）在 1 mol/L $LiClO_4$/EC：DMC 中添加 10%，发现对石墨的首次充放电效率几乎没有影响，而且添加剂还具有一定的限压能力[165]。

4.1.3.2 防过充电添加剂

目前锂离子电池的过充电保护采用的是通过外加专用的过充电保护电路来实现的，采用添加剂来实现电池的过充电保护，对于简化电池制造工艺，降低电池生产成本具有极其重要的意义。人们对采用氧化还原对内部进行保护的方法进行了广泛的研究，这种方法的原理：在电解液中添加合适的氧化还原对，正常充电时这个氧化还原对不参加任何化学或电化学反应，而当充电电压超过电池的正常充放电截止电压时，添加剂开始在正极上氧化，氧化产物扩散到负极被还原，还原产物再扩散到正极被氧化，整个过程循环进行，直到电池的过充电结束。过充电保护添加剂一般具有以下特点：① 在有机电解液中具有良好的溶解性和足够快的扩散速度，能够在大电流范围内提供保护作用。② 在电池使用温度范围内具有良好的稳定性。③ 有合适的氧化电势，其值在电池的充电截止电压和电解液氧化的电势之间。④ 氧化产物在还原过程中没有发生其他副反应，以免添加剂在过充电过程中被消耗。⑤ 添加剂对电池的性能没有副作用。

早期 LiI 被推荐作为二次锂电池的过充电保护添加剂，但是研究发现充电过程中 LiI 氧化生成的 I_2，在 $LiAsF_6$/THF 电解液中引发四氢呋喃 THF 发生聚合反应，为了避免上述反应的发生，有机电解液中必须加入过量的 LiI 以便与碘形成稳定的 LiI_3，而且 LiI-I_2 添加剂还会降低 Li 电极表面的钝化膜稳定性。二茂铁及其衍生物在大部分锂离子电池所使用的有机溶剂中溶解性和稳定性较好，而且容易制备，价格也相对较便宜。因此被提出有可能用作锂离子电池的过充电保护添加剂。但是二茂铁及其衍生物的氧化电势大部分都在 3.0～3.5 V 之间，这样会导致电池充电尚未完成电池充电过程就被截止。亚铁离子的 2,2′-吡啶和 1,10-邻菲咯啉的配合物具有比二茂铁高约 0.7 V 的氧化电势，它们的电池截止电压在 3.8～3.9 V 之间，是另一类有可能在锂离子电池中得到应用的过充电保护添加剂。最佳的过充电保护添加剂应该具有 4.2～4.3 V 的截止电压，从而满足锂离子电池大于 4 V 电压的要求。

防过充添加剂的基本机理：当电池过充时，可以在电池内部形成电流，从而不影响电池。此种添加剂可以分为氧化还原添加剂与电聚合过充保护添加剂。

在电池中添加氧化还原添加剂时，当电池工作电压超过正常工作电压时，此时电池将过充，电解液中的氧化还原剂先在正极被氧化，然后通过电解液扩散到负极被还原为初始状态。当电位过高而过充时，氧化还原剂的正极氧化反应与负极还原反应将取代过多锂离子嵌入和脱出反应，从而避免锂离子电池因为过充而损坏，也阻止了电解液的进一步分解，所以将氧化还原剂添加到电解液中能提高锂离子电池的耐过充能力。具有典型代表的氧化还原剂是苯甲醚类分子，因为与苯环相连的甲氧基 C 原子的电子得失具有较好的可逆性，因此在锂离子电池过充方面有着广泛的应用。2,5-二叔丁基-1,4-二甲氧基苯（1,4-Di-tert-butyl-2,5-dimethoxybenzene，DDB）分子在苯甲醚类分子中是目前研究过充保护时效最长的，

$LiFePO_4$/石墨电池在 1C 电流下，该氧化还原剂可以在 100%过充下循环 100 周内保持稳定存在[166]。

电聚合添加剂的机理是添加剂单体分子在对应的保护电位下会发生电聚合反应，生成导电聚合物，当电池使用时过充次数增加，添加剂单体分子聚合程度也会增加，不断生成导电聚合物，最终使电池内部发生短路，避免了电池爆炸燃烧，然而电池将报废。此类型添加剂主要分为甲苯类添加剂、联苯(Biphenyl，BP，化学式为 C12H10)类添加剂、环已基苯(cyclohexylbenzene，CHB)类添加剂。甲苯类中，可以用于 $LiCoO_2$ 电池的二甲苯的氧化电位在 4.5 V 左右。联苯是研究较多的电聚合添加剂，其氧化电位在 4.5 V 左右，在 $LiCoO_2$/石墨电池中，添加 5%联苯在电解液中就可以在 2C、8 V 过充下不燃烧爆炸。环已基苯具有比 BP 更高的氧化电位(4.7 V 左右)，5%的 CHB 可以使 $LiMn_2O_4$/C 电池在 2C 过充半小时内也不会爆炸燃烧[167]。

4.1.3.3　导电添加剂

对提高电解液导电能力的添加剂的研究主要着眼于提高导电锂盐的溶解和电离以及防止溶剂共插对电极的破坏，按作用类型可分为与阴离子作用型和与阳离子作用型。与阳离子作用型主要包括一些胺类和分子中含有 2 个氮原子以上的芳香杂环化合物以及冠醚和穴状化合物，这些物质能够和锂离子发生较强的配位作用或螯合作用，从而促进了锂盐的溶解和电离，同时实现锂离子和有机溶剂的分离，减少了溶剂共插对电极的破坏以及溶剂的分解，从而改善电池的性能。NH_3 和一些低相对分子质量胺类化合物能够与 Li^+ 发生强烈的配位作用[168]，减小了 Li^+ 溶剂化半径，从而能够显著提高电解液的电导率，但该类添加剂在电极充电过程中，往往伴随着配体的共插，对电极破坏很大。乙酰氨及其衍生物和含氮芳香杂环化合物，如对二氮(杂)苯与间二氮(杂)苯及其衍生物等，具有相对较大的相对分子质量，可避免配体的共插对电极的破坏，有机电解液中添加适量的这些化合物将能够显著改善电池的比能量密度和循环效率等性能参数。冠醚和穴状化合物能与锂离子形成包覆式螯合物，因而能够较大幅度提高锂盐在有机溶剂中的溶解度，实现阴阳离子对的有效分离和锂离子与溶剂分子的分离，这样冠醚和穴状化合物不仅能提高电解液的电导率，还能够降低在充电过程中溶剂的共插和分解的可能性。如 12-冠醚-4 能显著改善碳负极在碳酸丙烯酯 PC、甲酸甲酯 MF、四氢呋喃 THF 等溶剂基电解液中的电化学特性，但冠醚化合物较昂贵的价格和毒性往往使其在实用化的锂离子电池中的应用受到限制。

与阴离子作用型主要是一些阴离子受体化合物，如硼基化合物，能够与锂盐阴离子(如 F^-、PF_6^- 等)形成配合物，从而提高锂盐在有机溶剂中的溶解度和电导率。表克布里思(J. McBreen)等合成了一系列氟代硼基化合物，如$(C_6H_3F)O_2B(C_6H_3F_2)$、$(C_6F_4)O_2(C_6F_5)$。用该类化合物作为添加剂可将 0.2 mol/L 的 CF_3CO_2Li 和 $C_2F_5CO_2Li$ 在二甲醚 DME 溶液中的电导率从 3.3×10^{-5} s/cm 和 2×10^{-5} s/cm 提高到 1.24×10^{-3} s/cm 和 1.1×10^{-3} s/cm。甚至可以将在 DME 中完全不溶的 LiF 溶解在其中，浓度最高可达 1.2 mol/L，其中 0.8 mol/L 的 LiF 在 DME 中溶液的电导率可高达 9.54×10^{-5} s/cm。

4.1.3.4　SEI 成膜添加剂

1990 年达恩(Dahn)已指出 SEI 膜的形成对电极材料的性能会产生至关重要的影响，因此越来越多的人研究 SEI 膜的形成机制、组成与稳定性。某些添加剂在负极表面能够优先于电解液中的有机溶剂被还原，形成稳定的 SEI 膜，同时能够改善 SEI 膜的性能，这种添加剂被称为成膜添加剂，按照物理状态的不同可分为气体成膜添加剂、液体成膜添加剂和固体成膜添加剂。

(1) 气体成膜添加剂

气体成膜添加剂主要有 SO_2、CO_2 等。在电解液中添加这些小分子物质，可以形成具有化学性能稳定的 SEI 膜。研究发现：SO_2 的还原电位为 2.7 V 左右，EC 的还原电位一般为 0.8 V，DEC 的还原电位为 2.0 V 左右，因此在负极首次阴极极化过程中，SO_2 可以优先于电解液溶剂成分和 Li^+ 发生反应而被还原，从而形成一层钝化膜附着在电极表面，生成的 SEI 膜的组分可能是 $Li_2S_2O_4$、Li_2SO_3、$Li_2S_2O_5$、Li_2CO_3 和 Li_2S。

CO_2 也被用作锂离子电池电解液成膜添加剂，因为 CO_2 在一定程度上可以改变碳负极与电解液的相容性，在电极表面与锂离子发生反应，其反应式如下：

$$CO_2 + 2Li^+ + 2e^- = Li_2CO_3 \tag{4-56}$$

生成的 Li_2CO_3 具有良好的导锂性能，也是 SEI 膜的重要组成部分，但是 CO_2 在电解液中的溶解度小，而且不宜大量使用，因此将其作为添加剂的使用效果并不是十分理想。研究表明：CO_2 可以改善石墨负极在 EC 基电解液中的嵌脱锂循环性能，使得循环寿命得到大幅度提高。气体成膜添加剂虽然能够对碳负极的成膜性能以及电化学性能起到提高的作用，但是也存在一些缺点，例如气体在电解液中的溶解度较小，并且由气体产生的内压力给电池的安全性带来危害，所以实际应用较困难。

(2) 固体成膜添加剂

由于固体添加剂在有机电解液中的溶解度一般较小，因此被研究得较少，最近才有这方面的报道，主要是 Li_2CO_3、K_2SO_3、$KClO_4$ 和 K_2CO_3 等[169]。这些添加剂的作用原理是在电解液溶剂未达到还原分解电位的情况下，预先沉积在电极表面，从而形成一层优良的 SEI 膜。

Y. K. Choi 等[170]将 Li_2CO_3 加入 1 mol/L $LiPF_6$/EC:DEC(1∶1，体积比)电解液中，研究了添加 Li_2CO_3 后对中间相沥青碳纤维(mesophase pitch carbon fiber，MPCF)电极表面 SEI 膜以及首周不可逆比容量的影响，研究发现：加入 Li_2CO_3 能够在 MPCF 电极表面生成阻抗较小的 SEI 膜，减小了 MPCF 电极的首周不可逆比容量，并且能够抑制电解液中的 EC 和 DEC 的分解，提高了电池的电化学性能。J. S. Shin 等[171]同样研究了 Li_2CO_3 添加剂对 1 mol/L $LiPF_6$/EC:DEC 及 1 mol/L $LiPF_6$/EC:DMC 电解液体系的影响，发现电解液中加入饱和 Li_2CO_3 后可以减少电极在电化学循环过程中产生的气体的总量，使电极的首次不可逆比容量降低，循环性能提高，同时利用傅立叶变换红外吸收光谱仪 FTIR 并结合阻抗技术研究了加入 Li_2CO_3 后电极表面的 SEI 膜的组成及性能，发现加入 Li_2CO_3 后生成了比较致密且导锂性能更好的 SEI 膜。

郑洪河等[172]研究了在 1 mol/L $LiClO_4$/EC:DEC 电解液中添加不同钾盐(K_2SO_3、$KClO_4$、K_2CO_3)对天然石墨负极电化学性能的影响，研究结果表明：在上述电解液中添加适量的钾盐可以降低天然石墨电极的首次不可逆比容量，改善了电极的可逆比容量和倍率性能，同时他们认为这种改善只针对合适的钾盐的浓度和在以 $LiClO_4$ 为溶质的 EC 基电解液中才有作用。庄全超课题组[169]在以 $LiPF_6$ 为溶质的 EC 基电解液中添加饱和的 K_2CO_3 发现这种改善也是存在的，加入 K_2CO_3 后电极的可逆比容量和循环性能都得到了很大的提高，当石墨电极在加入饱和的 K_2CO_3 的电解液中进行电化学循环后，通过 SEM 测试发现其表面生成了一层蠕虫状的 SEI 膜，如图 4-8 所示。利用电化学阻抗测试技术发现这层 SEI 膜具有较好的黏弹性，比较能够适应石墨材料在充放电过程中所发生的体积膨胀，防止因体积膨胀而导致的 SEI 膜的破裂而使得电解液和锂离子重新发生反应生成新的 SEI 膜的过程，从而提高石墨电极的电化学性能。

图 4-8　石墨电极在添加 K_2CO_3 和未添加 K_2CO_3 的电解液中的循环性能及在添加 K_2CO_3 电解液中 CV 测试后的 SEM 图

(3) 液体成膜添加剂

液体成膜添加剂是现在研究较多的添加剂，主要有卤代酯、亚硫酸酯和乙烯类化合物。卤代酯有 CEC(chloro ethylene carbonate，氯碳酸乙烯酯)、FEC(fluoro ethylene carbonate，氟代碳酸乙烯酯)。亚硫酸酯有 VES(vinyl ethylene sulfite，乙烯基乙烯亚硫酸酯)、ES(ethylene sulfite，乙烯亚硫酸酯)、PS(propylene sulfite，丙烯亚硫酸酯)等。乙烯类化合物有 VC(vinylene carbonate，碳酸亚乙烯酯)，VEC(vinylene carbonate，乙烯基碳酸乙烯酯)、AAN(acrylic acid nitrile，丙烯酸腈)等。这些添加剂的还原电位一般都高于 EC、PC、DEC、DMC 等，可以在电极极化过程中优先被还原，在电极表面形成一层致密的 SEI 膜，从而降低电极首次不可逆比容量，提高锂离子电池的电化学性能、循环性能和安全性能[173]。

① VC 成膜添加剂

VC 用作成膜添加剂已经被很多课题组研究报道过，几乎是目前已报道的最佳成膜添加剂，也是目前大多数商品化的电解液都会使用的成膜添加剂之一。VC 具有很多优异的性能，不但能提高石墨、Si 等负极的电化学性能，同时对 $LiCoO_2$、$LiMn_2O_4$ 和 $LiFePO_4$ 等正极材料的性能的改善作用也非常明显。VC 的还原分解电位很高，高于大多数电解液中的有机溶剂，例如 EC、PC、DEC、DMC 等，因此在碳负极上可优先被还原，产生更优良的 SEI 膜。

D. Aurbach 等[174]研究了 VC 在 EC 基电解液中对负极的影响，研究结果表明：在 1 mol/L $LiAsF_6$/EC:DMC(1∶1)中溶解 5%的 VC，使得石墨/Li 半电池在 60 ℃下所获得的实际比容量可达 334 mA·h/g，且循环 20 周后仍然可达 324 mA·h/g；而在不加 VC 的电解液中石墨的比容量只有 208 mA·h/g。他们指出 VC 优先在锂化石墨颗粒表面被还原，生成聚烷氧基碳酸锂盐，提高了电极的性能，同时抑制了溶剂与电极材料的反应。

O. Matsuoka 等[175]利用 CV 和 AFM 研究了 VC 对 EC 基电解液溶剂的分解和 HOPG(高定向热解石墨 highly oriented pyrolytic graphite)表面 SEI 膜形成的影响，表明 VC 能够使 HOPG 上的活性位点失活，从而阻止电解液溶剂的进一步分解。

② VEC 成膜添加剂

虽然说 VC 作为成膜添加剂对电池性能的改善效果很好，但是因为 VC 的结构中存在一个 C ═ C 双键，因此 VC 是极不稳定的，很容易分解氧化。而 VEC 是一种环状有机物，其分子结构与 VC 类似，只是将 VC 中的环状 C 链中的—H 替换为乙烯基—CH ═ CH_2，这就使得 VEC 的稳定性高于 VC。近年来，关于 VEC 作为成膜添加剂的报道也有很多，Y. S. Hu 等[176]首先研究了在 PC 基电解液中添加少量 VEC 对石墨负极的影响，研究结果表明：即使 VEC 的加入量很少(5%)，也能够在石墨表面形成稳定的 SEI 膜并且抑制 PC 的共嵌入过程。他们认为 VEC 分解后形成的稳定的 SEI 膜是电池性能得到提高的最主要原因。T. H. Nam 等[177]研究了 VEC 对于锂离子电池中离子液体电解液的影响，认为 VEC 的加入可以提高电池的性能。J. Li 等[178]研究了在 1 mol/L $LiPF_6$/EC+DMC 中添加 2%的 VEC 对 $LiNi_{0.8}Co_{0.2}O_2$/Li 半电池的循环性能及热稳定性能的影响，研究结果表明：VEC 的加入不但能够提高电池的循环性能，还提高了电池在高温下(50 ℃)的电化学性能。J. M. Vollmer 等[179]探讨了 VC 和 VEC 在 PC 基电解液中的还原机理，认为 VEC 在 PC 基中的还原分解可能出现两种情况，一种为稳定的阴离子结构(the stable anion structure)，另一种为稳定的锂离子调节型结构(the stable Li^+-coordinated structure)。因为 EC 与 PC 的分子结构差异不大，因此 VEC 在 EC 基中的还原机理与在 PC 基中的还原机理类似。稳定的阴离子结构的还原机理：首先 VEC 获得一个电子，环状上的 C ═ O 双键被打开，之后环状被打开，形成一个开放式的结构，最后另一个电子进入发生进一步还原并和锂离子发生反应，最终的还原产物为稳定的 Li_2CO_3，这也是最后的 SEI 膜的主要成分。

③ FEC 成膜添加剂

FEC 是近几年才开始研究的电解液添加剂之一。FEC 的结构比 EC 多一个氟取代基团，而此基团有很强的吸电子能力，因此在较高的电位下 FEC 就可以发生还原分解，使得 SEI 膜的成分中含有 F 元素。

杨春巍等[180]研究了含有 FEC 的电解液的低温性能及其与 $LiFePO_4$ 正极或中间相碳微球 MCMB 负极的匹配，研究得出结论：添加 FEC 后的电解液具有较高的低温电导率，FEC 可在 1.6 V 与负极反应成膜，有效地提高负极稳定性；红外测试发现 FEC 可抑制其他电解液溶剂在负极成膜过程中的分解，在常温(20 ℃)和低温(−20 ℃)下形成的 SEI 膜阻抗均较低，电化学测试结果表明以该电解液装配的锂离子电池具有较高的低温放电比容量和倍率性能。

M. H. Ryou 等[181]为了解决锂离子电池 $LiMn_2O_4$/石墨体系在高温下(60 ℃)比容量衰减较快的问题，在电解液中添加了质量分数为 2%比的 FEC，他们发现加入 FEC 后，电池在 60 ℃下循环 130 周后比容量保持率能够提高 20%，经过分析得出比容量保持率能够提高的原因是 FEC 能够在石墨表面生成一层很薄且稳定的 SEI 膜。

许杰等[182]研究了添加体积比为 2%的 FEC 对正极材料 $LiMn_2O_4$ 和负极材料 MCMB 电化学性能和成膜性能的影响。研究结果表明：FEC 的添加可以提高负极 MCMB 的充放电比容量和循环性能，原因是 FEC 能够分解在 MCMB 表面生成一层稳定的且阻抗较低的

SEI 膜，对于 $LiMn_2O_4$ 正极，FEC 也没有其他副反应发生。

I. A. Profatilova 等[183]同样研究了在电解液中添加 FEC 对石墨负极电化学性能及热性能的影响，从微分容量曲线可以看出：由于电解液中添加了 FEC，使得石墨负极的还原峰向更高的电位移动。DSC 结果表明：加入 FEC 后在 120 ℃附近的与 SEI 膜和电解液中的 Li_2CO_3 热分解相关的放热峰消失，通过 XPS 和 EIS 分析得出 FEC 还原后生产的 SEI 膜含有更多的 LiF，而且加入 FEC 能够降低石墨/Li 电池的界面阻抗。

最近奥尔巴克等又研究了在电解液中添加 FEC 对 Si 纳米线负极材料的电化学性能和表面化学性能的影响，添加 FEC 后可以减小 Si 纳米线不可逆比容量的损失，而且能够提高循环性能；采用 XPS 和 FTIR 研究了添加 FEC 的 Si 纳米线在电化学测试之后的表面组成，结果发现 FEC 可以在 Si 纳米线表面并没有通常 EC 分解的烷氧基碳酸锂和碳酸锂的红外特征峰，而是分解生成聚碳酸酯类物质，这些物质的生成是提高 Si 纳米线电化学性能的原因。

4.2　固态电解质

固态锂电池是指采用固态电解质作为锂离子导体，同时作为隔膜分隔阴极和阳极的电池。与液态有机电解质相比，固态电解质有以下优势：

① 安全性能高：固态电解质不挥发、不易燃，而且具有较高的强度和硬度，可以阻止锂枝晶的刺穿。

② 能量密度高：商用液态锂离子电池电芯能量密度最高达到约 260 Wh/kg，电池系统能量密度约为 180 Wh/kg。就全固态锂电池而言，其大的工作电压窗口，使得它可以与高电压型电极材料组装成全电池，使电池电芯能量密度有望达到 350 Wh/kg 以上。

③ 循环寿命长：在电池充放电循环过程中，固态电解质能避免液态电解质的消耗问题，并且能有效防止锂枝晶刺穿，能极大提升金属锂电池的循环使用寿命。

④ 电化学窗口宽：固态电解质往往具有较宽的电化学窗口，可以与高压型电极材料组成全电池，进一步提高电池的能量密度。

⑤ 工作温度窗口宽：无机固态电解质在高温下具有较强的稳定性，采用无机固态电解质组成锂电池，可以在较高的温度下运行。

尽管全固态锂离子电池有望替代传统液态电池，但是其存在的几个主要问题阻碍了它的发展应用与商业化。首先相较于液态电解质，固态电解质的离子电导率往往低 1～2 个数量级（10^{-4}～10^{-3} S/cm）。而且由于电极与电解质之间是点接触的固固界面，界面阻抗较高，其最终对电池电学性能的影响程度往往高于电解质内部。因此，对于全固态电池，研究重点是制备具有高离子电导率的电解质，以及电极与电解质界面处的接触改性。

4.2.1　全固态锂离子电池的工作原理

全固态锂离子电池包括三个组成部分：正极、负极和电解质。如图 4-9 所示，正极由正极电极材料、电解质和导电剂组成，负极由负极电极材料、电解质和导电剂组成，正、负极被固态电解质隔开。

目前全固态电池负极大多数采用锂金属，即将图中的复合负极换成锂金属。图 4-10 是

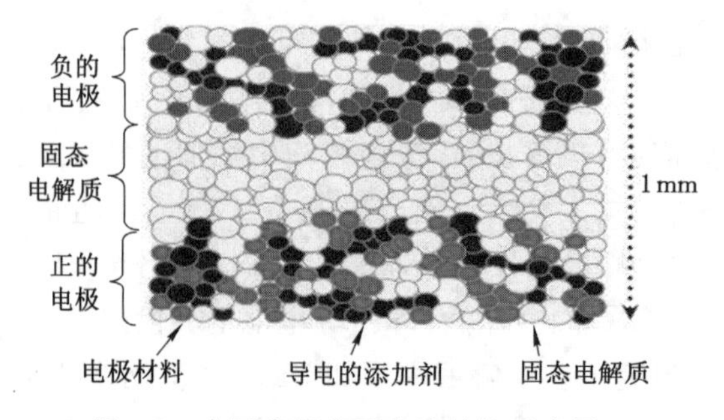

图 4-9　全固态锂离子电池结构示意图

全固态锂离子电池与传统锂离子电池的结构对比图，可以清晰看到固态电池组成的简化。正、负极中复合电解质的目的是改善电极/电解质界面的兼容性，减小界面阻抗。除组成和工艺的简化，全固态电池的工作原理和传统液态锂离子电池类似。全固态锂离子电池工作原理如图 4-11 所示，充电时，锂离子从正极活性物质中脱出，经过固态电解质输运，向负极迁移并嵌入负极，电子通过外电路由正极迁移到负极。放电时，锂离子从负极中脱嵌，经过固态电解质输运，向正极迁移并嵌入正极活性物质，电子通过外电路由负极向正极迁移，并在此过程中形成放电电流输出电能[184]。

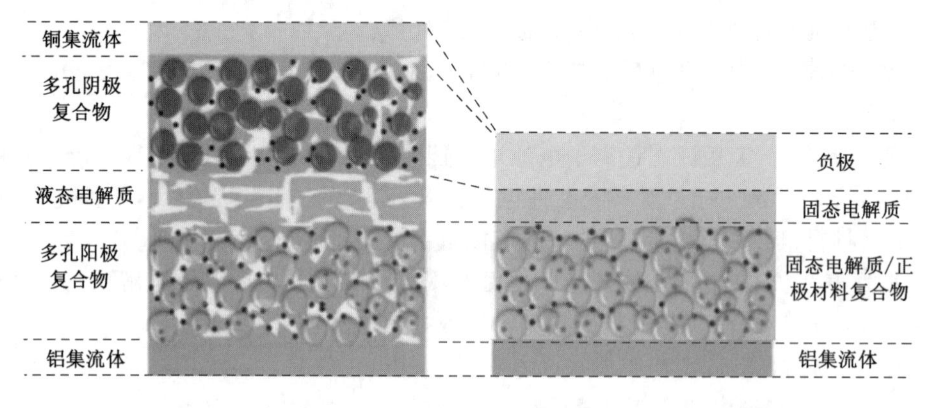

图 4-10　全固态锂离子电池与传统锂离子电池的结构对比图

4.2.2　固态电解质材料的研究进展

固态电解质的性能直接决定了全固态锂离子电池的性能，其最重要的性能指标是离子电导率，自室温下第一个快离子导体 α-AgI 被发现以来，固态电解质得到了长足的发展。目前固态电解质大致可以分为三大类：聚合物固态电解质、无机固态电解质和有机无机复合固态电解质。

下面对聚合物固态电解质和无机固态电解质的发展进行介绍，主要介绍其中最具代表性的几种电解质。有机无机复合电解质分别是对前两类电解质的复合，分别放在各自章节内。

4.2.2.1　聚合物固态电解质

1975 年赖特(Wright)等发表了关于聚氧化乙烯(polyethylene oxide，PEO)碱金属盐复合

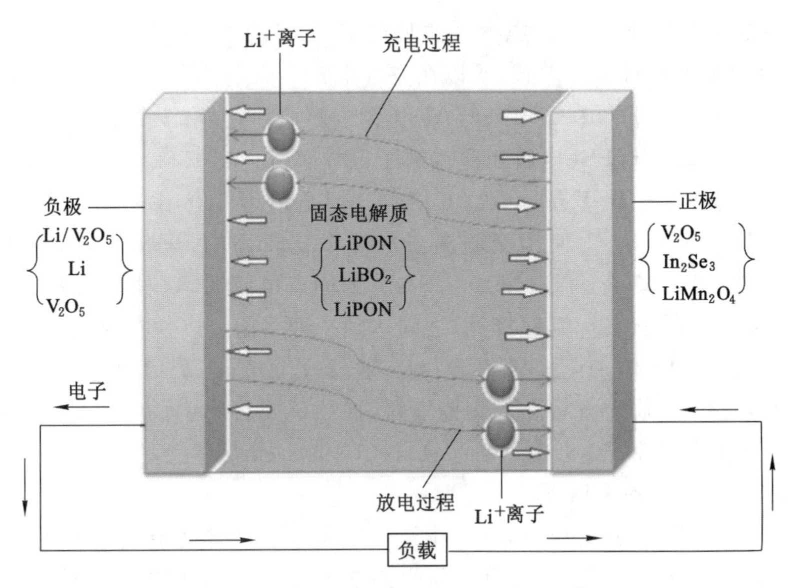

图 4-11　全固态锂离子电池工作原理示意图

物电导率的文章，聚合物固态电解质的研究工作由此开始，到现在 PEO 基聚合物固态电解质已经被广泛应用。其中使用最多的电解质体系是 PEO、聚环氧丙烷和锂盐的复合物，PEO 体系固态电解质能够获得较好的性能主要在于乙烯基和锂盐容易形成络合物，而且在聚合物侧链中溶解锂很容易。聚合物固态电解质在放电过程中安全性很好，而且循环性能很稳定。

(1) PEO 基固态电解质

1979 年，G. C. Farrington 等[185]首次提出将聚合物与锂盐的配合物用作锂离子电池固态电解质，从而引起国内外科研人员的广泛研究。PEO 基固态电解质是研究最早也是最具代表性的一类固态电解质，被称为“第一代聚合物电解质”。但是 PEO 基固态电解质室温电导率一般很低，大约为 10^{-7} S/cm，它主要通过在无定形区域的链段蠕动进行离子的传导，而高相对分子质量的 PEO 在 60 ℃以下开始结晶，所以要想获得比较理想的离子电导率，需要其在 60 ℃以上进行工作，这限制了它的应用范围。

为了提高 PEO 基固态电解质的离子电导率，人们提出了各种方法。1982 年韦斯顿(Weston)和斯蒂尔(Steele)发表了关于 PEO 基复合固态电解质(Composite PEO electrolyte，CPEs)的研究，引发了广泛的研究，CPEs 由聚合物基体和填料组成，填料的加入能显著改善固态电解质的力学性能、离子电导率和离子迁移数。斯克萨蒂(Scrosati)等在 PEO 聚合物中加入纳米尺寸的无机陶瓷粉末，将其离子电导率提升了 1～2 个数量级，无机陶瓷在聚合物电解质中具有以下作用：无机填料的添加可以削弱聚合物与锂离子之间的相互作用，促进锂盐的解离和破坏聚合物链的规整性，增大聚合物的自由体积，提高链段的运动能力。此外，无机填料的添加可以在不牺牲聚合物柔性和可加工性能的前提下，提升聚合物基电解质的离子迁移数、机械性能、热稳定性和化学/电化学稳定性。

无机填料在聚合物基固体电解质中的含量、粒径和分散均匀程度都会影响聚合物基固体电解质的离子电导率。构建连续且有序的离子传输通道对聚合物基固体电解质性能的提升意义重大。

2013 年，C. F. Yuan 等[186]在制备 CPEs 时使用了金属有机骨架(metal organic framework,MOF)纳米颗粒,所得到的电解质薄膜在25 ℃时的离子电导率可达到3.16×10^{-5} S/cm,然而此电解质由于对水分敏感,所以在空气中并不稳定。为了解决这个问题,人们使用了对水分不敏感的MOF材料MIL-53(Al)作为电解质填料,由于其表面的Lewis酸所制备的PEO-MIL-53(Al)-LiTFSI电解质室温离子电导率可达到1.62×10^{-5} S/cm,相比不添加MIL-53(Al)时的离子电导率提升了2.6倍[187],但是距离可应用的10^{-4} S/cm还是有差距的。2014年,D. C. Lin等[188]使用交联离子电导率比较高的PE(聚乙烯,polyethylene)和PEO,制备了离子电导率高达1.6×10^{-4} S/cm的固态电解质,这种交联的方法可以有效地在离子电导率和机械刚性(抑制锂枝晶)之间达到一种平衡。以往在制备CPEs时采用机械混合的方法在聚合物中添加陶瓷填料。2016年,Z. Z. Zhang等[189]引入一种原位水解的方法,在固体聚合物电解质中直接合成陶瓷填料,抑制了聚合物中的结晶相,同时促进了分段运动,提高了离子电导率,30 ℃时达到了4.4×10^{-5} S/cm。

(2) 聚硅氧烷基固态电解质

除PEO外,聚硅氧烷(polysiloxane,PS)作为聚合物基体也有着长足的研究。PS基固态电解质的研究始于1980年,大部分的研究集中于在PS骨架中加入官能团。PS基固态电解质具有相对较高的离子电导率,得益于它的主链具有较高的柔顺性,且其玻璃化转变温度低和高的自由体积。2014年,J. Li等[190]合成了一种可调谐的双侧链改性聚硅氧烷,这种电解质的离子电导率在室温时达到了1.55×10^{-4} S/cm,在100 ℃时达到了1.50×10^{-3} S/cm。一些天然材料,比如淀粉、糖和硅烷偶联剂交联后也被用作固态电解质基体[191],其获得的电解质室温下的电导率可达3.39×10^{-4} S/cm,锂离子迁移数可达0.8。

固体聚合物电解质最显著的一个优点是灵活性,因此,成膜技术的发展尤其重要。通常PS基固态电解质薄膜通过溶剂浇铸法制备,例如,通过使用多面体低聚倍半硅氧烷(polyhedral oligosilsesquioxane,POSS)作为交联剂和聚乙二醇(polyethylene glycol,PEG)作为锂离子溶剂化聚合物,采用简便的一锅反应合成聚硅氧烷电解质。制备时将所有试剂溶解在溶剂中,浇铸在玻璃板上,在90 ℃下固化,然后在120 ℃下成膜。此外,还使用热压成膜法在不存在溶剂的情况下制备交联的PS基固态电解质薄膜,还可以通过在聚乙二醇(PEG)中的—OH与3-缩水甘油氧基丙基三甲氧基硅烷(KH560)中的$—OCH_3$的反应进行PS基固态电解质膜的制备。

(3) 单一锂离子传导聚合物固态电解质

1984,沃德(Ward)等提出用单离子聚合物电解质替代常规的双离子聚合物电解质,这种聚合物固态电解质具有与聚合物共价键合的阴离子或其阴离子被受体固定,因而显示出几乎一致的锂离子转移数,均接近1。这种电解质由于不存在阴离子极化的不利影响,吸引了大量的研究,然而其室温离子电导率通常低于10^{-5} S/cm。后来,R. Bouchet等[192]制备了基于包含聚苯乙烯片段的聚阴离子嵌段共聚物的多功能单离子聚合物电解质,离子电导率在60 ℃附近为1.3×10^{-5} S/cm,锂离子迁移数接近1,对锂电化学稳定窗口可达5 V。

近年来,混合和复合电解质成为研究的热点。Q. Ma等[193]提出了由聚阴离子型锂盐,聚[(4-苯乙烯磺酰基)(三氟甲基磺酰基)酰亚胺]($PSsTFSI^-$)和PEO组成的单一锂离子传导电解质。LiPSsTFSI/PEO的复合物在90 ℃下显示出Li离子迁移数为0.91,热稳定性高达300 ℃,锂离子电导率为1.35×10^{-4} S/cm。最近,K. K. Fu等[194]发表了基于石榴石型$Li_{6.4}La_3Zr_2Al_{0.2}O_{12}$(LLZO)锂离子导体的3D锂离子传导陶瓷网络,在PEO基复合材料

中提供连续的 Li^{+} 传输通道，柔性固态电解质膜在室温下的离子电导率为 2.5×10^{-4} S/cm。

4.2.2.2　无机固态电解质

无机固体电解质也称为超快离子导体，是一种固体材料，其电导率在工作温度下与液体电解质相当。无机固态电解质按照组成成分可以分为氮化物固态电解质、氧化物固态电解质、硫化物固态电解质和卤化物固态电解质。目前研究较多的是氧化物固态电解质和硫化物固态电解质。

4.2.2.2.1　氧化物固态电解质

氧化物固态电解质主要包括钙钛矿型结构固态电解质、NASICON 型固态电解质和石榴石型固态电解质。

(1) 钙钛矿型结构固态电解质

钙钛矿是具有 $CaTiO_3$ 结构的无机材料结构族的总称，其通式为 ABO_3，A 位置为碱性稀土或土金属离子，B 位置为过渡金属离子。理想的钙钛矿属于空间群 Pm3m，具有立体对称性。B 阳离子和 A 阳离子分别与氧阴离子配位 6 倍和 12 倍，如图 4-12 所示。

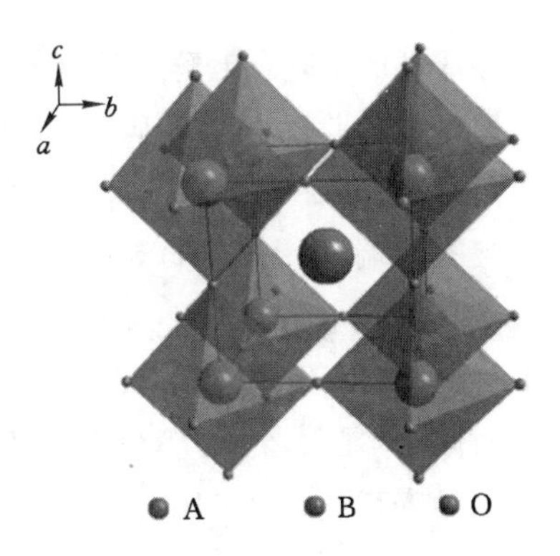

图 4-12　钙钛矿型电解质结构示意图

研究人员合成了一系列 $Li_{3x}La_{2/3-x}TiO_3$，其中 Li 和 La 占据 A 位置，在室温下表现出超过 10^{-3} S/cm 的离子电导率。通过不同的制备工艺可以获得四方、立方或正交结构的 $Li_{3x}La_{2/3-x}TiO_3$。钙钛矿的离子电导率主要受 A 位置原子的影响，因为 Li^{+} 扩散通道的大小主要由 A 位置原子决定。此外，高价的镧离子占据 A 位置同时形成 A 空位，锂离子通过空位机制传输。但是，由于 $Li_{3x}La_{2/3-x}TiO_3$ 与锂直接接触时不稳定，所以并不适用于固态电解质。锂可以快速嵌入 $Li_{3x}La_{2/3-x}TiO_3$ 的晶格中，并将 Ti^{4+} 还原成 Ti^{3+}。

(2) NASICON 型固态电解质

化合物 $NaM_2(PO_4)_3$(M=Ge、Ti、Zr)最早在 20 世纪 60 年代开始被研究。1976 年，古德纳夫等合成和表征了 $Na_{1+x}Zr_2Si_xP_{3-x}O_{12}$ $(0\leqslant x\leqslant3)$，其具有高的 Na 离子电导率，并且把它命名为 NASICON(钠超离子导体，NA superionic conductor，简称 NASICON)。NASICON 超离子导体的通式为 $AM_2(BO_4)_3$，其中 A 位置被碱金属原子 Li^{+}、Na^{+}、K^{+} 占据，M 位置被四价金属离子 Ge^{4+}、Ti^{4+} 和 Zr^{4+} 占据。NASICON 结构由 MO_6 八面体和 BO_4 四面体组成。BO_4 四面体和 MO_6 八面体通过共享角 O 原子相互连接，形成三维刚性框架，其中包含 A 离子扩散的互连通道，如图 4-13 所示。A 离子有两种位置，称为八面体空位和四面体空位。A 离子通过在八面体空位和四面体空位之间跳跃而在结构中扩散。

锂超离子导体是通过锂离子占据 A 位置而得到的。NASICON 型固态电解质中的锂离子电导率与锂离子扩散通道的尺寸有关，只有扩散通道尺寸和离子尺寸匹配才能获得高的电导率。

萨布拉米尼安(Subramanian)等报道了 $LiZr_2(PO_4)_3$ 的离子电导率非常低，但是可以通过其他元素取代 Zr 而显著提高其离子电导率。当用 Ti 元素取代 Zr 元素而得到的

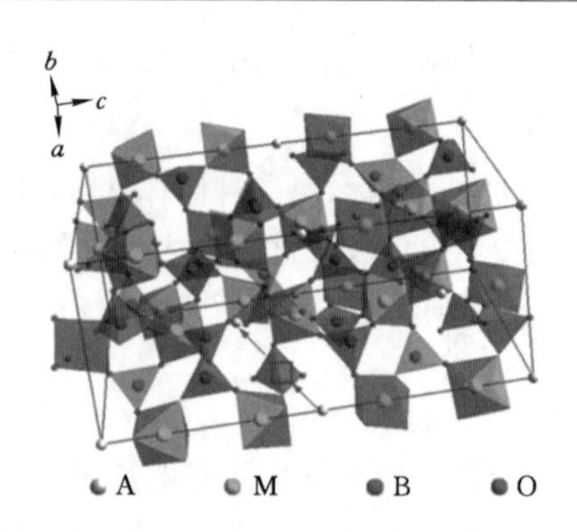

图 4-13　NASICON 型电解质的结构示意图

$LiTi_2(PO_4)_3$ 固态电解质具有较高的离子电导率，这表明扩散离子和通道尺寸之间匹配的重要性。$LiTi_2(PO_4)_3$ 基体系固态电解质由于具有高离子电导率而被广泛研究。$LiTi_2(PO_4)_3$ 的离子电导率可以通过用 M^{3+} 和 Ti^{4+} 来进一步提高。

乔德瑞(Chowdari)等通过 Al^{3+} 部分替代 Ti^{4+} 合成了 $Li_{1+x}Al_xTi_{2-x}(PO_4)_3$(LATP)体系玻璃陶瓷电解质，当 $x=0.4$ 时，能将室温离子电导率提高 2 个数量级，达到 10^{-4} S/cm 以上。此外，由于 Al^{3+} 比 Ti^{4+} 的尺寸小，所以这种部分取代会使 NASICON 骨架的单位尺寸有所减小，显著增大了离子电导率。商业化应用的 $Li_{1+x}Al_xTi_{2x}(PO_4)_3$ 经过优化，室温离子电导率高达 1.3×10^{-3} S/cm。

$Li_{1+x}Al_xGe_{2-x}(PO_4)_3$(LAGP)体系固态电解质由于具有高电化学稳定性和宽电化学窗口被广泛研究。据报道，在 $x=0.5\sim0.6$ 时，其在室温下表现出高电导率和低活化能。$Li_{1.5}Al_{0.5}Ge_{1.5}(PO_4)_3$ 微晶玻璃被报道，获得 6.2×10^{-4} S/cm 的高电导率。

总之，NASICON 结构的快离子导体具有高室温离子电导率、高化学稳定性和宽电化学窗口，适合用作高压全固态锂电池中的固体电解质。未来的发展重点是优化制备工艺，增大晶界和晶粒电导率，提高密度，进一步提高室温离子电导率，扩大应用领域。

(3) 石榴石型结构固态电解质

石榴石型结构的通式为 $A_3B_2Si_3O_{12}$，空间群为 Ia-3d，其中 A 为八配位阳离子，B 为六配位阳离子。卡斯珀(Kasper)等在 1969 年研究了第一个含锂石榴石型结构 $Li_3M_2Ln_3O_{12}$(M=W、Te)。1988 年马扎(Mazza)发现了一种新型石榴石型结构 $Li_5La_3M_2O_{12}$(M=Nb、Ta)，其中 Li 在四面体中占据 24d 位置，在八面体中占据 48g 位置，如图 4-14 所示。

这种新型的石榴石型结构固态电解质具有高的离子电导率和宽的电化学窗口。石榴石型固态电解质 $Li_5La_3M_2O_{12}$(M=Nb、Ta)在室温下的电导率为 1×10^{-6} S/cm，$Li_5La_3Nb_2O_{12}$ 和 $Li_5La_3Ta_2O_{12}$ 的活化能分别为 0.43 eV 和 0.56 eV。$Li_5La_3M_2O_{12}$(M=Nb、Ta)的离子电导率可以通过用低价离子(Ca，Sr，Ba)取代 La 来提高。在这些取代的 $Li_6ALa_2M_2O_{12}$(A=Ca、Sr、Ba)材料中，$Li_6BaLa_2Ta_2O_{12}$ 的电导率最高，为 4×10^{-5} S/cm，活化能最低为 0.40 eV。除了 La 置换，M(M=Nb、Ta)也可以被 In 或 Zr 置换。$Li_{5.5}La_3Nb_{1.75}In_{0.25}O_{12}$ 在 50 ℃下的电导率为 1.8×10^{-4} S/cm。

4.2.2.2.2　硫化物固态电解质

硫化物固态电解质被认为是最有前景的固态电解质之一，最主要的原因是硫化物固态

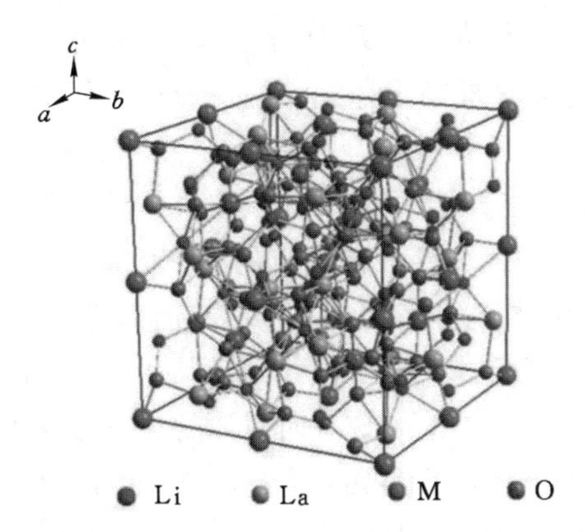

图 4-14　$Li_5La_3M_2O_{12}$(M＝Nb、Ta)的结构示意图

电解质在室温下的离子电导率很高，甚至可以与有机电解液相媲美。与氧化物固态电解质 Li_3PO_4 相似，在硫化物固态电解质中，S^{2-} 全面取代了 O^{2-}。硫化物固态电解质具有高的离子电导率的两个主要原因：① 用 S 取代 O 后，S^{2-} 的电负性比 O^{2-} 更低，S—Li 的键和强度比 O—Li 的键和强度更低，所以 Li^+ 的传输更容易。② O^{2-} 的半径小于 S^{2-} 的半径，因此硫化物固态电解质中锂离子的扩散通道的尺寸大于氧化物固态电解质中锂离子的扩散通道的尺寸，这更有利于锂离子的传输。硫化物固态电解质主要包括硫化物玻璃电解质和硫化物玻璃陶瓷电解质。

(1) 硫化物玻璃电解质

硫化物玻璃电解质中的离子迁移具有各向同性的优点，且通过控制其化学成分来控制其性能比较容易实现，但是其最大的缺点是对湿度比较敏感。据报道，硫化物玻璃电解质，如 Li_2S-GeS_2、Li_2S-P_2S_5、Li_2S-B_2S_3 和 Li_2S-SiS_2 体系，具有较高的离子电导率，室温下均高于 10^{-4} S/cm。在这些体系中，Li_2S-SiS_2 玻璃电解质具有几个优势：更高的离子电导率、更高的玻璃化转变温度以及制备过程简单不需要真空密封。如果在 Li_2S-SiS_2 玻璃电解质中加入少量 Li_3PO_4、Li_4SiO_4 或者 Li_4GeO_4，离子电导率将会有很大幅度的提升，室温下能达到 10^{-3} S/cm，而且其电化学窗口较宽。同时，这些锂盐的加入还可以提高玻璃电解质的耐结晶性。Li_2S-SiS_2 基氧硫化物具有高离子电导率和高的热力学稳定性，使其成为最具应用前景的玻璃电解质。

肯尼迪(Kennedy)等于 1986 年首先使用熔融淬火方法合成了 Li_2S-SiS_2 固态电解质。它具有在 10^{-6}～10^{-3} S/cm 范围内的离子电导率。无水 Li_2S 和 SiS_2 以 3∶2 的物质的量比固定，混合物中掺杂 LiI，并在氩气气氛中 950 ℃条件下煅烧 1 h，发现 0.6(0.4SiS_2-0.6Li_2S)-0.4LiI 的组成表现出最高的离子电导率(1.8×10^{-3} S/cm)，活化能为 0.28 eV，从那时起，Li_2S-SiS_2 基玻璃电解质被广泛研究，以提高离子电导率和电化学稳定性。

(2) 硫化物玻璃陶瓷电解质

硫化物玻璃陶瓷电解质相较玻璃电解质具有更高的离子电导率，其最典型的体系是 $(100-x)Li_2S$-xP_2S_5，该体系成本较低、离子电导率较高，且对锂电化学窗口较宽，是非常有前景的一种固态电解质。$(100-x)Li_2S$-xP_2S_5 玻璃陶瓷电解质中的 Li_3PS_4($x=25$)和 $Li_7P_3S_{11}$($x=30$)是被研究最多的两个体系。Li_3PS_4 稳定性最好，按结构又分为 α-Li_3PS_4， β-Li_3PS_4 和 γ-Li_3PS_4,如图 4-15 所示。其中,γ-Li_3PS_4 室温离子电导率最低,为 3×10^{-7} S/cm,β-Li_3PS_4 室温离子电导率最高,可达 10^{-4} S/cm,这种差异主要源于 PS_4^{3-} 四面体在 Li_3PS_4 中的排列方式的不同。γ-Li_3PS_4 的硫离子是六角密排的,磷离子位于四面体位置,PS_4^{3-} 四面体相互分离。因此,γ-Li_3PS_4 呈现有序排列,PS_4^{3-} 四面体的有序顶点仅在同一个方向,T^+ 或 T^-(T^+ 和 T^- 分别代表四面体顶点的上下方向)。在 α-Li_3PS_4 中,T^+/T^- 四面体沿[110]和[1-10]方向线性排列,有序的 T^+/T^- 四面体沿[001]方向交替排列。类似的,β-Li_3PS_4 的结构也由六角紧密堆积的硫离子组成,其中 PS_4^{3-} 四面体彼此分离,并通过与 LiS_6 八面体共用一条边来连接。然而,PS_4^{3-} 四面体的顶点以 Z 形排列,导致 β-Li_3PS_4 可以以 T^+ 和 T^- Z 字形排列。由上述内容可知:在 γ-Li_3PS_4 中锂离子只能占据四面体位置且顶点有序排列,与 PS_4^{3-} 四面体类似。但是在 β-Li_3PS_4 中,由于 PS_4^{3-} 四面体以 Z 形排列,所以锂离子既可以占据四面体位置,又可以占据八面体位置,这就促进了间隙锂离子的迁移。

$Li_7P_3S_{11}$ 离子电导率高,可达到 4.2×10^{-3} S/cm。对于 $Li_7P_3S_{11}$ 晶体结构,其晶胞是具有空间群 P-1 的三斜晶系。与 Li_3PS_4 不同,其结构由四面体 PS_4^{3-} 和二四面体 PS_7^{4-} 组成,其中锂离子位于二者之间,如图 4-15(d)所示。因此,$Li_7P_3S_{11}$ 中的这种锂离子位点导致更高的离子传导结构[195]。

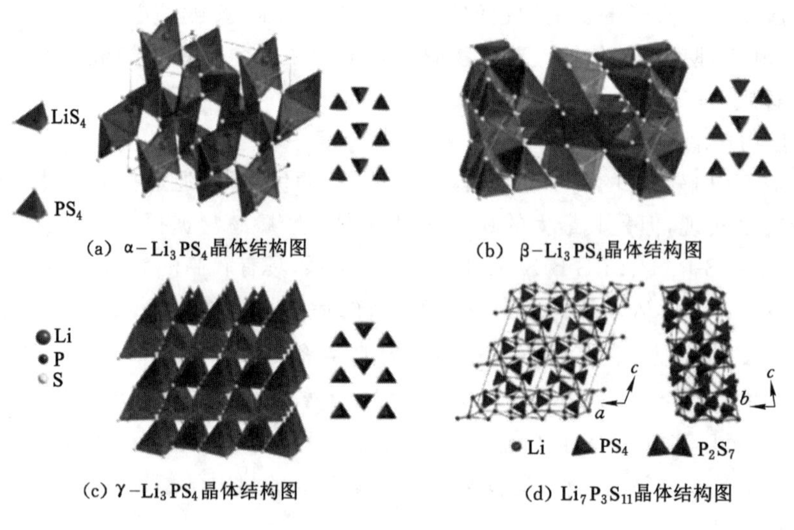

图 4-15　几种锂磷硫固态电解质结构示意图

硫代锂超离子导体(thio lithium superion conductor,thio-LiSICON)基固态电解质室温下具有高离子电导率和低的活化能,如果玻璃陶瓷电解质具有 thio-LiSICON 结构,会有更高的离子电导率,如 $70Li_2S-30P_2S_5$ 玻璃陶瓷电解质,离子电导率高达 3.2×10^{-3} S/cm,比它对应的无定形电解质高出了一个数量级。2013 年,Y. Seino 等[196]通过降低晶界电阻将 $70Li_2S-30P_2S_5$ 玻璃陶瓷电解质的室温离子电导率提高到了 1.7×10^{-2} S/cm,可以和液态电解质相媲美。

元素替代对于提高固态电解质的离子电导率是很有效的方法,B. R. Shin 等[197]通过在 Li_3PS_4 晶体中掺入 P 和 Ge 合成了 $Li_{3.25}P_{0.75}Ge_{0.25}S_4$,将室温离子电导率大幅度提高,达到了 2.2×10^{-3} S/cm。最近,他们合成了一种具有新型三维骨架结构(thio-LiSICON)的

$Li_{10}GeP_2S_{12}$，室温下离子电导率高达 1.2×10^{-2} S/cm。这种新的锂超离子导体具有 3D 骨架结构和沿 c 轴的一维(1D)锂传导通路，由$(Ge_{0.5}P_{0.5})S_4/PS_4$ 四面体、LiS_4 四面体和 LiS_6 八面体组成，如图 4-16 所示。高离子电导率可归因于四方 $Li_{10}GeP_2S_{12}$ 中的准各向同性 Li 扩散。随着温度的升高，1D 途径演变成 3D 扩散网络。

$Li_{10}GeP_2S_{12}$ 电解质离子电导率较高，但是电解质中的 Ge 含量在低电位时有减少的趋势，而且电解质中的硫容易与空气中的水反应生成有毒的 H_2S 气体。近来，G. Sahu 等[198]合成了一种电解质 $Li_{3.833}Sn_{0.833}As_{0.166}S_4$，室温下其离子电导率为 1.39×10^{-3} S/cm，使用 AS^{5+} 和 Sn^{4+} 的软酸在电解质中形成抗水解和氧化的稳定化合物。虽然与金属锂的化学相容性受到 Sn 和 As 原子的损害，但通过对电解质进行表面改性，可以抑制界面反应，从而获得较好的循环性能。2016 年，Y. Kato 等[199]合成了具有三维锂离子传输通道的电解质 $Li_{9.54}Si_{1.74}P_{1.44}S_{11.7}Cl_{0.3}$，室温下离子电导率高达 2.5×10^{-2} S/cm。

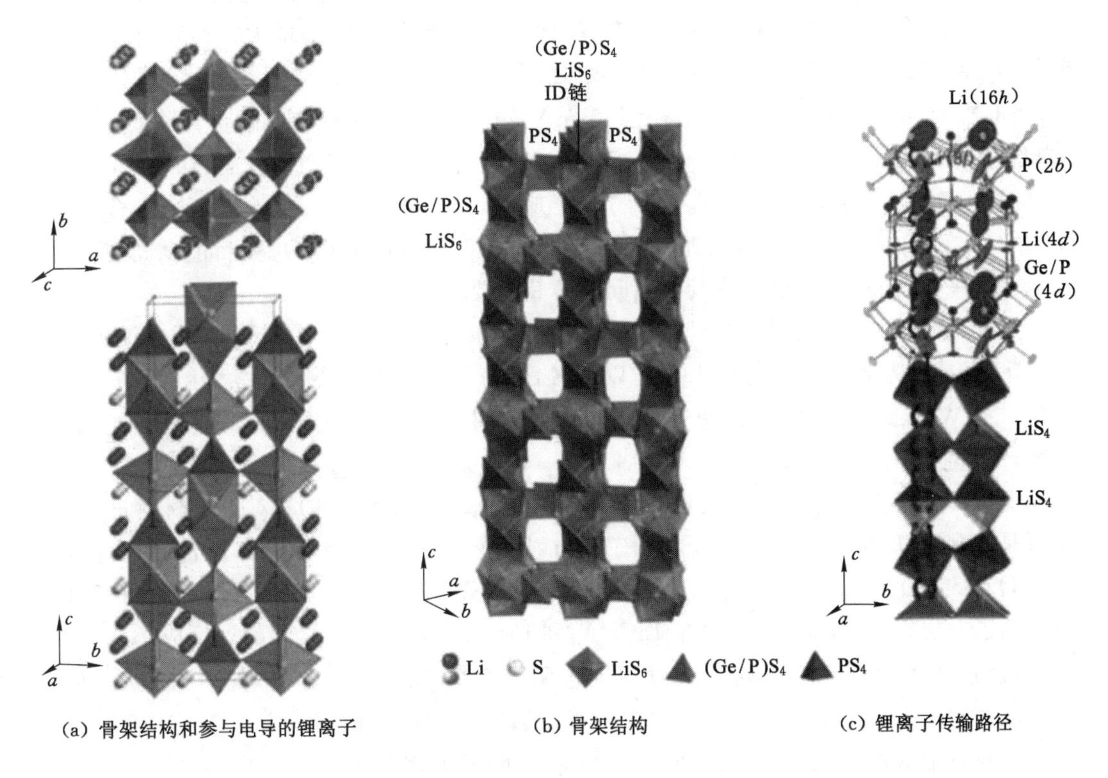

图 4-16　$Li_{10}GeP_2S_{12}$ 的骨架结构和参与电导的锂离子、骨架结构及锂离子传输路径

4.2.3　电极/固态电解质界面的研究进展

不同于传统的锂离子电池，全固态电池的电极/电解质界面有诸多问题：① 由于是固固界面，没有液态的润湿性，电极和电解质接触的有效面积有限；② 常用正极材料与固态电解质之间往往化学势相差较大，会形成空间电荷层，导致较大的界面阻抗，如 $LiCoO_2$ 和硫化物电解质；③ 有些电极材料和固态电解质之间存在元素互扩散的问题，会导致比容量快速衰减；④ 充放电过程中，电极材料会发生体积变化，从而在界面处形成应力，可能会导致裂

隙产生，物理接触变差，内阻增大；⑤ 有些电极材料和固态电解质化学稳定性较差，会发生界面反应，或由于电化学稳定性较差而发生氧化还原反应。在电池循环过程中，电荷转移反应仅发生在电极/电解质界面处，因此改善界面问题，减小界面阻抗对于提高全固态电池性能来说非常关键。

4.2.3.1 正极/电解质界面

全固态电池目前使用的正极材料有氧化物、硫和硫化物等，其与固态电解质的兼容性是至关重要的，差的界面兼容性会导致电池比容量的快速衰减以及差的倍率性能，尤其是硫化物固态电解质和氧化物正极直接接触的化学稳定性和电化学稳定性较差。硫化物固态电解质在正极侧的电位范围内一般都是热力学不稳定的，当其与正极材料直接接触的时候，界面处便会形成空间电荷层。空间电荷层本质上是由氧离子产生的，氧离子与锂离子具有很强的键合能力，而硫离子和锂离子之间的键合相对较弱。因此，硫化物固态电解质中的锂离子优先进入氧化物正极，导致电解质侧的锂离子浓度降低，界面阻抗增大。2006 年，N. Ohta 等[200]观察到 $LiCoO_2$ 和 $Li_{3.25}Ge_{0.25}P_{0.75}S_4$ 之间存在较大的界面电阻，并且倍率性能非常差，当电流大小从 0.13 mA/cm^2 增大到 5 mA/cm^2 时，比容量保持率仅为 4%。这一观察结果与 $LiMn_2O_4$ 和 $Li_{3.25}Ge_{0.25}P_{0.75}S_4$ 界面的结果一致[201]，作者认为 $LiCoO_2/Li_{3.25}Ge_{0.25}P_{0.75}S_4$ 界面的空间电荷层效应更严重，因为 $LiCoO_2$ 是混合导体，$Li_{3.25}Ge_{0.25}P_{0.75}S_4$ 中会有更多的锂离子移动到 $LiCoO_2$ 侧，而 $LiCoO_2$ 是目前全固态锂离子电池普遍采用的正极，所以解决其界面问题尤其重要。

此外，碳材料被广泛用作电极材料中的导电添加剂。但是在全固态锂离子电池中，使用 $Li_{10}GeP_2S_{12}$ 作为电解质充电到 4.5 V 以上时，会在与碳接触的界面持续分解，造成比容量损失。据 W. B. Zhang 等[202]的报道，正极复合材料中的碳添加剂导致固态电解质的电化学分解，严重损害电池的寿命。

通过湿化学方法和脉冲激光沉积(pulsed laser deposition，PLD)对正极材料进行涂层包覆是抑制副反应和空间电荷层的有效方法，降低了界面阻抗。有效涂层材料包括 Li_2SiO_3，$LiAlO_2$，Li_2O-ZrO_2，Li_2CO_3 和 $LiNbO_3$。X. Y. Yao 等[203]在 $LiCoO_2$ 颗粒表面均匀包覆了一层 $LiNbO_3$，成功抑制了 $LiCoO_2$ 和 $Li_{3.25}Ge_{0.25}P_{0.75}S_4$ 之间的副反应。这些结果表明：通过改善界面兼容性可以降低界面电阻。根据 X. X. Xu 等[204]的研究表明：对 $LiCoO_2$ 进行 Al 掺杂可以有效降低其电子电导率，从而抑制空间电荷效应。这应该归因于 Al 掺杂后自发形成的核壳结构，其表面是一种富铝相，具有较低的电子电导率，机理与在正极材料表面包覆一层缓冲层相似。

除了空间电荷效应，氧化物电极和硫化物固态电解质之间还有其他副反应。例如，在初始充电之后，通过 TEM 和能量色散 X 射线光谱(energy dispersive X-ray spectroscopy，EDX)观察检测元素 Co，P 和 S 的相互扩散，发现 Co 的扩散深度达到 50 nm，在 $LiCoO_2/Li_2S$-P_2S_5 界面处形成新的界面，且新界面中含有 CoS。理论计算结果表明：硫化物电解质与氧化物电极(如 $LiCoO_2$ 和 $LiNiO_2$)之间的反应能量较大，是因为这些氧化物电极具有较高的电压和氧原子化学势。虽然 $LiFePO_4$ 具有相对较低的电压，但硫化物电解质与 $LiFePO_4$ 电极界面不稳定。为了进一步降低正极电位，采用 TiS_2，NiS 和 $Cu_xMo_6S_{8-y}$，此时硫化物电解质具有更好的稳定性和良好的倍率性能。

4.2.3.2　负极/电解质界面

锂金属是可充电电池的理想负极，因为它具有极高的理论比容量(3 860 mA·h/g)，低密度(0.59 g/cm^3)和最低的负电化学势(相对于标准氢电极为−3.04 V)。由于金属锂具有很强的还原性，与硫化物电解质直接接触不稳定，会发生反应，尤其是含有高价离子的电解质(例如 Ge^{4+}，Si^{4+} 和 Sn^{4+})。然而，许多文献表明 Li_3PS_4 对于锂负极是稳定的，这归因于在前几个循环期间形成的含有 Li_2S 的薄缓冲层，该缓冲层对锂是稳定的。此外，当 1 mol% P_2O_5 替代 P_2S_5 时，Li_3PS_4 的电化学稳定性和与金属锂电极的兼容性可以进一步得到提高[205]。温泽尔(Wenzel)等发现，$Li_7P_3S_{11}$ 与锂负极接触后会在界面处分解生成 Li_2S 和 Li_3P，Li_6PS_5X(X=Cl，Br 或 I)和锂负极接触后相较 $Li_7P_3S_{11}$ 会多生成 LiX(X=Cl，Br 或 I)。卡马亚(Kamaya)等报道，$Li_{10}GeP_2S_{12}$ 具有较宽的电化学窗口(大于 5 V)，但理论计算发现其稳定的电化学窗口仅为 1～3 V(vs. Li/Li^+)，且实验表明其分解产物为 Li_2S，$Li_{15}Ge_4$ 和 Li_3P。

如果直接将锂箔贴在电解质上，其接触是不充分的。2012 年，Y. R. Zhao 等[206]通过真空蒸发在 Li_2S-P_2S_5 的表面上沉积一层 In(500 nm)。通过锂箔和 In 在 Li_2S-P_2S_5 上的合金反应使其紧密接触，促进了锂离子的快速传输，获得了优异的倍率性能。相反，如果先在锂箔上镀一层 In，然后贴到电解质上，其效果远不如前者，因为在负极和电解质界面处没有发生合金化反应。上述 In 层的引入，不仅使负极电解质界面的接触更加紧密，同时避免了电解质和锂负极的直接接触，也就避免了二者发生副反应导致电解质的分解。

4.3　水系锂离子电池

锂离子电池相对于传统电池有很多优点，但不可否认也存在一些问题。我们知道，锂离子电池存在的安全及成本问题，大多数与其使用的电解液有关，于是不少学者开始研究，是否能寻找出一种新的电解液替代原有的应用到锂离子电池上，这样既可以保证锂离子电池的众多优点，又可以降低安全隐患和成本问题。20 世纪 90 年代，W. Li 等[207]提出了一种新的锂离子电池体系，采用含锂的化合物的水溶液代替传统有机电解液组成电池，研究发现该体系电池可实现循环可逆的充放电。可以看出：水系锂离子电池的思想是把锂离子电池与传统的镍氢、镍镉电池有效结合在一起。当锂离子电池采用水溶液电解质时，可以有效避免充放电过程中的安全隐患，又可以大幅度降低生产成本，给锂离子电池的广泛应用开辟了一个崭新的方向。

表 4-2 给出了水系锂离子电池与非水系锂离子电池的性能比较。从表 4-2 可以看出：水系锂离子电池具有对生产环境要求低、离子传导性高、电解质成本低等特点，尤其是安全性能得到了质的突破，进而从根本上解决了锂离子电池整体的安全性能，这就意味着这种水系电池可以有很广泛的应用前景，很有可能代替传统的锂离子电池成为新一代的二次电池。

表 4-2 水系锂离子电池与非水系锂离子电池性能的比较

性能参数	水系锂离子电池	非水系锂离子电池
Li^+ 传输速度	快	较慢
设备需求	低	较高
生产成本	低	较高
是否具有污染性	否	否
是否具有安全隐患	否	是
电化学性能	较差	较好
是否具有氧化还原性能	是	是
电池生产复杂性	简单	复杂
应用发展现状	理论研究阶段	已制成商品化电池

4.3.1 水系锂离子电池理论基础

锂是所有金属中还原性最强的一种元素。锂和水接触时，在热力学上是十分不稳定的，会剧烈反应生成 LiOH 并释放出大量的氢气。

$$\mathrm{Li(Host)} + x\mathrm{H_2O} \rightleftharpoons \mathrm{Host} + x\mathrm{LiOH(aq)} + \frac{x}{2}\mathrm{H_2(g)} \tag{4-57}$$

因此，学者们在锂离子电池研究设计上一直局限于采用非水系电解质作为电解液。虽然现在的锂离子电池一般采用碳材料作为电池负极，但是当锂离子嵌入时会形成 LiC_6，该物质的电极电位仍比纯锂略高，故当遇到水时也会发生强烈反应。研究表明：如果锂能紧密结合在嵌入主体中时（电压范围为 3.2±0.2 V），就不会与水反应生成 LiOH 和 H_2。锂离子嵌入的化学电位 $\mu_{\mathrm{Li}}^{\mathrm{int}(x)}$ 如下：

$$\mu_{\mathrm{Li}}^{\mathrm{int(x)}} = \frac{1}{N_{\mathrm{A}}} \frac{\delta G_{\mathrm{Lix}}^{0}(\mathrm{Host})}{\delta \mathrm{x}} \tag{4-58}$$

式中，$G_{\mathrm{Li}x}^{0}(\mathrm{Host})$ 为 1 mol Li 在标准状态下的吉布斯自由能；N_{A} 是阿伏伽德罗常数。

$$G_{\mathrm{Li}x}^{0}(\mathrm{Host}) = G^{0}(\mathrm{Host}) + \int_{0}^{x} N_{\mathrm{A}} \mu_{\mathrm{Li}}^{\mathrm{int}(x)} \mathrm{d}x \tag{4-59}$$

电压 $V(x)$ 和锂离子嵌入的化学电位 $\mu_{\mathrm{Li}}^{\mathrm{int}(x)}$ 的关系式为：

$$V(x) = -\frac{1}{e}(\mu_{\mathrm{Li}}^{\mathrm{int}(x)} - \mu_{\mathrm{Li}}^{0}) \tag{4-60}$$

μ_{Li}^{0} 是金属锂的化学电位，$\mu_{\mathrm{Li}}^{0} = \frac{\delta G_{\mathrm{Li}}^{0}}{\delta N}$，$e$ 是转移的电子电荷。嵌锂化合物、水、氧气平衡时的平衡电位可以表示为：

$$V(x) = 3.885 - 0.118a \tag{4-61}$$

式中，a 为 pH 值。

从式(4-61)可以看出：pH 值对水系电池的影响是很明显的。当 pH 值为 7 时，$V(x) = 3.059$，当 pH 值为 13 时，$V(x) = 2.351$。负极材料的嵌锂电位一般都低于 3 V(vs. Li/Li^+)。要保证电池体系进行的是电化学反应而不是水的副反应，就要使负极材料的嵌锂电位高于水的平衡电位（析氢电位）。所以，选择合适的电极材料和确定溶液的 pH 值对整个电池体系具有至关重要的作用。

表 4-3　可用于水性锂离子电池的正、负极材料[22]

化合物	结构	比容量/(mA·h/g)	电位/V(vs. Li/Li$^+$)	电位/V(vs. NHE)
$LiMn_2O_4$	尖晶石	148	4.0	1.0
$LiCoO_2$	层状	150	3.8	0.8
$LiNi_xCo_{1-x}O_2$	层状	170	3.7	0.7
$LiFePO_4$	橄榄石	170	3.3	0.3
VO_2	层状	250	2.6	−0.4
LiV_3O_8	层状	250	2.6	−0.4
FeOOH	单斜	200	2.0	−1.0
$LiTi_2(PO_4)_3$	硼钠石	138	2.5	−0.5
$Li_3Fe_2(PO_4)_3$	硼钠石	128	2.8	−0.2
TiP_2O_7	焦磷酸盐	121	2.6	−0.4
$LiFeP_2O_7$	焦磷酸盐	113	2.9	−0.1

为了证明利用含锂水溶液作为电池电解质的可行性，W. Li[207]在文章中指出：嵌锂化合物在纯水中不能稳定存在（会生成 LiOH 和氢气），但是可以在 LiOH 溶液中稳定存在。研究发现：随着 LiOH 溶液浓度的增大，方程会向逆方向进行；同时会伴随着 H_2O 的析氢/析氧，电位发生变化。当反应电位高于/低于水的稳定区间时，水就会发生析氧/析氢反应，活性物质就不能发生氧化还原反应，绝大多数的能量都将消耗在水的副反应上。所以，选择水系锂离子电池正、负极材料时，应当充分考虑正、负极材料的脱/嵌锂电位，保证整个电池的氧化还原反应电位在水的理论分解电压范围之内。

锂离子电极动力学的研究是基于一种锂离子的扩散在整个反应中占主导地位的假设。由于电解液不是传统的有机电解液，在施加电压后，不仅电极材料可以发生氧化还原反应，水也可能会参与其中，称为水的副反应。这种副反应会腐蚀集流体，也会使活性物质的循环寿命降低。但是这不意味着水不可以作为电解液，研究表明：只要控制外加电压，即在水的稳定电化学窗口内进行电化学反应，就可以防止水的副反应发生。在保证水不参与氧化还原的基础上再研究电极的电子动力学。交流阻抗谱是研究锂离子电极动力学的一个重要手段。有研究表明：水溶液体系在高频区不像在有机电解液中存在 2 个半圆，其只存在一个代表电荷传递的半圆。缺少的另一个半圆是前人研究得到的关于 SEI 膜的半圆[208]。这是因为在水溶液中，电解液中不含有有机成分（EC，DEC，DMC），就不会有 SEI 膜生成。由于没有 SEI 膜的生成，活性物质的表面充分与电解液接触，这样电子通过时受到的阻抗就会小很多，在阻抗上表现为曲率半径较小的半圆，这也充分说明了水溶液体系具有较高的电导率。N. Nakayama 等[209]研究了 $LiMn_2O_4$ 电极的电子动力学。在有机电解质中，电极活化能的计算公式为：

$$\frac{T}{R_{ct}}=A\exp^{-\frac{E_a}{RT}} \tag{4-62}$$

式中，A 为指前因子；R_{ct} 为电荷传递阻抗；E_a 为反应的活化能；T 为绝对温度；R 为气体常数。N. Nakayama 通过计算得出：在有机电解质中电荷传递半圆的阻值为 400 Ω，相当于在水溶液中的 20 倍。同时在有机体系中活化能也是水溶液中的 2 倍。活化能越小，Li^+ 运动得就越快，电极材料的充放电倍率就越大，这就表明水溶液体系的电极材料适合大倍率充放电。文献指出：吸附现象会对电极的电子动力学产生一定的影响。N. Nakayama 等发现：当电极反应过程中有铜离子时，电荷传递阻抗会增大，这表明材料的倍率性能将会下降。同时铜离子在电极表面的吸附也会影响水溶液锂离子电池的反应，所以铜离子必须从电解质中移除以提高电池的倍率性能。

4.3.2 水系锂离子电池研究现状

水系锂离子电池的电极材料能稳定地发生氧化还原反应，必须保证正极的脱锂电位小于水的析氧电位，同时保证负极的嵌锂电位高于水的析氢电位，否则会发生水解，导致整个电极材料的循环性能下降。故相对于锂的电位在 4 V 左右的嵌锂化合物在水性溶液中 Li^+ 可以可逆地嵌入/脱出，对于锂的电位在 2～3 V 的电极材料可以作为水性锂离子电池的负极材料。

4.3.2.1 水系锂离子电池正极材料研究现状

1994 年，达恩等首次报道了一种使用水溶液作为电解质的锂离子电池，这种体系的电池正极采用锰酸锂，VO_2 作为负极，电解质使用微碱性的硫酸锂，电池的平均工作电压为 1.5 V，能量密度为 75 Wh/kg。电极反应方程式为：

$$LiMn_2O_4 \longrightarrow Li_{1-x}Mn_2O_4 + xLi^+ + xe^- \tag{4-63}$$

$$VO_2 + xLi^+ + xe^- \longrightarrow Li_xVO_2 \tag{4-64}$$

同时在碱性 LiOH 溶液中利用如下反应式：

$$xLi^+ + xe^- + LiMn_2O_4 \longrightarrow xLi_2Mn_2O_4 + (1-x)LiMn_2O_4 \tag{4-65}$$

合成了 $Li_2Mn_2O_4$，指出很多富锂过渡金属氧化物可以通过这种方法合成。研究认为水性锂离子电池比容量衰减的原因可能是：① 水的副反应；② 正、负极材料在水溶液中的溶解；③ 正、负极材料的结构在脱嵌锂后发生了变化。

2007 年，G. J. Wang 等[210]利用锰酸锂作为正极，钒酸锂作为负极，电解质选用 2 mol 硫酸锂，组装成锂离子电池。这种 $LiV_3O_8/LiMn_2O_4$ 体系电池的首次充放电比容量为 55.1 mA·h/g 和 61.8 mA·h/g，电压平台为 1.04 V。实验结果表明：$LiMn_2O_4$ 和 LiV_3O_8 的脱嵌锂电压均在水的分解电压范围之内，理论上反应时不存在水的析氢/析氧，但是循环性能较差，400 周后比容量仅为 10 mA·h/g。作者指出：这种体系的电池组装较容易，价格便宜，可以作为今后锂离子电池的一个研究方向。也有文献报道，在 $LiV_3O_8/LiMn_2O_4$ 体系中也可以把正极换成 $LiCoO_2$[211]。$LiV_3O_8/LiCoO_2$ 体系在饱和 $LiNO_3$ 溶液中也可以发生锂离子的脱出嵌入。这种体系电池的首次比容量为 55 mA·h/g，比其在有机电解液中的比容量较低，但是比传统的镍氢、镍镉电池比容量高，具有一定的商业价值。文章指出：这种体系的电池较以前报道的电池体系来说循环性能得到了较大幅度的提高，12 周后比容量保持率为 90%左右。J. Köhler 等[212]报道了一种利用掺杂 $LiCoO_2$ 作为正极材料的全电池体系。电池正极采用 $LiNi_{0.81}Co_{0.19}O_2$，负极采用 LiV_3O_8，电解液为 Li_2SO_4。

这种 $LiV_3O_8/LiNi_{0.81}Co_{0.19}O_2$ 体系电池正、负极配比为 1∶1，研究发现随着截止电压的上限设定不同，其放电比容量也会随之发生变化。当电压上限设为 1.3 V 时，放电比容量约为 20 mA·h/g；当电压上限设为 1.9 V 时，放电比容量约为 45 mA·h/g。托奇(ToKi)通过实验指出：这种水系电池比容量的衰减与其正、负极材料的性质有着密切联系，正、负极材料自身的稳定性都会影响其在水溶液中整体电池的电化学性能。他们还通过使用 X 射线衍射对 LiV_3O_8 电极循环前后的物相(化学成分和晶体结构)进行研究，发现：LiV_3O_8 电极在循环几周后晶体衍射发生了变化，出现了新的衍射物质(如 LiV_2O_5 和 V_2O_5)的衍射峰，同时 LiV_3O_8 自身晶体的衍射峰强度有所降低，说明 LiV_3O_8 结晶性下降，进而影响整个电池的电化学性能。还有文献指出[213]：当正、负极材料的颗粒细化时，电池的性能会得到改善。该电池体系利用纳米颗粒的 $LiCoO_2$ 与纳米线 LiV_3O_8 组成电池体系，该体系的电化学性能较以前报道的有较大改善，证明了当材料颗粒细化后可以提高电池的电化学性能。

橄榄石结构磷酸铁锂中的$(PO_4)^{3-}$具有很强的 P—O 共价键，这种 P—O 共价键在 Li^+ 的嵌入/脱出中具有很强的稳定性，不会发生结构的坍塌。但是磷酸铁锂的导电性和离子扩散性较差[214]，可以通过减小活性物质颗粒直径和对其包覆碳进行改性。在水溶液体系中，$LiFePO_4$ 可以可逆地脱出/嵌入锂离子以达到 $LiFePO_4$ 与 $FePO_4$ 之间的转换。但是 $FePO_4$ 不能完美地可逆生成 $LiFePO_4$，这是因为 $FePO_4$ 也有可能转变为 Fe_2O_3。这也是导致其比容量衰减的一个因素。C. H. Mi 在文章[215]中指出 $Li_{0.99}Nb_{0.01}FePO_4$ 复合材料的氧化还原性与其扫描速度有很大的关系。F. Sauvage 等[216]研究了 $LiFePO_4$ 在水系与非水系电解质中的电化学性能，研究发现在水体系下界面电荷传输阻抗与电池的阻抗都小于其在有机电解质下的阻抗。

黄可龙等[217]在研究中指出 $LiFePO_4$ 在饱和 $LiNO_3$ 溶液中具有良好的电化学性能。研究表明：$LiFePO_4$ 首次放电比容量为 116.2 mA·h/g，首次充放电比容量保持率为 92%。从 CV 图中可以得出：$LiFePO_4$ 在饱和 $LiNO_3$ 溶液中只有一对氧化还原峰，氧化峰在 0.58 V 左右(vs. NHE)，还原峰在 0.5 V 左右(vs. NHE)，与在有机电解液中对应。同时利用循环伏安法(CV)估算出氧化峰和还原峰处的锂离子在 $LiFePO_4$ 中的扩散系数分别为 4.3×10^{-11} cm^2/s 和 3.8×10^{-11} cm^2/s。此外，他们组装了 $LiFePO_4/TiO_2$ 全电池体系，采用 CV 和恒流充放电测试方法研究了其在饱和 $LiNO_3$ 溶液中的电化学行为，结果表明：这种体系的全电池具有一定的充放电性能，但是其循环性能欠佳。

文献指出：$LiFePO_4$ 在 Li_2SO_4 溶液中进行充放电反应时并没有产生 H_2 和 O_2，证明 $LiFePO_4$ 的反应电位在水的电解电位之内。CV 结果表明：氧化峰、还原峰电位分别为 0.495 V/0.27 V(vs. SCE)，对应着 Li^+ 在 Fe^{2+}/Fe^{3+} 间的脱出/嵌入，计算得出 Li^+ 的扩散系数为 $10^{-11}\sim10^{-12}$ cm^2/s。

4.3.2.2　水系锂离子电池负极材料研究现状

要想使水系锂离子电池可以反复充放电，必须保证选择的负极材料嵌锂电位高于水的析氢电位。学者最先开始研究水系负极材料时，多数把钒系氧化物作为研究的重点，如 VO_2、LiV_3O_8、V_2O_5 等，但是这种体系的电池一般循环寿命较短，比容量损失也较大，且比容量较小。1998 年，H. B. Wang 等[218]利用 Li-Mn 尖晶石结构的 $LiMn_5O_{12}$ 和 $Li_2Mn_4O_9$ 作为水溶液电池电极材料。这种结构的材料具有三维的空间通道，可以使 Li^+ 脱出/嵌入。

理想情况下，每 1 mol 活性物质可以嵌入 3 个 Li^+，反应方程式为：

$$Li_5Mn_4O_9 + 3Mn_2O_4 \rightleftharpoons Li_2Mn_4O_9 + 3LiMn_2O_4 \tag{4-66}$$

$$Li_7Mn_5O_{12} + Mn_2O_4 \rightleftharpoons Li_4Mn_5O_{12} + 3LiMn_2O_4 \tag{4-67}$$

这种体系电池的平均放电平台在 1～1.1 V 之间，比容量可达到 100 mA·h/g。以钛基化合物作为有机电解质的正极材料很早以前就被应用了，近几年，钛基化合物以其卓越的性能开始被应用在水溶液体系的负极材料中。H. B. Wang 等[218]报道了一种利用焦磷酸盐 TiP_2O_7 和 Na^+ 快离子导体的 $LiTi_2(PO_4)_3$ 材料分别作为水体系负极材料，研究了它们的电化学性能。TiP_2O_7 和 $LiTi_2(PO_4)_3$ 的嵌锂平台均在 2.5 V 附近，都处于水的分解电压范围内。循环伏安结果表明：当电解液为 5 mol/L $LiNO_3$ 时，TiP_2O_7 和 $LiTi_2(PO_4)_3$ 都没有明显的析氢峰出现，表明这 2 种材料在组装成全电池时，均可以可逆地发生氧化还原反应。$TiP_2O_7/LiMn_2O_4$ 电池体系的比容量为 42 mA·h/g，平均工作电压为 1.4 V；$LiTi_2(PO_4)_3/LiMn_2O_4$ 电池体系的比容量为 45 mA·h/g，平均工作电压为 1.5 V。实验结果表明：这两种体系虽然可以发生可逆的脱锂/嵌锂反应，但是与其理论比容量相比[$TiP_2O_7/LiMn_2O_4$ 为 96.6 mA·h/g；$LiTi_2(PO_4)_3$/ $LiMn_2O_4$ 为 114.4 mA·h/g]，实际比容量还存在着很大缺陷。J. Y. Luo 等[219]报道了采用电化学沉积法制备的 $LiTi_2(PO_4)_3$，这种材料应用在水溶液电池中具有较好的电化学性能。$LiTi_2(PO_4)_3/LiMn_2O_4$ 全体系电池的比容量为 40 mA·h/g，比能量为 60 mW·h/g，平均输出电压为 1.5 V。特别是这种全电池，具有良好的循环性能，200 周后比容量保持率高达 90%以上，比以前报道的水溶液电池性能有明显提高。X. H. Liu 等[220]利用掺杂锰酸锂作为正极，$LiTi_2(PO_4)_3$ 材料作为负极，电解质采用硫酸锂组成水溶液电池。研究结果表明：这种体系的电池随着电流密度的增大，在水溶液中的放电比容量增大，而在有机环境下的放电比容量却减小，表明水溶液体系在大倍率放电上性能优于有机体系。

综上所述，水系锂离子电池具有众多的优点，对比传统的锂离子电池特别是在安全性能上有了较大的改进。虽然近几年来对水系锂离子电池的研究较多，但是到商品化阶段还需一段时间，主要存在以下几个问题：

① 电池反应机理不够完善。对于传统的有机锂离子电池来说，内部的反应机制已经得到了学者们的普遍认同。但是对于水系锂离子电池来说，其内部的电极电子动力学没有一个公认、系统的理论。由于电解液中存在水，因此在有机电解液体系中完善的理论并不完全适用于水溶液体系。除此之外，在水溶液中，Li^+ 在电极材料中的嵌入/脱出远比在有机电解液中复杂得多，这是因为不仅要考虑水的析氧/析氢反应，还要考虑材料在水中的溶解以及水溶液对集流体的腐蚀，所以将水溶液体系归纳出一个系统的、完整的、规范化的理论是学者们当前急需解决的问题。

② 全电池体系的比容量偏低。就目前来看，不管正、负极如何选择，其比容量普遍偏低，虽然较传统镍氢/镍镉电池有一定的优势，但是与有机体系锂离子电池相比却有不小的差距。

③ 电化学窗口较窄。因为电解质为水溶液，在实验时要充分考虑水的分解，这就造成了水系离子电池的电化学窗口较窄，能选择的正、负极材料也比较有限。

④ 比容量衰减较快。目前的几种电池体系的循环寿命都不是很长，导致其商品化应用是个瓶颈，如何使电极材料的循环寿命提高，是不少学者致力解决的问题。

第 5 章　电极材料与电池性能的表征方法

电池性能与其电极材料的组成、结构及性能以及电池组装工艺等相关联。因此，要制造出性能优良的锂离子电池，必须严格把好其制作材料的质量关。要制备出满足电池使用要求的电极材料，则必须要了解电极材料的电化学性能与组成、结构等的相关性。

电极材料的化学成分分析方法的选择主要根据其含量范围确定，对于电极材料，其微观结构对性能的影响非常显著。本章将简要介绍材料的结构，充、放电过程热力学与动力学及其电化学性能表征等有关研究方法。

电极材料的化学组成和微观结构直接影响其电化学性能。化学组成相同的材料可能有不同的微观结构，如 $LiMnO_2$ 可能是单斜结构，也可能是六方层状结构，还可能是四方晶系。对于不同结构的 L-Mn-O 材料而言，其电化学性能，如充、放电电压平台，理论比容量，导电性能等差异较大。

本章简要介绍 XRD、红外光谱、拉曼光谱、CV、电化学阻抗谱等材料的结构和电化学性能的研究方法。

5.1　X 射线及其应用

高速度运动的电子束(阴极射线)与物体碰撞时，其运动被急剧阻止，从而失去所具有的动能，其中一小部分能量变成 X 射线的能量，产生 X 射线，而大部分能量转换成热能，使物体温度升高。

X 射线沿直线传播，有很高的穿透能力，所有基本粒子(电子、中子、质子等)，当其能量状态发生变化时，均伴随着 X 射线辐射。

1912 年，劳埃(M. Laue)等在前人工作的基础上，利用晶体作为产生 X 射线衍射的光栅，使 X 射线入射到某种晶体上，成功地观察到 X 射线的衍射现象，从而证实了 X 射线在本质上是一种波长为 10^{-12}～10^{-8} m 的电磁波。

X 射线是一种电磁波，其波长比可见光短得多，介于紫外线与 γ 射线之间。X 射线的频率大约是可见光的 10^3 倍，所以它的光子能量比可见光的光子能量大得多，表现出明显的粒子性。用于测定晶体结构的 X 射线，其波长为 50～250 pm，与晶体点阵面的间距大致相等。晶体衍射所用的 X 射线，通常是在真空度约为 10^{-4} Pa 的 X 射线管内由高电压加速的一束高速运动的电子冲击阳极金属靶时产生。在物质的微观结构中，原子和分子的距离(1～10 Å)正好落在 X 射线的波长范围内，所以物质(特别是晶体)对 X 射线的散射和衍射能够传递极为丰富的微观结构信息。因此 X 射线衍射方法是在微观结构上对晶态物质进行研究的不可缺少的基本工具。大多数固态物质都呈晶态或者准晶态，常以细粒或者微细的晶粒聚集体形式存在，所以多晶物质的 X 射线衍射分析法是当今研究物质微观结构的主要方法。

5.1.1 X射线管发出的X射线

由X射线管发出的X射线分为两种：

一种是具有连续变化波长的X射线，构成连续的X射线谱。它和白色可见光相似，是含有各种不同波长的辐射，所以也称为白色X射线或多色X射线。

另一种是具有特定波长的X射线，叠加在连续X射线谱上，称为标识(或特征)X射线。当加到X射线管上的高压达到一定值时就可以产生标识谱线。标识谱的波长取决于X射线管中阳极靶的材料。由于它们只具有特定的波长，和单色可见光相似，所以又称为单色X射线。各种单色X射线构成标识X射线(或特征X射线谱)。

连续X射线的产生解释如下：按照经典电动力学概念，一个高速运动着的电子到达靶面时，因突然减速产生很大的负加速度，负加速度会引起周围电磁场变化，产生电磁波。根据量子理论，当能量为eU的电子与靶的原子碰撞时，电子失去能量，其中一部分以光子的形式辐射出去，而每碰撞一次产生一个能量为$h\nu$的光子(h为普朗克常数，ν为所产生的光子的频率)，这种辐射称为韧致辐射。产生连续谱的主要原因：每秒到达阳极靶的电子非常多，这么多的电子到达靶的时间和条件不相同，并且绝大多数到达靶的电子要经过多次碰撞，逐步把能量释放完全，同时产生一系列能量为$h\nu_i$的光子序列，即形成连续谱。

一般情况下，能量为eU的电子和阳极靶材碰撞，产生一个光子$h\nu_1$后其自身能量变为eU_1。而能量为eU_1的电子继续和阳极靶材中的原子碰撞又可以产生一个光子$h\nu_2$，该电子能量则变为eU_2，即进行多次辐射。可以用以下公式表示：

$$eU = h\nu_1 + h\nu_2 + h\nu_3 + \cdots \quad (5\text{-}1)$$

在数目庞大的电子群中总会有极少数的电子在一次碰撞中将全部能量一次性转化为一个光量子，这个光量子便具有最高能量和最短的波长λ_0。一般情况下，光子的能量只能小于或等于电子的能量，极限情况为：

$$eU = h\nu_{\max} = \frac{hc}{\lambda_0} (c = \nu_{\max}\lambda_0) \quad (5\text{-}2)$$

式中　e——电子的电荷，1.60×10^{-19} C；

U——电子通过两极时的电压降，即加在X射线管两极的电压，V；

h——普朗克常数，6.63×10^{-34} J·s；

$\nu_{\max}$——X射线的最大频率，s^{-1}；

c——光在真空中的速度，3.00×10^{8} m·s^{-1}；

λ_0——连续X射线的最短波长，m。

如果U和λ分别以伏特(V)和米(m)为单位，将其余常数的数值代入式(5-2)中则有：

$$\lambda_0 = \frac{1.24\times10^{-6}}{U} \quad (5\text{-}3)$$

式(5-3)说明：连续X射线的最短波长只与管电压有关，当固定管电压，增加管电流或改变靶时，λ_0不变。

射线强度是指垂直于X射线传播方向的单位面积上在单位时间内光量子数量的能量总和。X射线的强度I是由光子的能量$h\nu$和光子的数目量决定的，即$I=nh\nu$。连续谱强度分布曲线下所包围的面积，与在一定条件下单位时间发射的连续X射线总强度成正比。

实验表明：连续 X 射线总强度 $I_{连}$ 与管电流 i、管电压 U 和阳极靶的原子序数 Z 之间有下述经验公式：

$$I_{连}=\alpha ZiU^2 \tag{5-4}$$

式中　$I_{连}$——连续 X 射线总强度；

α——常数；

Z——阳极靶材的原子序数；

i——X 射线管电流强度；

U——管电压。

连续 X 射线的总强度与管电流强度 i 及管电压 U 的平方成正比，因此常采用高原子序数的物质如钨作为 X 射线管的阳极，因为可以得到较大的连续谱总强度。

维持 X 射线管的管电流恒定，逐渐增大靶管电压，则管电压低于某特定值时，能够获得连续谱。当管电压超过该特定值时，就会在某些特定波长的位置处出现若干强度很高的特征谱线叠加在连续谱上，它们是 X 射线的标识谱。

标识谱有如下规律：

① 阳极物质的标识谱可分成若干系，每个系有一定的激发电压，只有当管电压超过激发电压时才能产生该物质相应系的标识谱线。阳极物质的原子序数 Z 越大，其激发电压越高。

② 每个标识谱线都对应一个确定的波长。当管电压和管电流改变时，波长不变，仅强度改变。

③ 不同的阳极物质，标识谱的波长不同。它们之间的关系由莫斯勒(Moseley)定律确定，即

$$\frac{1}{\lambda}=K(Z-\sigma) \tag{5-5}$$

式中，λ 为标识谱波长；K，σ 为常数。

由式(5-5)可以看出：阳极靶材料的原子序数 Z 增大，则相应同一系标识谱的波长变短。

不同系谱线之间的波长差别较大，波长最短的一组称为 K 系谱线，按照波长增加的次序，以后各系分别称为 L 系、M 系、N 系等，每系内的每一条谱线都有一定名称，如 K 系中波长最长的线称为 K_α 线，按照波长减短的次序，其后的线称为 K_β、K_γ 等。K_α 线是由两条波长相差很小的线 $K_{\alpha1}$ 和 $K_{\alpha2}$ 组成的。它们的波长之差 $\Delta\lambda=\lambda_{K\alpha2}-\lambda_{K\alpha1}$，平均不超过 0.000 4 nm。$K_{\alpha1}$ 是 K 系中强度最大的线，比 $K_{\alpha2}$ 的强度约大 1 倍，而 $K_{\alpha1}$ 比 K_β 的强度约大 5 倍。

任意一层上的电子跳到 K 层时，产生 K 系 X 射线；跳到 L 层时；产生 L 系 X 射线，依次类推。若电子是从相邻层跳来的，则产生相应系的 αX 射线，例如由 L 层跳到 K 层时产生 K_αX 射线，由 M 层跳到 L 层时产生 L_αX 射线。若电子是从相隔一层的轨道上跳来的，则产生相应系的 βX 射线，例如由 M 层跳到 K 层时产生 K_βX 射线。若电子是从相隔两层的轨道上跳来的，则产生相应系的 γX 射线，如从 N 层跳到 K 层时，产生 K_γX 射线。

由于 K 层和 M 层上电子的能量差比 K 层和 L 层上电子的能量差大，故电子由 M 层跳到 K 层时所产生的 K_βX 射线的波长，较之电子由 L 层跳到 K 层时所产生的 K_αX 射线波长短，但是 K_αX 射线的强度比 K_βX 射线的强度大 5 倍左右，这是因为电子从 L 层过渡到 K 层的概率比从 M 层过渡到 K 层的概率大 5 倍左右。

属于同一层的各个电子能量并不完全相同，而有极小的差别，从而产生了谱线的双重线

现象。例如L层有8个电子，分属于3个亚能级，各个亚能级的电子能量有微小差别。因此，分别由L层2个亚能级中的电子跳到K层时所产生的谱线的波长也有微小差异，故K_α射线又可以分为$K_{\alpha 1}$和$K_{\alpha 2}$双重线。

标识X射线的强度与管电压、管电流的关系式为：

$$I_{标} = Ci(U - U_0)^m \tag{5-6}$$

式中，C为比例常数；i为管电流强度；U为管电压；U_0为阳极物质标识X射线的激发电压；m为常数，K系$m=1.5$，L系$m=2$。

标识X射线谱与连续谱是叠加的，二者的强度都是管电压和管电流的函数。使用标识X射线时，人们希望找到一个适当的工作条件，使标识X射线谱相对于连续谱有最大的强度。

5.1.2 衍射方向

X射线入射晶体后产生多种现象(如相干散射、不相干散射、康普顿散射、荧光、光电效应和热效应等)，其中对晶体结构研究最多的是相干散射(或衍射)。X射线入射晶体时晶体中产生周期变化的电磁场。原子中的电子和原子核受迫振动，原子核的振动因其质量很大而忽略不计。振动着的电子成为次生X射线的波源，其波长、周相与原始X射线相同。基于晶体结构的周期性，晶体中各个电子的散射波可相互干涉相互叠加，称为相干散射或布拉格(Bragg)散射，也称为衍射。散射波周相一致相互加强的方向称为衍射方向。衍射方向取决于晶体的周期或晶胞的大小。衍射强度是由晶胞中各个原子及其位置决定的。衍射方向和衍射强度均可被一定的实验装置记录下来。

晶体是由原子或分子在空间中按一定规律重复地排列构成的固体物质。晶体中原子或分子的排列具有三维空间的周期性，同时晶体的理想外形和晶体内部结构都具有特殊的对称性，根据晶体的对称性，晶体可分为7个晶系，14种空间点阵形式，32个晶体学点群，230个空间群。

晶体衍射方向是指晶体在入射X射线照射下产生的衍射线偏离入射线的角度。衍射方向取决于晶体内部结构周期重复的方式和晶体的方位。

当X射线束照射到晶体结构上而与晶体结构中的电子和电磁场发生相互作用时，晶体结构将产生一些物理效应。其中X射线被电子散射(相干散射)而引起的衍射效应将反映晶体结构空间中电子密度的分布状况，因而也就反映了晶体结构中原子的排列规律，所以可用晶体的X射线衍射效应来确定晶体的原子结构。

由于X射线与可见光具有相似性，而晶体的光洁表面与镜面相似。布拉格在忽略晶体表面粗糙度的情况下，按照镜面反射设计了X射线在晶面上的反射实验。演示实验用Cu K_α辐射，用岩盐(NaCl)晶体作为光栅。当晶面和入射线成其他角度时，则记录到的反射线强度较弱甚至不发生反射。可见，X射线在晶面上的反射和可见光在镜面上的反射有共同点，即都满足反射定律。

由图5-1可以直观地得到P_1和P_2两个原子面的反射波的光程差为：

$$\delta = BC + CD = 2d\sin\theta \tag{5-7}$$

X射线以某些特定的角度入射时才能发生反射，求得各晶面反射线加强的条件是：

$$2d\sin\theta = n\lambda \tag{5-8}$$

式(5-8)称为布拉格公式，其中，d为晶面间距；n为任意整数，称为相干级数；θ为入射

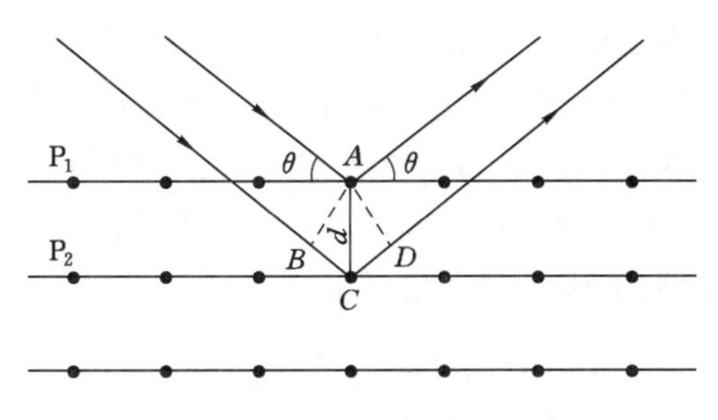

图 5-1　原子面反射的反射波光程差

角；λ 为 X 射线波长。

任何晶体物质在德拜图上都有其对应特征的衍射峰位置和强度。当试样为未知的多相混合物时，各相组成物质都与德拜图上一组具有特定位置和强度的衍射峰对应。衍射峰的位角 θ 与辐射波长、晶胞类型、晶胞大小及形状有关。θ 对应晶面间距 d 值，d 值与物质的物相、点阵类型和点阵参数有关。根据衍射强度还可以进一步确定晶胞内原子的排布。因此，若某种物质的一系列 d 值及其相对应强度与实验获得的德拜图上一部分线条全部符合，就可以初步判定试样中含有此种物质（或相分）。再把获得的德拜图上的其余线条对应的物质或相分确定后就可以逐次鉴定试样中的各种组分。

5.1.3　衍射强度

Bragg 方程只确定了衍射方向，衍射强度是由晶体一个晶胞中原子的种类、数目和排列方式决定的。

晶体对 X 射线在某衍射方向上的衍射强度，与衍射方向及晶胞中原子的分布有关。定量地表达这两个因素和衍射强度的关系，需考虑波的叠加，并引进结构因子 F_{hkl}。

$$F_{\mathrm{hkl}}=\sum_{i=0}^{n} f_i \cdot \exp[i \cdot 2\pi(hx_i+ky_i+lz_i)] \tag{5-9}$$

式中，f_j 为原子散射因子；x_j，y_j，z_j 为原子的坐标参数。

晶体由原子组成，原子由原子核和核外电子组成。X 射线的电磁场在振动，因为核的电荷与质量之比比电子的小得多，讨论这种振动时可忽略不计。振动着的电子就是一个发射球面电磁波波源，有大小之别，通常用原子散射因子 f_j 表示。衍射 hkl 的衍射强度 I_{hkl} 正比于 $|F_{\mathrm{hkl}}|^2$，还和晶体大小、入射光强、温度、晶体对 X 射线的吸收及其他一系列物理因素有关，将它们予以修正，得到 $I_{\mathrm{hkl}}=K|F_{\mathrm{hkl}}|^2$。因此，通过衍射强度数据可以设法测定晶体的结构。在晶体结构中存在带心点阵形式、滑移面和螺旋轴时就会出现系统消光现象，即有许多衍射有规律地、系统地不出现，衍射强度为 0。因此根据系统消光，可以测定微观对称元素和点阵形式，为测定晶体所属的空间群提供实验数据。

5.1.4　多晶衍射仪法及其应用

样品中每个物相的衍射强度随着该物相在样品中分量的增加而增强，但是由于受到样品吸收因素和其他因素的影响，样品中某物相的衍射强度和物相含量并不是正比关系。在定量分析中为了得到较准确的结果，通常采用衍射仪法。该方法具有测量速度快的优点，特别是在强度测量中，具体样品的吸收因素不随衍射角 θ 改变，即对于固定的物质是一个常数。

粉末 X 射线衍射方法：用单色 X 射线作为入射光源，入射线以固定方向射到多晶粉末或多晶块状样品上，靠粉末晶体中各晶粒取向不同的衍射面来满足布拉格方程而产生衍射。多晶粉末衍射仪是利用辐射探测器自动测量和记录衍射线的仪器。辐射探测器绕样品中心轴旋转，依次测量各衍射线的 2θ 及强度值。

5.1.4.1 衍射仪的构造及工作原理

衍射仪主要由 X 射线机、测角仪、辐射探测器、检测记录装置、控制和数据处理系统等构成。X 射线机中有 X 射线管、高压变压器、管电压管电流控制器、循环水泵等附件。测角仪是衍射仪的核心组成部分，包括精密的机械测角仪、光缝（梭拉狭缝、发射狭缝、接收狭缝）、样品架和探测器的转动系统等；探测器包括计数器、前置放大器和电子设备；检测记录装置主要由电脉冲高度分析器、计数率计、记录仪、定标器、打印机、绘图仪、图像显示终端等组成；控制和数据处理系统实现了衍射分析全过程的计算机自动化，包括各种硬件和软件，如操作控制软件，数据采集、处理和分析软件及各种应用软件包；附属装置包括晶体单色器、高温装置和程序温度控制器等。

X 射线管发出单色 X 射线照射到片状试样上，所产生的衍射线光子用辐射探测器接收，经检测电路放大处理后在显示或记录装置上给出精确的衍射数据和谱线。

任何结晶物质都有其特定的化学组成和结构参数（包括点阵类型、晶胞大小、晶胞中质点的数量及坐标等）。当 X 射线通过晶体时产生特定的衍射图形，对应一系列特定的晶面间距 d 和相对强度 I/I_1 值。其中 d 与晶胞形状及大小有关，I/I_1 与质点的种类及位置有关。所以，任何一种结晶物质的衍射数据 d 和 I/I_1 是其晶体结构的必然反映。不同物相混在一起时，各自的衍射数据将同时出现，互不干扰地叠加在一起，因此，可根据各自的衍射数据来鉴定各种不同的物相。利用这些数据可进行物相分析；将各个衍射线指标化，可求得晶胞参数；根据系统消光可得到点阵形式。

5.1.4.2 物相分析

物相分析是分析材料相组成、各相的相对含量和分布情况。当 X 射线通过晶体时，每一种结晶物质都有自已独特的衍射花样，它们的特征可以用各个反射晶面的间距值 d 和反射线的强度 I 来表征，通常 d 和 I 的数据代表衍射花样，成为物相鉴定的基础。物相分析是根据实验获得的数据、化学组成、样品来源等，和标准多晶衍射数据对比，进行鉴定。常用的比较方法有图谱直接对比法、数据对比法、计算机自动检索鉴定法。

5.1.4.3 晶胞参数的精确测定

点阵常数是晶体物质的基本的结构参数，反映了晶体内部成分、受力状态等，可用于研究晶体缺陷。

步骤为：① 获取待测样品的衍射图；② 根据衍射线位置计算晶面间距；③ 标定各衍射线的指标 h,k,l；④ 由 d 及相应的 h,k,l 计算点阵常数；⑤ 消除误差得到精确的点阵常数。

d 值的误差来自衍射角误差 $\Delta\theta$ 和波长误差 $\Delta\lambda$，而 X 射线波长的精度已达到 10^{-6} Å。所以，d 值的误差主要取决于衍射角 θ 及测量误差 $\Delta\theta$。当 $\Delta\theta$ 一定时，选取的 θ 越大，点阵常数的误差越小。因此，应选取高角度衍射线来计算点阵常数，同时提高角度测量的精度。

5.1.4.4　晶粒大小的测定

晶粒大小的测定可以利用谢勒(Scherre)公式计算，但是当材料的晶粒度较小时会使衍射线宽化，因此不能直接计算。

当晶粒直径小于200 nm时，某一晶粒参与同一个布拉格方向反射的晶面数目变得很小(100～200个)。于是当入射角与布拉格角之间有微小偏差时，由各原子所反射的X射线合成后，还有一定的衍射强度，从而引起衍射峰的真实宽化。

晶粒细小和不均匀微观应力的存在会使衍射线增宽，这种增宽称为真实宽度，而由于X射线发散度及试样尺寸等实验条件引起的增宽称为工具宽度。采用真实宽度计算微晶尺寸。

真实曲线：一束单色的X射线照射到一个尺寸无穷小的多晶体试样上，从而产生衍射线，此时不存在工具宽化，因此只存在晶粒尺寸引起的峰宽化，这种曲线称为真实曲线。

积分宽度：

$$\beta=\int_{-\infty}^{\infty} f(x)\mathrm{d}x \tag{5-10}$$

工具曲线：用粗晶块试样摄取衍射线，即可得到不存在真实宽度的衍射线，这种曲线称为工具曲线。

工具宽度：

$$b=\int_{-\infty}^{\infty} g(x)\mathrm{d}x \tag{5-11}$$

实测曲线：由被测试样摄取得到，从衍射线可知衍射宽度为b。

微晶尺寸可用谢勒公式表示：

$$D_{\mathrm{hkl}}=\frac{K\lambda}{\beta\cos\theta} \tag{5-12}$$

式中，D_{hkl}为微晶尺寸，适用范围为3～200 nm；β为劳埃积分宽度，其单位为弧度；K为谢勒常数，取0.9或1；λ为入射X射线波长，对于Cu Kα线，$\lambda=0.154\ 05$ nm。

劳埃积分宽度β为真实宽度，可由实测曲线和工具曲线宽度分离出真实曲线宽度，从而采用谢勒公式计算微晶尺寸D_{hkl}。

衍射谱线的物理宽化效应，主要与亚晶块尺寸(相干散射区尺寸)和显微畸变有关。亚晶块越细或显微畸变越大，X射线衍射谱线越宽。此外，位错组态、弹性储能密度及层错等，也具有一定的物理宽化效应。

(1) 细晶宽化

对于多晶试样而言，当晶块尺寸较大时，与每个晶块中的某一晶面{hkl}相应的倒易点近似为一个几何点。由无数晶块中同族晶面{hkl}相应的点组成了一个无厚度的倒易球面。材料中亚晶块尺寸较小时，相应于某晶面组{hkl}的倒易点扩展为倒易体，则由无数亚晶块相应的倒易体组成了具有一定厚度的倒易球，即衍射畴与反射球相交的范围也就越大。此时在偏离布拉格角的方向上也存在衍射现象，造成衍射线的宽化。

谢勒是第一个观察到小晶粒的衍射峰宽化的人，并且提出了著名的谢勒公式：

$$\beta=\frac{K\lambda}{D_{\mathrm{hkl}}\cos\theta} \tag{5-13}$$

(2) 显微畸变宽化

显微畸变又称为微观应变，其作用与平衡范围很小。在X射线辐照区域内无数个亚晶块参与衍射，有的受拉，有的受压。

各亚晶块同族晶面具有一系列不同的晶面间距，衍射线将合成一定范围内的宽化谱线。

晶面畸变的相对变化量服从统计规律且没有方向性，即显微畸变造成的宽化效应，峰值位置并不改变。

在形变的金属内，各晶粒所受的应力不均匀，以致应变不一样，就是说样品内各个区域的面间距相对于平均值有不同的偏差，由于这样的样品整体产生的衍射线是各部分发出的衍射的总和，因此合成的衍射线将宽化。

$$\beta = 4\varepsilon_{\rm str} \tan\theta \tag{5-14}$$

式中，$\varepsilon_{\rm str}$ 为应变。

(3) 细晶与微观应变共同作用的理论

威廉姆森(Williamson)和霍尔(Hall)提出细晶与微观应变共同作用的理论。

$$\beta = \frac{K\lambda}{D\cos\theta} + 4\varepsilon_{\rm str}\tan\theta \tag{5-15}$$

$$\beta\cos\theta = \frac{K\lambda}{D} + 4\varepsilon_{\rm str}\sin\theta \tag{5-16}$$

以 $\beta\cos\theta$ 为纵坐标，$\sin\theta$ 为横坐标，得到一条直线，通过斜率可求出应变，通过截距可求出晶粒尺寸。

除了细晶与显微畸变因素外，晶体中的各类缺陷也可以导致谱线宽化效应，包括空位、间隙原子、位错、层错等。

5.1.4.5 里特维德(Rietveld)全谱拟合法

里特维德方法是里特维德于20世纪60年代末提出来的一种对粉末衍射全谱拟合来进行晶体结构修正的方法。该方法克服了因粉末衍射线重叠和衍射数据少的缺点，将重叠峰分离，从而提高晶体结构分析的可信度。里特维德方法采用计算机程序来运算。其基本原理是采用最小二乘法原理，将通过理论计算所得的强度数据以一定的峰形函数与实验强度数据拟合，在具体的拟合过程中需要不断调整峰形参数和结构参数的值，使得计算强度逐渐向实验强度值靠近，直到二者的差值最小，即

$$M = \sum W_i (Y_{oi} - Y_{ci})^2 \tag{5-17}$$

式中，W_i 为权重因子，$W_i = 1/Y_i$；Y_{oi}，Y_{ci} 为步进扫描第 i 步的实测强度和计算强度。

里特维德方法的结构精修过程是使 M 值最小，通过计算可信度因子来判断峰形拟合结果。里特维德方法广为使用的函数有 Pseudo-Viogt，Pearson Ⅶ，Gaussian，Lorentzian，改正的 Lorentzian 函数、Learned-profile-function 及 Spliti-pearson Ⅶ 函数等。Rietveld 拟合程序中需要修正的参数有结构参数和图形参数。结构参数为：晶胞参数、晶胞中每个原子坐标、温度因子、位置占有率、标度因子、试样衍射峰的半高宽、总的温度因子、晶体的择优取向、微观应力、消光等。图形参数为：峰形参数、2θ 零点、仪器函数、衍射峰的非对称性、背景、样品偏移、样品吸收等参数。Rietveld 精修要求所用的衍射数据是步进扫描所得到的强度数据，强度数据的精度可通过延长计数时间以增加每步累积的计数，同时通过减少步长增加衍射点数来提高，但是希望有尽可能高的分辨率。简单结构的修正用中等分辨能力的封闭管 X 射线衍射仪。对于对称性低、原子坐标变量多、要求非常精细的结构，测定需要用高分辨率的同步辐射 X 射线衍射仪。中子衍射因吸收系数低，峰形函数简单，散射能力不依

赖散射角，因此也可以采用中子衍射作为辐射源。布拉格峰的强度也有要求，通常最强衍射峰应在 5 000～60 000 之间，步长要求小于最小半峰宽(FWHM)的 1/5 或 1/3，通常为 0.01～0.02，每步停留时间为 1～2 s。经过 30 多年的发展，Rietveld 全谱拟合方法既可以用于结构精修，也可以用于物相的定性及定量分析。

5.1.4.6　多晶衍射仪法在二次电池材料研究中的应用

X 射线衍射用于电池电极材料在充放电过程中的结构变化研究，可以获得大量有关嵌入、脱出的信息。它可以分为非原位 XRD 技术和原位 XRD 技术。

非原位 XRD 技术通常是将电池在所研究电位区间充放电后进行 X 射线衍射测量，从而分析材料的结构。

原位 XRD 技术可以实现电池在充放电过程中电极材料结构变化的实时检测。它需要特殊的电池结构，如图 5-2 所示，主要利用 Bellcore 塑料电极技术，用铍作为窗口材料。为了避免铍在高电压时的氧化，在铍窗口与阴极材料之间用铝质垫圈隔离，避免它们直接接触。

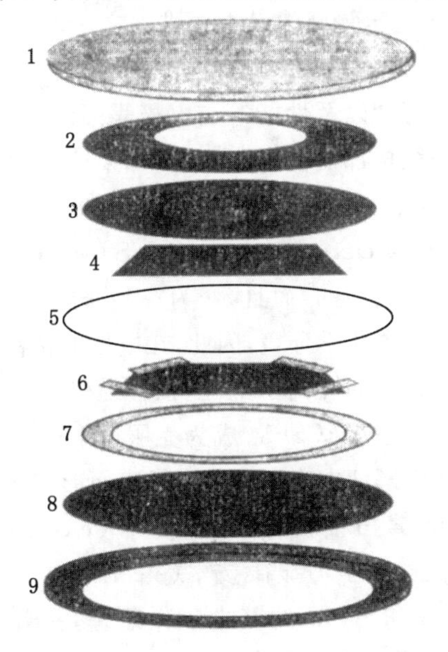

1—RAYOVAC 盖；2—不锈钢弹簧片；3—不锈钢垫片；4—碳阳极；5—Bellcore 隔膜；
6—正极材料；7—铝垫圈；8—铍窗口；9—RAYOVAC 密封外壳。

图 5-2　原位 XRD 电池结构图

普通材料的物相表征多采用连续扫描方式，在所研究的衍射角范围内收集数据。而原位 XRD 技术多采用步进扫描方式，运用 Rietveld 方法精修。Rietveld 结构精修方法采用步进扫描方式，0.6°/步，步长为 0.02°，每步停留 2 s。物相鉴定和宏观结构信息由 MDI Jade 4.0(Materials Data Inc, Japan)软件分析和鉴别，Rietveld 结构精修采用 general structure analytic system (GSAS, Los Alamos National Laboratory Los Alamos, USA)和 DBW98 (R. A. Young, Georgia Institute of Technology, USA) Rietveld 结构精修方法对 XRD 数据进行全谱拟合结构分析，得到材料精确的晶胞参数、原子位置、各个位置的占有率、非计量比、键长、键角等结构参数和微结构信息。

5.2 电化学扫描探针显微技术

20 世纪 80 年代发展起来的扫描探针显微镜(scanning probe microscope,SPM)是一类能在原子尺度对固体表面形貌和性质进行研究的工具。由于具有超高空间分辨率和宽松的工作环境,可以在真空、气相和液体中以及很宽的温度范围内工作,扫描探针显微镜为人们对微观世界进行探索提供了有利的条件,仪器开发和应用都得到了快速发展,其应用领域包括物理、化学、材料以及生命科学等,特别是在纳米科技领域,具有十分重要的地位。

将 SPM 技术应用于电化学体系研究而产生的电化学扫描探针显微技术(electrochemical scanning probe microscopy,ECSPM),是对 SPM 技术研究领域的拓展,为固液界面结构研究提供了极为重要的手段。20 世纪 90 年代以后,ECSPM 仪器技术趋于成熟,被用于原位监测多种电极过程,例如,半导体和金属表面结构、离子和分子吸附、金属沉积以及腐蚀。SPM 在电化学中的应用是电化学领域的最重要进展之一。

在对电池体系的研究中,一些常规的电化学方法能够比较容易地获得电极材料表面的宏观特征,但是,电池的稳定性、寿命以及性能等与电极表面的精细结构有关。在电池的存放以及充放电过程中,电极的表面结构都可能发生变化,如果能在纳米尺度对包括正、负极材料在内的电极表面结构及其随充放电历史的改变进行充分研究,将有利于对电池的研发。通常人们利用扫描电子显微镜(scanning electron microscope,SEM)进行该方面的研究,因此需要严格的试样制备过程以及昂贵的实验设备。而且,作为一种非原位技术,在用 SEM 对电极表面结构进行成像前,电极不得不离开电化学环境,因此,在电极的转移过程中,表面结构可能发生一些不确定的变化。如果研究对象(如锂离子电池材料)易受到空气和水分影响时,这种变化会更明显。由于能原位监测电极过程,ECSPM 成为克服以上研究方法的缺点的有效技术,已被用于电池相关体系的研究,在电解液中直接获得电极表面形貌变化的信息。

ECSPM 主要包括电化学扫描隧道显微技术(electrochemical scanning tunneling microscopy,ECSTM)和电化学原子力显微技术(electrochemical atomic force microscopy,ECAFM)。本节将介绍 STM 和 AFM 的基本工作原理,并着重从电化学研究的角度介绍 ECSPM 的实验方法及其在绿色二次电池研究中的应用。

5.2.1 扫描隧道显微镜(STM)

5.2.1.1 STM 的工作原理

1981 年,IBM 公司苏黎世实验室的宾宁(Binnig)和罗勒(Rohrer)发明了扫描隧道显微镜(scanning tunneling microscope,STM),这一工作使他们与电镜的发明人拉斯克(Ruska)分享了 1986 年的诺贝尔物理学奖。

STM 是基于量子隧道效应工作的。隧道效应是微观粒子波动性的一种表现,即使势垒的高度比粒子的能量大时,根据量子力学原理,粒子穿过势垒出现在势垒另一侧的概率并不为 0。在这种情况下,电子穿透两导体之间的势垒发生跃迁所形成的电流称为隧道电流。只有当势垒宽度与微观粒子的德布罗意波长可比拟时,才能显著观察到隧道效应。

图 5-3 为描述金属/真空/金属体系中电子隧穿情况的示意图。M_1 和 M_2 两块金属的

间距为 S，由于隧道效应，当 M_1 与 M_2 距离足够小时，通常需要小于 1 nm，两种金属的电子波函数发生重叠，金属 M_1 中的电子可隧穿至 M_2，反之亦然。如果在两金属间施加一个较低的偏置电压 eU（2 mV～2 V），将会形成净的定向隧道电流，从而可进行检测。图中，E_f^s 和 E_f^t 分别为金属 M_1 和 M_2 的费米能级。ϕ_s、ϕ_t 为金属 M_1 和 M_2 的功函数。

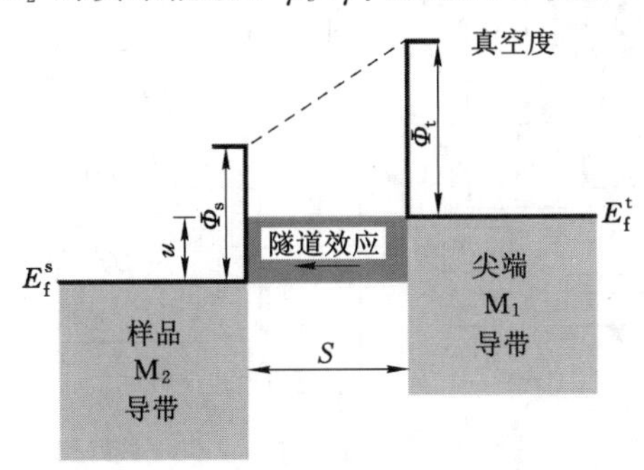

图 5-3　金属/真空/金属体系中电子隧穿示意图

在 STM 仪器的设计中，以 M_1 为一个金属针尖，将 M_2 换为需要研究的样品，在两者之间施加一个偏压，当距离小于 1 nm 时会形成可检测的隧道电流，其表达式的简单形式如下：

$$I \approx U_b \rho_s(0, E_F)\exp(-A\Phi^{\frac{1}{2}}S) \tag{5-18}$$

式中，U_b 为偏置电压；$\rho_s(0, E_F)$ 为样品表面费米能级附近的局域态密度（local density of states，LDOS）；Φ 为有效势垒（常以两金属的平均功函近似），eV；S 为针尖样品距离，Å（1 Å$=10^{-10}$ m）；A 为标度因子（在真空中为 1.025 $\mathrm{eV}^{-\frac{1}{2}}$ Å^{-1}）。

由式（5-18）可知：隧道电流与针尖样品之间的间距呈指数关系，当 Φ 取典型值 4 eV 时，距离每增加 1 Å，电流将衰减约 e^2，即约一个数量级，正是这种电流对距离的敏感变化，导致 STM 具有原子级的空间分辨能力。

如图 5-4 所示，STM 仪器分为三大部分：显微镜探头（机械部分）、电子线路控制以及计算机控制部分。在 ECSTM 中还有电化学控制部分。压电陶瓷（piezoelectric ceramic）是显微镜探头的核心，常用的为圆筒形压电陶瓷管，其内外均镀有一层薄且均匀的金属镀层作为电极，外柱面的电极沿轴线方向等分为互相绝缘的四个区域，分别作为 x 和 $-x$，y 和 $-y$，内柱面的电极为连续的金属镀层。在电极上施加电压，压电陶瓷管就会变形，形变量与电压成正比，在不同方向施加电压，就能实现样品的扫描。如果对外电极施加偏压，压电陶瓷管将发生偏转，由此实现对 x-y 平面内的扫描；对内电极 z 加偏压，则使整个陶瓷管同时伸缩，从而实现对 z 轴方向高度的控制。

5.2.1.2　扫描隧道显微技术

STM 具有横向为 0.1 nm、纵向为 0.01 nm 的超高空间分辨率，即能够在原子分辨水平上观察表面的结构。由于 STM 获得的图像是实空间下的，并且与样品表面形貌直接相关，因此与 X 射线衍射、低能电子衍射等技术相比，STM 图像用于解释结果时更简单和直接。另外，如果存在空气或液体，电子束与样品的相互作用将受到显著影响，所以电镜（SEM、TEM）、电子衍射（LEED、RHEED）等技术只能用于高真空，而 STM 的工作原理基于电子在短距离的量子隧穿，因此能被用于不同的环境，包括电化学环境，即 STM 可用于电解液

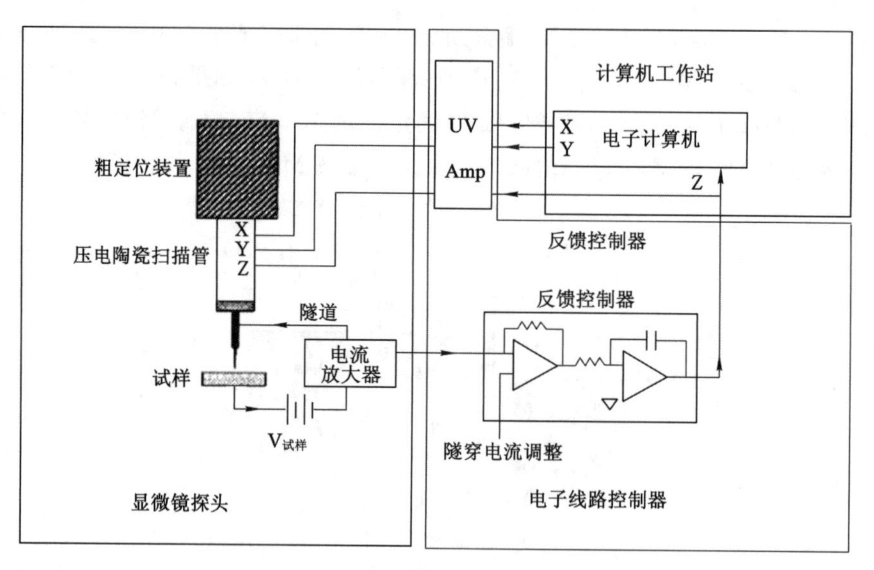

图 5-4　STM 的主要组成部分示意图

环境下的原位研究，在不改变样品的电化学环境，甚至不中断电化学反应的情况下对样品表面的形貌变化进行跟踪观察，因此成为原位、高空间分辨研究固液界面的结构与过程的重要手段，在电化学体系中工作的 STM 被称为电化学扫描隧道显微技术(ECSTM)。

下面简要介绍 STM 成像模式、ECSTM 特点、电化学环境对 STM 针尖的要求及电解池的设计。

(1) STM 成像模式

根据 STM 的工作原理，STM 仪器的工作模式可以分为恒电流模式和恒高度模式(图 5-5)。

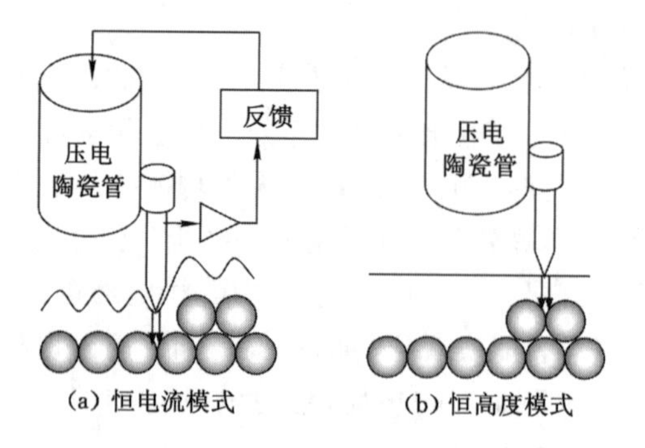

图 5-5　STM 工作模式

在恒电流模式下，仪器在压电陶瓷管扫描器上施加一定电压，使其发生形变，从而带动连接在其上的探针在 x-y 方向上进行扫描。产生的隧道电流经前置放大器放大并转换成电压，再经比较放大器与预设置的隧道电流进行比较，形成误差信号。该误差信号反馈到控制压电陶瓷扫描管 z 轴方向的高压放大器，从而改变加在压电陶瓷扫描管上的 z 轴方向驱动电压，调整针尖的高低。通过这个负反馈环，STM 仪器可以保持隧道电流的恒定，计算机则记录扫描过程中压电陶瓷管在 z 轴方向上的伸缩信息，即记录了样品表面的三维形貌，可以反映样品表面原子水平的形貌起伏[图 5-5(a)]。作为 STM 最常用的一种工作模式，恒电流模式可用于观察表面起伏较大的样品，但由于受到了反馈回路响应速度的限制，为了更好地跟随表面起伏，需采用较低的扫描速度。

当 STM 工作于恒高度模式时，反馈环处于中断状态，即施加在压电陶瓷管 z 轴方向的电压不变，针尖的绝对高度恒定，此时通过记录隧道电流的变化获得表面形貌的信息。恒高度模式常用于小范围原子分辨成像，可以使用更快的扫描速度，从而避免热漂移带来的图像扭曲，但不适合观察大范围或表面起伏较大的样品，否则容易导致针尖碰撞样品表面。

(2) ECSTM 特点

由于在电解液环境中工作，ECSTM 首先具有以下特点：除了产生隧道电流外，针尖以及基底上均会发生电化学反应，从而产生法拉第电流。法拉第电流的存在将干扰对隧道电流的检测，从而影响 ECSTM 的成像，降低分辨率和重现性。因此，为了使 STM 在电解液环境中能正常工作，需要尽量减小叠加在针尖上的电化学反应电流，使其不对隧道电流的检测造成影响。对针尖进行绝缘包封只使尽可能小的金属尖端露出是一种十分有效的方法，该方法通过减小针尖与电解液的接触面积达到减小电化学法拉第电流的目的。

ECSTM 的另一个特点是要求样品和针尖的电极电位均能方便地调节，通常的做法是对针尖和基底的电极电位进行独立控制。不同的针尖材料以及不同的电解液，应选用不同的针尖电位，使该电位处于该材料在给定电解液中的双层电位区间，从而尽量避免法拉第电流的影响。而基底上的电化学反应则可以通过调节基底电位进行控制。与常规的电化学体系一样，ECSTM 中以参比电极作为针尖及基底电位的参照，而对电极和其底、针尖和基底分别构成了电化学反应的 2 个电流回路。常采用双恒电位仪独立地控制样品和针尖相对于参比电极的电位。图 5-6 是一种常见的控制电路，P 为恒电位仪，V_S、V_T 为低阻抗电源。样品电位 E_S(相对于参比电极)可由 V_S 调节。V_T 可以直接连接恒电位仪 P，从而将针尖电位 E_T 定义为相对于参比电极。通过开关转换，V_T 也可以直接连接到基底，从而将偏压 U_T 固定设为针尖和基底电位之差。需要指出的是，在常规 STM 电路中，隧道电流既可以从样品采样，也可以从针尖采样，但在 ECSTM 中，由于有比隧道电流大得多的电化学电流从样品流过，所以只能从针尖读取隧道电流。尽管用于 ECSTM 电路控制的方法有多种，但是能对 E_S 和 E_T 进行独立控制是它们共同的特点。

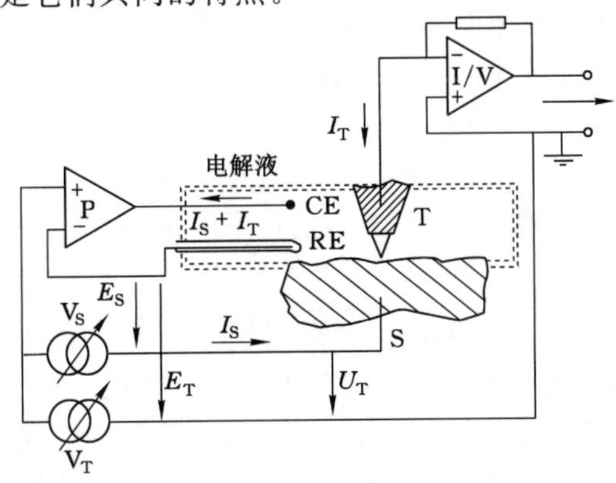

图 5-6　双恒电位仪控制示意图

(P 为恒电位仪，V_T、V_S 为电源，U_T 为偏压)

(3) 针尖的制备和绝缘包封

ECSTM 实验中能否获得高质量的图像与针尖的制备和绝缘包封过程密切相关。常用的针尖材料包括钨、铂/铱、金和铂。电化学腐蚀法是 ECSTM 实验中采用的主要针尖制备方法，其制备的针尖形状对称，便于包封。W 针尖的电化学制备方法涉及 W 金属的阳极溶解，依据所加的电压形式可分为交流(alternating current，AC)制备方法和直流(direct current，DC)制备方法。采用这两种方法制备的针尖形状不同：交流制备方法制成的针尖呈圆锥体形状，锥度角比直流方法制备的针尖大；直流制备方法制成的针尖呈双曲线形状。二者都可以获得高分辨率的 ECSTM 图像。

交流电化学方法制备针尖的装置如图 5-7 所示，不同的针尖材料的制备条件不同，这里以 W 针尖为例。制备 W 针尖的电解液可以用 1 mol/L 的 KOH 溶液。把钨丝插入液面下约 3 mm，加上 15～25 V 的交流电压，针尖尖端和侧面同时受到腐蚀，增大电压，可提高径向与纵向的腐蚀速度之比，得到比较细长的针尖。但是过于细长的针尖的刚性不够，在样品表面扫描过程中不稳定而产生噪声，因此需要控制合适的电压值以得到纵横比适宜的针尖。可以对比较细长的针尖进一步处理后使用，将针尖浸入液面下，调低电压至 10 V 以下，继续腐蚀几秒钟，不但可以达到改善针尖形状的目的，而且在一定程度上可以除掉 W 针尖表面的氧化物。

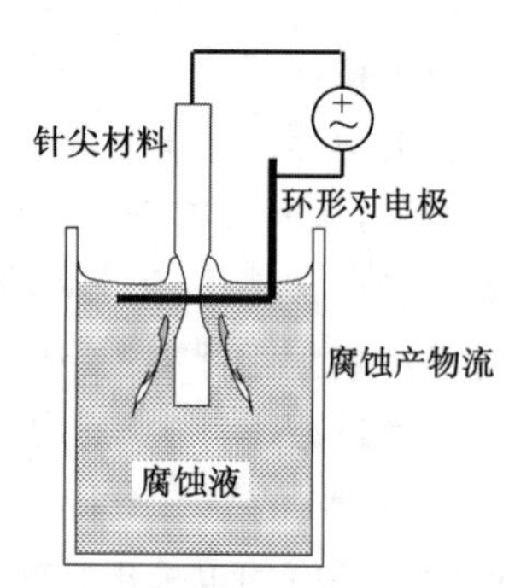

图 5-7　交流电化学方法制备针尖的装置示意图

电化学腐蚀制备铂铱针尖的方法与上述方法类似，氰化钾(potassium cyanide，化学式为 KCN)溶液常被用来制备高质量的针尖，但由于 KCN 有毒，可用一些其他的电解液，如 $CaCl_2$、NaCl 和 KCl 替代 KCN，其中一种电解液配制方法如下：先配制浓 HCl 和 H_2O 体积比为 1∶9 的稀 HCl 溶液，以及饱和 $CaCl_2$ 溶液，腐蚀时再临时将饱和 $CaCl_2$ 溶液和稀 HCl 溶液按体积比为 6∶4 配制成腐蚀液。

直流电化学法采用液膜腐蚀，对 W 针尖，腐蚀液可以使用 2 mol/L 的 NaOH 溶液，对电极用弯成圆环的金丝，环的直径约为 1 cm，用腐蚀液浸润金环形成液膜。W 丝表面经过除氧化膜和除油处理后作为阳极垂直放置在金环的正中央，可以使用一个微调螺杆调节 W 丝和金环的相对位置，处于金环下方的 W 丝长度不宜过长，否则在电化学腐蚀结束前就会由于下方 W 丝自重过大而机械性折断。在阳极上施加约 5 V 的直流电压，此时发生以下反应：

阴极：

$$6H_2O+6e^- \longrightarrow 3H_2(g)+6OH^- \tag{5-19}$$

阳极：

$$W(s)+8OH^- \longrightarrow WO_4^{2-}+4H_2O+6e^- \tag{5-20}$$

在腐蚀过程中需要不断地补充反应所消耗的 NaOH 溶液，以免液膜破裂。直流电化学法制备针尖所需时间比交流法长，大约需要 10 min，腐蚀完成后，液膜下方的 W 丝会掉落，需要使用深度小于针尖高度的容器接住，以避免针尖撞坏；在液膜上面的 W 丝部分可以作为另一个针尖，但需要及时切断电源，以免被液膜过度腐蚀，导致针尖尖端变钝。

采用电化学方法制备的针尖质量与所用电解液种类、浓度、电压，固液界面形成的弯液面形状以及是否及时切断电化学反应等因素有关，需要综合考虑。

需要对针尖进行包封是 ECSTM 的一个重要特征，使其顶端仅有极少部分与电解液接触，从而减小法拉第电流对隧道电流的影响。包封材料自身应该是绝缘的，而且在包封过程中应呈液体状，这样才不至于损坏针尖，在包封后会较快地冷凝成固体，并且具有一定的强度，与针尖的结合性较好，在使用过程中应不易受电解液的影响。常用的包封材料包括环氧树脂、聚甲基苯乙烯、聚苯乙烯、玻璃等。

由于聚甲基苯乙烯熔点低，操作较简单，正常包封后，针尖的法拉第漏电电流为 10 pA (10^{-12} A)左右，可以满足 ECSTM 实验的要求。下面以聚甲基苯乙烯为例，介绍包封过程。包封装置如图 5-8 所示，该装置是将尺寸约为 1 cm^2 的铜板与电烙铁相连接，由可调变压器控制加在电烙铁上的电压，通过调节电压可以调节铜板的温度。将聚甲基苯乙烯加在铜板上的一个槽内，一定的铜板温度使聚甲基苯乙烯处于一个合适的黏稠度。由于环境的温度对聚甲基苯乙烯的黏稠度有影响，所以电压的选择与环境温度也有一定关系。总之，选择合适的电压才能使包封材料处于合适的状态，从而得到满意的包封效果。包封时，针尖由下向上进入融化的聚甲基苯乙烯中，稳定一段时间，使针尖与聚甲基苯乙烯达到热平衡，再将针尖缓慢向上移动，使一定长度的针尖被包封，该长度需大于 ECSTM 实验中所用电解液的深度，然后将针尖向开口方向平移取出。

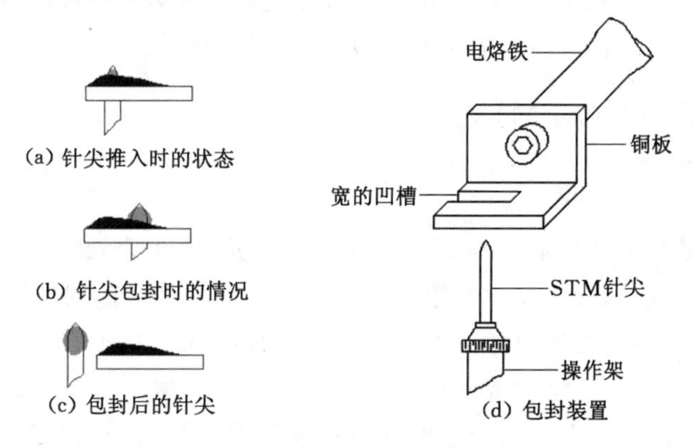

图 5-8　针尖包封装置图

除了针尖形状和表面污染物对针尖行为有影响外，电解液环境也会造成新的干扰。因此，现场的针尖表征技术显得尤为重要，电化学方法(如稳态极化曲线、循环伏安法)对于判断残余电流的大小并进一步选择合适的针尖电位范围有重要帮助。例如，针尖的稳态极化曲线是一种简单评价 ECSTM 所用针尖状态的方法，通常需要使针尖远离基底，即离开产生隧道效应的距离范围，或者将针尖转移至其他的非 ECSTM 所用的电解池，通过测量稳态极化曲线，将针尖电位选择在残余电化学电流小于 10 pA 的电位区间。由于根据针尖裸露面积的大小可以判断绝缘包封的程度，所以可以用电化学反应的稳态极限电流值来估算针尖顶部的裸露面积，通常电化学刻蚀制备的针尖可认为近似呈半球形。针尖包封后的质量和性能最终必须通过 ECSTM 实验来检验。

(4) 电解池设计

ECSTM 电解池的加工材料通常为聚三氟乙烯、聚四氟乙烯和有机玻璃。样品放在 Fe 垫片上，电解池通过 O 圈将样品紧压在垫片上，从而防止漏液。在最简单的设计方案中，参比电极和对电极与样品处于同一个腔中。但是当研究对象比较复杂时,对电解池的要求更高,可以在电解池的顶部加上中间开口的盖子,从而减少来源于空气中杂质的污染以及电解液的挥发,或者在手套箱中及惰性气体的保护下进行实验。为避免三个电极相互影响,参比电极和对电极可以分别处于不同的腔中,并用烧结玻璃进行分隔,当对电极上的反应产物对工作电极上的反应有干扰时,则更需如此。为了避免电流密度的不对称分布对电极过程产生影响,可将对电极绕成环状。由于 Au 丝或 Pt 丝具有较高的电化学稳定性,常被用作对电极,某些情况下也可以使用与工作电极相同的材料作为对电极。而参比电极的选择则一方面取决于电解液的组成,另一方面取决于电解池的构造和尺寸。常用的选择方案如下:当电解液中包含某种金属阳离子 Me^{z+} 时,可选用该种金属丝 Me 直接浸入电解液作为参比电极,这时存在以下的电化学平衡:$Me^{z+}+ze^{-} \rightleftharpoons Me$。例如研究 Li 的反应,可以用金属 Li 作为参比电极。然而,这样选择参比电极需遵循的前提是能确保上述电化学平衡确实建立起来,而没有受到钝化层形成以及其他电化学反应的影响。在准确度要求不高的情况下,可以使用 Pt 丝或 Ag 丝作为“准参比”电极。该类参比电极的电位取决于电解液体系,使用这一类电极需要仔细校准。

ECSTM 电解池、O 圈、四氟镊子以及 Pt 丝对电极等均需清洗,常用的方法是:将它们放入装有浓硫酸的烧杯中浸泡过夜,取出后用大量超纯水冲洗,然后在加热器上加热清洗,需多次更换超纯水并加热至微沸,洗净的实验用品应尽快使用。

5.2.2 原子力显微镜(AFM)

5.2.2.1 AFM 工作原理

STM 的发明是表面结构和性质研究方法的重大进步,但是,由于 STM 是通过检测针尖与样品之间的隧道电流进行表面成像以及表面电子结构性质的研究,所以不适用于研究绝缘样品。针对这一不足之处,宾宁(Binnig)、夸特(Quate)和格伯(Gerber)于 1986 年发明了第一台原子力显微镜(atomic force microscope,AFM)。由于 AFM 检测的是针尖与样品之间的相互作用力,因此,AFM 对样品的导电性没有要求,可以在大气、UHV、溶液以及各种气氛中工作。

AFM 主要由微悬臂、样品台和光学系统三个部分组成。图 5-9 为 AFM 的工作原理图。微悬臂对微弱力极敏感,当其一端的针尖与样品表面轻微接触后,针尖尖端原子与样品表面之间产生的极微弱的作用力,会使微悬臂产生微小的变化。通过检测微悬臂形变量,不但可以计算针尖与样品之间作用力的大小,而且可以对样品表面的形貌进行成像。

在检测微悬臂形变量的方法中,光学检测法最简单实用,是商品化仪器中检测微悬臂形变的常用方法。光学系统包括激光二极管和光检测器,激光束照射到微悬臂的背部,然后被反射至一个四象限的光电二极管检测器,微悬臂的形变通过反射光束的偏移量进行表征,从而对微悬臂的弯曲和扭转进行检测,而弯曲和扭转分别对应于样品和针尖之间的垂直作用力和侧向作用力。

样品的位置由压电陶瓷管控制,相对于微悬臂在三个方向上运动,在另一种设计中,压电陶瓷管控制微悬臂,此时进行扫描的是针尖,而不是样品。无论压电陶瓷管控制样品还是针尖,当针尖和样品的距离足够小时,二者之间的相互作用会导致微悬臂弯曲,AFM 所检

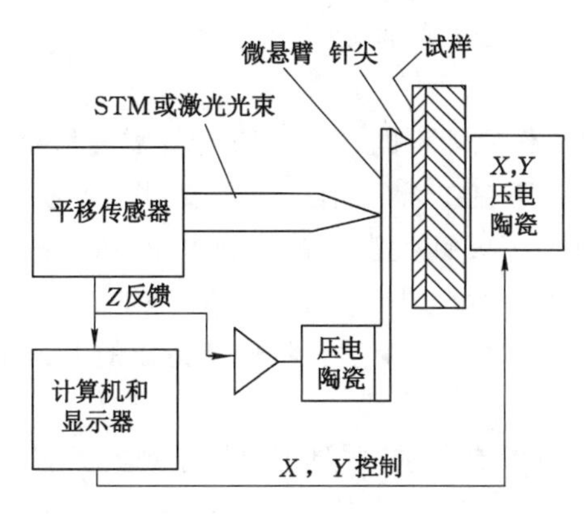

图 5-9　原子力显微镜的工作原理

测的就是该变化，AFM 可以检测到大小为 10^{-7}～10^{-15} N 的力。

微悬臂通常由硅或氮化硅材料制成，典型的尺寸为：长 100～300 μm，宽 10～30 μm，厚 0.5～3 μm，弹性常数为 0.01～100 N/m。

5.2.2.2　原子力显微技术

AFM 同样具有原子级的空间分辨率，但是获得原子图像的条件比较苛刻，所以 AFM 通常被用于纳米水平分辨率的研究。与 STM 相比，AFM 对样品的导电性没有要求，因此具有更广阔的应用领域。AFM 可以在包括电化学体系的多种环境中工作，因此也是原位研究固液界面结构与过程的重要手段，在电化学体系中工作的 AFM 被称为电化学原子力显微技术（electrochemical atomic force microscopy，ECAFM）。

下面简要介绍 AFM 的成像模式以及 ECAFM 的特点。

（1）AFM 的成像模式

AFM 的成像模式主要有三种：接触模式（contact mode）、轻敲模式（tapping mode）以及非接触模式（noncontact mode）。根据样品材料的性质以及不同研究目的可以选择不同的操作模式。

在接触模式中，针尖始终接触样品并扫过表面，从而得到表面的形貌图。这一过程由一套反馈系统控制，通过改变样品与微悬臂之间的距离使微悬臂在垂直于表面方向上的弯曲程度保持恒定，即反馈电路控制反射光束偏转量恒定，从而恒定力的大小，于是记录样品上下运动的信息即反映了样品的表面形貌。

然而针尖的刮过以及产生的侧向力可能损伤样品和针尖。为了降低这一问题的严重程度，可以采用轻敲模式，该模式也被称为间歇接触模式（intermittent contact mode）。在该模式中，通过一个压电驱动器的作用，微悬臂在接近其共振频率处自由振动，当表面接近振动的针尖后，样品与针尖发生相互作用，针尖由于受到样品表面对其在空间上的限制，便被迫减小其振动的幅度做阻尼振动，从而间断性地轻敲表面。由于针尖与样品之间的接触时间很少，很大程度上降低了侧向力对样品的破坏。当微悬臂以足够大的幅度振动时，就可以克服样品表面带来的黏附力，从而对表面黏附力比较大的样品成像。

非接触模式中检测的是范德瓦耳斯力和静电力，由于是长程作用力，针尖在扫描过程中不与样品表面接触，也不对样品表面造成破坏。通常接触模式和轻敲具有很高的空间分辨率，而非接触模式的分辨率低于以上两种模式。

(2) ECAFM 的特点

由于 AFM 与 STM 的工作原理不同，ECSTM 探针需要绝缘包封以减小法拉第电流对隧道电流的干扰，而 ECAFM 不存在以上问题，不需要对针尖进行处理，只需要添加对样品进行电化学控制的部分。ECAFM 针尖没有被控制电位，所以减小了对样品造成影响的可能性。ECAFM 的工作状态与在大气中工作的 AFM 基本相同，并且由于针尖和样品均处于液体的环境中，避免了大气环境中样品表面液膜所造成的毛细作用对成像分辨率的影响，因此有利于分辨率的提高。

ECAFM 对样品的导电性没有要求，并且可以用于观察具有一定粗糙度的样品，所以具有很宽的应用范围。近年来，仪器改进及应用研究都得到了快速发展，已被用于研究吸附、腐蚀及电池相关体系。初期的 ECAFM 研究较多采用接触模式，轻敲模式随后也被成功应用。由于在液体中难以做到只使微悬臂振动，在轻敲模式中，整个微悬臂固定物均会振动。Molecular Imaging 公司发明了新的工作模式——MAC 模式(magnetic AC mode)。一个位于样品下方的圆筒形线圈产生的磁场直接驱动表面修饰了磁性材料的微悬臂，对振动幅度进行精确控制，而基本上不影响液体和显微镜的其余部分。由于只有微悬臂受到驱动，显著提高了信噪比，改善了在液体中的成像质量。MAC 模式可以对分子结构进行成像，对要求高分辨率的研究领域十分有用。幅度信号对频率的响应图表明 MAC 模式在液体中也能获得很好的峰形，因此便于选择合适的工作频率以及可以使用很小的振动幅度进行工作，适用于比较软以及在表面固定得不够牢固的样品。

5.3 红外光谱研究

5.3.1 红外光谱概述

1800 年，英国天文学家赫舍尔(F. W. Herschel)用温度计测量太阳光可见光区内、外温度时，发现红色光以外“黑暗”部分的温度比可见光部分高，从而意识到在红色光之外还存在一种肉眼看不见但是具有热效应的光，因此称为红外光，而对应的这一段光区便称为红外光区。

5.3.1.1 物质对红外光的选择性吸收

选择性吸收是指对某些波长的红外光吸收得多，而对某些波长的红外光却几乎不吸收，所以说赫舍尔在温度计前放置了一个水溶液，结果发现温度计的示值下降，这说明溶液对红外光有一定的吸收。然后，他用不同的溶液做了类似的实验，结果发现不同的溶液对红外光的吸收程度是不一样的。赫舍尔意识到这个实验的重要性，于是他固定用同一种溶液，改变红外光的波长做类似的实验。结果发现：同一种溶液对不同的红外光的吸收程度不同。

显然，如果用一种仪器把物质对红外光的吸收情况记录下来，这就是该物质的红外吸收光谱图，横坐标为波长，纵坐标为该波长下物质对红外光的吸收程度。

由于物质对红外光具有选择性的吸收，因此，不同的物质便有不同的红外吸收光谱图，所以可以从未知物质的红外吸收光谱图反过来求证该物质究竟是什么物质，这正是红外光谱定性分析的依据。

5.3.1.2　红外光谱的研究内容

红外光谱(infrared spectroscopy,IR)是研究分子运动的吸收光谱。任何物质的分子都是由原子通过化学键联结起来而组成的。分子中的原子键与化学键都处于不断的运动中。它们的运动,除了原子外层价电子跃迁以外,还有分子中原子的振动和分子自身的转动。这些运动形式都可能吸收外界能量而引起能级的跃迁,每一个振动能级常包含很多转动分能级。

当样品受到频率连续变化的红外光照射时,分子吸收了某些频率的光,将吸收的光能变为分子的振动能量和转动能量,引起振动或转动运动偶极矩的变化,分子由原来的基态振动能级跃迁到能量较高的振动能级(激发态能级),并使得这些吸收区域的透射光强度减弱。

分子能选择性吸收某些波长的红外线,而引起分子中振动能级和转动能级的跃迁,检测红外线被吸收的情况可得到物质的红外吸收光谱,又称为分子振动光谱或振转光谱。

记录红外光的百分透射比与波长关系的曲线,即红外光谱,所以又称为红外吸收光谱。

在有机物分子中,组成化学键或官能团的原子处于不断振动的状态,其振动频率与红外光的振动频率相当。所以,用红外光照射有机物分子时,分子中的化学键或官能团可以发生振动吸收,不同的化学键或官能团吸收频率不同,在红外光谱上将处于不同位置,从而可以获得分子中含有何种化学键或官能团的信息。红外吸收光示意图如图5-10所示。

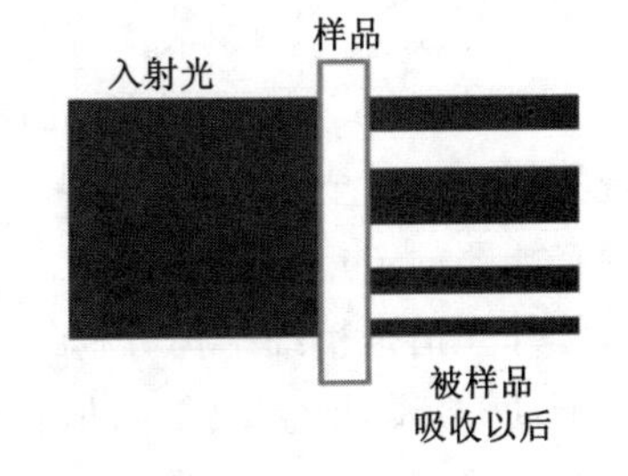

图5-10　红外吸收光示意图

样品吸收红外辐射的主要原因是分子中的化学键。因此,IR可用于鉴别化合物中的化学键类型,可对分子结构进行推测,既适用于结晶质物质,也适用于非结晶质物质。

5.3.1.3　红外吸收光谱区域

红外光是波长大于750 nm且小于1 000 nm的电磁波,当一束红外光照射到被测样品上时,该样品的分子就要吸收一部分光能,由振动的低能级跃迁到相邻的高能级,因此若将其透过光用单色调光器进行色散或傅立叶变换,并以波数为横坐标,以百分透过率或吸光度为纵坐标,把谱带记录下来,就能得到该物质在相应于基团特征频率区域内的红外吸收光谱图。从吸收峰的位置及强度,可得到此种分子的定性及定量数据。红外光可分为三个区域,即近红外区、中红外区和远红外区,目前研究最多的是中红外光谱。双原子分子的三种能级跃迁示意图如图5-11所示。红外吸收光谱区域波长、波数见表5-1。

表5-1　红外吸收光谱区域波长、波数

区域名称	波长/μm	波数/cm^{-1}	能级跃迁类型
近红外区(泛频区)	0.75～2.5	13 158～4 000	OH、NH、CH键的倍频吸收
中红外区(基本振动区)	2.5～25	4 000～400	分子振动,伴随转动
远红外区(分子转动区)	25～300	400～10	分子转动

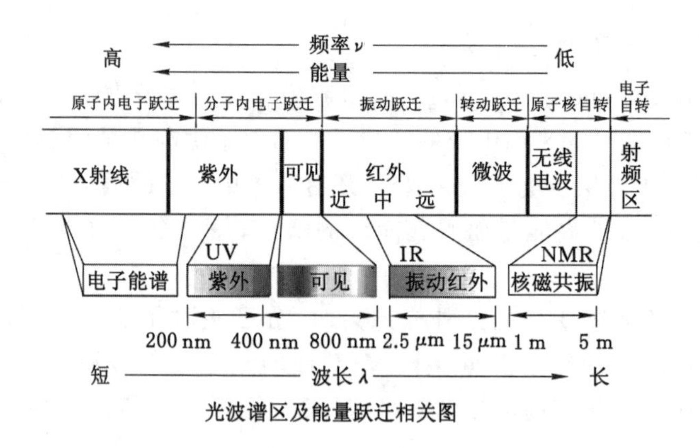

图 5-11 双原子分子的三种能级跃迁示意图

波数即波长的倒数，表示单位长度光中所含光波的数目。波长或波数可以按下式互换：

$$\bar{\nu}=\frac{10^4}{\lambda} \tag{5-21}$$

式中，$\bar{\nu}$ 为波数，cm^{-1}；λ 为波长，μm。

近红外光谱主要用来研究 O—H、N—H 及有 C—H 键伸缩振动的倍频吸收，特别适用于各种官能团的定量分析。

远红外光谱是精细结构分析的一种有效手段，适用于研究金属氧化物电极材料中金属-金属键振动、金属-非金属键振动以及金属离子的配位等，但是在获取高质量的谱图及谱峰的指认方面仍有一定的困难，因此目前应用还受到限制。

中红外区主要是分子振动能级的跃迁，绝大多数分子的振动频率出现在该区，因此中红外区的振动光谱对化合物的结构分析和组分分析是非常重要的。由于分子的振动能量比转动能量大，当发生振动能级跃迁时，不可避免伴随有转动能级的跃迁，所以无法测得纯粹的振动光谱，而只能得到分子的振动-转动光谱，这种光谱又称为红外吸收光谱。

红外吸收光谱产生的条件除要求所用红外光具有恰好能满足分子振动能级跃迁时所需要的能量外，还要求分子的动态偶极矩不为 0，这种振动称为红外活性的，反之则称为非红外活性的。如在锂离子二次电池中 FTIRS 很少用于分析碳负极材料的晶相结构，归因于 FTIRS 只能检测分子振动过程中伴随有偶极矩变化的化合物；碳负极的晶体结构较多应用 Raman 光谱进行研究。

5.3.2 红外吸收产生的原理与条件

5.3.2.1 红外吸收产生的原理

分子内原子不停地振动，振动时正、负电荷所带电量不变，但是其中心距离发生变化，因此分子偶极矩发生变化。对称分子由于正、负电荷中心重叠，$r=0$，因此对称分子中原子振动不会引起偶极矩的变化。

当用波长连续变化的红外光照射分子时，与分子振动频率相等的特定波长的红外光被吸收，即产生了共振。光的辐射能通过分子偶极矩的变化传递给分子，此时分子中某种基团就吸收了相应频率的红外辐射，从基态振动能级跃迁到较高的振动能级，即从基态跃迁到激发态，从而产生红外吸收。如果红外光的振动频率与分子中各基团的振动频率不符合，则该部分的红外光就不会被吸收。

红外光所具有的能量正好相当于分子的不同能量状态之间的能量差异，因此才会发生对红外光的吸收效应。

根据量子学说的观点，物质在入射光的照射下，分子吸收能量时其能量的增加是跳跃式的，所以物质只能吸收一定能量的光量子。两个能级之间的能量差与吸收光的频率服从玻耳公式：

$$\Delta E_{吸收} = E_2 - E_1 = \hbar\nu \tag{5-22}$$

$$c = \lambda\nu \tag{5-23}$$

$$\nu = \frac{c}{\lambda} = c\bar{\nu} \tag{5-24}$$

$$\Delta E_{吸收} = \hbar\frac{c}{\lambda} \tag{5-25}$$

式中，ΔE 为光子能量，J；E_2，E_1 分别为低能态和高能态的能量；$\hbar$ 为普朗克常数，$\hbar=6.626\times10^{-34}$ J·s；c 为光速，$c=3\times10^8$ m/s，ν 为频率，Hz。

λ 为 0.75～1 000 μm，代入式(5-25)，$\Delta E_{吸收}=0.001\ 2$～1.6 eV(1 eV=1 e×1 V≈1.602×10^{-19} C·V=1.602×10^{-19} J)。

由式(5-22)可知：若低能态与高能态之间的能量差越大，则所吸收光的频率越高，反之所吸收光的频率越低。

分子吸收光子后，依光子能量的大小可引起分子转动、振动及电子能阶的跃迁等。电子跃迁的能量 $E_e=1$～20 eV，分子振动的能量 $E_v=0.05$～1 eV，分子转动的能量 $E_r=10^{-4}$～0.05 eV。由此可以看出：红外光谱是分子的振动和转动引起的，因而又称为振-转光谱。

分子的振动所需的能量远大于分子的转动所需的能量，因此对应的红外吸收频率也有差异：① 远红外区：波长长，能量低，对应分子的转动吸收；② 中红外区：波长短，能量高，对应分子的振动吸收；③ 近红外区：能量更高，对应分子的倍频吸收（从基态到第二振动激发态或第三振动激发态）。分子的不同激发态如图 5-12 所示。

分子振动的类型：双原子分子伸缩振动（图 5-13）。

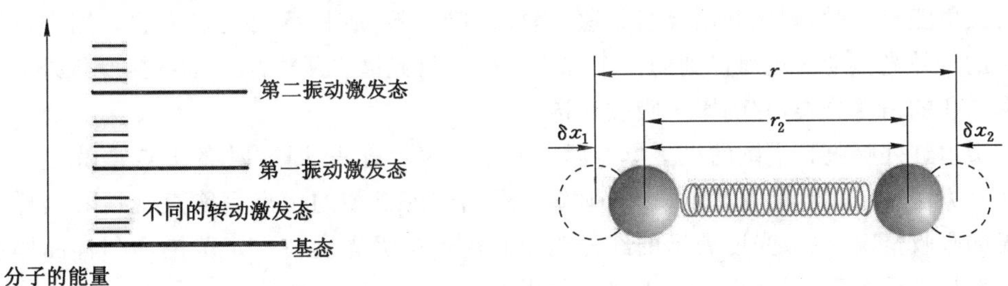

图 5-12　分子的不同激发态

图 5-13　双原子分子伸缩振动

一些化学键的伸缩振动对应的红外波数见表 5-2。

表 5-2 化学键的伸缩振动对应的红外波数

键	分子	红外波数/cm^{-1}
H—F	HF	3 958
H—Cl	HCl	2 885
H—Br	HBr	2 559
H—O	H_2O(结构水)(羟基)	3 640
H—O	H_2O(结晶水)	3 200～3 250
C—C	单键	1 195
C—C	双键	1 685
C—C	三键	2 070

5.3.2.2 红外吸收产生的条件

红外吸收产生的条件:

① 振动的频率与红外光波段的某频率相等,即分子吸收了这一波段的光,可以把自身的能级从基态提高到某一激发态。这是产生红外吸收的必要条件。

② 偶极矩的变化:分子在振动过程中,由于键长和键角的变化而引起分子的偶极矩的变化,结果产生交变电场,这个交变电场会与红外光的电磁辐射相互作用,从而产生红外吸收。

而多数非极性的双原子分子(H_2,N_2,O_2),虽然也会振动,但振动中没有偶极矩的变化,因此不产生交变电场,不会与红外光发生作用,不吸收红外辐射,称为非红外活性。

5.3.3 透射红外吸收光谱

当固体物质同电磁波相互作用时,其能量平衡可以用下式描述:

$$A+R+T=1 \tag{5-26}$$

式中,A 为吸收总能量的贡献;R 为反射或散射总能量的贡献;T 为透射总能量的贡献。

为了获得质量最好的红外谱图,当样品吸收适当且散射能量弱时,可以利用透射法;当样品反射能量大时,则应利用反射方法;当样品吸收较强时,可用发射方法。测定透过样品前后的红外光强度变化而得到的谱图称为红外透射光谱。从样品分子在接受红外光照射时能量变化的角度分类,它仍属于吸收光谱。

透射红外吸收光谱图的纵坐标有两种常用的表示方法,即透射率 T 与吸光度 A。这两种表示方法在应用上各有特点,以透射率表示的红外谱图的优点是能直观地看出样品对红外光的吸收情况;以吸光度表示的红外谱图的优点是吸光度在一定范围内与样品厚度及样品浓度呈正比关系,因此更适用于定量分析。

测量样品时常需要使用一些窗片、基质等透光材料,不同光学材料透过电磁波的波长范围、物理性能均有所不同。表 5-3 介绍了实验室中比较常用的红外透光材料。

表 5-3　红外区一些透光材料的物理性质

材料名称	化学组成	透光范围/cm^{-1}	水中溶解度/(g/100 mL 水)	折射率
氯化钠	NaCl	5 000～625	35.7 (0 ℃)	1.54
溴化钾	KBr	5 000～400	53.5 (0 ℃)	1.56
碘化铯	CsI	5 000～165	44.0 (0 ℃)	1.79
溴碘化铊(KRS-5)	TIBr,TII	5 000～250	0.02 (20 ℃)	2.37
氯化银	AgCl	5 000～435	不溶	2.00
溴化银	AgBr	5 000～285	不溶	2.20
氟化钡	BaF_2	5 000～830	0.17(20 ℃)	1.46
氟化钙	CaF_2	5 000～1 100	0.001 6(20 ℃)	1.43
硫化锌	ZnS	5 000～710	不溶	2.20
硒化锌	ZnSe	5 000～500	不溶	2.40
金刚石(Ⅱ)	C	3 400～2 700 1 650～600	不溶	2.42
锗	Ge	5 000～430	不溶	4.00
硅	Si	5 000～660	不溶	3.40

透光范围的低限往往与材料的厚度有关。厚度不同,透光的低限波数不同。如 3 mm 厚的碘化铯晶片,低限只能到 200 cm^{-1};如果用 70～100 mg 碘化铯粉末压片,低限则可到 100 cm^{-1}。

要想获得一幅质量好的红外谱图,实验技术是相当重要的,人们根据研究体系的需要,设计了各种不同结构的红外吸收池。

机器及环境因素也是影响红外谱图质量的关键因素。傅立叶变换红外吸收光谱仪(FTIR)是红外光谱仪器的第三代,其数据处理系统可以帮助试验者尽可能降低机器噪声和环境中的二氧化碳、水分等对红外谱图的干扰。

结果谱图通常采用差谱的方法给出,差谱即差示光谱,是计算机对已贮存的数字化光谱所做的一种数据处理程序。这种方法的理论依据是朗伯-比尔定律,因为吸光度具有加和性,在混合物光谱中,某一波数处的总吸光度是该体系中各组分在该处产生的吸光度的总和。根据纵坐标选择的不同,有两种处理方法:若以透射率为纵坐标,红外谱图则以透射率相除法来表示;若以吸光度为纵坐标,红外谱图则以吸光度相减法表示。具体做法如下:FTIR 光谱仪首先分别采集样品和背景的单光束光谱,然后以样品的单光束光谱除以背景的单光束光谱即可得到样品的透射谱;以样品的单光束光谱减去背景的单光束光谱即可得到样品的吸收谱,这个相除或相减的过程就是求取以背景为基准的差谱的过程。差谱程序通常有两种运算——乘法运算和减法运算。计算机在开始执行差谱程序后,显示屏上可看到差减后的谱图,操作者通过键盘操作连续调节差减因子到差减结果满意为止,这时可以得到差减因子值和差谱。实际上,差谱是从混合物中除去已知组分的过程。

差谱可以进行一次,也可以对一个多组分谱图逐级进行差减以达到逐个减去的目的,因此差谱又称为光谱剥离,可以在一定程度上取代复杂的化学分离工作。在已知组分与未知组分共存的体系中采用差谱技术可以同时得到组分的定量分析数据和未知组分的光谱图,因此差谱在混合物分析及混合物研究中具有很重要的作用，在各个领域均有着很广泛的应用。

在锂离子电池研究中，红外透射光谱特别适用于研究聚合物电解质隔膜等难以用反射红外光谱进行研究的材料，实验时要求隔膜较薄，以利于红外光的透过。对于电解液等易失效物质，用红外透射光谱进行研究也具有独到的优势。

图 5-14 为红外透射光谱池示意图，将电解液以三明治的形式在红外透射池中形成液层，可以隔绝电解液和空气的接触，操作较为简单。此外对于颗粒较细的聚合物粉末，也适合用红外透射光谱进行研究。

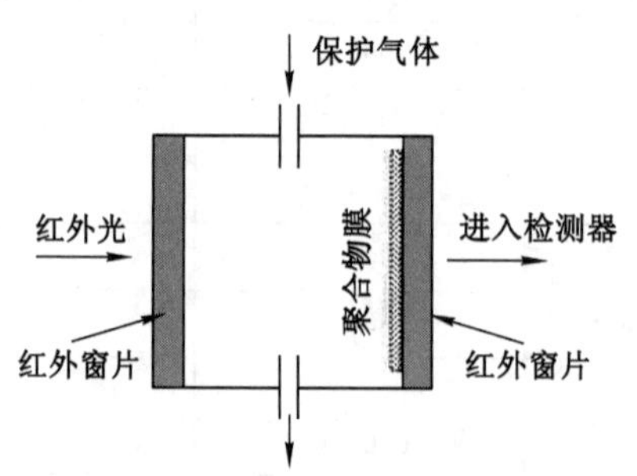

图 5-14　原位红外透射光谱池示意图

图 5-15 中，纵坐标为吸收强度，用透过率 T 表示。透过率是光透过样品物质的百分率，吸收峰向下。

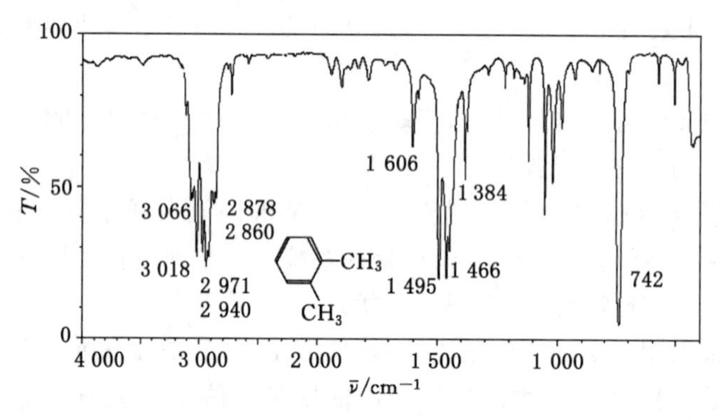

图 5-15　二甲苯红外光谱

横坐标为吸收峰的位置，用波数 $\bar{\nu}$ 表示。波数 $\bar{\nu}$ 是波长 λ 的倒数，即 $1/\lambda$，单位为 cm^{-1}。中红外区的波数 $\bar{\nu}$ 范围为 4 000～400 cm^{-1}。波数表示电磁辐射在单位距离中的振动频率，由于波数和能量成正比，故红外光谱更多采用波数作为单位。

透过率的公式如下：

$$T\% = I/I_0 \times 100\%$$

式中，I 为透过强度；I_0 为入射强度。

根据红外光谱的峰位、峰数、峰强判断化合物中可能存在的官能团，从而推断出未知物的结构。

① 峰位：化学键的力常数 K 越大，原子折合质量越小，键的振动频率越大，吸收峰将出现在高波数区（短波长区），反之出现在低波数区（高波长区）。

② 峰数：峰数与分子自由度有关，无瞬间偶极矩变化时无红外吸收。

③ 峰强：瞬间偶极矩大，吸收峰强；键两端原子电负性相差越大（极性越大），吸收峰越强。

红外吸收谱带的强度取决于分子振动时偶极矩的变化，而偶极矩与分子结构的对称性有关。振动的对称性越高，振动中分子偶极矩变化越小，谱带强度也就越弱。

一般情况下，极性较强的基团（如 C ═ O，C—X 等）振动，吸收强度较大；极性较弱的基团（如 C ═ C、C—C、N ═ N 等）振动，吸收较弱。红外光谱的吸收强度一般定性地用很强（vs）、强（s）、中（m）、弱（w）和很弱（vw）等表示。按摩尔吸光系数的大小划分吸收峰的强弱等级，具体如下：

① $\varepsilon>100$，非常强峰（vs）；

② $20<\varepsilon<100$，强峰（s）；

③ $10<\varepsilon<20$，中强峰（m）；

④ $1<\varepsilon<10$，弱峰（w）。

键两端原子电负性相差越大（极性越大），吸收峰越强：

① 由基态跃迁到第一激发态，产生一个强的吸收峰，基频峰；

② 由基态直接跃迁到第二激发态，产生一个弱的吸收峰，倍频峰。

红外光谱的用途：

① 可进行分子结构的基础研究，测定分子键长、键角，推断分子的立体构型；

② 可根据基团的特征吸收频率进行化学组分的定性分析；

③ 根据特征峰的强度进行定量分析；

④ 进行有机化合物的结构鉴定。

5.3.4　反射吸收红外光谱

对于一些不透红外光且反射能量较大的样品，必须采用反射方式采集红外光谱，称之为反射吸收红外光谱（RRAS，infrared refrection-absorption spectrocopy）。

5.3.4.1　反射吸收红外光谱原理

金属在红外光区有很高的电导率，其反射率接近 1，因此，入射光与反射光干涉产生的所有与金属表面相切的电场分量都趋于 0；而垂直于金属表面的电场分量与入射角 φ 有关，可得到比入射光更大的振幅。s 偏振光是偏振面垂直于入射面的偏振光，其电场矢量垂直于入射面。p 偏振光是偏振面平行于入射面的偏振光，其电场矢量平行于入射面。红外光在金属表面反射时不同电场矢量的相对幅度随 φ 的改变而变化，s 偏振光在金属表面产生的电场矢量$\boldsymbol{E}_{\mathrm{s}}$（s-分量），在 φ 从 0°到 90°的整个变化范围内都趋于 0，这是因为 $\boldsymbol{E}_{\mathrm{s}}$ 在金属表面反射时发生了 180°相位变化，其入射矢量和反射矢量互相抵消。p 偏振光在金属表面产生的电场矢量$\boldsymbol{E}_{\mathrm{p}}$（p-分量），由入射矢量和反射矢量加合形成，可分解为垂直于金属表面的电场矢量 $\boldsymbol{E}_{\mathrm{p}\perp}$ 和平行于金属表面的电场矢量 $\boldsymbol{E}_{\mathrm{p}\parallel}$。$\boldsymbol{E}_{\mathrm{p}\parallel}$ 始终接近 0，而 $\boldsymbol{E}_{\mathrm{p}\perp}$ 随 φ 增大而增大，至 $\varphi=88°$时达到最大值，然后迅速减小至 0。吸附在金属电极表面的分子或基团，当其垂直于表面的偶极矩变化不为 0 时可吸收 $\boldsymbol{E}_{\mathrm{p}\perp}$ 的能量，在红外谱图中给出吸收谱峰，而其平行于表面的偶极矩变化不能给出红外吸收峰。这一规律构成了红外反射光谱中的表面选律。常用来检测分子或基团是否吸附在电极表面以及其成键和取向情况。对于金属电极来说,s偏振光的表面电场强度始终为0,p偏振光的表面电场在垂直表面方向上不为0,这导致红外反射光谱特有的表面选律:仅当吸附分子振动偶极矩变化在电极表面法线方向上的分量不为0时才能发生红外吸收。反射红外吸收光谱的表面选律在判断吸附物种的取向时具有重要价值。

5.3.4.2 电化学原位红外反射光谱

传统电化学研究方法主要通过电信号作为激励和检测手段,通过电流、电压和电荷的测量获得电极|电解质溶液界面结构、电化学反应机理和动力学性质等信息。但是这些方法仅能提供各种微观信息的平均总和,难以准确鉴别电化学反应过程中的各种反应物、中间物和产物,并提出可靠的反应机理。红外光谱可以给出分子或离子化学键振动和转动能级跃迁的信息,并且大多数分子都具有丰富的、特征的红外振动信息。将电化学方法和红外光谱方法相结合来研究化学电源的电极过程,不仅能深化人们对相应电极过程与反应机理的认识,还为改进现有化学电源的性能和设计新的化学电源品种提供理论指导。电化学原位红外反射光谱在20世纪80年代初由比伊克(Bewick)等发明,利用红外光谱的指纹特征和反射光谱特有的表面选律,可以检测电极表面吸附物种性质及其取向和成键方式。20多年来在电化学各个领域的基础理论和应用研究中发挥了重要作用,为电化学科学从统计平均的唯象研究到分子水平做出了重要贡献。

红外光谱用于固/液界面电化学过程的原位检测主要有三个障碍:

① 固/液界面的溶剂分子(如水)对红外光的大量吸收,使其能量严重衰减;

② 表面吸附物种量少,满单层吸附仅为 $10^{-8} \sim 10^{-9}$ mol/cm^2,使红外信号很微弱;

③ 由于固体电极经常不透红外光,必须采用反射方式,从而导致红外能量进一步损失。

为了克服这些不利因素,主要采取了以下措施:

① 采用薄层电解池或内反射方式电解池,以减少溶剂分子对红外光的吸收;

② 采用微弱信号检测技术(如锁定放大器)或者谱图叠加平均方法来提高检测灵敏度和谱图信噪比;

③ 使用电位调制或者偏振调制,结果光谱采用差谱方式,消除溶剂分子和环境气氛等背景对红外吸收的影响。

5.3.4.2.1 电位调制红外光谱

电位调制红外光谱(electromodulated infrared spectroscopy,EMIRS)方式,应用色散型红外光谱仪,红外光频率缓慢扫描以检测电极上吸附物种引起的吸光度变化;同时给工作电极施加一低频(8.5～22.5 Hz)方波电位调制信号,使电极电位固定在 E_1 和 E_2 两个数值。在电极电位调制过程中,对应于 E_1 和 E_2 下的红外吸收分别由红外检测器和锁定放大器检出,最后的差谱由下式给出:

$$\frac{\Delta R}{R} = \frac{R_{E_2} - R_{E_1}}{R_{E_1}} \tag{5-27}$$

式中,R_{E_1},R_{E_2} 分别为电位 E_1 和 E_2 下的红外反射吸收光谱。

由于利用锁相放大器,使得单次扫描所得光谱的灵敏度较高,$\frac{\Delta R}{R}$ 检测下限可达到约 10^{-6}。

色散型光谱仪器需进行频率扫描,因此记录一个完整光谱的时间较长,比较适合在窄波段内采谱；宽波段采谱很费时，并且各个波长的光谱信号不是同时采集的，因此对研究体系的漂移很敏感。采谱时间较长使 EMIRS 表现出两个主要的缺点：① 薄层中电解质溶液的传输阻力增大，导致电极的时间响应速度过慢；② 吸附物种在电位 E_1 和 E_2 下均有吸收，则结果光谱给出双极谱峰，使谱图解析复杂。

5.3.4.2.2　偏振调制红外反射吸收光谱

偏振调制红外反射吸收光谱（polarization modulation infrared reflection absorption spectroscopy，PMIRRAS），是根据红外反射光谱的表面选律，仅对 p 偏振光有吸收，对 s 偏振光不吸收，在色散型或傅立叶变换红外光谱仪上加装光弹性调制器（photoelastic modulator，PEM）或机械调制器，调制入射光的 p、s 分量。根据表面选律，s 偏振光不能给出表面吸附态物种的信号，仅给出溶液中物种的红外吸收，而 p 偏振光可以同时给出表面吸附态物种和溶液中物种的红外信号，结合锁定放大器检测，因此测量的 $I_p - I_s$ 得到含有电极表面吸附物种的信息，而 $I_p + I_s$ 表征电极表面的总反射率，其归一化的结果光谱表示为：

$$\frac{\Delta R}{R} = \frac{I_p - I_s}{I_p + I_s} \tag{5-28}$$

其特点是可以获得单一电位下的光谱。

5.3.4.2.3　电位差谱技术

随着傅立叶变换红外光谱仪的问世，由电位调制过程中采谱时间慢所引起的问题得到解决。傅立叶变换红外光谱的优点是动镜一次扫描中获得完整波段的光谱，即采集单次光谱数据时间短，在此基础上建立了电位差谱技术。主要的电位差谱技术包括差示归一化界面傅立叶变化红外光谱（subtractively normalized inferfacial FTIR spectroscopy，SNIFTIRS）和单次电位改变红外光谱（single potential alteration FTIR spectroscopy，SPAFTIRS），以及在此基础上扩展的其他方法，如线性电位扫描红外光谱法（linear potential scanning infrared spectroscopy，LPSIRS）、多步电位阶跃傅立叶变换红外光谱法（multistep FTIR spectroscopy，MSFTIRS）、电化学原位显微镜红外反射光谱（microscopic FTIRS）和电化学原位时间分辨方法（time-resolved FTIR spectroscopy，TRFTIRS）。

（1）差示归一化界面傅立叶变化红外光谱（SNIFTIRS）

SNIFTIRS 方式使用 FTIR 光谱仪，电位在 E_1 和 E_2 之间往复阶跃 M 次，每次停留时间都采集 n 张单光束光谱，最后将相同电位下的 $n \times M$ 张单光束光谱叠加，按照式(5-27)计算得到结果光谱。SNIFTIRS 方式要求体系必须可逆，在 FTIRS 中光谱的信噪比正比于累加平均的干涉图数目 n 的平方根。通常通过多次采集并累加一定的 n 来提高谱图的信噪比。既提高信噪比，又避免每次在电位 E_1 或 E_2 下停留太长时间导致体系（薄层组分，电极状态）变化和背景漂移（水汽、CO_2 等）的影响。

（2）单次电位改变红外光谱（SPAFTIRS）

SPAFTIRS 方式是在采集原位红外光谱时首先在参考电位 E_1 下采集 n 次干涉图，然后一次性地阶跃到研究电位 E_2，同样采集 n 次干涉图。经傅立叶变换得到 R_{E_1} 和 R_{E_2}，其结果光谱由方程式(5-27)给出。这种方式是一次性地从 E_1 阶跃到 E_2，常用于研究在 E_1 和 E_2 发生不可逆变化和反应的体系。由于电化学红外信号较弱，可通过叠加光谱来提高信噪比，这样势必造成在 E_1 和 E_2 下采谱时间增加，从而导致电极和红外窗片间的薄层性质发生较大变化，影响测量的灵敏度。

(3) 线性电位扫描红外光谱法(LPSIRS)

LPSIRS方式下电极电位以慢速线性扫描,同时采集不同电位下的干涉图,从而得到吸附物种在电位连续变化情况下的一系列原位光谱。

(4) 电化学原位显微镜红外反射光谱

在常规红外光谱仪上实现的原位反射光谱检测得到的是电极表面的平均信号。将红外光谱仪与红外显微镜相结合可以实现二维空间分辨表面微区的原位红外光谱检测,为研究电极表面微区化学反应性能提供了条件。将特制的原位显微红外电解池固定在扫描平台上,可获得电极表面微区振动光谱的信息,同时可以得到电极表面不同微区红外特征的分布,还可以用于电极表面红外成像。其空间分辨率主要取决于入射红外光的波长,即大于25 μm。目前,电化学原位显微镜红外光谱主要用于研究聚合物电解质和电极的界面特性。

5.3.4.3 电化学原位红外光谱技术

电化学原位红外反射光谱主要有外反射光谱和衰减全反射光谱两种形式。

(1) 外反射光谱

外反射红外光谱(external reflection spectroscopy)是一种常用的红外光谱技术,采用薄层电解池。在测量时工作电极与红外窗片尽可能平行靠近,二者之间的薄层溶液间隔不大于130 μm。红外光束多以最佳的入射角入射到待测样品上以获得红外吸收光谱。图5-16是电化学原位红外反射薄层电解池,通过螺丝钉将红外窗片固定在电解池底部。调节研究电极上部手柄上的螺钉使电极接触红外窗片,在研究电极与红外窗片之间形成薄溶液层。由于大多数电解质溶液具有腐蚀性,因此电化学系统使用的窗片材料是有限的。最常用的窗片材料是平板状的CaF_2(77 000～900 cm^{-1})、ZnSe(20 000～500 cm^{-1})、BaF_2(66 666～770 cm^{-1})、Si(10 000～1 540 cm^{-1},不连续)。当入射角超过77.4°时,平板状的CaF_2窗片在水溶液中会产生全内反射,可使用棱镜或半球形窗片代替。外反射型薄层电解池可使用各种金属(包括单晶)、非金属或薄膜等固体材料作为工作电极,因此其工作电极制备简单、方便,而使其得到了广泛深入的应用。此外研究电极与红外窗片间的薄层也使得该方法具有三个主要局限:① 电位响应速度慢,由于薄层内溶液电阻是未补偿的溶液电阻,与双层电容的乘积,即时间常数所决定的电解池响应时间相对较长;② 传质阻力大,使得体相溶液与薄层之间的扩散时间较长,因而在一些体系中,采谱过程中薄层反应物将耗尽;③ 电极表面不同区域电流密度分布不均匀。但这些不利因素可以通过采取一些措施加以克服,如通过减小电极面积来提高电极响应速度;设计气体红外电极池和各种形式的流动体系薄层电解池能减小体相溶液和薄层之间的传质阻力;通过设计带有沟槽的电极可以降低电极表面电流密度的不均匀性。

(2) 衰减全反射光谱

衰减全反射光谱(attenuated total reflection spectra,简称ATR)又叫内反射光谱(internal reflection spectra)。ATR电解池设计是基于克雷奇曼(Kretschmann)内反射方式,采用高折射率的透光材料(Ge,Si,ZnSe等)作为红外窗片,在红外窗片上蒸镀或者化学镀上一层厚度为几十纳米的金属薄膜作为工作电极。它是将金属薄膜直接沉积在红外窗片上,并用螺丝钉将其固定在电解池上。红外光从窗片背面射入,在金属薄膜和窗片界面发生全反射。但是红外光的隐失波仍通过金属薄膜到达溶液界面并按指数衰减。ATR就是利用吸附物种对隐失波的吸收进行检测的方法。隐失波的探测深度(d_{sp})与红外波长、材料折射率和入射角有关,实际测量中一般为几十纳米。ATR 电化学原位红外电解池与常规电解池相似,溶液电阻和传质阻力都较小,电极的时间常数为 100～300 μs,电流密度分布也比较均匀,很适合用于快速电极过程动力学研究。图 5-17 给出了可用于原位检测电解液阳极氧化过程的 ATR 电化学红外电解池示意图。红外窗片选择对 Li 和有机电解液惰性的材料,如 KBr,NaCl 等;将 Pt、Au 等金属蒸镀在窗片上形成透红外光的金属薄膜作为工作电极;参比电极和对电极均为锂片。工作电极、参比电极和对电极之间充满有机电解液。通过内反射 FTIR 可以得到界面处有机电解液氧化较为详细可靠的信息。

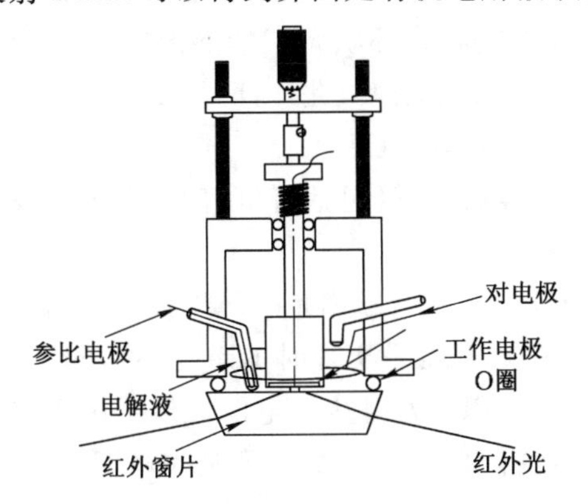

图 5-16　外反射原位 FTIRS 电解池

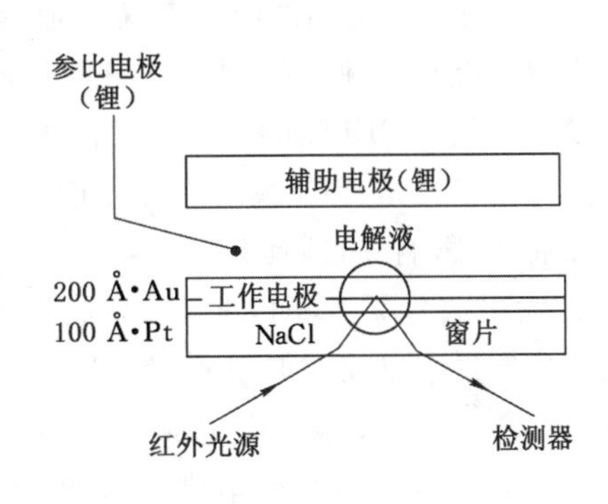

图 5-17　内反射模式 FTIRS 电解池示意图

5.3.5　红外光谱在锂离子电池研究中的应用

锂离子二次电池由于使用非水有机电解液,克服了水溶液体系中水在红外光谱区吸收强而干扰检测的缺点,但同时引进有机溶剂对检测的干扰问题。考虑到锂离子电池本身构造及反应的复杂性(如牵涉多个电化学和化学联合过程,在某些情况下离子扩散问题较突出等)、工作电压高及存在过充放电等问题,因此在应用原位 FTIR 光谱时,合理设计电解池,选择合适的电解液,分析技术问题的实质并排除各种可能的干扰因素,尽量简化实验体系等显得尤其重要。这也使得红外光谱在锂离子电池中的应用与水溶液的开放体系相比难度大幅度增加。

5.3.5.1　负极表面 SEI 膜的化学成分检测分析

锂离子电池在首次充电过程中,有机电解液会在负极表面发生还原,形成一层钝化膜覆盖于负极表面,称为 SEI 膜。它是一种锂离子选择性透过膜,在锂离子电池中具有特别重要的意义。用原位或非原位 FTIRS 研究 Li 或 Li-C 电极表面 SEI 膜具有一定优势,这是因为 FTIRS 能够对各种官能团进行直接指认、确定各种键的类型,而且不会对电极表面造成破坏,因此应用红外光谱研究 SEI 膜使人们能够推测在这些电极上发生的主要表面反应,尤其是研究溶剂和杂质(如 H_2O、CO_2 等)在电极界面上的还原反应。需要指出的是,由于锂盐的还原产物(如卤化锂等)红外活性往往较弱,因而红外光谱不能提供一些锂盐的表面反应信息。

采用 FTIRS 技术可以很方便地测定 Li、Li-C 等电极在不同电解液体系中首次充电时表面生成的 SEI 膜的化学成分。例如，首次充放电循环后碳负极上 SEI 膜的组成的 FTIRS 研究结果表明：在单一溶剂 EC、DEC 或 DMC 中，碳负极表面 SEI 膜的主要成分分别为 $(CH_2OCO_2Li)_2$、$C_2H_5OCO_2Li$、Li_2CO_3。在 EC/DEC 或 EC/DMC 二元电解液中，SEI 膜的主要组分是 EC 的还原产物，在 EC 存在的情况下，DEC 或 DMC 不分解，它们主要起到改善锂盐的溶解性和提高电解液电导率的作用，对碳负极表面 SEI 膜的形成机制没有明显的作用。针对纯净锂电极表面上 SEI 膜的研究将更加有助于认识 SEI 膜的组成及其形成过程。

为避免电极被玷污，所有红外光谱分析实验都在高真空环境下进行。电解液溶剂（如 DMC、DEC 等）以气态的形式引入真空箱，并与锂电极反应形成 SEI 膜。研究结果表明：其 SEI 膜的组成与所选用的溶剂有关。通常锂电极和直链状或环状碳酸酯溶剂反应，其 SEI 膜为相应的烷氧基锂，如锂电极与 DMC 反应的产物为乙氧基锂。此外，FTIRS 还可用于研究成膜添加剂对 SEI 膜的组成和性能的影响及其可能的作用机理。

需要指出的是，SEI 膜的红外光谱除了受有机电解液体系（包括有机溶剂、电解质锂盐及添加剂）的影响外，还具有以下特点：

① 大多数情况下，$ROCO_2Li$ 的特征吸收峰往往较弱，主要原因是 $ROCO_2Li$ 不稳定，电解液中的痕量水以及在 FTIRS 测试过程中的微量水汽，甚至是压片时 KBr 中的痕量水，都可以与 $ROCO_2Li$ 发生反应生成 Li_2CO_3。此外在以 $LiPF_6$ 为锂盐的电解液体系中含有少量 HF，也容易与电极表面生成的 $ROCO_2Li$ 反应，使得 $ROCO_2Li$ 的特征吸收峰更加微弱，甚至观察不到。

② SEI 膜的形成温度及放置时间对 SEI 膜也有影响。

李（Lee）等用 FTIRS 研究了 0 ℃、20 ℃和 40 ℃时在碳上形成的 SEI 膜。对 FTIRS 谱峰进行定量分析的结果表明：随着温度升高，SEI 膜中 $ROCO_2Li$ 和 Li_2CO_3 的量均有所增加。其中 $ROCO_2Li$ 的量的增加由溶剂直接还原产生，而 Li_2CO_3 的量的增加则不是溶剂直接还原的结果，而是由 $ROCO_2Li$ 向 Li_2CO_3 转变所致。

奥尔巴克（Aurbach）等用 FTIRS 研究了锂电极在烷基碳酸酯电解液中表面 SEI 膜的组成随放置时间的变化。研究发现：在贮存过程中，这些膜的老化将会使其组分发生变化。在纯溶剂或 $LiClO_4$、$LiAsF_6$ 基电解液中，痕量的水将与碳负极表面组分 $ROCO_2Li$ 反应，生成更加稳定的 Li_2CO_3；在 $LiBF_4$、$LiPF_6$ 基电解液中，锂盐分解产生的 HF 会和表面组分发生反应生成 LiF。

5.3.5.2 正极表面化学-电解液的阳极稳定性和正极表面钝化层

正极和电解液的相容性主要包括两个方面，即电解液的阳极稳定性和正极表面钝化层，其对电池性能的影响虽然不及负极和电解液的相容性明显，但是由于正极材料电压高，从锂离子电池的安全性考虑，电解液的阳极稳定性对于锂离子电池显得尤为重要。电化学原位 FTIRS 对于研究电解液的阳极氧化具有独到的优势，可直接在电化学真实条件下检测电解液阳极氧化的氧化电位和氧化产物。

与负极钝化膜（SEI 膜）相比，通常认为正极钝化膜对电池性能的影响较小，因而对其研究相对较少。

5.3.5.3 电极材料结构表征

X 射线衍射（XRD）是结构分析的最有效手段，然而由于 Li^+ 的散射很弱，XRD 不适合用于分析正极活性材料 $Li_xM_yO_z$ 结构中 Li^+ 的晶格位置，而 FTIRS 对氧化物晶体中阳离子附近氧晶格位置的短程环境很敏感，被广泛应用于确定 $Li_xM_yO_z$ 结构中 Li^+ 的晶格位置。因此，在对正极材料的结构分析中，广泛使用 XRD 和 FTIRS 相结合的方法。

5.3.5.4　聚合物电解质的表征及离子导电机理

聚合物电解质具有丰富的官能团，非常适合用红外光谱进行表征。此外，对于全固态聚合物锂离子电池，聚合物电解质与载流子在充放电过程中的相互作用，聚合物的微结构与离子输送过程的关系等也需要通过红外光谱等现代物理化学方法来进一步确认。如 Li^+ 和聚丙烯腈(AN)中—C≡N 的相互作用被 FTIRS 普遍证实。但是，由于聚合物电解质中离子传递过程的复杂性，其离子导电机理仍有待进一步研究。

5.4　拉曼光谱

拉曼散射光谱(Raman scattering spectroscopy)是指光子发生的一种非弹性散射现象。一束光照射在物质上，光子会被构成该物质的原子或分子散射，其中绝大部分的散射光子会以原有的频率(能量)散射出去，该部分散射属于弹性散射(瑞利散射)，因为光子散射前后没有发生能量改变；会有小部分散射光子的能量或变大或变小，发生了改变(约占总散射光子数的 $1/10^8$)，这种散射属于非弹性散射。拉曼散射就属于非弹性散射。拉曼散射反映了分子的振动、转动或电子态能量的变化，在大多数实际应用中主要考虑振动态的拉曼散射[221]。

拉曼散射效应是印度物理学家拉曼于 1928 年首次发现的，本人也因此荣获 1930 年的诺贝尔物理学奖。1928—1940 年，受到广泛的重视，曾是研究分子结构的主要手段，这是可见光分光技术和照相感光技术已经发展起来的缘故。1940—1960 年，拉曼光谱的地位一落千丈，主要是因为拉曼效应太弱(约为入射光强的 $1/10^6$)，并要求被测样品的体积必须足够大、无色、无尘埃、无荧光等。所以到 40 年代中期，红外技术的进步和商品化更使拉曼光谱的应用一度衰落。1960 年以后，激光技术的发展使拉曼技术得以复兴。由于激光束具有高亮度、方向性和偏振性等优点，成为拉曼光谱的理想光源。随着探测技术的改进和对被测样品要求的降低，目前拉曼光谱在物理、化学、医药、工业等各个领域得到了广泛应用，越来越受到研究者的重视。

5.4.1　拉曼光谱的原理

拉曼光谱法是利用激光束照射试样时发生散射现象而产生与入射光频率不同的散射光谱所进行的分析方法。频率为 ν_0 的入射光可以看成具有能量 $h\nu_0$ 的光子，当光子与物质分子相碰撞时，可能能量保持不变，故产生的散射光频率与入射光频率相等。只是光子的运动方向发生改变，这种弹性散射称为瑞利散射。

在非弹性碰撞时，光子与分子之间产生能量交换，光子将一部分能量给予分子或从分子获得一部分能量，光子能量就会减少或增加。在瑞利散射线两侧就可以看到一系列低于或高于入射光频率的散射线，这就是拉曼散射。

入射光子的能量为 $h\nu_0$，当与分子碰撞后，可能出现两种情况：

(1) 分子处于基态振动能级，与光子碰撞后，分子从入射光子获取确定的能量 $h\Delta\nu$，达到较高的能级，则散射光子的能量变为 $\hbar(\nu_0-\Delta\nu)=\hbar\nu_-$，频率降低至 $\nu_0-\Delta\nu$，形成能量为 $\hbar(\nu_0-\Delta\nu)$、频率为 $\nu_0-\Delta\nu$ 的谱线。光子能量在散射后变小的为斯托克斯散射(Stokes)，谱线称为斯托克斯线。

如果分子原来处于低能级 E_1 状态，碰撞结果使分子跃迁到高能级 E_2 状态，则分子将获得能量 E_2-E_1，光子则损失这部分能量，这时光子的频率变为：

$$\nu_-=\nu_0-\frac{E_2-E_1}{\hbar}=\nu_0-\frac{\Delta E}{\hbar}=\nu_0-\Delta\nu \tag{5-29}$$

谱线即斯托克斯线。

(2) 分子处于激发态振动能级，与光子碰撞后，分子跃迁回基态而将确定的能量 $\hbar\Delta\nu$ 传给光子，则散射光子的能量变为 $\hbar(\nu_0+\Delta\nu)=\hbar\nu_+$，频率增大至 $\nu_0+\Delta\nu$。形成能量为 $\hbar(\nu_0+\Delta\nu)$、频率为 $\nu_0+\Delta\nu$ 的谱线。光子能量在散射后变大的为反斯托克斯散射(a11ti-Stokes)，谱线称为反斯托克斯线。

如果分子原来处于高能级 E_2 状态，碰撞结果使分子跃迁到低能级 E_1 状态，则分子就要损失能量 E_2-E_1；光子获得这部分能量，这时光子频率变为：

$$\nu_+=\nu_0+\frac{E_2-E_1}{\hbar}=\nu_0+\frac{\Delta E}{\hbar}=\nu_0+\Delta\nu \tag{5-30}$$

常温下，根据玻耳兹曼分布定律，处于低能级 E_1 的分子数比处于高能级 E_2 的分子数多得多，所以斯托克斯线比反斯托克斯线强得多，是在拉曼光谱分析中主要应用的谱线，而瑞利谱线强度又比拉曼谱线强度高几个数量级(图 5-18)。

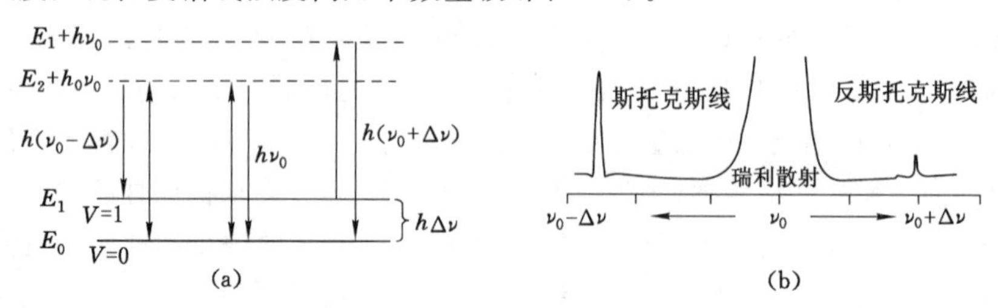

图 5-18　斯托克斯线与反斯托克斯线

拉曼散射关注的是入射光子与散射光子之间的能量差，这个能量的差值对应着相应的振动能级，拉曼散射中，斯托克斯线和反斯托克斯线对称分布在入射光谱的两端，区别仅在于强度不同。拉曼散射的强度完全取决于占据不同振动态的分子数量，斯托克斯线和反斯托克斯线通常称为拉曼线，其频率常表示为 $\nu_0\pm\Delta\nu$，称为拉曼频移，这种频移和激发线的频率无关，以任何频率激发这种物质，拉曼线均能伴随出现。因此根据拉曼频移，我们可以鉴别拉曼散射池所包含的物质。

由上面讨论可知：拉曼散射的频率位移 $\Delta\nu$ 与入射光频率无关，与分子制备结构有关，即拉曼位移 $\Delta\nu$ 就是分子的振动或转动频率。不同化合物的分子具有不同的拉曼位移 $\Delta\nu$、拉曼谱线数量和拉曼相对强度，这是对分子基团定性鉴别和分子结构分析的依据。而对于同一化合物，拉曼散射强度与其浓度呈线性关系。

拉曼光谱出现在可见光区，而其拉曼位移一般为 25～4 000 cm^{-1}(最低可测 10 cm^{-1})，这相当于波长为 2.5～100 μm(最长 1 000 μm)的近红外到远红外的光谱频率，即拉曼效应对应于分子转动能级或振-转能级跃迁。当直接用吸收光谱法研究时，这种跃迁就出现在红外线区或远红外线区，得到的是红外光谱，拉曼光谱与红外光谱二者机理有本质不同。拉曼光谱是一种散射现象，是分子振动或转动时的极化率变化(分子中电子云变化)引起的，而红外光谱是吸收现象，是分子振动或转动时的偶极矩变化引起的。

拉曼光谱来源于分子极化率变化，是具有对称电荷分布的键(此种键易极化)的对称振动引起的，故适用于研究同原子的非极性键。

激光拉曼光谱振动叠加效应较小，谱带较清晰，倍频和组频很弱，易进行偏振度测定以确定物质分子的对称性，因此比较容易确定谱带归宿，在谱图分布方面有一定的方便之处。拉曼光谱可直接测定气体、液体和固体样品，并且可用水作为溶剂，可用于高聚物的立规性、结晶度和取向性等方面的研究，也是无机材料和金属有机化合物分析的有力工具。无机体系，比红外光谱法优越得多，不但可以在水溶液中测定，而且可测振动频率处于 1 000～700 cm^{-1} 范围内的络合物中金属-配位键振动。

5.4.2　拉曼光谱的特点

拉曼光谱的优点：对样品无接触，无损伤；样品无须制备；快速分析，鉴别各种材料的特性与结构；能适合黑色和含水样品；高、低温及高压条件下测量；光谱成像快速、简便，分辨率高；仪器稳固，体积适中，维护成本低，使用简便。

拉曼光谱的缺点：拉曼散射信号弱(约为入射光强的 $\frac{1}{10^6}$)，拉曼信号频率离激发光(入射光)频率很近，但拉曼散射光的强度约为瑞利散射光强度的 $\frac{1}{10^6}$～$\frac{1}{10^9}$，所以瑞利散射光信号对拉曼散射光信号干扰很大。

拉曼光谱和红外光谱的共同点及不同点：都是研究分子结构(化学键)的分子振动、转动光谱；红外光谱是吸收光谱，拉曼光谱是发射光谱；拉曼的频谱范围宽(10～4 500 cm^{-1})，红外的频谱范围窄(200～4 000 cm^{-1})；拉曼的激发波长可以是可见光区的任一激发源，因此其色散系统比较简单(可见光区)，而红外的辐射源和接收系统必须放在专门封闭的装置内；不具有偶极矩的分子，不产生红外吸收，但可以产生拉曼散射。

5.5　充放电测试

电池充电性能测试是对二次电池而言的。充电过程中的主要参数有：充电接受能力(充电效率)、充电最高电压等。

电池充电测试的基本电路一般由电源(恒流源或恒压源)、电流电压检测设备、控制设备及记录设备组成。记录工作可以通过人工或 XT 函数记录仪、数据采集卡等自动进行。也可以采用电池性能测试仪来测试，将充电参数设定好后即可自动检测。

电池在不同的测试条件下的充电性能是不同的，这与电池的结构有着密切的关系。同时，充电电流、环境温度等都会对充电性能产生影响。

充电效率是指电池在充电时用于活性物质转化的电能与充电时所消耗的总电能之比，用百分数表示。充电电流的大小、充电方法、充电时的温度直接影响充电效率。充电效率高表示电池接受充电的能力强，一般来说，充电初期充电效率较高，接近 100%，充电后期由于电极极化增强，充电效率较低，在电极上伴随有大量的气体析出。

在充电过程中电池所能达到的最高电压是电池的另一个重要性能指标。充电最高电压往往标志着整个充电过程的电压。充电电压越低，说明电池在充电过程中的极化就减弱，电池的充电效率就越高，电池的使用寿命就有可能更长。

充电过程中，另一个重要指标是电池的耐过充能力。性能优异的二次电池应具有良好的耐过充性能，即电池处于极端充电情况下也能拥有较优良的使用性能。

充电过程的终点控制是一个非常实际的问题，无论是从电池的检测，还是从充电器的开发，都必须考虑该问题，适当地充电控制对优化电池性能和保护电池安全可靠是十分必要的。

对于锂离子电池，控制充电过程非常重要，是先恒电流然后恒电压，电流自动衰减的过程。但是锂离子电池对充电的要求严格。现在半导体制造商们开发出了多种高效、安全和智能化的电池充电，性能良好的锂离子电池充电 IC 一般包括恒流/恒压源电路、电池电压检测电路、电池温度检测电路、限流保护电路和逻辑控制电路。有的 IC 还加上了安全定时、充电状态指示和关闭控制等功能。

充放电方式有三种：恒流充电、恒压充电、恒流恒压充电。

恒流充放电测试：在恒电流下，电压与时间的关系曲线称为恒电流放电曲线(图 5-19)。

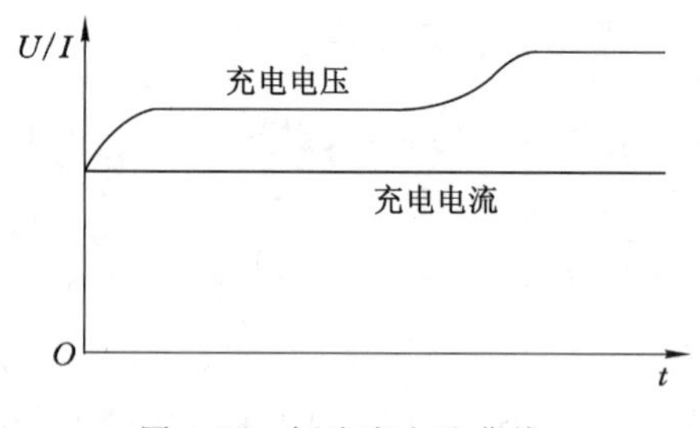

图 5-19　恒流充电法曲线

恒流充放电测试是电化学测试中最常用的手段之一，其可检测电极材料的脱嵌锂比容量、循环性能、倍率性能等。商品化 FeF_3/C 复合正极材料的充放电曲线及循环性能曲线(充放电电流密度为 10 mA/g，电压范围为 4.5～1.5 V)如图 5-20 所示。

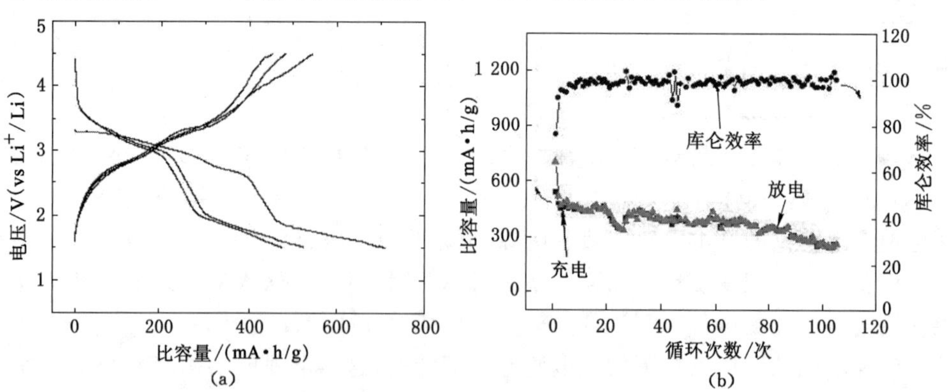

图 5-20　商品化 FeF_3/C 复合正极材料的充放电曲线及循环性能曲线

(充放电电流密度为 10 mA/g，电压范围为 4.5～1.5 V)

商品化 FeF_3/C 复合正极材料的充放电曲线及循环性能曲线(充放电电流密度为 10 mA/g,电压范围为 4.5～1.5 V)。

锂离子电池正常使用的电压范围为 3.0～4.2 V,2.75～3.0 V 为低压警戒区,2.3～2.75 V 为低压危险区,4.3～4.275 V 为高压警戒区,4.275～4.35 V 为高压危险区。锂离子电池使用的电压范围如图 5-21 所示。

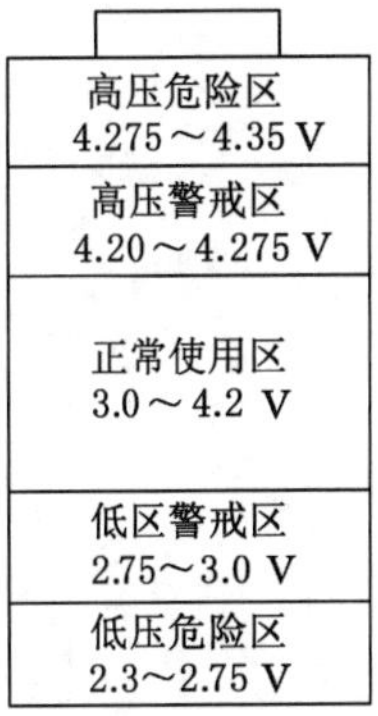

高压危险区 4.275～4.35 V
高压警戒区 4.20～4.275 V
正常使用区 3.0～4.2 V
低区警戒区 2.75～3.0 V
低压危险区 2.3～2.75 V

图 5-21　锂离子电池使用的电压范围

5.6　循环伏安测试

循环伏安法(cyclic voltammetry,CV)具有实验比较简单,可以得到的信息数据较多等特点,因此是电化学测量中经常使用的一种重要方法。循环伏安法又称为线性电势扫描法,即控制电极电势按恒定速度从起始电势变化到某一电势,然后再以相同的速度从某一电势反向扫描到起始电势,同时记录相应的电流变化。例如,起扫电位为 0.8 V,反向起扫电位为－0.2 V,终点又会扫到 0.8 V。

CV 技术具有高灵敏度、操作简单、测试时间短等优点。其原理为:选择上限电位、下限电位及初始电位,且初始电位下无电极反应。一般情况下,上限电位和下限电位为研究电极的工作截止高、低电压,将初始电位和开路电位设置相同,以保证初始电位无电极反应。CV 扫描的速度设置要适当,如果速度过大,将影响整个电池体系的电化学反应(主要是增大电极的欧姆电阻和电容)。当设定的扫描速度过小时,体系内的电流会降低,影响检测的灵敏度。同时当在实验中遇到 CV 电流溢出时,选定自动灵敏度,并将灵敏度适当调高。

实验室 CV 测试在 CHI660D 电化学工作站上进行,采用自制的三电极玻璃电解池体系(图 5-22)或在扣式电池上进行。其中较宽的锂片作为对电极,较窄的锂片作为参比电极。

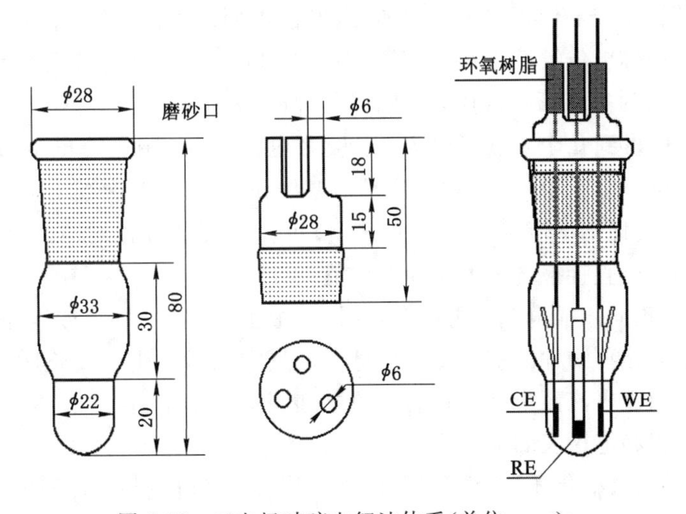

图 5-22　三电极玻璃电解池体系(单位:mm)

以 1.0×10^{-3} mol/L $K_3Fe(CN)_6$ 在 0.1 mol/L KCl 溶液内的 CV 为例,介绍一下循环伏安图(图 5-23),扫描速度为 0.05 V/s。

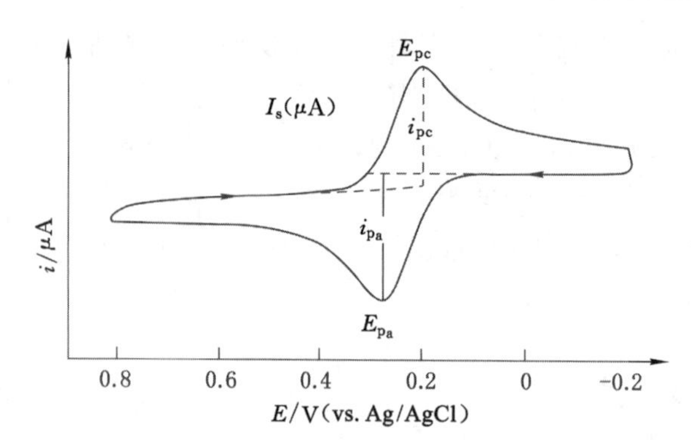

图 5-23　1.0×10^{-3} mol/L $K_3Fe(CN)_6$ 在 0.1 mol/LKCi 溶液中的 CV 图(扫描速度为 0.05 V/s)

$K_3Fe(CN)_6$ 俗称铁氰化钾或赤血盐,化学名称为六氰合铁(Ⅲ)酸钾,读作“六氰合三价铁酸钾”。CN 代表氰根离子。氰根,是由碳和氮两种原子组成一价原子团,化学式为—C≡N 或—CN。氰基(—CN)中的碳原子和氮原子通过三键连接,在通常的化学反应中都以一个整体存在。$K_4Fe(CN)_6$ 俗称亚铁氰化钾或黄血盐,化学名称为六氰合铁(Ⅱ)酸钾,读作“六氰合二价铁酸钾”。

起始电位为 0.8 V,然后沿负的电位扫描,当电位下降至 $K_3Fe(CN)_6$ 可被还原的电位时,产生阴极电流,此时的电极反应为:

$$Fe(CN)_6^{3-} + e^- \longrightarrow Fe(CN)_6^{4-} \tag{5-31}$$

随着电位变负,阴极电流迅速增大,直至电极表面的 $K_3Fe(CN)_6$ 浓度趋于 0,电流达到最大值。然后电流迅速衰减,当电极电位向正向变化至 $K_4Fe(CN)_6$ 的析出电位时,聚集在电极表面附近的还原产物 $K_4Fe(CN)_6$ 被氧化,电极反应为:

$$Fe(CN)_6^{4-} - e^- \longrightarrow Fe(CN)_6^{3-} \tag{5-32}$$

阳极电流随着扫描电位正移迅速增加,当电极表面的 $K_4Fe(CN)_6$ 浓度趋于 0 时,阳极电流达到峰值。扫描电位继续正移,电极表面的 $K_4Fe(CN)_6$ 消耗完,阳极电流衰减至最小。当电位扫至 0.8 V 时完成第一次循环,获得了循环伏安图。

从 CV 图可以得到几个重要的参数:阳极峰电流(i_{pa})、阴极峰电流(i_{pc})、阳极峰电位(E_{pa})、阴极峰电位(E_{pc})。测量 i_p 的方法是沿基线作切线,然后外推,与峰顶所作的垂线相交,该段垂线的高度即峰电流值。峰电位 E_p 值可以直接从峰顶对应的横坐标上获得。现代电化学仪器均可以直接报告峰电流和电位值。

伏安图中,在正向扫描也就是电位变负时,电极上发生还原反应产生阴极电流,从而指示电极表面附近氧化型物种的浓度变化信息。当反向扫描即电位变正时,得到的还原型物种重新氧化产生阳极电流而指示它是否存在和变化。因此,CV 图能够提供电活性物质电极反应过程的历程和电极表面吸附等信息。

从伏安图的波形、氧化还原峰电流的数值及其氧化峰电流与还原峰电流的比值、峰电位等可以判断电极反应机理以及电极反应的可逆性。根据循环伏安图的峰峰电位差可以判断电极反应的可逆性。电极反应的可逆性主要取决于电极反应速率常数,还与电位扫描速率有关。

循环伏安法在溶液电化学中常用来定量测量有关参数,可根据兰德尔斯(Randles)-塞维克(Sevcik)公式计算电极有效表面积(A)、电子转移数(n)和扩散系数(D)等。25 ℃时，兰德尔斯-塞维克公式可表示为：

$$i_p = 2.69 \times 10^5 n^{3/2} A D^{1/2} \upsilon^{1/2} C \tag{5-33}$$

式中，A 为电极的有效面积，cm^2；D 为反应物的扩散系数，cm^2/s；n 为电极反应的电子转移数；υ 为扫速，V/s；C 为反应物的浓度，mol/cm^3；i_p 为峰电流，A。

5.7　电化学阻抗谱

一个未知内部结构的物理系统就像一个黑箱，这个黑箱里面存放着什么东西以及其排放方式是看不见的，即黑箱内部结构是未知的。但是这个黑箱有一个输入端和一个输出端，如果从输入端给一个扰动信号，输出端就能得到一个输出信号。如果黑箱内部是线性的稳定结构，输出信号就是扰动信号的线性函数，这个输出信号被称为扰动信号的线性响应，或简称响应。扰动及响应都是可测量的，可以通过扰动和响应的关系来研究黑箱的性质。描述扰动与响应之间关系的函数被称为传输函数。一个系统的传输函数由系统的内部结构决定，可以反映系统的一些性质。

电化学阻抗谱(electrochemical impedance spectroscopy，EIS)，在早期的电化学文献中称为交流阻抗(AC impedance)。阻抗测量原本是电学中研究线性电路网络频率响应特性的一种方法，引用到研究电极过程中，成为电化学研究中的一种实验方法[222]。

电化学阻抗谱就是给电化学系统施加一个频率不同的小振幅的交流正弦电势波，测量交流电势与电流的比值(系统的阻抗)随正弦波频率 ω 的变化，或者是阻抗的相位角 φ 随 ω 的变化。

电化学阻抗谱方法是一种以小振幅的正弦波电位(或电流)为扰动信号的电化学测量方法。由于以小振幅的电信号对体系进行扰动，一方面可避免对体系产生大的影响，另一方面使得扰动与体系的响应之间近似呈线性关系，这就使测量结果的数学处理变得简单。

电化学阻抗谱方法又是一种频率域的测量方法，以测量得到的频率范围很宽的阻抗谱来研究电极系统，因而能比其他常规的电化学方法得到更多的动力学信息和电极界面结构的信息。

利用 EIS 研究一个电化学系统的基本思路：将电化学系统看作一个等效电路，该等效电路是由电阻、电容、电感等基本元件按串联或并联等不同方式组合而成的(图 5-24)，通过 EIS 可以测定等效电路的构成以及各元件的大小，利用这些元件的电化学含义来分析电化学系统的结构和电极过程的性质等。

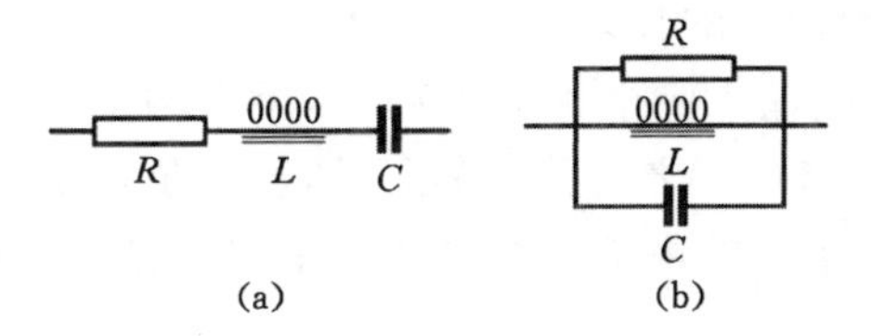

图 5-24　电阻、电容和电感的组合电路

作为一种经典的电化学研究方法，EIS 具有以下优点：

① EIS能够根据电化学反应中基本物理化学过程的弛豫时间常数的不同，在较宽的频率范围内对不同的基本物理化学过程同时表征。

② 作为一种线性的研究方法，EIS的数据处理比较简单。

③ EIS能够对电极反应的原位测试和对电池实现在线测试，测试方法简单易行，易在工业化生产中获得应用。

④ EIS测试实验中一般不需要独特的实验技能和方法。

⑤ 商品化的电化学工作站或综合测试仪一般都具有阻抗测试功能，仪器、设备廉价，一般不需要辅助部件。

⑥ EIS测试过程中，小幅度的交变信号不会使被测体系的状态发生改变，能够实现无损检测。因此在过去的20多年内，EIS被广泛应用于锂离子电池的研究和生产领域，包括研究嵌锂反应机理和比容量衰减机制，测定相关电极过程动力学参数、电池的健康状态(state of health，SOH)、荷电状态(state of charge，SOC)以及电池的内阻，探讨影响锂离子电池电极性能的相关因素。

然而，EIS在锂离子电池领域的进一步应用还存在一些比较严重的限制，主要包括：

① EIS实际应用中面临的首要问题是其不确定性，主要表现为：一方面，EIS谱特征通常由两种元素组成，即半圆和斜线，很多不同的物理化学过程或一个复杂过程的不同步骤，在EIS中往往具有相似的谱特征；另一方面，当时间常数相近时，不同的物理化学过程或一个复杂过程的不同步骤的EIS谱特征可能会相互重合，成为一个谱特征，导致对电极反应相关的复合阻抗谱的解释比较困难。因此，锂离子在嵌入化合物(简称“嵌合物”)电极活性材料中嵌入和脱出过程的EIS谱中各时间常数的归属一直存在不少争议。

② 锂离子电池中的电极是一个复杂的多孔结构，EIS测试结果不仅受活性材料本身性质(结构和颗粒大小等)的影响，还受电极制备工艺、实验条件(电解池结构以及对电极和参比电极的种类、位置、几何形状等)等的影响。导致基于不同实验方案的实验结果之间的可比性较差，而又不存在完善的标准体系。

③ 在EIS高频谱和低频谱测试中仍然存在一些硬件方面的技术难题，尤其是低频谱测试时间较长和仪器测试精度不高。

④ 运用等效电路处理EIS谱数据时，需预先假定电化学过程的反应机制，同时为了阐明上述各种因素对EIS谱特征的影响，需要建立能够合理准确解释嵌入化合物电极阻抗行为的可靠全面的微观数学模型，因此研究者需要具备一定的数学功底和建模能力。

5.7.1 电化学阻抗谱的基础

(1) 电化学系统的交流阻抗的含义

给黑箱(电化学系统M)输入一个扰动函数X，就会输出一个响应信号Y，用来描述扰动与响应之间关系的函数，称为传输函数$G(\omega)$，如图5-25所示。若系统的内部结构是线性的稳定结构，则输出信号就是扰动信号的线性函数。

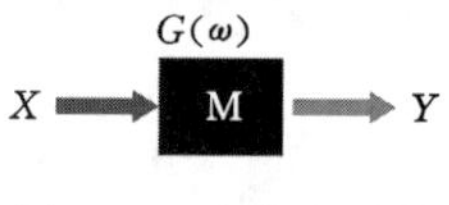

$G(\omega)$

X → M → Y

图5-25 电化学系统的交流阻抗含义

$$Y=G(\omega)X \tag{5-34}$$

$$Y/X=G(\omega) \tag{5-35}$$

如果X为角频率为ω的正弦波电流信号，则Y为角频率为ω的正弦电势信号，此时，传

输函数 $G(\omega)$ 是频率的函数，称为频响函数，这个频响函数就称为系统 M 的阻抗（impedance），用 Z 表示。

如果 X 为角频率为 ω 的正弦波电势信号，则 Y 为角频率也为 ω 的正弦电流信号，此时，频响函数 $G(\omega)$ 称为系统 M 的导纳（admittance），用 Y 表示。

阻抗和导纳统称为阻纳（immittance），用 G 表示。阻抗和导纳互为倒数关系，$Z=1/Y$。

阻纳 G 通常用角频率 ω（或一般频率 f，$\omega=2\pi f$）的复变函数来表示：

$$G(\omega)=G'(\omega)+\mathrm{j}G''(\omega) \tag{5-36}$$

式中，G' 为阻纳的实部；G'' 为阻纳的虚部。

$$Z=Z'+\mathrm{j}Z'' \tag{5-37}$$

阻抗 Z 的模为：

$$|Z|=\sqrt{Z'^2+Z''^2} \tag{5-38}$$

阻抗的相位角 φ（图 5-26）为：

$$\tan\varphi=\frac{-Z''}{Z'} \tag{5-39}$$

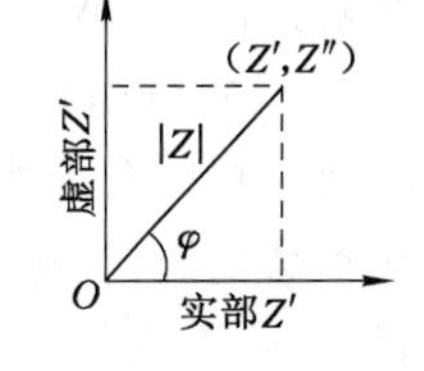

图 5-26　阻抗谱示意图

EIS 技术就是测定不同频率 $\omega(f)$ 的扰动信号 X 和响应信号 Y 的比值，得到不同频率时阻抗的实部 Z'、虚部 Z''、模值 $|Z|$ 和相位角 φ，然后将这些量绘制成各种形式的曲线，就得到 EIS 阻抗谱（图 5-27）。

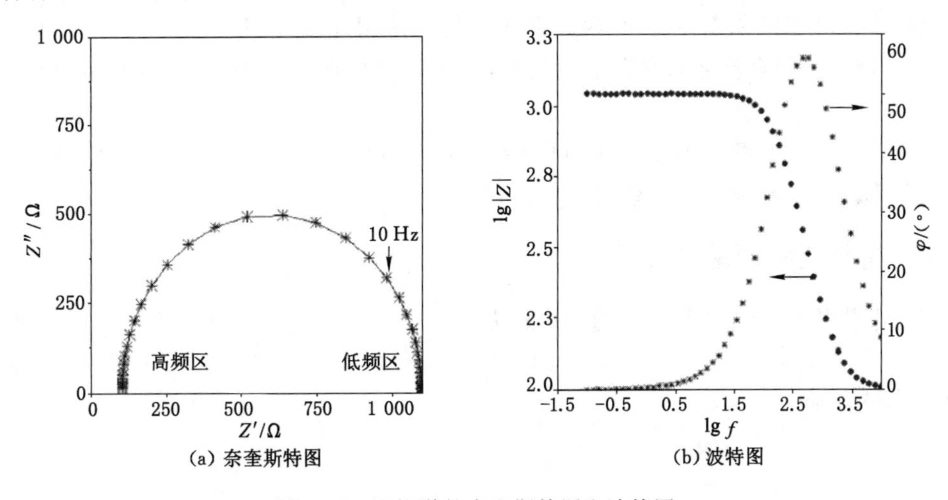

图 5-27　阻抗谱的奈奎斯特图和波特图

奈奎斯特图是用图解法表现系统频率特性的方法，将频率响应通过其幅频特性及相频特性表示在极坐标中的图形，称为幅相图，或奈奎斯特（Nyquist）图。奈奎斯特图常在控制系统或信号处理中使用，可以用来判断一个有反馈的系统是否稳定。奈奎斯特图上每一个点都对应某特定频率下的频率响应。

波特图是由贝尔实验室的荷兰裔科学家亨德里克·韦德·波特于 1930 年发明的。波特用简单且准确的方法绘制增益及相位的图，因此他发明的图也就称为波特图。波特图是线性非时变系统的传递函数对频率的半对数坐标图，其横轴频率以对数尺度表示。由波德图可以看出系统的频率响应，又称为幅频响应和相频响应曲线图。波德图一般由二张图组合而成，一张幅频图表示频率响应增益对频率的变化，另一张相频图是频率响应的相位对频率的变化。

(2) EIS 测量的前提条件

① 因果性条件(causality):输出的响应信号只是由输入的扰动信号引起的。

当一个正弦波的电位信号对电极系统进行扰动时,因果性条件要求电极系统只对该电位信号进行响应,这就要求控制电极过程的电极电位以及其他状态变量都必须随扰动信号-正弦波的电位变化而变化。

② 线性条件(linearity):输出的响应信号与输入的扰动信号之间存在线性关系。电化学系统的电流与电势之间是由动力学规律决定的非线性关系,当采用小幅度的正弦波电势信号对系统进行扰动,电势和电流之间可近似呈线性关系。通常作为扰动信号的电势正弦波的幅度在 5 mV 左右,一般不超过 10 mV。

③ 稳定性条件(stability):扰动不会引起系统内部结构发生变化,当扰动停止后,系统能够恢复到原先的状态。可逆反应容易满足稳定性条件;不可逆电极过程,只要电极表面的变化不是很快,当扰动幅度小,作用时间短,扰动停止后,系统也能够恢复到离原先状态不远的状态,可以近似认为满足稳定性条件。

(3) EIS 测量的特点

① 由于采用小幅度的正弦电势信号对系统进行微扰,电极上交替出现阳极和阴极过程,二者作用相反,因此,即使扰动信号长时间作用于电极,也不会导致极化现象的积累性发展和电极表面状态的积累性变化,因此 EIS 法是一种"准稳态方法"。

② 由于电势和电流之间存在线性关系,测量过程中电极处于准稳态,使得测量结果的数学处理简化。

③ EIS 是一种频率域测量方法,可测定的频率范围很大,因而比常规电化学方法得到更多的动力学信息和电极界面结构信息。

5.7.2 简单电路的基本性质

正弦电势信号(图 5-28)电压的表达式为:

$$e = E\sin(\omega t) \tag{5-40}$$

式中,ω 为角频率。

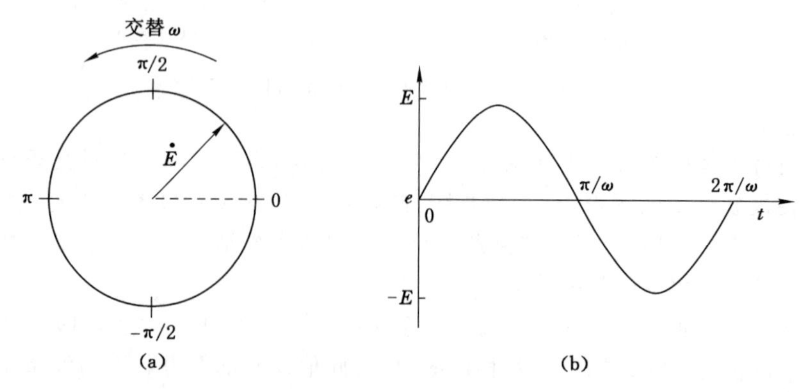

图 5-28　正弦电势信号

正弦电流信号(图 5-29)电流的表达式为:

$$i = I\sin\ (\omega t + \varphi) \tag{5-41}$$

式中，φ 为相位角。

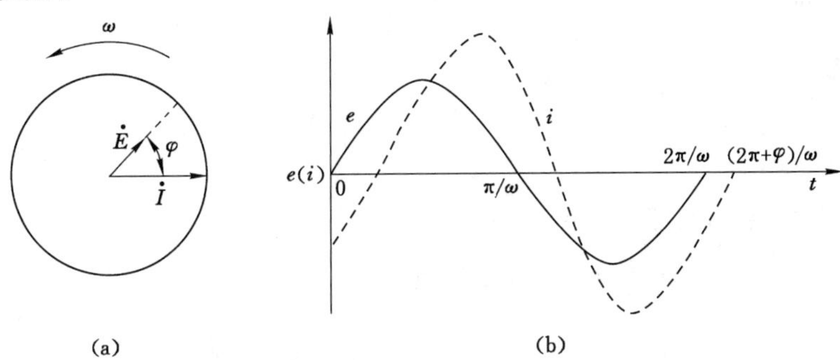

图 5-29　正弦电流信号

5.7.2.1　电阻 R

导体对电流的阻碍作用称为该导体的电阻。电阻(resistance，通常用 R 表示)是一个物理量，在物理学中表示导体对电流阻碍作用的大小。导体的电阻越大，导体对电流的阻碍作用越大。不同的导体，电阻一般不相等，电阻是导体自身的一种性质。导体的电阻通常用字母 R 表示，电阻的单位是欧姆，简称欧，符号为 Ω。

欧姆定律：

$$e = iR \rightarrow i = \frac{e}{R} = \frac{E}{R}\sin(\omega t + \varphi) \tag{5-42}$$

纯电阻，$\varphi=0$，写成复数：

$$Z_R = R$$

实部：$Z'_R = R$，虚部：$Z''_R = 0$。

阻抗的倒数称为 Y：

$$Y_R = 1/R$$

实部：$Y_R{}' = 1/R$，虚部：$Y_R{}'' = 0$。

电阻在奈奎斯特图(图 5-30)上表现为横轴(实部)上一个点。

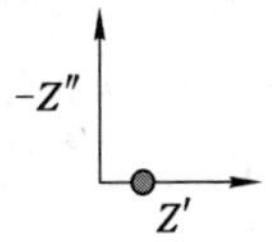

-Z″
Z′

图 5-30　电阻 R 的奈奎斯特图

5.7.2.2　电容 C

电容器所带电量 Q 与电容器两极之间的电压 e 的比值称为电容器的电容(capacitance)。在电路学中，给定电势差，电容器储存电荷的能力称为电容(capacitance)，标记为 C。采用国际单位制，电容的单位是法拉(farad)，标记为 F。

$$C = \frac{Q}{e} = \frac{it}{e} \tag{5-43}$$

$$i = C\frac{\mathrm{d}e}{\mathrm{d}t} = C\frac{\mathrm{d}[E\sin\ (\omega t)]}{\mathrm{d}t} = \omega CE\sin(\omega t + \frac{\pi}{2}) \tag{5-44}$$

$$i = \frac{E}{X_c}\sin(\omega t + \frac{\pi}{2}) \tag{5-45}$$

$$X_c = \frac{1}{\omega C} \tag{5-46}$$

式中，X_c 为电容的容抗。

电容的相位角：

$$\omega=\frac{\pi}{2}$$

写成复数

$$Z_c=\frac{1}{j\omega C}=-j\frac{1}{\omega C} \tag{5-47}$$

其中实部 $Z_c'=0$，虚部 $Z_c''=-\dfrac{1}{\omega C}$。

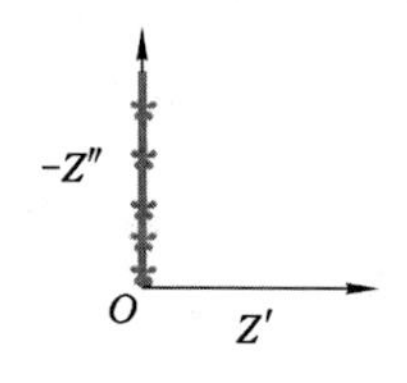

图 5-31　电容 C 的奈奎斯特图

导纳 Y 是阻抗的倒数：

$$Y_C=\frac{1}{Z}=j\omega C \tag{5-48}$$

其中实部：$Y_C'=0$，虚部：$Y_C''=\omega C$。

电容只有虚部，没有实部，C 总为正值。在阻抗复平面上（奈奎斯特图，即图 5-31）表现为第一象限的纵轴重合的一条直线。电容的阻抗模 $|z|=\dfrac{1}{\omega C}$。

5.7.2.3　电感 L

电感是闭合回路的一种属性，是一个物理量。当电流通过线圈后，在线圈中形成磁场感应，感应磁场又会产生感应电流来抵制通过线圈中的电流。这种电流与线圈的相互作用关系称为电的感抗，也就是电感，单位是亨利（H）。它是描述由于线圈电流变化，在本线圈中或在另一个线圈中引起感应电动势效应的电路参数。电感是自感和互感的总称。提供电感的器件称为电感器。

电感的阻抗：

$$Z=j\omega L \tag{5-49}$$

其中实部 $Z_L'=0$，虚部 $Z_L''=\omega L$。

电感的导纳 Y 为：

$$Y=\frac{1}{Z}=\frac{1\cdot j}{j\omega L\cdot j}=-j\frac{1}{\omega L} \tag{5-50}$$

其中实部 $Y_L'=0$，虚部 $Y_L''=-\dfrac{1}{\omega L}$ 。

电感只有虚部，没有实部，L 总为正值。在阻抗复平面上，表现为第四象限的与纵轴重合的一条直线。电感的阻抗模为：

$$|Z|=\omega L \tag{5-51}$$

简单的电学元件串联、并联或既有串联又有并联，可以组成复合元件。复合元件的阻纳特性在阻抗谱的解析中也很重要。

5.7.2.4　电阻 R 和电容 C 串联的 RC 电路

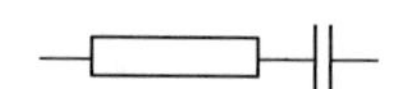
图 5-32　电阻 R 和电容 C 串联的 RC 电路

电阻 R 和电容 C 串联的复合元件用符号 RC 表示（图 5-32）。串联电路的阻抗是各串联元件阻抗之和。

$$Z = Z_R + Z_C = R - \mathrm{j}\,\frac{1}{\omega L} \tag{5-52}$$

其中实部 $Z_L{}' = R$，虚部 $Z_L{}'' = -\frac{1}{\omega C}$ 。

电阻 R 和电容 C 串联的 RC 电路在奈奎斯特图上为与横轴交于 R 与纵轴平行的一条直线(图 5-33)。

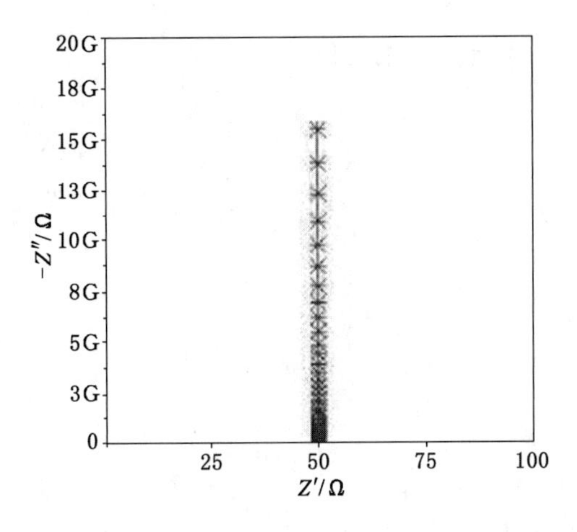

图 5-33　电阻 R 和电容 C 串联的 RC 电路的奈奎斯特图

相位角：

$$\tan\varphi = \frac{1}{\omega RC} \tag{5-53}$$

阻抗模：

$$|Z| = \sqrt{R^2 + \frac{1}{(\omega C)^2}} = \frac{\sqrt{1+(\omega RC)^2}}{\omega C} \tag{5-54}$$

$$\lg|Z| = \frac{1}{2}\lg[1+(\omega RC)^2] - \lg\omega - \lg C \tag{5-55}$$

高频时 ω 数值很大，$\omega \geqslant 1$，当 $\omega \to \infty$ 时，$|Z| = R$，$\varphi = 0$，复合元件的频响特征同电阻 R 一样。

低频时，ω 数值很小，$\omega \leqslant 1$，$|Z| = \frac{1}{\omega C}$，当 $\omega \to 0$ 时，$\varphi = \frac{\pi}{2}$，$|Z| \to \infty$。

复合元件的频响特征如电容 C 一样。

在高频与低频之间有一个特征频率 ω^*，当复合元件阻抗的实部与虚部相等时，此时的频率称为特征频率 ω^*，$R = \frac{1}{\omega^* C}$。

$$\omega^* = \frac{1}{RC} \tag{5-56}$$

特征频率 ω^* 的倒数为 $\frac{1}{\omega^*}$，称为复合元件的时间常数。

5.7.2.5 电阻 R 和电容 C 并联的(RC)电路

电阻 R 和电容 C 并联的复合元件用符号(RC)表示(图 5-34)。并联电路的导纳是各并联元件导纳之和。

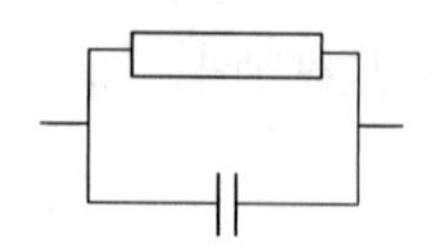

图 5-34 电阻 R 和电容 C 并联组成的(RC)电路

并联电路的导纳 Y 是电阻 R 和电容 C 的导纳之和。

$$Y=\frac{1}{R}+\mathrm{j}\omega C \tag{5-57}$$

阻抗是导纳的倒数：

$$Z=\frac{1}{Y}=\frac{R}{1+\mathrm{j}\omega RC}=\frac{R(1-\mathrm{j}\omega RC)}{(1+\mathrm{j}\omega RC)(1-\mathrm{j}\omega RC)}$$

$$=\frac{R}{1+(\omega RC)^2}-\mathrm{j}\frac{\omega R^2 C}{1+(\omega RC)^2} \tag{5-58}$$

其中实部 Z' 为：

$$Z'=\frac{R}{1+(\omega RC)^2}$$

实部 Z'' 为：

$$Z''=\frac{\omega R^2 C}{1+(\omega RC)^2}$$

相位角 φ：

$$\tan\varphi=-\frac{Z''}{Z'}=\omega RC$$

将 $\omega RC=-\frac{Z''}{Z'}$ 代入 Z' 的公式中，得到：

$$Z'=\frac{R}{1+(-\frac{Z''}{Z'})^2}$$

$$Z'^2-RZ'+Z''^2=0$$

$$Z'^2-RZ'+\frac{R^2}{2}+Z''^2=\frac{R^2}{2}$$

$$(Z'-\frac{R}{2})^2+Z''^2=\frac{R^2}{2} \tag{5-59}$$

电阻 R 和电容 C 串联的电路，$Z'>0$，$Z''<0$，在阻抗复平面上表现为在第一象限的圆心为($R/2$,0)、半径为 $R/2$ 的圆。

这个复合元件阻抗的模为：

$$|Z|=\sqrt{Z'^2+Z''^2}=\frac{R}{\sqrt{1+(\omega RC)^2}} \tag{5-60}$$

$$\lg|Z|=\lg R-0.5\lg[1+(\omega RC)^2] \tag{5-61}$$

从上面的两个式子可以看出：对于电阻 R 和电容 C 并联的复合元件(RC)来说，有下面两种情况：

① 低频率时，$\omega RC\ll 1$，$|Z|\approx R$，与频率无关，此时 $\varphi\rightarrow 0$，电路的阻抗相当于电阻 R 的阻抗。

② 频率很高时，$\omega R \gg 1$，$|Z|=\dfrac{1}{\omega C}$，故当 $\omega \to \infty$ 时，$\varphi \to \dfrac{\pi}{2}$，电路的阻抗相当于电容 C 的阻抗。

这个复合元件的特征频率为：

$$\omega^{*}=\frac{1}{RC}$$

时间常数为：

$$\frac{1}{\omega^{*}}=RC \tag{5-62}$$

当 $\omega=\omega^{*}$ 时，$\tan\varphi=1$，$\varphi=\dfrac{\pi}{4}$，$|Z|=\dfrac{R}{\sqrt{2}}$。

由 $|Z|=\sqrt{Z^{2\prime}+Z^{2\prime\prime}}=\dfrac{R}{\sqrt{1+(\omega RC)^{2}}}$ 可以看出：$\omega\to 0$ 时，$Z\approx R$；$\omega\to\infty$时，$Z\approx 0$。

电阻 R 和电容 C 并联电路的奈奎斯特图如图 5-35 所示。

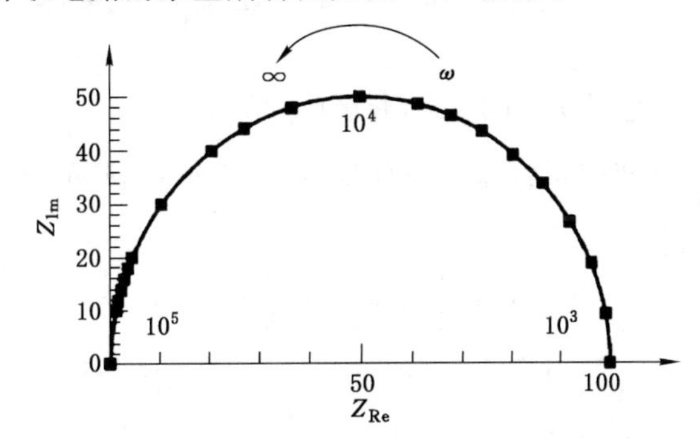

图 5-35　电阻 R 和电容 C 并联电路的奈奎斯特图

5.7.2.6　电阻 R 和电感 L 串联的 RL 电路

电阻 R 和电感 L 串联的复合元件用符号 RL 表示(图 5-36)，串联电路的阻抗是各串联元件阻抗之和。

$$Z=Z_R+Z_L=R+\mathrm{j}\omega L \tag{5-63}$$

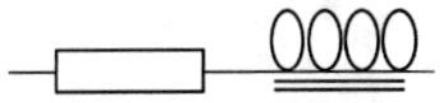

图 5-36　电阻 R 和电感 L 串联的 RL 电路

实部 $Z'=R$，虚部 $Z''=\omega L$。

其相位角的正切为：

$$\tan\varphi=-\frac{Z''}{Z'}=-\frac{\omega L}{R}$$

其模为：

$$|Z|=\sqrt{Z'^{2}+Z''^{2}}=\sqrt{R^{2}+(\omega L)^{2}} \tag{5-64}$$

$$\lg|Z|=\frac{1}{2}\lg\left[R^{2}+(\omega L)^{2}\right] \tag{5-65}$$

当 $\omega\to\infty$时，$\varphi\to-\dfrac{\pi}{2}$；当 $\omega\to 0$ 时，$\varphi\to 0$。这个复合元件的特征频率为：

$$\omega^{*}=\frac{R}{L}$$

时间常数为：

$$\frac{1}{\omega^{*}}=\frac{L}{R} \tag{5-66}$$

电阻 R 和电感 L 串联的 RL 电路在阻抗复平面上表现为第四象限平行于虚轴而与实轴相交于 R 点的一条垂直线(图 5-37)。

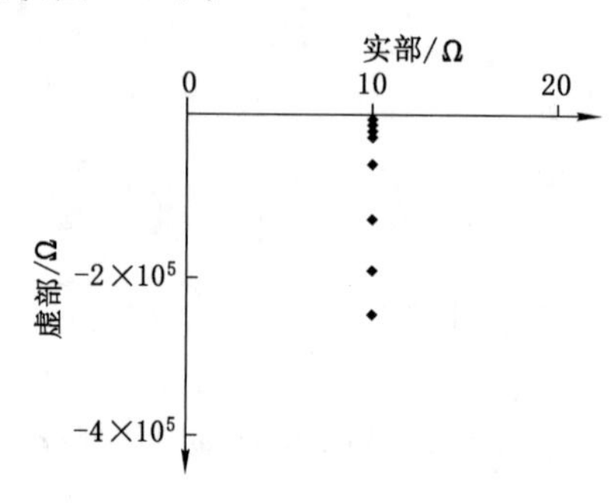

图 5-37　电阻 R 和电感 L 串联 RL 电路的奈奎斯特图

5.7.2.7　电阻 R 和电感 L 并联的(RL)电路

电阻 R 和电感 L 并联的复合元件用符号(RL)表示，并联电路的导纳是各并联元件导纳之和。

$$Y=\frac{1}{R}+\frac{1}{\mathrm{j}\omega L}=\frac{1}{R}-\mathrm{j}\,\frac{1}{\omega L}$$

$$Z=\frac{1}{Y}=\frac{R}{1+\left(\frac{R}{\omega L}\right)^{2}}+\mathrm{j}\,\frac{R^{2}}{\omega L\left[1+\left(\frac{R}{\omega L}\right)^{2}\right]} \tag{5-67}$$

其中实部：

$$Z'=\frac{R}{1+\left(\frac{R}{\omega L}\right)^{2}}$$

虚部：

$$Z''=\frac{R^{2}}{\omega L\left[1+\left(\frac{R}{\omega L}\right)^{2}\right]}$$

其相位角的正切为：

$$\tan\varphi=-\frac{Z''}{Z'}=-\frac{R}{\omega L}$$

其模为：

$$|Z|=\sqrt{Z'^{2}+Z''^{2}}=\frac{R}{\sqrt{1+\left(\frac{R}{\omega L}\right)^{2}}} \tag{5-68}$$

$$\lg|Z|=\lg R-0.5\lg\left[1+\left(\frac{R}{\omega L}\right)^{2}\right] \tag{5-69}$$

从高频到低频，φ 从 0 逐渐趋于 $-\frac{\pi}{2}$。

这个复合元件的特征频率为：

$$\omega^{*}=\frac{R}{L}$$

时间常数为：

$$\frac{1}{\omega^{*}}=\frac{L}{R}$$

$$\frac{Z''^{2}}{Z'^{2}}=\left(\frac{R}{\omega L}\right)^{2}$$

将此式代入 $Z'=\frac{R}{1+\left(\frac{R}{\omega L}\right)^{2}}$ 得：

$$Z'=\frac{R}{1+\frac{Z''^{2}}{Z'^{2}}}$$

$$Z'^{2}-RZ'+Z''^{2}=0$$

$$Z'^{2}-RZ'+\left(\frac{R}{2}\right)^{2}+Z''^{2}=\left(\frac{R}{2}\right)^{2}$$

$$\left(Z'-\frac{R}{2}\right)^{2}+Z''^{2}=\left(\frac{R}{2}\right)^{2} \tag{5-70}$$

这是圆心为 $(\frac{R}{2},0)$、半径为 $\frac{R}{2}$ 的圆的方程。电阻 R 和电感 L 并联的复合元件（RL），$Z'>0$，$Z''>0$，在阻抗复平面上表现为第四象限的圆。这个半圆称为感抗半圆或感抗弧，与处于第一象限复合元件（RC）的容抗半圆或容抗弧是不同的。

由公式 $|Z|=\sqrt{Z'^{2}+Z''^{2}}=\frac{R}{\sqrt{1+\left(\frac{R}{\omega L}\right)^{2}}}$ 可以看出：当 $\omega\rightarrow 0$ 时，$Z\approx 0$；当 $\omega\rightarrow\infty$ 时，$Z\approx R$，情况与 RC 复合元件相反。

电阻 R 和电感 L 并联的（RL）电路的奈奎斯特图如图 5-38 所示。

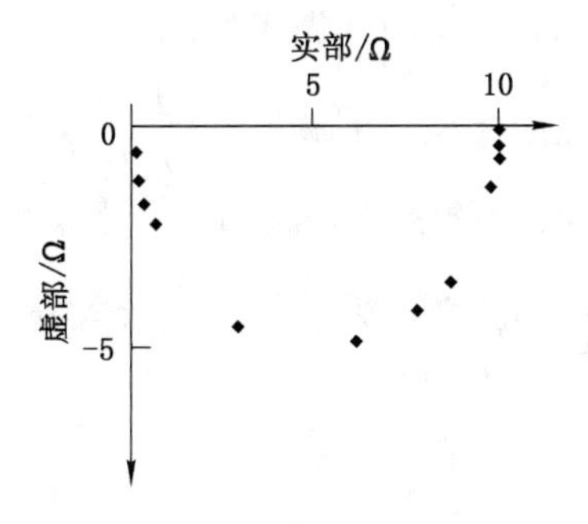

图 5-38　电阻 R 和电感 L 并联的（RL）电路的奈奎斯特图

5.7.2.8 两个时间常数的电路

与波特图相比,奈奎斯特图的优点是以半圆的形式显示电路的各组成或电路所代表的实际过程的时间常数。对于复杂的电路或复杂的过程,该优点更明显。如果电路中的两个组成部分或代表两个过程的实际常数相差很大,在奈奎斯特图中会出现两个半径和圆心均不同的半圆。

复合的阻容并联电路如图 5-39 所示。

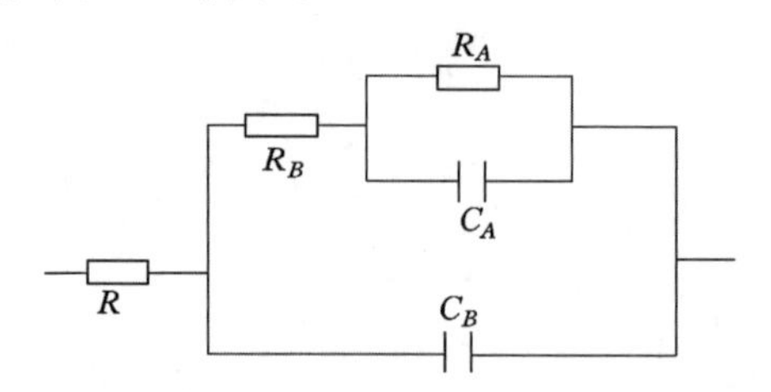

图 5-39 复合的阻容并联电路

令 Z_F 表示由 C_A 和 R_A 并联后再与 R_B 串联组成的复合元件,其公式为:

$$Z_F = R_B + \frac{R_A}{1 + j\omega R_A C_A} \tag{5-71}$$

整个电路的 Z 为:

$$Z = R_s + \frac{Z_F}{1 + j\omega Z_F C_B} \tag{5-72}$$

将 Z_F 代入 Z 的方程式得:

$$Z = R_S + \frac{R_A + R_B + j\omega R_A R_B C_A}{1 + j\omega R_A (C_A + C_B) + j\omega R_B C_B + (j\omega)^2 R_A R_B C_A C_B}$$

若 $C_A \gg C_B$,即 $R_A C_A \gg R_B C_B$,则 Z 的方程式可简化为:

$$Z = R_S + \frac{R_A + R_B + j\omega R_A R_B C_A}{1 + j\omega R_A C_A + (j\omega)^2 R_A R_B C_A C_B} \tag{5-73}$$

高频时,ω 很大,忽略不含 ω 的项,Z 的方程式为:

$$Z_{高频} \approx R_S + \frac{j\omega R_A R_B C_A}{j\omega R_A C_A + (j\omega)^2 R_A R_B C_A C_B} = R_S + \frac{R_B}{1 + j\omega R_B C_B} \tag{5-74}$$

低频时,ω 很小,忽略含 ω^2 的项,Z 的方程式为:

$$Z_{低频} \approx R_S + R_B + \frac{R_A}{1 + j\omega R_A C_A} \tag{5-75}$$

因此,在两个时间常数相差很大的情况下,奈奎斯特图(图 5-40)由两个半圆组成,第一个半圆的圆心在实轴上 $R_S + \frac{R_B}{2}$ 处,半径为 $\frac{R_B}{2}$,第二个半圆圆心在实轴上 $R_S + R_B + \frac{R_A}{2}$ 处,半径为$\frac{R_A}{2}$。

5.7.2.9 常相位角元件 CPE(Q)

电极与溶液之间界面的双电层一般等效为一个电容器,称为双电层电容。但实验发现固体电极的双电层电容频响特性与“纯电容”不一致,有或大或小的偏离,这种现象称为弥散

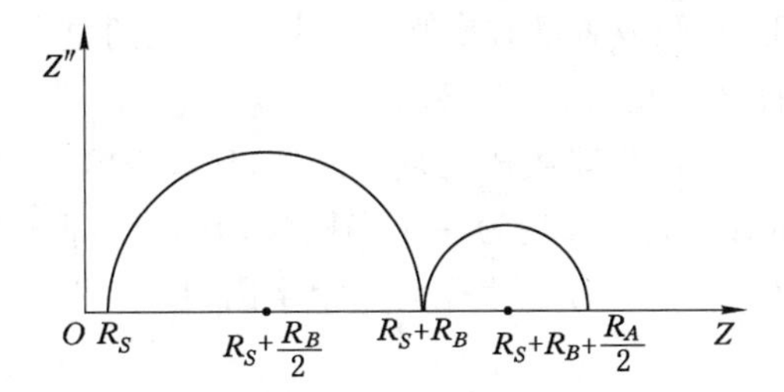

图 5-40　复合的阻容并联电路的奈奎斯特图

效应。很多情况下，电极表面几何因素（多孔、粗糙等）和吸附的存在，使电极过程中代表纯电容性质的部分偏离“纯电容”，用等效元件 Q 表示，其阻抗为：

$$Z_Q=\frac{1}{Y_0}(\mathrm{j}\omega)^{-n}\quad(0<n<1) \tag{5-76}$$

根据欧拉公式：$e^{\pm ix}=\cos x\pm i\sin x$，有：

$$\mathrm{j}^{\pm n}=\exp\left(\pm\mathrm{j}\,\frac{n\pi}{2}\right)=\cos\left(\frac{n\pi}{2}\right)\pm\mathrm{j}\sin\left(\frac{n\pi}{2}\right)$$

$$Z_Q=\frac{\omega^{-n}}{Y_0}\cos\left(\frac{n\pi}{2}\right)-\mathrm{j}\,\frac{\omega^{-n}}{Y_0}\sin\left(\frac{n\pi}{2}\right) \tag{5-77}$$

等效元件 Q 有两个参数：一个参数是 Y_0，其量纲是 $\Omega^{-1}\cdot\mathrm{cm}^{-2}\cdot\mathrm{S}^{-n}$ 或 $\mathrm{S}\cdot\mathrm{cm}^{-2}\cdot\mathrm{S}^{-n}$，由于 Q 是用来描述电容 C 参数发生偏离时的物理量，故与 C 一样，Y_0 总取正值，参数 n 是无量纲的指数。

$\mathrm{j}=\sqrt{-1}$。$n=0$，Q 相当于电阻 R；$n=1$，Q 相当于电容 C；$n=-1$，Q 相当于电感 C。$0<n<1$，n 的取值范围排除了这些特例。

其实部与虚部分别为：

$$\begin{cases}Z_Q{}'=\dfrac{\omega^{-n}}{Y_0}\cos\left(\dfrac{n\pi}{2}\right)\\[2ex] Z_Q{}''=\dfrac{\omega^{-n}}{Y_0}\sin\left(\dfrac{n\pi}{2}\right)\end{cases}$$

导纳为：

$$Y_Q=\frac{1}{Z_Q}=\frac{1}{\dfrac{\omega^{-n}}{Y_0}\cos\left(\dfrac{n\pi}{2}\right)-\mathrm{j}\,\dfrac{\omega^{-n}}{Y_0}\sin\left(\dfrac{n\pi}{2}\right)}=Y_0\omega^n\cos\left(\frac{n\pi}{2}\right)+\mathrm{j}Y_0\omega^n\sin\left(\frac{n\pi}{2}\right) \tag{5-78}$$

该元件相位角的正切为：

$$\tan\varphi=-\frac{Z''}{Z'}=\tan\left(\frac{n\pi}{2}\right)$$

该元件的相位角与频率无关，所以称为常相位角元素。该元件阻抗的模为：

$$|Z|=\frac{\omega^{-n}}{Y^0}$$

简单的纯电学元件可以组成复合的电学元件，简单的等效元件也可以组成复合的电学元件，即等效电路。等效电容、等效电感与单位面积的纯电容、纯电感相同，等效电阻虽然可以取负值其频率特征与纯电阻基本相同。

由 R、C、L 通过串联、并联或者既有串联又有并联组成的复合等效元件，其频谱特征与电学元件组成的复合元件的频谱特征基本相同。

凡是以等效电阻与 C 或 L 串联组成的复合元件，其频率响应在阻抗谱上表现为一条与虚轴平行的直线，而在导纳平面上表现为一个半圆弧；凡是以等效电阻与 C 或 L 并联组成的复合元件，其频率响应在阻抗平面上表现为一个半圆，在导纳平面上表现为一条与虚轴平行的直线。

下面介绍由等效元件 Q 与等效电阻 R 串联的复合等效元件 RQ 和并联的复合等效元件(RQ)。

5.7.2.9.1 等效常相位角元件 Q 与等效电阻 R 串联的复合等效元件

该复合元件用 RQ 表示，其阻抗是 Q 与 R 的阻抗之和($0<n<1$)：

$$Z_{RQ}=R+\frac{\omega^{-n}}{Y_0}\cos\left(\frac{n\pi}{2}\right)-\mathrm{j}\,\frac{\omega^{-n}}{Y_0}\sin\left(\frac{n\pi}{2}\right) \tag{5-79}$$

在阻抗平面上的轨迹为斜率等于 $\tan(n\pi/2)$ 的与实轴交于 R 的一条直线(图 5-41)。

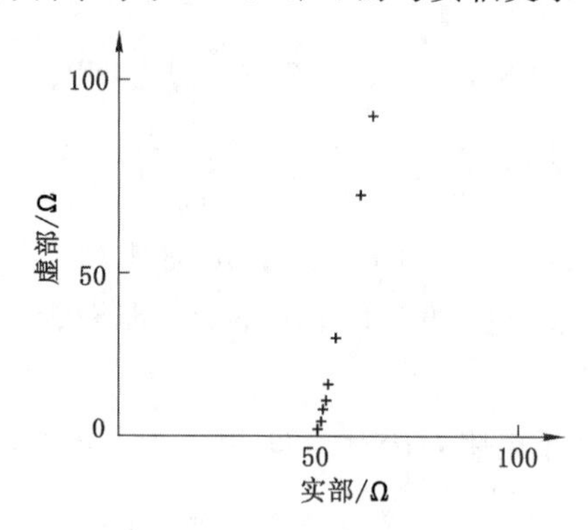

图 5-41 常相位角元件 Q 与等效电阻 R 串联复合元件的奈奎斯特图

5.7.2.9.2 等效常相位角元件 Q 与等效电阻 R 并联的复合等效元件

该复合元件用(RQ)表示，其导纳是 Q 与 R 的导纳之和。

导纳：

$$Y_{RQ}=\frac{1}{R}+Y_0\omega^n\cos\left(\frac{n\pi}{2}\right)+\mathrm{j}Y_0\omega^n\sin\left(\frac{n\pi}{2}\right)$$

阻抗：

$$Z_{RQ}=\frac{1}{Y_{RQ}}=\frac{1}{\frac{1}{R}+Y_0\omega^n\cos\left(\frac{n\pi}{2}\right)+\mathrm{j}Y_0\omega^n\sin\left(\frac{n\pi}{2}\right)}$$

$$Z_{RQ}=\frac{\frac{1}{R}+Y_0\omega^n\cos\left(\frac{n\pi}{2}\right)-\mathrm{j}Y_0\omega^n\sin\left(\frac{n\pi}{2}\right)}{\left[\frac{1}{R}+Y_0\omega^n\cos\left(\frac{n\pi}{2}\right)+jY_0\omega^n\sin\left(\frac{n\pi}{2}\right)\right]\left[\frac{1}{R}+Y_0\omega^n\cos\left(\frac{n\pi}{2}\right)-\mathrm{j}Y_0\omega^n\sin\left(\frac{n\pi}{2}\right)\right]}$$

$$Z_{RQ}=\frac{\frac{1}{R}+Y_0\omega^n\cos\left(\frac{n\pi}{2}\right)-jY_0\omega^n\sin\left(\frac{n\pi}{2}\right)}{\left(\frac{1}{R}\right)^2+\frac{2}{R}Y_0\omega^n\cos\left(\frac{n\pi}{2}\right)+(Y_0\omega^n)^2} \tag{5-80}$$

其实部等于：

$$Z_{RQ}{}' = \frac{\frac{1}{R} + Y_0\omega^n\cos\left(\frac{n\pi}{2}\right)}{\left(\frac{1}{R}\right)^2 + \frac{2}{R}Y_0\omega^n\cos\left(\frac{n\pi}{2}\right) + (Y_0\omega^n)^2}$$

其虚部等于：

$$Z_{RQ}{}'' = \frac{-Y_0\omega^n\sin\left(\frac{n\pi}{2}\right)}{\left(\frac{1}{R}\right)^2 + \frac{2}{R}Y_0\omega^n\cos\left(\frac{n\pi}{2}\right) + (Y_0\omega^n)^2}$$

令 $M = \left(\frac{1}{R}\right)^2 + \frac{2}{R}Y_0\omega^n\cos\left(\frac{n\pi}{2}\right) + (Y_0\omega^n)^2$，

消去 ω：

$$Z'^2 + Z''^2 = \frac{1}{M}$$

由 $Z_{RQ}{}''$ 的公式可导出：

$$\omega^n = -\frac{Z''M}{Y_0\sin\left(\frac{n\pi}{2}\right)}$$

代入 Z' 的公式可得：

$$Z' = \frac{\frac{1}{R} + Y_0\left[-\frac{Z''M}{Y_0\sin\left(\frac{n\pi}{2}\right)}\right]\cos\left(\frac{n\pi}{2}\right)}{M}$$

可得：

$$Z' = \frac{1}{R}(Z'^2 + Z''^2) - Z''\cot\left(\frac{n\pi}{2}\right)$$

$$Z'^2 - Z'\frac{1}{R} + \left(\frac{R}{2}\right)^2 + Z''^2 - Z''R\cot\left(\frac{n\pi}{2}\right) + \left[\frac{R}{2}\cot\left(\frac{n\pi}{2}\right)\right]^2 = \left(\frac{R}{2}\right)^2 + \left[\frac{R}{2}\cot\left(\frac{n\pi}{2}\right)\right]^2$$

$$(Z' - \frac{R}{2})^2 + \left[Z'' - \frac{R\cot(\frac{n\pi}{2})}{2}\right]^2 = \left[\frac{R}{2\sin\left(\frac{n\pi}{2}\right)}\right]^2 \tag{5-81}$$

这是一个圆心为($\frac{R}{2}$, $\frac{R\cot\left(\frac{n\pi}{2}\right)}{2}$)、半径为 $\frac{R}{2\sin\left(\frac{n\pi}{2}\right)}$ 的圆。Z'' 为负值，当 R 为正值时，频率响应曲线是阻抗复平面上第一象限中的一段圆弧。由于阻抗平面图的纵坐标为 $-Z''$，故该段圆弧的圆心在第四象限，这一段圆弧是第一象限中小于半圆的圆弧(图 5-42)。

5.7.2.10　由扩散过程引起的法拉第阻抗

在不可逆的电极过程中，由于电流密度比交换电流密度大得多，电极表面附近反应物的浓度与溶液本体汇总的溶度会有较大差别，溶液中有反应物从溶液本体向电极表面扩散的过程，此过程可以在电化学阻抗谱上表现出来。如果电极反应速度高，电极反应产物也有可

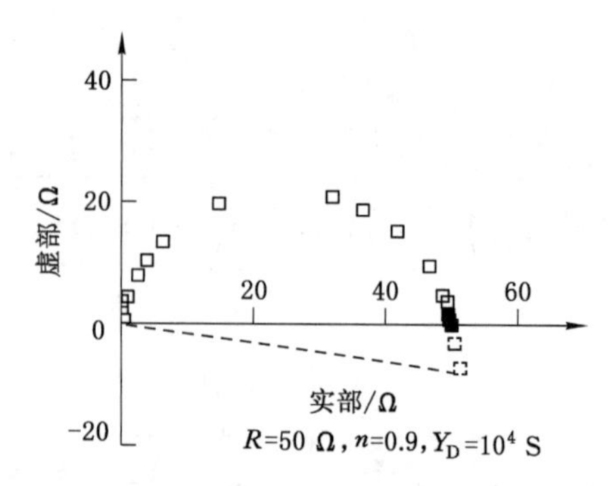

图 5-42　常位角元件 Q 与等效电阻 R 并联复合元件的奈奎斯特图(单位:Ω)

能从紧靠电极的表面溶液层向溶液本体扩散。

设电极表面附近反应物的浓度为 C_s,溶液本体中反应物的浓度为 C_b。对于反应物来说,$C_b>C_s$,于是在靠近电极的溶液层中存在一个反应物的扩散场。在这个扩散场中,浓度梯度的方向是从电极表面指向溶液本体,反应物扩散的方向是从溶液本体向电极表面,扩散的物流方向与扩散物质的方向相反。浓度梯度引起扩散过程,扩散速度与扩散物质的浓度梯度大小相关,故有菲克第一定律:在单位时间内通过垂直于扩散方向的单位截面积的扩散物质流量(扩散速度)与该截面处的浓度梯度成正比:

$$v_d(x)=-D\left(\frac{\partial C}{\partial x}\right)_x \tag{5-82}$$

式中,$v_d(x)$ 为距电极表面距离为 x 处的扩散速度,$kg/(m^2\cdot s)$;D 为扩散系数,m^2/s;$\left(\frac{\partial C}{\partial x}\right)_x$ 为离电极表面距离为 x 处的浓度梯度。式中负号表示扩散的物流方向与浓度梯度的方向相反。

如果考虑由于电极表面附近反应物浓度变化对法拉第电流的影响,则法拉第电流密度的变化 ΔI_F 可以用下式表示:

$$\Delta I_F=\left(\frac{\partial I_F}{\partial E}\right)_{ss}\Delta E+\sum_i\left(\frac{\partial I_F}{\partial X_i}\right)_{ss}\Delta X_i+\left(\frac{\partial I_F}{\partial C_s}\right)_{ss}\Delta C_s \tag{5-83}$$

式(5-83)两边除以 ΔE 可以得到法拉第导纳的表达式:

$$Y_F=Y_F^0+\left(\frac{\partial I_F}{\partial C_s}\right)_{ss}\cdot\frac{\Delta C_s}{\Delta E} \tag{5-84}$$

式中,

$$Y_F^0=\frac{1}{R}+\sum_i\left(\frac{\partial I_F}{\partial X_i}\right)_{ss}\frac{\Delta X_i}{\Delta E} \tag{5-85}$$

Y_F^0 是不考虑电极反应物浓度变化的法拉第导纳,对于 Y_F 来说,主要考虑第二项,这一项涉及 $\frac{\Delta C_s}{\Delta E}$。在电极过程可逆的情况下,电极反应接近平衡,可以近似用纳斯特方程。若电极过程不可逆,纳斯特方程不再适用。另外,在定态条件下,反应物从溶液本体向电极表面扩散的速度与反应物参与电极反应的速度相等。按照公式 $v_d(x)=-D\left(\frac{\partial C}{\partial x}\right)_x$,电极表面反应物的扩散速度取决于 $x=0$ 时的浓度梯度。反应速度与法拉第电流密度之间的关系式为：

$$I_F = nF\upsilon_r \tag{5-86}$$

式中，υ_r 为电极反应的速度；n 为电极反应式中电子的化学计量系数；F 为法拉第常数。

法拉第电流密度方向的规定：阳极电流取正值，阴极电流取负值。在电极过程不可逆的情况下，如果法拉第电流是阴极电流，根据菲克第一定律 $\upsilon_d(x) = -D\left(\frac{\partial C}{\partial x}\right)_x$，可以写成：

$$I_F = -nFD\left(\frac{\partial C}{\partial x}\right)_{x=0} \tag{5-87}$$

如果法拉第电流是阳极电流，菲克第一定律写成：

$$I_F = nFD\left(\frac{\partial C}{\partial x}\right)_{x=0} \tag{5-88}$$

表面浓度 $(C)_{x=0}$ 可写成 C_{s0}。

由于反应物在靠近电极表面的溶液层中的浓度直接与法拉第电流密度有关，法拉第导纳公式可以写成：

$$Y_F = Y_F^0 + \left(\frac{\partial I_F}{\partial C_s}\right)_{ss} \cdot \frac{\Delta C_s}{\Delta E} = Y_F^0 + \left(\frac{\partial I_F}{\partial C_s}\right)_{ss}\left(\frac{\Delta C_s}{\Delta I_F}\right)\left(\frac{\Delta I_F}{\Delta E}\right) = Y_F^0 + \left(\frac{\partial I_F}{\partial C_s}\right)_{ss}\left(\frac{\Delta C_s}{\Delta I_F}\right)Y_F$$

或

$$Y_F = \frac{Y_F^0}{1 - \left(\frac{\partial I_F}{\partial C_s}\right)_{ss}\left(\frac{\Delta C_s}{\Delta I_F}\right)} \tag{5-89}$$

法拉第阻抗 Z_F 等于导纳的倒数：

$$Z_F = Z_F^0 - Z_F^0\left(\frac{\partial I_F}{\partial C_s}\right)_{ss}\left(\frac{\Delta C_s}{\Delta I_F}\right) \tag{5-90}$$

或者写成：

$$Z_F = Z_F^0 + Z_d \tag{5-91}$$

式中，Z_F^0 为不考虑扩散阻抗时的法拉第阻抗；Z_d 为扩散过程引起的阻抗，其表达式如下

$$Z_d = -Z_F^0\left(\frac{\partial I_F}{\partial C_s}\right)_{ss}\left(\frac{\Delta C_s}{\Delta I_F}\right) \tag{5-92}$$

在不可逆反应电极中，电极表面反应物的浓度与溶液本体中反应物的浓度不一样，会在法拉第阻抗中引起一个与扩散有关的阻抗，与 Z_F^0 有关。

$\left(\frac{\partial I_F}{\partial C_s}\right)_{ss}$ 中，下标“ss”表示定态，若用 γ 表示反应物在电极反应中的反应级数，则有：

$$\nu_\gamma = \kappa(E, X_i) \cdot C_s^\gamma \tag{5-93}$$

反应常数 κ 是电极电位 E 和电极表面状态变量 X_i 的函数。无论阳极反应还是阴极反应，以及无论 I_F 是正值还是负值，都有：

$$\frac{\partial I_F}{\partial C_s} = \frac{\gamma I_F}{C_s} \tag{5-94}$$

则有：

$$Z_d = -Z_F^0 \frac{\gamma I_F}{C_s}\left(\frac{\Delta C_s}{\Delta I_F}\right) \tag{5-95}$$

半无限扩散是指依靠扩散传质的途径长度可以近似认为是无限长的，不流动(包括没有对流)的溶液层称为“滞留层”。半无限扩散是指在无限长滞留层中的扩散过程，扩散层厚度为无穷大，不过一般如果扩散层厚度大于数厘米后，即可以认为满足这个条件。实际上不存在无限厚的滞留层，但相对于扩散的分子或离子的大小来说，在恒温下静置溶液中的扩散过程可以近似认为是半无限扩散。当电极系统受到电极电位的微小扰动(ΔE)而使法拉第电流密度在线性范围内作出响应 ΔI_F，如果法拉第电流是阴极电流，根据菲克第一定律 $I_F=-nFD\left(\frac{\partial C}{\partial x}\right)_{x=0}$，有：

$$\Delta I_F=-nFD\left(\frac{\partial \Delta C}{\partial x}\right)_{x=0} \tag{5-96}$$

如果法拉第电流是阳极电流，根据菲克第一定律 $I_F=nFD\left(\frac{\partial C}{\partial x}\right)_{x=0}$，有：

$$\Delta I_F=nFD\left(\frac{\partial \Delta C_s}{\partial x}\right) \tag{5-97}$$

根据菲克第二定律有：

$$\frac{\partial \Delta C}{\partial t}=D(\frac{\partial^2 \Delta C}{\partial x^2}) \tag{5-98}$$

由于输出的响应信号与输入的扰动信号之间存在线性关系，当电极系统受到正弦波的电极电位扰动时，即当 $\Delta E=|\Delta E|\exp(\mathrm{j}\omega t)$时，$\Delta I_F$ 和 ΔC 都应为频率 ω 的正弦波，但是相位角不同。

$$\Delta C=|\Delta C|\cdot\exp[\mathrm{j}(\omega t+\varphi)] \tag{5-99}$$

其中 φ 是相位角，$\mathrm{j}=(-1)^{1/2}$，则：

$$\frac{\partial \Delta C}{\partial t}=\mathrm{j}\omega\Delta C \tag{5-100}$$

由式 $\frac{\partial \Delta C}{\partial t}=D(\frac{\partial^2 \Delta C}{\partial x^2})$ 和$\frac{\partial \Delta C}{\partial t}=\mathrm{j}\omega\Delta C$ 可得：

$$\frac{\partial^2 \Delta C}{\partial x^2}=\frac{\mathrm{j}\omega}{D}\Delta C \tag{5-101}$$

式(5-101)的通解为：

$$\Delta C=\kappa_1 \mathrm{e}^{\sqrt{\frac{\mathrm{j}\omega}{D}}x}+\kappa_2 \mathrm{e}^{-\sqrt{\frac{\mathrm{j}\omega}{D}}x} \tag{5-102}$$

对于半无限扩散，两个边界条件之一是 $x=\infty$，$\Delta C=0$，因此 κ_1 应为 0。

$$\Delta C=\kappa_2 \mathrm{e}^{-\sqrt{\frac{\mathrm{j}\omega}{D}}x} \tag{5-103}$$

另一个边界条件取决于法拉第电流是阴极电流还是阳极电流。假设法拉第电流是阴极电流，$\Delta I_F=-nFD\left(\frac{\partial \Delta C}{\partial x}\right)_{x=0}$，$I_F$ 为负值。在 $x=0$ 处，$\Delta C=\Delta C_s$，由 $\Delta C=\kappa_2 \mathrm{e}^{-\sqrt{\frac{\mathrm{j}\omega}{D}}x}$ 可得：

$$\frac{\partial \Delta C_s}{\partial x}=-\kappa_2\sqrt{\frac{\mathrm{j}\omega}{D}} \tag{5-104}$$

将式(5-104)代入 $\Delta I_F=-nFD(\frac{\partial \Delta C_s}{\partial x})$ 得到：

$$\frac{\Delta C_s}{\Delta I_F}=\frac{\sqrt{j}}{nF\sqrt{\omega D}} \tag{5-105}$$

将式(5-105)与 $\frac{\partial I_F}{\partial C_s}=\frac{\gamma I_F}{C_s}$ 代入$Z_d=-Z_F^0\frac{\gamma I_F}{C_s}\left(\frac{\Delta C_s}{\Delta I_F}\right)$，得到平面电极系统的半无限扩散条件下的扩散阻抗：

$$Z_d=-\frac{Z_F^0\gamma I_F}{nFC_s\sqrt{\omega D}}\mathrm{j}^{-\frac{1}{2}}=\frac{Z_F^0\gamma\,|\,I_F\,|}{nFC_s\sqrt{\omega D}}\mathrm{j}^{-\frac{1}{2}} \tag{5-106}$$

不管法拉第电流是阳极电流还是阴极电流，Z_d 可统一表示为

$$Z_d=\frac{Z_F^0\gamma\,|\,I_F\,|}{nFC_s\sqrt{\omega D}}\mathrm{j}^{-\frac{1}{2}} \tag{5-107}$$

由于 $j=\exp(j\pi/2)$，利用大勒(Euler)公式得到：

$$Z_d=\frac{Z_F^0\gamma\,|\,I_F\,|}{nFC_s\sqrt{2\omega D}}(1-\mathrm{j})$$

或简单表示为：

$$Z_d=Z_0(2\omega)^{-\frac{1}{2}}(1-\mathrm{j}) \tag{5-108}$$

式中，$Z_0=\frac{Z_F^0\gamma\,|\,I_F\,|}{nFC_s\sqrt{D}}$。

如果除了电极电位 E 和反应物浓度 C_s 外没有其他表面状态变量影响电极过程，那么 Z_F^0 等于实数 R_t，则：

$$Z_d=\frac{\gamma R_t\,|\,I_F\,|}{nFC_s\sqrt{2\omega D}}(1-\mathrm{j}) \tag{5-109}$$

这个阻抗的实部与虚部数值完全一样，故在阻抗复平面上的图像是一条倾斜的角度为 $\frac{\pi}{4}$ 的直线。这个阻抗一般被称为沃伯格(Warburg)阻抗，用 Z_W 表示。作为等效元件，用 W 表示。

扩散过程继电荷传递过程之后发生，其等效电路为一个沃伯格阻抗与电荷传递电阻 R_{ct} 串联的电路，沃伯格阻抗是一种由扩散引起的阻抗，出现在低频端，扩散直线与实轴成 45°角。

5.7.3　锂离子电池电化学阻抗谱分析的理论基础

5.7.3.1　电极过程

化学性质、物理性质一致，与系统其他部分之间有界面隔开的集合称为“相”。如果系统由两个相组成，其中一个相是电子导体，另一个相是离子导体，两相之间有电荷的转移，这样的系统称为电极系统，伴随着电荷的转移，两相界面上发生物质的变化即化学变化。在电极系统中伴随着两个相之间的电荷转移而发生的两相界面上的化学反应称为电极反应。

电化学反应是复相化学反应，其一般形式为：

$$\mathrm{O}+n\mathrm{e}=\mathrm{R} \tag{5-110}$$

式中，O 为化合物的氧化态；R 为其对应的还原态；e 为电子；n 为氧化还原反应中转移的电子数。

最简单的情况是 O 和 R 都在溶液中，电极在电化学反应中仅作为电子的供体与受体。

电极反应是复相反应，一般包括很多步骤：

① O 从溶液本体迁移到电极/溶液界面；

② 在电极表面的吸附；

③ 在电极上得到电子，还原成 R；

④ R 从电极表面解吸；

⑤ R 从电极/溶液界面迁移到溶液本体。

步骤①和⑤称为传质过程，步骤②和④称为活化过程，整个过程称为法拉第过程。电极/溶液界面具有双电层结构，相当于一个电容器。当电极电位改变时，双电层结构要充电或放电。电容的充电或放电称为非法拉第过程。

电化学动力学主要研究电化学反应的各个中间步骤(反应机理)及其速率。研究电化学过程有各种稳态和暂态的方法。交流阻抗法是一种准稳态的方法，可以提供稳态和暂态的信息。

传质过程并非在所有情况下都存在，总的来说，完成一个电极过程，必须经过相内的传质过程和相界区的反应过程。相界区的反应过程是主要的过程，是由吸附、电荷转移、前置化学反应、后置化学反应、脱附等步骤构成的复杂过程。其中电荷转移步骤是最主要的，电极反应都必须经过这个步骤，其他步骤可能存在，也可能不存在，和电极反应及条件有关。通常一个电极反应要经过一系列互相连续的串联步骤，在一定常态条件下各个串联步骤的速度是一样的，等于整个电极反应过程的速度。若某一步骤阻力最大，进行困难，其他各个步骤的速度相对较快，这个步骤就称为速度控制步骤(rate-determining step，RDS)或简称控制步骤。电化学阻抗谱(EIS)可以反映控制步骤。

电化学阻抗谱研究的目的是探明在锂离子嵌入脱出过程(电极极化过程)中何种阻力处于主导地位，即决定电池内阻的关键步骤是什么以及在长期的充放电循环过程中每种阻力增长的趋势，给出影响锂离子电池电化学性能(倍率、循环稳定性和比容量等)的关键因素，进而提出改进电池电化学性能的方法，同时给出可用于分析电池的健康状态(SOH)与荷电状态(SOC)相关的电化学参数。

5.7.3.2 等效电路

交流阻抗谱是对系统在不同频率下施加小振幅正弦电信号并测量其响应。系统的电信号响应过程可以用各种元件串、并联组成的电路来模拟，用来模拟的电路称为等效电路。

可以从系统进行的过程来推测等效电路。一个电化学系统是由两个电极和电极间的电解质所组成的。把系统看成一个复合元件，称为电化学元件或电解元件。最简单的情况是在元件两级间施加直流电压时没有直流电流通过，元件就像一个电容器，相当于理想极化或者阻塞电极。稍复杂的情况是电荷越过电极和电解质之间的电容，在电极与电解质之间转移。

一般来说，在系统中发生的相继过程可以用元件间的串联来表示，平行过程可用元件间的并联来表示。在不了解元件的性质时，可以笼统地称为阻抗元件(如扩散阻抗)。阻抗元件可以包括电阻、电容、电感甚至常相位角元件。同一事件的等效电路不是唯一的。

目前等效电路是电化学阻抗谱的主要分析方法，传统方法应用于不可逆电极反应过程所遇到的困难：同一电极反应在不同条件下的 EIS 可以对应于不同的等效电路；在不可逆电极反应情况下弛豫过程的时间常数往往不止 1 个，可以有 2 个或 3 个；有时等效电路中有等效电感，无法解释等效电感的物理意义。

物理参数和等效电路元件：

① 溶液电阻(R_s)，在对电极和工作电极之间有电解质，溶液电阻是电流通过电解质时所遇到的电阻；

② 双电层电容(C_{dl})，工作电极与电解质之间电容；

③ 极化阻抗(R_p)，当电位远离开路电位时，导致电极表面电流产生，电流受到反应动力学和反应物扩散的控制；

④ 电荷转移电阻 (R_{ct})，电化学反应动力学控制；

⑤ 扩散电阻(Z_w)，反应物从溶液本体扩散到电极反应界面的阻抗；

⑥ 界面电容(C)和常相位角元件(CPE)，通常每一个界面之间都会存在一个电容；

⑦ 电感(L)，定义为当流经电路中的电流发生改变时，便会在这个电路中产生感应电动势阻止电流的变化。阻抗谱中电感产生的原因可能是电极的导电不均匀性引起锂离子脱出过程中的不均衡性，形成局域浓差电池。局域浓差电池中的两电极之间就会有局域电流通过，从而产生感应电动势，即电感。

(1) 电荷传递过程控制的 EIS

$$O+ne \rightleftharpoons R$$

电荷传递过程控制的 EIS，如果电极过程由电荷传递过程(电化学反应步骤)控制，扩散过程引起的阻抗可以忽略，则电化学系统的等效电路可以简化为如图 5-43 所示。

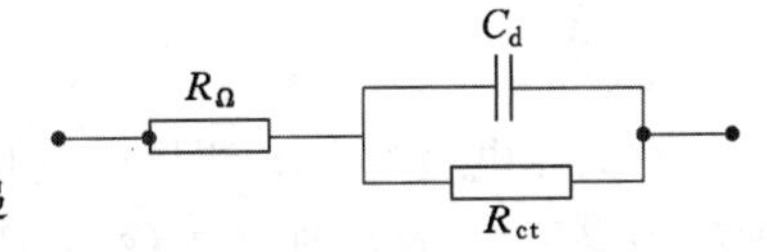

图 5-43　电荷传递过程控制的 EIS 的等效电路

等效电路的阻抗：

$$Z=R_\Omega+\frac{1}{j\omega C_d+\frac{1}{R_{ct}}}=R_\Omega+\frac{R_{ct}}{1+(\omega C_d R_{ct})^2}-\frac{j\omega C_d R_{ct}^2}{1+(\omega C_d R_{ct})^2} \tag{5-111}$$

式中，

$$Z'=R_\Omega+\frac{R_{ct}}{1+(\omega C_d R_{ct})^2}$$

$$Z''=-\frac{\omega C_d R_{ct}^2}{1+(\omega C_d R_{ct})^2}$$

消去 ω 可得：

$$\left(Z'-R_\Omega-\frac{R_{ct}}{2}\right)^2+Z''^2=\left(\frac{R_{ct}}{2}\right)^2 \tag{5-112}$$

这是圆心为($R_\Omega+\frac{R_{ct}}{2}$,0)，半径为$\frac{R_{ct}}{2}$的圆的方程。

电极过程的控制步骤为电化学反应步骤时，奈奎斯特图为半圆(图 5-44)，据此可以判断电极过程的控制步骤。由奈奎斯特图可以直接求出 R_Ω 和 R_{ct}。

由半圆顶点的 ω 可求得 C_d，在半圆的顶点 P 处：$\omega=\frac{1}{C_d R_{ct}}$。

$$Z'=R_\Omega+\frac{R_{ct}}{1+(\omega C_d R_{ct})^2}=R_\Omega+\frac{R_{ct}}{2} \tag{5-113}$$

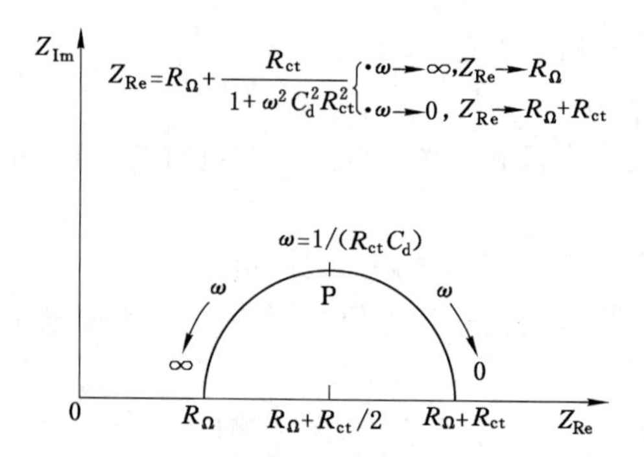

图 5-44　电极过程的控制步骤为电化学反应步骤的奈奎斯特半圆图

$$\frac{R_{ct}}{1+(\omega C_d R_{ct})^2}=\frac{R_{ct}}{2}$$

$$1+(\omega C_d R_{ct})^2=2$$

$$\omega C_d R_{ct}=1$$

$$C_d=\frac{1}{\omega R_{ct}} \tag{5-114}$$

在固体电极的 EIS 测量中发现,曲线总是或多或少偏离半圆轨迹,而表现为一段圆弧,被称为容抗弧,这种现象被称为"弥散效应",一般认为同电极表面的不均匀性、电极表面的吸附层及溶液导电性有关,反映了电极双电层偏离理想电容的性质。

溶液电阻 R_Ω 除了溶液的欧姆电阻外,还包括体系中其他可能存在的欧姆电阻,如电极表面膜的欧姆电阻、电池隔膜的欧姆电阻、电极材料的欧姆电阻。

(2) 电荷传递和扩散过程混合控制的 EIS

电极过程由电荷传递过程和扩散过程共同控制,电化学极化和浓差极化同时存在时,电化学系统的等效电路(图 5-45)可简单表示为:

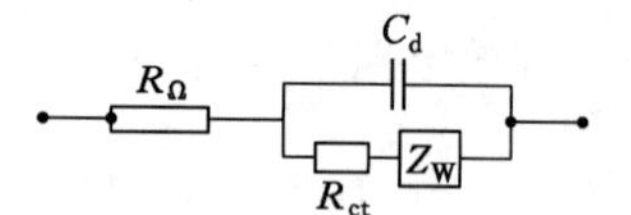

图 5-45　电荷传递和扩散过程混合控制的 EIS 的等效电路

$$O+ne \rightleftharpoons R$$

Z_w 相当于一个电阻与一个电容串联。

$$\begin{cases} R_w=\dfrac{\sigma}{\omega^{\frac{1}{2}}} \\ C_w=\dfrac{1}{\omega^{\frac{1}{2}}} \end{cases}$$

$$Z_w=R_w-j\frac{1}{\omega C_w}=\frac{\sigma}{\omega^{\frac{1}{2}}}-j\frac{1}{\omega\dfrac{1}{\omega^{\frac{1}{2}}}}=\sigma\omega^{-\frac{1}{2}}(1-j) \tag{5-115}$$

串联电路的阻抗是串联元件阻抗之和,并联电阻的导纳是并联元件的导纳之和。

电阻 R 与电容 C 串联的阻抗为:

$$Z=R-j\frac{1}{\omega C} \tag{5-116}$$

电阻 R 与电容 C 并联的阻抗为：

$$Z=\frac{1}{Y}=\frac{1}{\frac{1}{R}+\mathrm{j}\omega C} \tag{5-117}$$

图中 R_{ct} 与 Z_w 串联后，与 C_d 并联，再与 R_Ω 串联，其阻抗为：

$$Z=R_\Omega+\frac{1}{\mathrm{j}\omega C_d+\frac{1}{R_{ct}+\sigma\omega^{-\frac{1}{2}}(1-\mathrm{j})}} \tag{5-118}$$

实部：

$$Z'=R_\Omega+\frac{R_{ct}+\sigma\omega^{-\frac{1}{2}}}{(C_d\sigma\omega^{\frac{1}{2}}+1)^2+(\omega C_d)^2(R_{ct}+\sigma\omega^{-\frac{1}{2}})^2}$$

虚部：

$$Z''=\frac{\omega C_d(R_{ct}+\sigma\omega^{-\frac{1}{2}})^2}{(C_d\sigma\omega^{\frac{1}{2}}+1)^2+(\omega C_d)^2(R_{ct}+\sigma\omega^{-\frac{1}{2}})^2}$$

① 低频极限。当 ω 足够低时，实部和虚部简化为：

$$Z'=Z_{Re}=R_\Omega+R_{ct}+\sigma\omega^{-\frac{1}{2}}$$

$$Z''=Z_{Im}=\sigma\omega^{-\frac{1}{2}}+2\sigma^2C_d$$

消去上两式中的 ω，即可推导出：

$$Z_{Im}=Z_{Re}-R_\Omega-R_{ct}+2\sigma^2C_d \tag{5-119}$$

扩散过程控制的 EIS 的奈奎斯特图（表现为倾斜角为 45°的直线）如图 5-46 所示。

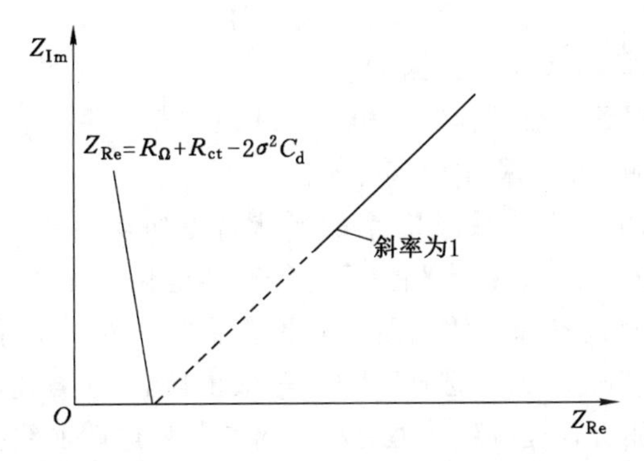

图 5-46　扩散过程控制的 EIS 的奈奎斯特图（表现为倾斜角为 45°的直线）

② 高频极限。当 ω 足够高时，含 $\omega^{-1/2}$ 项可忽略，故有：

$$Z=R_\Omega+\frac{1}{\mathrm{j}\omega C_d+\frac{1}{R_{ct}+\sigma\omega^{-\frac{1}{2}}(1-\mathrm{j})}}=R_\Omega+\frac{1}{\mathrm{j}\omega C_d+\frac{1}{R_{ct}}} \tag{5-120}$$

电极过程由电荷传递和扩散过程共同控制时，其奈奎斯特图是由高频区的一个半圆和低频区的一条倾角为 45°的直线构成。

高频区为电极反应动力学（电荷传递过程）控制，低频区由电极反应的反应物或产物的扩散控制。

从图 5-47 可以得到 R_{Ω}、R_{ct}、C_d、σ 等参数。σ 与扩散系数有关，利用它可以估算扩散系数 D。由 R_{ct} 可以计算 i_0 和 k_0。

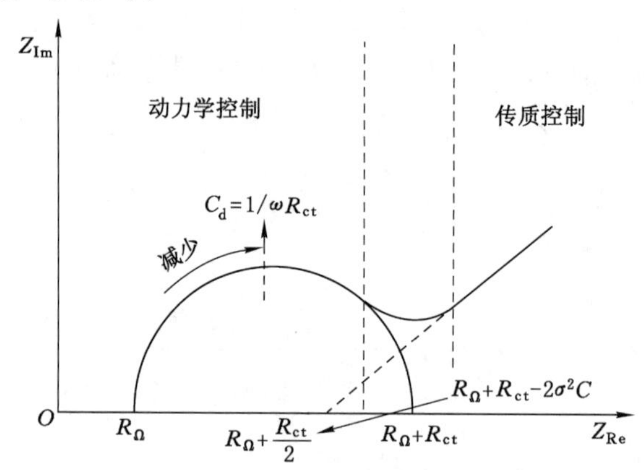

图 5-47　电荷传递和扩散过程共同控制的奈奎斯特图

低频区：

$$Z_{Im}=Z_{Re}-R_{\Omega}-R_{ct}+2\sigma^2C_d \tag{5-121}$$

当 $Z_{Im}=0$ 时，$Z_{Re}=R_{\Omega}+R_{ct}-2\sigma^2C_d$。

图 5-47 中横坐标上的点 $(R_{\Omega}+\frac{R_{ct}}{2},0)$，即

$$R_{\Omega}+\frac{R_{ct}}{2}=R_{\Omega}+R_{ct}-2\sigma^2C_d$$

$$R_{ct}=4\sigma^2C_d \tag{5-122}$$

扩散阻抗的直线可能偏离 45°，原因如下：

电极表面很粗糙，以致扩散过程部分相当于球面扩散。除了电极电势外，还有另外一个状态变量，这个变量在测量的过程中引起感抗。

对于复杂或特殊的电化学体系，EIS 谱的形状将更加复杂多样，只用电阻、电容等还不足以描述等效电路，需要引入感抗、常相位元件等其他电化学元件。

必须注意：电化学阻抗谱和等效电路之间不存在唯一对应关系，同一个 EIS 往往可以用多个等效电路来进行拟合。具体选择哪一种等效电路，要考虑等效电路在被测体系中是否有明确的物理意义，能否合理解释物理过程。这是等效电路曲线拟合分析法的缺点。

等效元件的阻抗与导纳的表达式总结于表 5-4。

表 5-4　等效元件的阻抗与导纳的表达式

等效元件	参数	阻抗	导纳
等效电阻	R	R	
等效电容	C	$-\mathrm{j}\frac{1}{\omega C}$	$\mathrm{j}\omega C$
等效电感	L	$\mathrm{j}\omega L$	$-\mathrm{j}\frac{1}{\omega C}$

表 5-4(续)

等效元件	参数	阻抗	导纳
CPE	Y_o, n	$\frac{\omega^{-n}}{Y_0}\left[\cos\left(\frac{n\pi}{2}\right)-\mathrm{j}\sin\left(\frac{n\pi}{2}\right)\right]$	$Y_0\omega^n\left[\cos\left(\frac{n\pi}{2}\right)+\mathrm{j}\sin\left(\frac{n\pi}{2}\right)\right]$
W	Y_o		

5.7.4　锂离子插入嵌合物电极的动力学模型

插层电极反应如下式所示：

$$xA^{+}+xe^{-}+\langle H\rangle \rightleftharpoons A_x^{+}\langle H\rangle^{x-} \tag{5-123}$$

这是一种特殊的氧化还原反应，其中 A^+ 是电解质中的阳离子(如 Li^+、H^+ 等)，$\langle H\rangle$ 表示宿主分子(如 TiS_2、WO_3 等)，$A_x\langle H\rangle$ 是产生的非化学计量间插层物。该反应的特点是在嵌层和脱嵌层过程中，客体分子可逆地插入基体晶格而基体结构没有产生重大变化，广泛应用于锂离子电池和嵌层材料的电化学合成中。

可以看出：插层电极反应过程中电极成分发生了变化，电极/电解质界面上仅发生一个电子转移。离子的运输过程包括锂离子运输过程、电子运输过程和电荷运输过程。由于它们的时间常数不同，EIS 是一种非常适合研究这些现象的技术，可以分析大部分的这些现象。因此，利用 EIS 分析与锂离子在石墨颗粒中插入/脱出过程相关的动力学参数，如 SEI 膜电阻、电荷转移电阻以及动力学参数与电位或温度的关系，有助于了解锂离子插入(脱出)插层材料的反应机理，无疑将有助于进一步优化电极，提高锂离子电池充放电循环性能和速率。

与经典电化学体系中电化学反应都发生在电极/电解液界面上的电子传递反应不同，锂离子在嵌合物电极中的脱出和嵌入过程是一种特殊的电化学反应，通常称为电化学嵌入反应。该反应进行时，电极/电解液界面上发生的不是电子的传递，而是离子的迁越，同时，在电化学嵌入反应过程中，离子嵌入电极内部，使电极的组成和性质逐渐改变。EIS 是研究电化学嵌入反应的有力工具，能够根据电化学嵌入反应每一步弛豫时间常数，在较宽频率范围内表征电化学嵌入反应的每一步。

描述电化学嵌入反应机制的模型主要有两种，即吸附模型(adsorption model)和表面层模型(surface layer model)。

吸附模型，也称为吸附原子模型(adatom model)或吸附离子模型(adion model)，通常用于描述水溶液中金属离子电沉积的过程，最早由布鲁斯(Bruce)等提出，用于描述锂离子在 $LiTiS_2$ 中的脱出和嵌入过程。根据吸附模型[223]，锂离子在嵌合物电极中的脱出和嵌入过程主要包括：① 靠近电极表面的溶剂化锂离子发生部分去溶剂化，吸附在电极表面上形成吸附锂离子；活性材料由外电路获得电子，电子进入活性材料的价带，并扩散到嵌锂位附近，使电荷达到平衡。② 部分去溶剂化的吸附锂离子在电极表面并扩散迁移至嵌锂位，同时吸附锂离子完全去溶剂化进入活性材料晶格；③ 最后锂离子和电子共同扩散至活性材料内部。如图 5-48 所示。

根据该模型，锂离子在嵌合物电极中脱出和嵌入过程的 EIS 谱包括三个部分：高频区域与电极表面溶剂化锂离子发生部分去溶剂化和吸附锂离子形成有关的半圆；中频区域，与吸附锂离子完全去溶剂化，进入与活性材料晶格有关的半圆；低频区域，与锂离子固态扩散

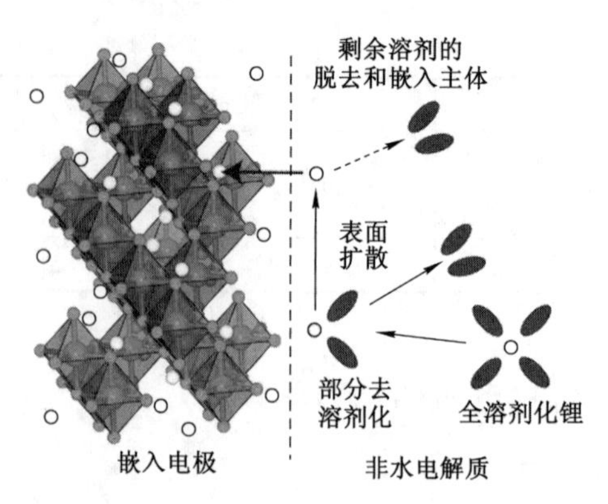

图 5-48　离子插层吸附模型机理示意图

有关的斜线。虽然吸附模型在一定程度上能够解释实验中观察到的某些现象,但是没有得到广泛认可,这主要是因为嵌合物电极表面通常存在 SEI 膜,它对电极材料的性能有着至关重要的影响已是人们普遍接受的事实[224],而吸附模型几乎完全忽略了 SEI 膜对锂离子在嵌合物电极中嵌入和脱出过程的影响。

表面层模型是目前得到普遍认可的电化学嵌入反应机制的模型,该模型最早由托马斯(Thomas)等提出,用于描述锂离子在 $LiCoO_2$ 中的嵌入和脱出过程。根据该模型,嵌合物电极表面通常被表面层电解质(SEI 膜)覆盖,表面层电解质具有比液体电解质小的离子电导率,离子扩散迁移通过表面层可用离子嵌入电阻和表面层电解质极化电容组成的并联电路表示。根据该模型,锂离子在嵌合物电极中脱出和嵌入过程的 EIS 谱也包括三个部分:① 高频区域,与锂离子扩散迁移通过 SEI 膜有关的半圆;② 中频区域,与电荷传递过程有关的半圆;③ 低频区域,与锂离子固态扩散有关的斜线。

奥尔巴克等进一步发展了表面层模型,认为嵌合物电极表面 SEI 膜与金属锂电极和极化至低电位下的惰性金属电极表面 SEI 膜具有类似的化学与物理性质,都具有多层结构。同时,考虑嵌入和脱出过程中锂离子在嵌合物电极活性材料中的累积和消耗,进而提出锂离子在嵌合物电极中脱出和嵌入过程主要包括以下几个步骤[225]:锂离子在电解液中的扩散、锂离子通过多层 SEI 膜的扩散迁移、电荷传递、锂离子在活性材料中的固态扩散以及锂离子在活性材料中的累积和消耗,其等效电路图如图 5-49 所示。

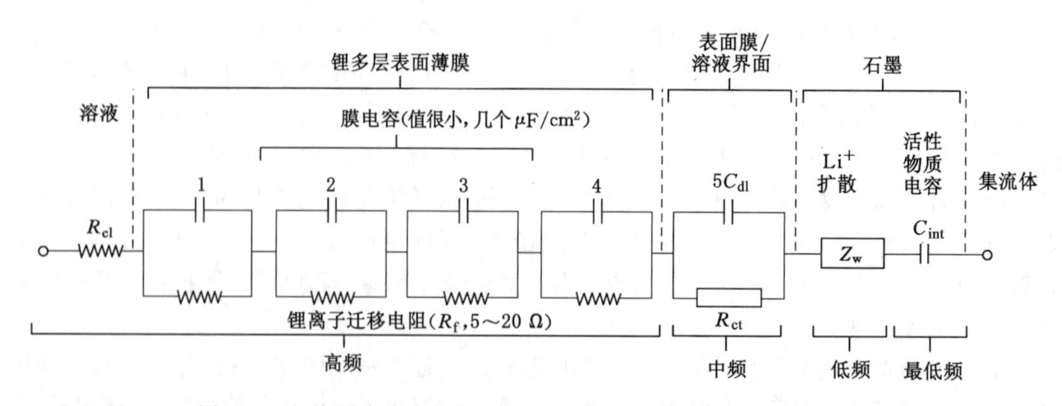

图 5-49　锂离子在嵌合物电极中嵌入和脱出过程 EIS 的等效电路图

按照奥尔巴克等的观点，锂离子在嵌合物电极中的脱出和嵌入过程的 EIS 谱包括四个部分：① 高频区域，与锂离子通过多层 SEI 膜扩散迁移相关的半圆；② 中频区域，与电荷传递过程相关的半圆；③ 低频区域，与锂离子在活性材料中的固态扩散相关的斜线；④ 极低频区域，与锂离子在活性材料中的累积和消耗相关的一条垂线。在过去的十多年内，奥尔巴克等的观点得到人们的普遍认可，被广泛引用。

但奥尔巴克等的模型显然是在假定嵌合物电极为均匀薄膜电极的基础上获得的，而忽略了嵌合物电极的多孔电极特性，即嵌合物电极是由电活性粉末材料组成的，宏观上嵌合物电极的嵌锂特性是锂离子在单个粉末颗粒中嵌入和脱出过程的集中体现。此外，奥尔巴克等的模型没有考虑锂离子嵌入导致的活性材料颗粒晶体结构改变或新相生成的过程。

E. Barsoukov 等[226]在对锂离子在单个活性材料颗粒中嵌入和脱出过程分析的基础上，给出了锂离子在嵌合物电极中嵌入和脱出过程（嵌锂物理机制）的微观模型示意图（图 5-50）。认为锂离子在嵌合物电极中的脱出和嵌入过程包括以下几个步骤：① 电子通过活性材料颗粒间的输运、锂离子在活性材料颗粒空隙间电解液中的输运；② 锂离子通过活性材料颗粒表面绝缘层（SEI 膜）的扩散迁移；③ 电子/离子导电结合处的电荷传输过程；④ 锂离子在活性材料颗粒内部的固体扩散过程；⑤ 锂离子在活性材料中的累积和消耗以及由此导致活性材料颗粒晶体结构的改变或新相的生成。

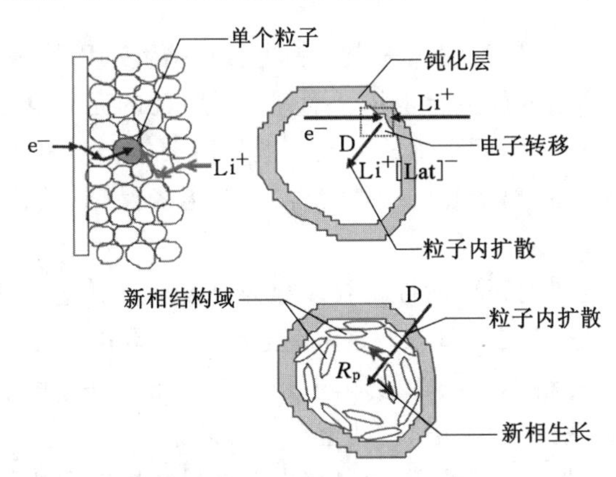

图 5-50　巴索科等建议的嵌合物电极中嵌锂物理机制模型示意图

按巴索科对锂离子在嵌合物电极中的脱出和嵌入过程的分析，锂离子在嵌合物电极中的脱出和嵌入过程的典型 EIS 谱包括五个部分（图 5-51）：① 超高频区域（10 kHz 以上），与锂离子和电子通过电解液、多孔隔膜、导线、活性材料颗粒等输运有关的欧姆电阻，在 EIS 谱上表现为一个点，此过程可用一个电阻 R_s 表示；② 高频区域，与锂离子通过活性材料颗粒表面绝缘层的扩散迁移有关的一个半圆，此过程可用一个 R_{SEI}/C_{SEI} 并联电路表示。其中，R_{SEI} 为锂离子扩散迁移通过 SEI 膜的电阻；③ 中频区域，与电荷传递过程相关的一个半圆，此过程可用一个 R_{ct}/C_{dl} 并联电路表示。R_{ct} 为电荷传递电阻，或称为电化学反应电阻，C_{dl} 为双电层电容；④ 低频区域，与锂离子在活性材料颗粒内部的固体扩散过程相关的一条斜线，此过程可用一个描述扩散的沃伯格阻抗 ZW 表示；⑤ 极低频区域（<0.01 Hz），由与活性材料颗粒晶体结构的改变或新相的生成相关的一个半圆以及锂离子在活性材料中的累积和消耗相关的一条垂线组成，此过程可用一个 R_b/C_b 并联电路与 C_{int} 组成的串联电路表

示。其中,R_b 和 C_b 为表征活性材料颗粒本体结构改变的电阻和电容,C_{int} 为表征锂离子在活性材料累积或消耗的嵌入电容。

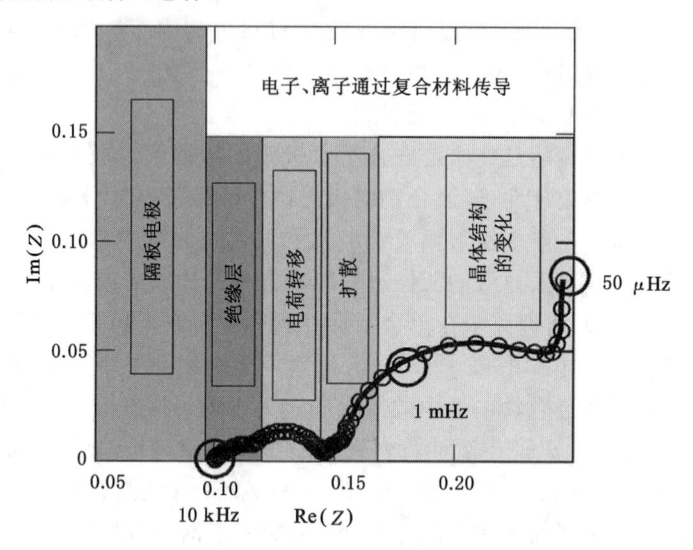

图 5-51 锂离子在嵌合物电极中脱出和嵌入过程的典型电化学阻抗谱

目前商品化锂离子电池中广泛使用的嵌合物电极(称为实用化嵌合物电极),通常是由活性材料、导电剂和黏合剂组成的复合电极。而锂离子电池的充放电是通过锂离子在正、负极间的脱出和嵌入来实现的。因此正常的充放电过程需要锂离子和电子的共同参与,这就要求锂离子电池的电极必须是离子和电子的混合导体,电极反应只能够发生在电解液、导电剂、活性材料的结合处[22]。

然而事实上,锂离子电池的正极活性材料多数为过渡金属氧化物或者过渡金属磷酸盐,其导电性都不尽如人意。它们往往都是半导体甚至绝缘体,导电性较差,必须加入导电剂来改善其导电性。负极石墨材料的导电性稍好,但是在多次充放电过程中,石墨材料的膨胀收缩会使石墨颗粒间的接触减少、间隙增大,甚至有些脱离集电极,成为死的活性材料,不再参与电极反应,所以需要加入导电剂保持循环过程中负极材料导电性的稳定,而巴索科等给出的嵌锂物理机制模型中没有考虑导电剂对锂离子嵌入和脱出过程的影响。无论是锂离子电池正极活性材料还是石墨负极材料,相比而言,导电剂(如炭黑)的电子导电性能都更优异。有理由相信,电子在实用化嵌合物电极中的输运过程不可能按照巴索科等所描述的方式,即通过活性材料颗粒及其连接处输运,而应该包括两个不同的步骤:电子首先通过导电剂输运到导电剂与活性材料的结合处;然后电子在活性材料颗粒内部扩散到达嵌锂位附近,即在锂离子嵌入实用化嵌合物电极活性材料过程中,电子的转移是在导电剂和活性材料的颗粒接触处完成的。因此,Barsoukov 等所提出的嵌锂物理机制模型不适合用于描述实用化嵌合物电极中锂离子的嵌入和脱出过程,而只适合用于描述通过溅射方法或溶胶-凝胶法制备的不含导电剂和黏合剂的薄膜电极中锂离子嵌入和脱出的机制。

庄全超团队研究了锂离子在尖晶石 $LiMn_2O_4$ 电极中插入脱出首次充电过程中的阻抗谱(图 5-52),奈奎斯特图中出现了 3 个半圆,研究表明中高频范围(MHFS)出现的半圆与材

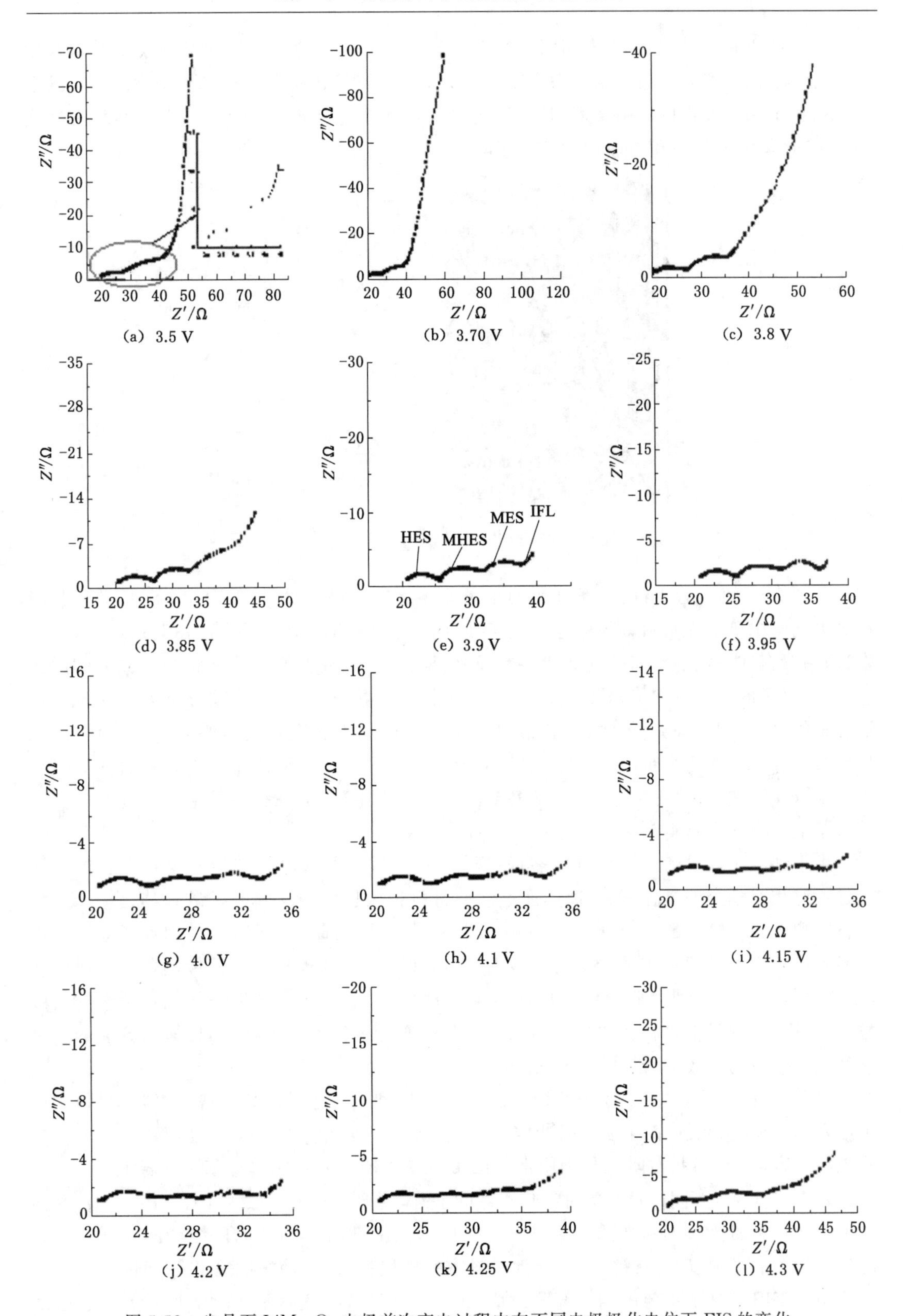

(a) 3.5 V　(b) 3.70 V　(c) 3.8 V　(d) 3.85 V　(e) 3.9 V　(f) 3.95 V　(g) 4.0 V　(h) 4.1 V　(i) 4.15 V　(j) 4.2 V　(k) 4.25 V　(l) 4.3 V

图 5-52　尖晶石 $LiMn_2O_4$ 电极首次充电过程中在不同电极极化电位下 EIS 的变化

料的电子性质有关。因此,庄全超团队修正了巴索科等提出的嵌锂物理机制模型[227],以使其适合用于描述锂离子在实用化嵌合物电极中的嵌入和脱出机制。如图 5-53 所示,与巴索科等所提出的嵌锂物理机制模型相比,该模型充分考虑了导电剂对锂离子嵌入和脱出过程的影响,即电子传输过程对嵌锂过程的影响。

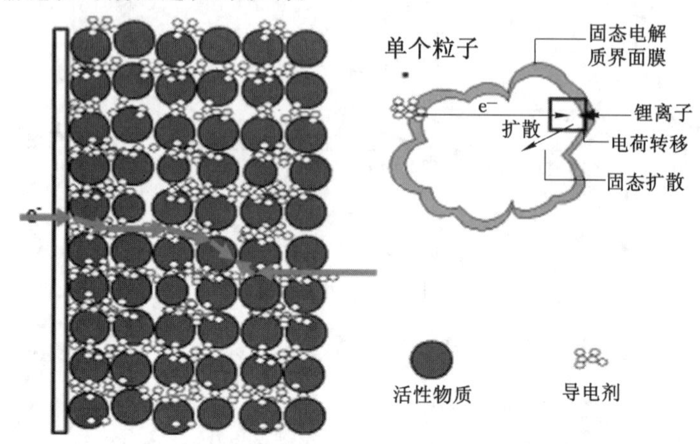

图 5-53　实用化嵌合物电极中嵌锂过程物理机制模型示意图

从图 5-53 可以看出:由于 SEI 膜对电子是绝缘的,电极活性材料颗粒电子的获得只能在导电剂与电极活性材料颗粒的连接处实现,电子进入活性材料的价带后扩散到达嵌锂位附近(一般存在一定的距离),这必然导致锂离子在导电性较差的活性材料中的嵌入和脱出过程中,电子的传输过程将是关键步骤之一,尤其对于电子导电性能较差的锂离子电池正极活性材料[228]。因此锂离子在实用化嵌合物电极中的脱出和嵌入过程的典型 EIS 谱,除包括巴索科等给出的 5 个步骤外,还应包括电子在活性材料颗粒内部的运输步骤,此过程可以用一个 R_e/C_e 并联电路表示,R_e 为活性材料的电子电阻(与活性材料的电子电导率有关),反映了电子在活性材料颗粒中传输过程的难易程度。

由于锂离子通过活性材料颗粒表面 SEI 膜的扩散迁移和电子在活性材料颗粒内部输运是一对相互耦合的过程,且锂离子通过活性材料颗粒表面 SEI 膜的扩散迁移是电子在活性材料颗粒内部输运的起因,因此电子在活性材料颗粒内部的输运应该是锂离子通过活性材料颗粒表面 SEI 膜的扩散迁移后继步骤,它们共同的后继步骤是电荷传递过程。所以在 EIS 谱中与电子在活性材料颗粒内部输运相关的半圆应该出现在与锂离子通过活性材料颗粒表面 SEI 膜的扩散迁移相关的半圆和与电荷传递过程相关的半圆之间,即 EIS 谱的中高频区域。相应的等效电路如图 5-54 所示。

在这个等效电路中,R_s 代表欧姆电阻,R_{SEI},R_e 和 R_{ct} 分别为 SEI 薄膜电阻、材料的电子电阻和电荷转移反应的电阻,SEI 膜电容 C_{SEI}、电子电阻相关电容 C_e、电荷转移反应相关双电层电容 C_{dl} 以及扩散阻抗分别用常相位角元件(CPE)Q_{SEI},Q_e,Q_{dl} 和 Q_D 表示。

在 EIS 实际应用中,由于受到实验条件的限制,其测试范围一般为 $10^5 \sim 10^{-2}$ Hz,因而在 EIS 谱中通常观察不到极低频区域(<0.01 Hz)、活性材料颗粒晶体结构的改变或新相的生成相关的半圆以及与锂离子在活性材料中的累积和消耗相关的垂线(50 μHz 附近),此时典型的 EIS 谱特征主要由四个部分组成:① 高频区域,与锂离子通过活性材料颗粒表面 SEI 膜扩散迁移相关的半圆;② 中高频区域,与电子在活性材料颗粒内部的输运有关的半

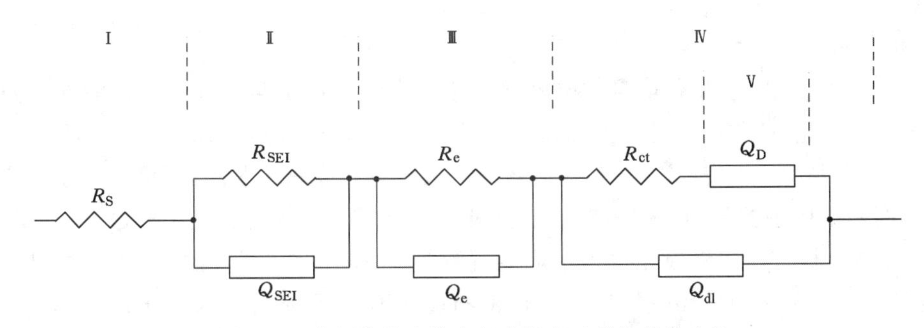

图 5-54　实用化嵌合物电极充放电过程的等效电路

圆；③ 中频区域，与电荷传递过程有关的半圆；④ 低频区域，与锂离子在活性材料颗粒内部的固体扩散过程相关的一条斜线。

但也会因为活性材料的不同而有所不同，对石墨负极或其他碳负极而言，其活性材料为电子的良导体，R_e 很小，因而其 EIS 谱中不存在与 R_e/C_e 并联电路相关的半圆，此时 EIS 谱由与 R_{SEI}/C_{SEI} 并联电路、R_{ct}/C_{dl} 并联电路相关的两个半圆和反映锂离子固态扩散过程的斜线三个部分组成。文献中报道的 EIS 研究结果绝大部分具有上述典型的 EIS 谱特征[229]。但是也有部分研究人员报道的 EIS 谱只由与 R_{ct}/C_{dl} 并联电路相关的半圆和反映锂离子固态扩散过程的斜线两个部分组成[230]，通常他们对该研究结果很少解释。

上述研究结果通常都是在薄膜电极上获得的，庄全超团队经过研究认为产生该现象的原因是薄膜电极上石墨或其他碳材料的含量非常少，导致其电极的 R_{SEI} 较小，因此 EIS 谱中不存在与 R_{SEI}/C_{SEI} 并联电路相关的半圆。对于锂离子电池过渡金属氧化物或过渡金属磷酸盐正极而言，理论上其 EIS 谱特征应由上述四个部分组成，但是由于锂离子通过活性材料颗粒表面 SEI 膜的扩散迁移和电子在活性材料颗粒内部的输运是一对耦合过程，因此与 R_e/C_e 和 R_{SEI}/C_{SEI} 并联电路相关的两个半圆较易重叠，而在 EIS 谱上表现为一个半圆。在一定条件下能够观察到它们相互分离和重叠的过程。庄全超团队在运用 EIS 研究尖晶石 $LiMn_2O_4$ 电极的充放电过程中，观察到这一奇特的现象，如图 5-52 所示。文献中报道的锂离子电池实用化过渡金属氧化物或过渡金属磷酸盐正极的 EIS 谱特征基本都是由 2 个半圆或 3 个半圆与一条斜线组成，且以 EIS 由 2 个半圆与 1 条斜线组成最常见，与上述的分析基本上是吻合的。此外，与碳负极的现象类似，EIS 只由一个半圆与一条斜线组成的情况，大多数是在薄膜电极或粉末微电极上获得的[231]。

5.7.5　电化学阻抗谱的解析

在 EIS 实际应用中面临的一个主要问题是其不确定性，主要表现为很多不同的物理过程或一个复杂过程的不同步骤呈现为相似的阻抗谱特征。经典的电化学体系通常包括电荷传递、扩散和还原产物的吸附等过程，如果所有吸附位置具有相同的位能，也就是说电极的表面是能量均匀的，那么对上述过程的区分是非常容易的。然而与上述经典电化学体系相比，在嵌锂电极中发生的过程复杂得多，这主要是因为嵌锂电极通常都是由黏合剂、活性材料、导电剂和集流体组成的复合电极，嵌锂电极的组成、活性材料颗粒的尺寸以及电极的厚度和制备工艺等均会对阻抗谱特征产生重要的影响[232]。因此通过详细的理论分析和对比实验确定 EIS 谱中每一个时间常数对应的物理过程是非常重要的。

5.7.5.1 高频谱解析

根据前文的分析，实用化嵌合物电极 EIS 谱的高频区域是与锂离子通过活性材料颗粒表面 SEI 膜的扩散迁移相关的圆弧（高频区域圆弧，high frequency region arc，HFA），可用一个并联电路 R_{SEI}/C_{SEI} 表示。虽然大多数研究人员都接受这个观点，但仍有一些研究人员对 HFA 的归属问题持不同意见。对石墨负极而言，如果 HFA 与锂离子通过 SEI 膜的迁移有关，在石墨负极首次阴极极化过程中应能观察到 HFA 的成长过程。然而一些研究者发现[233]：在经历电化学扫描环（或充放电）以前石墨负极 EIS 的高频区域就存在 HFA，在石墨负极首次阴极极化过程中，随着电极电位的降低，HFA 几乎观察不到任何变化，因此将 HFA 主要归因于接触问题。另外一些研究者则将其归因于复合电极的非理想行为，如材料的多孔性、材料表面的粗糙度。在庄全超团队的研究工作中[227]，运用 EIS 在自制三电极玻璃电解池中研究了石墨负极的首次阴极极化过程，发现在经历电化学扫描循环（或充放电）以前 EIS 的高频区域不存在 HFA。随着电极极化电位的降低，观察到 HFA 从出现、成长到稳定的过程。将该方法应用于研究锂离子电池电解液中甲醇杂质对石墨电极性能影响的机制和温度对石墨电极性能的影响，均获得了较好的结果[234]，这些研究成果为 HFA 的归属问题提供了有力的证据[235]。

R_{SEI} 和 C_{SEI} 是表征锂离子通过活性材料颗粒表面 SEI 膜扩散迁移过程的基本参数，从理论和实验上深入探讨它们与 SEI 膜的厚度、时间、温度的关系，是运用 EIS 研究锂离子通过活性材料颗粒表面 SEI 膜扩散迁移过程的基础。

(1) R_{SEI} 和 C_{SEI} 与 SEI 膜厚度的关系

根据 SEI 模型原理，SEI 膜的电阻 R_{SEI} 和电容 C_{SEI} 与 SEI 膜的电导率 ρ 和介电常数 ε 的关系如式(5-124)和式(5-125)所示。

$$R_{SEI}=\rho l/S \tag{5-124}$$

$$C_{SEI}=\varepsilon S/l \tag{5-125}$$

式中，l 为 SEI 膜的厚度；S 为电极的表面积。

如果假定锂离子在嵌合物电极的嵌入和脱出过程中 ρ、ε、S 变化较小，显然 R_{SEI} 增大和 C_{SEI} 减小，意味着 SEI 厚度的增加，因此可以由锂离子在嵌合物电极的嵌入和脱出过程中 R_{SEI} 和 C_{SEI} 随时间和电极电位的变化，预测 SEI 膜的生成情况。

(2) SEI 膜的生长规律（R_{SEI} 与时间的关系）

SEI 膜的生长规律是基于对金属锂表面 SEI 膜生长规律的分析获得的，但是对极化至低电极电位下的碳负极或过渡金属氧化物与过渡金属磷酸盐正极同样具有参考价值。对金属锂电极而言，SEI 膜的生长过程可以分为两种极端的情况：① 锂电极表面的 SEI 膜不是完全均匀的，即锂电极表面存在锂离子溶解阳极区域和电子穿过 SEI 膜导致产生溶剂还原的阴极区域，这种情况一般出现在实际的电池体系中，这是因为实际电池体系中往往存在一些杂质，它们导致阴极区域的存在；② 锂电极表面的 SEI 膜是完全均匀的，其表面不存在阴极区域，在这种情况下，电子通过 SEI 膜扩散至电解液一侧成为决速步骤。

对于第一种情况，该过程的推动力来自金属锂与电解液组分之间的电势差 $\Delta V_{M\text{-}S}$，作为一种近似情况，假定：① 腐蚀电流服从欧姆定律；② SEI 膜的电子电导率（ρ_e）随时间保持不变。则腐蚀电流密度可表示为：

$$i_{\text{corr}} = \Delta V_{\text{M-s}} / \rho_{\text{e}} l \tag{5-126}$$

式中，l 为 SEI 膜的厚度，如果假定腐蚀反应的全部产物都沉积到锂电极上，形成了一个均匀的膜，那么可以得到：

$$\frac{\mathrm{d}l}{\mathrm{d}t} = K i_{\text{corr}} \tag{5-127}$$

式中，K 为常数。

由式(5-126)和式(5-127)可得：

$$\frac{\mathrm{d}l}{\mathrm{d}t} = \frac{K \Delta V_{\text{M-s}}}{\rho_{\text{e}} l} \tag{5-128}$$

对式(5-128)积分可得：

$$l = \left(l_0^2 + \frac{2K \Delta V_{\text{M-s}}}{\rho_{\text{e}}} \cdot t\right)^{1/2} \tag{5-129}$$

当 $t = 0$ 时，$l = l_0$。

对于第二种情况，电子通过 SEI 膜扩散至电解液一侧成为决速步骤时，腐蚀电流密度为：

$$i_{\text{corr}} = \frac{FDC_0}{l} \tag{5-130}$$

式中，D 为电子在 SEI 膜中的扩散系数；C_0 为靠近金属一侧 SEI 膜中电子的浓度。

由式(5-130)和 $\frac{\mathrm{d}l}{\mathrm{d}t} = K i_{\text{corr}}$ 可得：

$$\frac{\mathrm{d}l}{\mathrm{d}t} = \frac{KFDC_0}{l} \tag{5-131}$$

积分后得到：

$$l = (l_0^2 + 2KFDC_0 t)^{1/2} \tag{5-132}$$

式(5-129)和式(5-132)为 SEI 膜生长的抛物线定理。

虽然上述两种机制都可以获得 SEI 膜厚度随时间呈抛物线增长的规律，但这只是一种高度近似的结果。在实际电池体系中，由于 ρ_{e} 和 D 均可能随 l 改变而改变，SEI 膜可能会因破裂、不均匀等情况而增长偏离抛物线。在研究尖晶石 $LiMn_2O_4$ 开路电位下在电解液中的浸泡过程时，发现随着时间的延长，R_{SEI} 与时间的关系近似呈抛物线增长[231]。

(3) R_{SEI} 与电极极化电位的关系

根据 SEI 模型原理，锂离子通过 SEI 膜迁移的动力学过程可用表征离子在固体中迁移过程的下式来描述。

$$i = 4zFacv \cdot \exp(-W/RT) \cdot \sinh(azFE/RT) \tag{5-133}$$

式中，z 为离子电荷；F 为 Faraday 常数；a 为离子跳跃半距离(the jump's half distance)；c 为离子的浓度；v 为晶格振动频率，对锂离子来说等于 1；W 为离子跳跃能垒；R 为气体常数，8.314 51 J/(mol・K)；T 为绝对温度，$T = t + 273.15k$，t 为摄氏温度；E 为电场强度。

当所有的电势降都发生在 SEI 膜上时：

$$\eta = \eta_{\text{SEI}} = El \tag{5-134}$$

式中，η 为过电位；l 为 SEI 的厚度。

在低电场强度下，即当施加的电压较小时，对式(5-133)进行线性化，可得：

$$i=(4z^2F^2a^2cv/RTl)\cdot\exp(-W/RT)\eta \tag{5-135}$$

从而 SEI 膜的电阻 R_{SEI} 可表示为：

$$R_{SEI}=(RTl/4z^2F^2a^2cv)\exp(W/RT) \tag{5-136}$$

对式(5-136)进一步变换可得：

$$\ln R_{SEI}=\ln(RTl/4z^2F^2a^2cv)+W/RT \tag{5-137}$$

由式(5-137)可以看出：ln R_{SEI} 和 T^{-1} 呈线性变化关系，由直线的斜率可求得 W。根据式(5-137)，庄全超团队测定了 $LiCoO_2$ 正极在 1 mol/L $LiPF_6$-EC：DEC：DMC 和 1 mol/L $LiPF_6$-PC：DMC+5%VC 电解液中，锂离子迁移通过 SEI 膜的离子跳跃能垒平均值分别为 37.74 kJ/mol 和 26.55 kJ/mol[236]。

5.7.5.2 中高频谱解析

根据前文对锂离子在实用化嵌合物电极中嵌入和脱出过程的分析，实用化嵌合物电极 EIS 谱的中高频区域是与电子在活性材料颗粒内部的输运过程相关的一个半圆，可以用一个 R_e/C_e 并联电路表示。R_e 为活性材料的电子电阻，是表征电子在活性材料颗粒内部的输运过程的基本参数。根据欧姆定律，电阻 R 与电导率 σ 有如下关系式：

$$R=\frac{S}{\sigma L} \tag{5-138}$$

式中，L 为材料厚度；S 为材料面积。

从式(5-138)可以得出：对于固定的电极而言，R_e 随着电极极化电位或温度的变化反映了材料电子电导率随电极极化电位或温度的变化。因而从本质上来讲，实用化嵌合物电极 EIS 谱的中高频区域的半圆是与活性材料电子电导率相关的。

(1) R_e 与温度的关系

电导率与温度的关系通常由阿伦尼厄斯(Arrhenius)方程给出：

$$\sigma=A\exp(-E_a/RT) \tag{5-139}$$

式中，A 为指前因子；E_a 为热激活化能。

由式(5-138)和式(5-139)可得：

$$R=\frac{S}{AL}\exp(E_a/RT) \tag{5-140}$$

对式(5-140)进一步变换可得：

$$\ln R_e=\ln\frac{S}{AL}+\frac{E_a}{RT} \tag{5-141}$$

由式(5-141)可知 R_e 和 T^{-1} 呈线性变化关系，由直线的斜率可求得 E_a。根据式(5-141)庄全超团队测定了 $LiCoO_2$ 正极在 1 mol/L $LiPF_6$-EC：DEC：DMC 和 1 mol/L $LiPF_6$-PC：DMC+5%VC 电解液中，电子电导率的热激活化能平均值分别为 39.08 kJ/mol 和 53.81 kJ/mol[59]。

(2) R_e 与电极极化电位的关系

锂离子电池正极活性材料(过渡金属氧化物或过渡金属磷酸盐)的电子导电率一般都较小，属于半导体材料，按其导电机制的不同可分为 n 型半导体材料和 p 型半导体材料，由于其导电机制不同，相应的 R_e 与电极极化电位之间的关系也不同。

$LiCoO_2$ 是典型的 p 型半导体(带隙宽度 $E_g=2.7$ eV)[237]，主要靠空穴导电。对于

Li_xCoO_2，当 $x<1$ 时就具有部分充满的价带，每一个锂离子从 $LiCoO_2$ 晶格中脱出时就会在价带中产生一个空穴，即

$$p = 1 - x \tag{5-142}$$

式中，p 为自由空穴的浓度。

当 $x<0.75$ 时，Li_xCoO_2 中具有足够的空穴以产生有效的屏蔽，因此在该区域价带中的空穴发生了离域化，从而使 Li_xCoO_2 表现出金属的电导性能。上述行为可从红外吸收光谱中低波数区间清楚地观察到存在由空穴引起的强吸收而得到证实。因此 $LiCoO_2$ 正极在充放电过程中，其电子电导率的变化可分为3个区域：① Li_xCoO_2 表现为半导体的区域；② 空穴发生离域化的区域；③ Li_xCoO_2 表现为金属的区域。

对p型半导体(无论其电导行为表现为半导体还是金属)而言，其电子电导率 σ 可表示为：

$$\sigma = pq\mu \tag{5-143}$$

式中，μ 为空穴迁移率；q 为电子电荷。

如果假定 Li_xCoO_2 中不存在锂离子之间和锂离子与嵌锂空位之间的相互作用，即锂离子的嵌入过程可用朗缪尔嵌入等温式(Langmuir insertion isotherm)描述时，锂离子嵌入度 x 与电极电位 E 应具有如下关系式[238]：

$$x/(1-x) = \exp[f(E-E_0)] \tag{5-144}$$

式中，$f=F/RT$，F 为法拉第常数，96 485 C/mol，1 mol电子所带总电荷量的绝对值；R 为摩尔气体常数，8.314 472 J/(mol·K)；T 为热力学温度。E 和 E_0 分别为平衡状态下电极的实际电极电位和标准电极电位。

将式(5-142)代入式(5-144)可得：

$$P = \frac{1}{1+\exp[f(E-E_0)]} \tag{5-145}$$

将式(5-138)和式(5-143)代入式(5-145)，整理得：

$$\ln R = \ln(S/q\mu l) + \ln\{1+\exp[f(E-E_0)]\} \tag{5-146}$$

对 $\ln\{1+\exp[f(E-E_0)]\}$ 进行泰勒级数展开，并忽略高次方项可得：

$$\ln R = \ln(2S/q\mu l) + 0.5f(E-E_0) \tag{5-147}$$

由式(5-147)可知 $\ln R$ 与 E 呈线性变化关系。

由以上分析可以得到：对于p型半导体而言，$\ln R_e$ 随 E 的变化规律必然呈现为3个不同的部分：① Li_xCoO_2 电导行为表现为半导体时，$\ln R_e$ 与 E 近似呈线性关系；② 空穴发生离域化时，$\ln R_e$ 随 E 的改变发生突变；③ Li_xCoO_2 电导行为表现为金属时，$\ln R_e$ 与 E 也近似呈线性关系[239]。

与 $LiCoO_2$ 为p型半导体材料不同，尖晶石 $LiMn_2O_4$ 为n型半导体材料，其电子的传导主要通过电子在低价(Mn^{3+})和高价(Mn^{4+})离子之间的跃迁实现[240]。因而其电子电导率主要由两个方面的因素决定：载流子(Mn^{3+} 中的电子)的量和载流子的跃迁长度(Mn-Mn原子间的距离)。在锂离子脱出过程中，一方面会引起 Mn^{3+} 氧化为 Mn^{4+}，导致载流子数量减小，从而使尖晶石 $LiMn_2O_4$ 电子电导率降低；另一方面，锂离子的脱嵌会引起尖晶石结构中Mn-Mn原子间距离的减小，从而导致尖晶石 $LiMn_2O_4$ 电子电导率增大。已有的研究结果表明：锂离子在脱出过程中，尖晶石 $LiMn_2O_4$ 电子电导率随电极电位的升高而增大(R_e

随电极电位的升高而减小),显示载流子跃迁距离的减小是锂离子脱出过程中电子电导率变化的主要原因,对电子电导率的影响比载流子量的减小对电子电导率产生的影响大得多。此外,由于在锂离子脱出过程中载流子的量不可避免减小,因而尖晶石 $LiMn_2O_4$ 的电子电导率强烈依赖于载流子的跃迁长度。但是在长期充放电循环过程中或高温下,Mn-Mn 原子间距的增大是不可避免的,也就不可避免地降低了尖晶石 $LiMn_2O_4$ 电子电导率,这可能是 $LiMn_2O_4$ 正极在长期充放电循环过程中或高温下比容量衰减的主要原因,同时可能是尖晶石 $LiMn_2O_4$ 和 $LiCoO_2$ 电化学性能存在较大差别的主要原因,但这个问题在以往的研究工作中较少受到人们的重视。

5.7.5.3 中频谱解析

实用化嵌合物电极 EIS 谱的中频区域是与电荷传递过程相关的一个半圆,可以用一个 R_{ct}/C_{dl} 并联电路表示,R_{ct} 和 C_{dl} 是表征电荷传递过程的基本参数。已有的文献对 C_{dl} 的讨论非常少,而对 R_{ct} 的讨论相对较多,以 $LiCoO_2$ 为例论述锂离子在嵌合物电极脱出和嵌入过程中 R_{ct} 随电极极化电位和温度的变化。

(1) R_{ct} 与电极极化电位的关系

锂离子在 $LiCoO_2$ 中的嵌入和脱出过程可表示为:

$$(1-x)Li^{+}+(1-x)e+Li_xCoO_2 \rightleftharpoons LiCoO_2 \tag{5-148}$$

假定正向反应(锂离子嵌入反应)的速率正比于 $C_T(1-x)$ 和电极表面溶液中的锂离子浓度$[M^+]$, $C_T(1-x)$ 表示 Li_xCoO_2 内待嵌入的自由位置,x 为嵌锂度(intercalation level),C_T 为在 $LiCoO_2$ 中锂离子的最大嵌入浓度(单位为 mol/cm^3)。反向反应(锂离子脱出反应)的速率正比于 C_Tx,C_Tx 为已经被锂离子占有的位置,因此正向反应速率 r_f 和反向反应速率 r_b 可表示为[241]:

$$r_f=k_fc_T(1-x)[M^+] \tag{5-149}$$

$$r_b=k_bc_Tx \tag{5-150}$$

$$i=r_f-r_b=nFc_T[k_f(1-x)[M^+]-k_bx] \tag{5-151}$$

式中,n 为反应过程中转移的电子数。

锂离子嵌入引起的 $LiCoO_2$ 的摩尔嵌入自由能 ΔG_{int} 的变化可表示为:

$$\Delta G_{int}=\alpha+gx \tag{5-152}$$

式中,α,g 分别为与每个嵌入位置周围嵌基的相互作用、两个邻近的嵌入锂离子之间相互作用有关的常数。

按照活化络合物理论,并考虑上述锂离子嵌入引起的 $LiCoO_2$ 的摩尔嵌入自由能 ΔG_{int} 的变化,则 k_f 和 k_b 与电位的关系式为:

$$k_f=k_f^0\exp[\frac{-\alpha(nFE+\Delta G_{int})}{RT}] \tag{5-153}$$

$$k_b=k_b^0\exp[\frac{(1-\alpha)(nFE+\Delta G_{int})}{RT}] \tag{5-154}$$

式中,α 为电化学反应对称因子;k_f,k_b 为由化学因素决定的正向反应和反向反应的反应速率常数,与由化学因素决定的反应活化能的关系可由阿伦尼厄斯公式给出。

$$k_f=A_f\exp(\frac{-\Delta G_{Oc}}{RT}) \tag{5-155}$$

$$k_b = A_b \exp(\frac{-\Delta G_{Oa}}{RT}) \tag{5-156}$$

由式(5-151)、式(5-153)和式(5-154)可得：

$$i = nFc_T k_f^0 (1-x)[M^+]\exp[\frac{-\alpha(nFE+\Delta G_{int})}{RT}] - nFc_T k_b^0 \exp[\frac{(1-\alpha)(nFE+\Delta G_{int})}{RT}] \tag{5-157}$$

平衡时，$E=E_e$，总电流 $i=0$，因此交换电流密度 i_0 可表示为：

$$i_0 = nFc_T k_f^0 (1-x)[M^+]\exp[\frac{-\alpha(nFE+\Delta G_{int})}{RT}] = nFc_T k_b^0 \exp[\frac{(1-\alpha)(nFE+\Delta G_{int})}{RT}] \tag{5-158}$$

从而有：

$$i_0 = nFc_T k_0 [M^+]^{(1-\alpha)} (1-x)^{(1-\alpha)} x^\alpha \tag{5-159}$$

式中，k_0 为标准反应速率常数，与系统标准电极电位 E_0 的关系式如下：

$$k_0 = k_f^0 \exp[\frac{-\alpha(nFE_0+\Delta G_{int})}{RT}] = k_b^0 \exp[\frac{(1-\alpha)(nFE_0+\Delta G_{int})}{RT}] \tag{5-160}$$

电荷传递电阻被定义为：

$$R_{ct} = RT/nFi_0 \tag{5-161}$$

由式(5-157)、式(5-159)和式(5-161)可得：

$$R_{ct} = \frac{RT}{n^2 F^2 c_T k_0 [M^+]^{(1-\alpha)} (1-x)^{(1-\alpha)} x^\alpha} \tag{5-162}$$

如果假定锂离子在嵌合物电极中的嵌入和脱出过程是可逆的，则 $\alpha=0.5$，式(5-162)可以转换为：

$$R_{ct} = \frac{RT}{n^2 F^2 c_T k_0 [M^+]^{0.5} (1-x)^{0.5} x^{0.5}} \tag{5-163}$$

当 $x=0.5$ 时，R_{ct} 存在极小值；当 $x<0.5$ 时，R_{ct} 随 x 减小而增大；当 $x>0.5$ 时，R_{ct} 随 x 增大而增大，即 R_{ct} 随着电极极化电位的增大呈现先减小后增大的趋势。

锂离子在嵌合物电极中的脱出末期或嵌入初期(对应于高电极极化电位)，此时嵌合物电极活性材料中锂离子的含量非常少，也就是说，嵌锂度 $x\to 0$，此时式 $x/(1-x)=\exp[f(E-E_0)]$ 可简化为：

$$x = \exp[f(E-E_0)] \tag{5-164}$$

将式(5-164)代入式(5-162)，可得：

$$R_{ct} = \frac{RT}{n^2 F^2 c_T k_0 [M^+]^{(1-\alpha)}} \exp[-\alpha f(E-E_0)] \tag{5-165}$$

对式(5-165)进一步变换，可得：

$$\ln R_{ct} = \ln \frac{RT}{n^2 F^2 c_T k_0 [M^+]^{(1-\alpha)}} - \alpha f(E-E_0) \tag{5-166}$$

由式(5-166)可知：当 $x\to 0$ 时，$\ln R_{ct}$ 和 E 呈线性变化关系，且根据直线的斜率可求得电化学反应对称因子 α。根据式(5-166)，庄全超团队测得常温下锂离子在 $LiCoO_2$ 中的电化学嵌入反应的对称因子 $\alpha=0.5$[239]。

(2) R_{ct} 与温度之间的关系

由式(5-155)、式(5-160)和式(5-162)可得：

$$R_{ct}=\frac{RT}{n^2F^2c_Tk_0[M^+]^{(1-\alpha)}}\exp\left[\frac{\Delta G_{0c}+\alpha(nFE_0+\Delta G_{int})}{RT}\right] \tag{5-167}$$

定义嵌入反应活化能 ΔG 为：

$$\Delta G=\Delta G_{0c}+\alpha(nFE_0+\Delta G_{int})=\Delta G_{0c}+\alpha(nFE_0+\alpha+gx) \tag{5-168}$$

将式(5-168)代入式(5-167)可得：

$$R_{ct}=\frac{RT}{n^2F^2c_TA_f[M^+]^{(1-\alpha)}(1-x)^{(1-\alpha)}x^\alpha}\exp\frac{\Delta G}{RT} \tag{5-169}$$

对式(5-169)进一步变换可得：

$$\ln R_{ct}=\ln\frac{R}{n^2F^2c_TA_f[M^+]^{(1-\alpha)}(1-x)^{(1-\alpha)}x^\alpha}+\frac{\Delta G}{RT}-\ln\frac{1}{T} \tag{5-170}$$

当 $1/T$ 很小时，对 $\ln(1/T)$ 进行泰勒级数展开，并忽略高次方项，则式(5-170)可变换为：

$$\ln R_{ct}=\ln\frac{R}{n^2F^2c_TA_f[M^+]^{(1-\alpha)}(1-x)^{(1-\alpha)}x^\alpha}+\frac{\Delta G-R}{RT}+1 \tag{5-171}$$

由式(5-171)可以看出：在恒定电极电位和相对较高的温度下，即 x 保持不变和 $1/T$ 很小时，$\ln R_{ct}$ 和 T^{-1} 同样呈线性变化关系，由直线的斜率可求得嵌入反应活化能 ΔG。根据式(5-171)，庄全超课题组测定了 $LiCoO_2$ 正极在 1 mol $LiPF_6$-EC：DEC：DMC 和 1 mol/L $LiPF_6$-PC：DMC+5% VC 电解液中，嵌入反应活化能 ΔG 的平均值分别为 68.97 kJ/mol 和 7 373 kJ/mol[59]。

5.7.5.4 低频谱解析

实用化嵌合物电极 EIS 谱的低频区域为与扩散过程相关的一条斜线，此过程可以用一个描述扩散的沃伯格阻抗 Z_w 表示。通常溶液中离子的浓度(约 1 mol/L)和扩散系数(D 约为 10^{-5} cm²/s)均比嵌入化合物中的(浓度约为 10^{-2} mol/L，D 约为 10^{-10} cm²/s)大得多，因此在讨论嵌入反应的动力学时一般忽略液相中传质过程的影响，而认为 Z_w 表征了锂离子在活性材料颗粒内部的固体扩散过程，相应的锂离子在嵌合物电极活性材料颗粒内部的扩散系数是表征扩散过程的主要动力学参数，扩散系数的大小可以反映电极进行高倍率放电的能力。F. Linsenmann 等[240]首先将电化学阻抗方法应用于研究嵌入电极反应，他们对锂离子嵌入薄膜电极的反应进行了理论处理，推导出了扩散阻抗 Z_w 的表达式，进而可以从 EIS 谱的低频区域求解出锂离子在薄膜嵌合物电极中的扩散系数。简单介绍一下锂离子在薄膜嵌合物电极中扩散系数的求解方法。对于半无限扩散，Z_w 可表示为：

$$Z_w=\frac{B}{\sqrt{\omega}}-j\frac{B}{\sqrt{\omega}} \tag{5-172}$$

式中，ω 为频率；$j=\sqrt{-1}$；B 为与扩散系数有关的常数。

扩散系数 D 可以通过下面两种方法得到：

① 当 $\omega\gg\frac{2D}{L^2}$ 时，扩散系数 D 可以通过 $Z'-\frac{1}{\sqrt{\omega}}$ 或 $Z''-\frac{1}{\sqrt{\omega}}$ 的斜率求得。

$$B=-\frac{V_m}{\sqrt{2}FAD}\frac{dE}{dx} \tag{5-173}$$

式中，V_m 为样品的摩尔体积；F 为法拉第常数；A 为电极面积；$\frac{dE}{dx}$为库仑滴定曲线的斜率。

② 当 $\omega \ll \frac{2D}{L^2}$ 时，扩散系数 D 可以由极限电阻 R_L 和极限电容 C_L 求得。

$$R_L = -3\frac{V_m L}{FAD}\frac{dE}{dx} \tag{5-174}$$

$$\frac{1}{\omega C_L} = -\frac{V_m}{FA\omega L}\frac{dE}{dx} \tag{5-175}$$

$$D = \frac{L^2}{3R_L C_L} \tag{5-176}$$

由式(5-173)和式(5-176)可求得扩散系数 D。

5.7.5.5　极低频谱解析

实用化嵌合物电极 EIS 谱极低频区域(<0.01 Hz)为与活性材料晶体结构的改变或新相的生成相关的一个半圆以及锂离子在活性材料中的累积和消耗相关的一条垂线组成，此过程可以用一个 R_b/C_b 并联电路与 C_{int} 组成的串联电路表示，其中 R_b 和 C_b 为表征活性材料颗粒本体结构改变的电阻和电容[241]。如前文所述，由于受到实验条件的限制，EIS 测试范围一般为 $10^5 \sim 10^{-2}$ Hz。此外，通常实用化嵌合物电极如 $LiCoO_2$、尖晶石 $LiMn_2O_4$、石墨等在锂离子嵌入和脱出过程中体积变化较小，体相内部物理化学性质变化不大，且一般不存在剧烈的相变过程，新生成相和原始相之间的物理化学性质差别也不大。因而在其 EIS 谱中很难观察到极低频区域(<0.01 Hz)与活性材料颗粒晶体结构的改变或新相的生成相关的半圆，因此文献基本没有运用 EIS 研究锂离子在实用化嵌合物电极中活性材料颗粒晶体结构的改变或新相生成的相关报道。对于金属合金负极(如 Cu_6Sn_5 合金)，樊小勇等[242]研究发现：由于锂离子嵌入过程中电极活性材料体积变化大，且新生成相(如 Li_2CuSn 和 $Li_{4.4}Sn$)和原合金相(Cu_6Sn_5)之间物理化学性质差别巨大，可以在 0.05 Hz 附近观察到活性材料颗粒晶体结构的改变或者新相生成相关的一段圆弧，如图 5-55 所示。

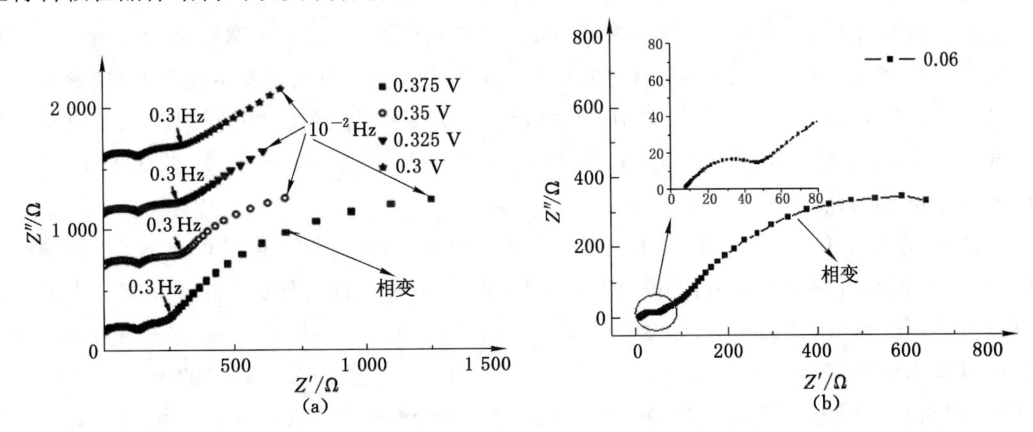

图 5-55　粗糙铜箔上 Cu_6Sn_5 合金电极首次嵌锂过程中的奈奎斯特图

C_{int} 为表征锂离子在活性材料累积或消耗的嵌入电容，对于厚度为 L 的薄膜电极并考虑锂离子嵌入过程的准平衡特性，C_{int} 可以表示为[243]：

$$C_{\text{int}}=\frac{Le^2N}{k_BT}\left[g+\frac{1}{x(1-x)}\right]^{-1} \tag{5-177}$$

式中，e 为电子电荷 $e=1.6\times10^{-19}$ C，是一个电子或一个质子所带的电荷量。任何带电体所带电荷都是 e 的整数倍或者等于 e；N 为单位面积薄膜电极内锂离子的最大嵌入量；k_B 为博尔茨曼(Boltzman)常数；T 为热力学温度；g 为弗鲁姆金参数，$g>0$ 和 $g<0$ 分别对应嵌入薄膜电极的锂离子之间和锂离子与嵌锂空位之间的相互排斥和吸引作用。

由式(5-177)可以看出：当嵌锂度 $x=0.5$ 时，C_{int} 存在极大值。

当嵌锂度 x 很小，即当 $x\to0$ 时，忽略嵌入薄膜电极的锂离子之间和锂离子与嵌锂空位之间的相互排斥和吸引作用，即假定 $g=0$，式(5-177)可变为[244]：

$$C_{\text{int}}=\frac{Le^2N}{k_BT}x \tag{5-178}$$

从式(5-178)可以看出：当嵌锂度 x 很小时，C_{int} 与嵌锂度 x 呈线性变化。将式(5-144)代入式(5-178)，整理可得：

$$\ln C_{\text{int}}=\ln\frac{Le^2N}{k_BT}+f(E-E_0) \tag{5-179}$$

式(5-179)表明：当嵌锂度很小时，$\ln C_{\text{int}}$ 与 E 呈线性变化关系。C_{int} 通常由等效电路对 EIS 谱的奈奎斯特图拟合获得，也可以从博德(Bode)图上直接获取。当 $\omega\to0$ 时，C_{int} 可表示为：

$$C_{\text{int}}=-\frac{1}{\omega Z''} \tag{5-180}$$

由式(5-180)可以得出：C_{int} 可以由极低频下的阻抗虚部直接求解。J. S. Gnanaraj 等[245]通常用频率为 5 mHz 的阻抗虚部直接求 C_{int}。吕东生等[246]认为用等效电路对 EIS 谱的奈奎斯特图拟合获得 C_{int} 的值优于由极低频下的阻抗虚部直接求解。

5.7.6 感抗产生机制分析

感抗环(inductive loop，IL)经常在阻抗谱中被观察到，但这个元素在电极系统中的来源仍然不清楚。电感被定义为一种电路的特性，当流过该电路的电流发生变化时，电路中产生电动势。J. S. Gnanaraj 等[247]认为对 IL 的合理解释是锂离子脱出过程中叠加了电动势的形成。庄全超团队[227]对锂离子电池的层状 $LiCoO_2$ 和尖晶石 $LiMn_2O_4$ 的研究中，在 EIS 中发现了电感回路。

图 5-56 为 $LiCoO_2$ 电极随电极电位 E 升高时其 EIS 谱的变化。可以看出：新制备的 $LiCoO_2$ 电极在电解液中的开路电位为 3.5 V，其 EIS(奈奎斯特图)在整个测试频率范围内可以分为两个部分，即高频区域的小半圆和中低频区域的一段圆弧。随着 E 的升高，中低频区域圆弧的曲率半径不断减小，3.85 V 时近似为一个半圆。3.9 V 时的 EIS 由三个部分组成，即高频区域与 SEI 膜有关的半圆(high frequency arc，HFA)，中频区域与电荷传递电阻和双电层电容有关的半圆(middle frequency arc，MFA)以及低频区域反映锂离子固态扩散过程的斜线。3.95 V 时 EIS 的一个重要特征是在中高频区域出现与感抗相关的半圆(inductive loop，IL)，至 4.0 V 时 EIS 由 4 个完全相互分离的区域组成，即 HFA、IL、MFA 以及低频区域斜线。4.3 V 时 EIS 中 IL 和低频区的斜线消失，MFA 再次演变为一段圆弧，

说明此时已不存在锂离子的脱出过程。

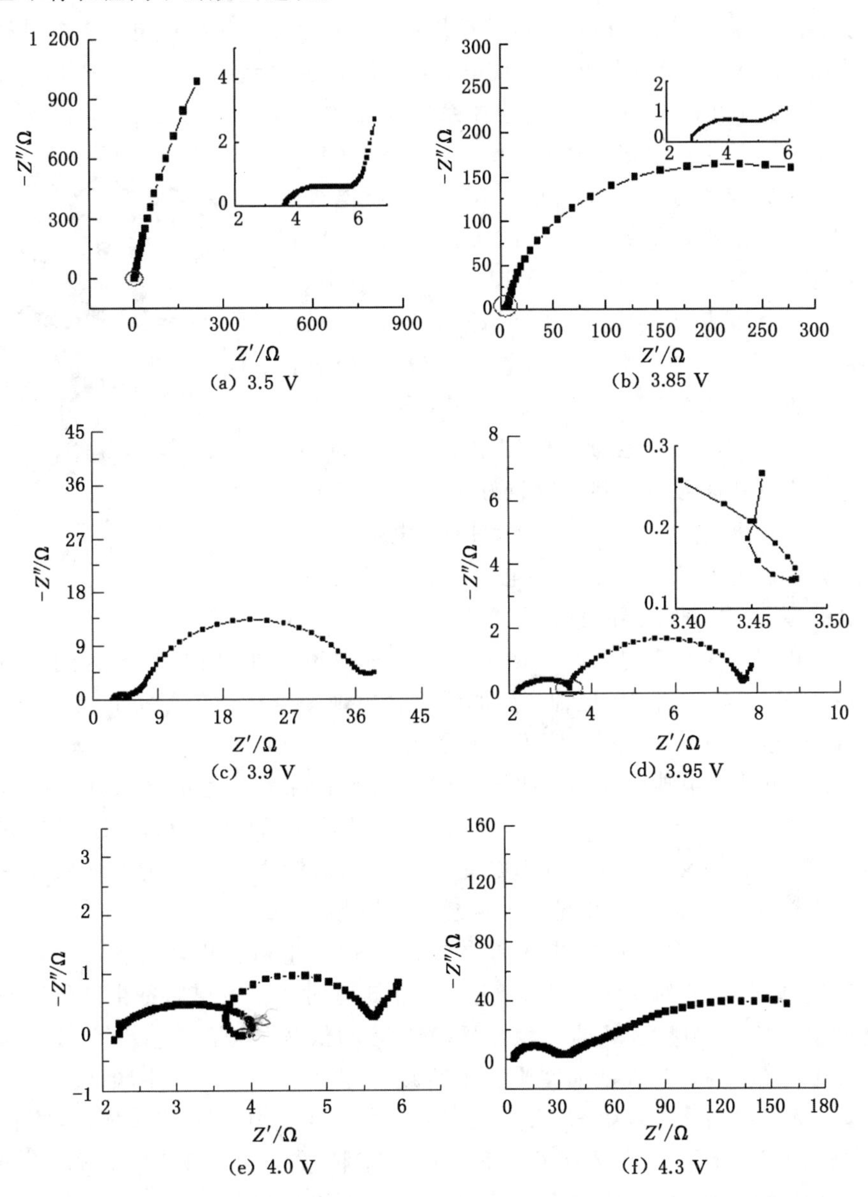

(a) 3.5 V　(b) 3.85 V　(c) 3.9 V　(d) 3.95 V　(e) 4.0 V　(f) 4.3 V

图 5-56　$LiCoO_2$ 电极首次脱锂过程中 EIS 随电极电位 E 升高的变化

由图 5-56 可以看出：与感抗相关的半圆(IL)首先出现在 3.95 V，即发生部分锂离子脱出的电位区域。当电位高于 4.3 V 时，即锂离子全部脱出后(对应于 $Li_{1-x}CoO_2$，$x=0.5$ 时)，IL 消失。电感通常定义为当流经电路中的电流发生改变时，会在这个电路中产生感应电动势阻止电流变化。因此对 IL 的合理解释应该为：IL 是锂离子的脱出而产生的感应电动势引起的。它产生的原因可能是锂离子脱出过程中的不均衡性导致不同 $LiCoO_2$ 颗粒之间锂离子的脱出量不同，产生被 SEI 膜分隔的富锂和贫锂区域，从而在被 SEI 膜分隔的 $LiCoO_2$ 和 $Li_{1-x}CoO_2$($0<x<0.5$)之间形成局域浓差电池。因为 SEI 膜并不是完美无缺

的，在锂离子脱出过程中，上述局域浓差电池中的两电极间就会有局域电流通过，从而产生电场对抗锂离子脱出产生的电场。因此该局域浓差电池在 $LiCoO_2$ 电极充电过程中产生阻止锂离子从 $LiCoO_2$ 电极中脱出的感应电流，上述情况符合感抗产生的条件。

为了更好地认识 $Li/LiCoO_2$ 电池体系中存在的 IL，图 5-57 给出了 $LiCoO_2$ 电极中 $LiCoO_2/Li_{1-x}CoO_2$（$0<x<0.5$）局域浓差电池模型的示意图。在 $LiCoO_2$ 电极充电过程中，伴随着锂离子的脱出，$LiCoO_2/Li_{1-x}CoO_2$ 局域浓差电池会不断地渗漏电流，直至锂离子完全脱出（对应于 $LiCoO_2$ 全部转变为 $Li_{0.5}CoO_2$），即 $LiCoO_2$ 电极内部不再存在锂离子的浓差极化。因此 $LiCoO_2$ 电极表面的该 SEI 膜也可以称为“渗漏 SEI 膜”（leaky SEI）。以上分析表明：$Li/LiCoO_2$ 电池体系中感抗 $LiCoO_2/Li_{1-x}CoO_2$ 局域浓差电池机制可以较好地解释所得的实验结果。值得指出的是，周永宁等[82]将 Li/C 电池体系中的感抗也归因于存在 LiC_6/C_6 浓差电池。根据以上局域浓差电池模型，可以预测伴随锂离子的脱出，当 $LiCoO_2$ 电极中一半的 $LiCoO_2$ 转变为 $Li_{0.5}CoO_2$ 时，即锂离子的浓差极化达到最大值时，由 $LiCoO_2/Li_{1-x}CoO_2$ 局域浓差电池产生的感抗会出现一个极大值。实验结果显示 R_L 和 L 随 E 升高出现一个极大值，从而证明了在 $Li/LiCoO_2$ 电池体系中感抗是 $LiCoO_2/Li_{1-x}CoO_2$ 局域浓差电池引起的。此外，当采用球磨制浆和涂片的方法制备 $LiCoO_2$ 电极，由于电极材料混合均匀，容易达到平衡，因此在 EIS 中的感抗消失，还观察到 $LiCoO_2/Li_{1-x}CoO_2$ 局域浓差电池充电后随着放置时间增加而消失。这些实验结果进一步验证了 $LiCoO_2/Li_{1-x}CoO_2$ 局域浓差电池是产生感抗的根源。

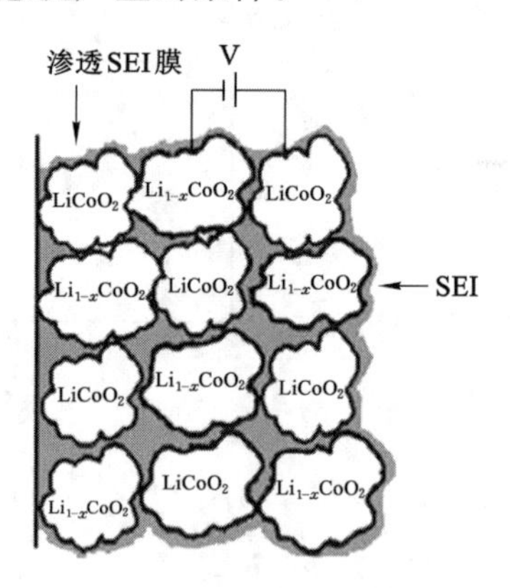

图 5-57　$LiCoO_2$ 电极在首次脱锂过程中局域浓差电池模型示意图

图 5-58 为尖晶石 $LiMn_2O_4$ 电极首次充电过程中，电极极化电位在 3.75～4.3 V 之间 EIS 谱随电极极化电位的变化。可以观察到：3.75 V 时的 EIS 谱特征由高频区域一个压扁拉长的圆弧（HFA）、中频区域的一段圆弧（MFA）和低频区域的斜线三个部分组成。随着电极极化电位的升高，MFA 的曲率半径不断减小，至 3.875 V 时，中频区域演变为一个完整的半圆。W. Lai 等[248]认为：HFA 反映锂离子在 SEI 膜中的迁移；MFA 与电荷传递过程有关；低频区域部分的斜线反映了锂离子的固态扩散。在电极极化电位进一步升高至 3.9 V 时，EIS 的一个重要特征是高频区域压扁拉长的半圆开始分裂为一个半圆和一段圆弧（分别称为 HFA1 和 HFA2）；至 3.925 V 时，EIS 由完全分离的四个部分组成，即 HFA1（$>10^3$ Hz）、HFA2（10^3～10 Hz）、MFA（0.1 Hz）及低频区域的直线（<0.1 Hz）；3.95 V 时，HFA1 和 HFA2 部分重叠，至 3.975 V 时，HFA1 和 HFA2 重新融合为一个拉长的压扁的半圆。研究表明：HFA2 与尖晶石 $LiMn_2O_4$ 材料的电子电导率有关。

此外，3.975 V 时 EIS 的一个重要特征是分别在 100 Hz 附近和 1 Hz 附近各存在一个与感抗相关的半圆（分别为 HFIL：high frequency inductive loop 和 LFIL：low frequency inductive loop）。当电极极化电位升高到 4.0 V 时，HFIL 消失，说明在充电过程中它更易在低电位下形成。随着电极极化电位进一步升高到 4.175 V，LFIL 消失，至 4.225 V 时中频区域半圆演变为一段弧线。

从图 5-58 可以看到：在 $Li/LiMn_2O_4$ 电池体系中，与在 $Li/LiCoO_2$ 电池体系中一致，IL 同样出现在发生部分锂离子脱出的电位区域，当尖晶石 $Li/LiMn_2O_4$ 的锂离子接近完全脱出或完全嵌入时，IL 消失。上述结果表明：在 $Li/LiMn_2O_4$ 电池体系中，感抗产生的机制与在 $Li/LiCoO_2$ 电池体系中类似，也是存在的局域浓差电池引起的。

然而与在 $Li/LiCoO_2$ 电池体系中不同的是，在尖晶石 $LiMn_2O_4$ 电极首次放电过程中，会在两个不同的电位区域同时出现 IL，而且在首次充电过程中至 3.975 V 时，奈奎斯特图中同时存在两个 IL。这些结果表明在 $Li/LiMn_2O_4$ 电池体系中存在两种不同的感抗产生机制，即存在两种不同的局域浓差电池。

与在 $LiCoO_2$ 正极中锂离子的嵌脱过程不同，在尖晶石 $LiMn_2O_4$ 正极中锂离子的脱出和嵌入是分两步进行的，锂离子先占据其中一半的 8a 位置(四面体 8a 位置)，之后随着电位的升高再占据其他需要更高活化能的位置。因此可以推测：在 $Li/LiMn_2O_4$ 电池体系中存在两种不同的局域浓差电池是锂离子的脱出和嵌入分两步进行造成的，从而这两种局域浓差电池可分别表示为 $LiMn_2O_4/Li_{1-x}Mn_2O_4$ 和 $Li_{0.5}Mn_2O_4/Li_{0.5-x}Mn_2O_4$，它们在奈奎斯特图中存在的频率范围不同，$LiMn_2O_4/Li_{1-x}Mn_2O_4$ 局域浓差电池所产生的 IL 一般出现在中高频区域(100 Hz 附近)，$Li_{0.5}Mn_2O_4/Li_{0.5-x}Mn_2O_4$ 局域浓差电池所产生的 IL 一般出现在中低频区域(1 Hz 附近)。

图 5-59 和图 5-60 分别给出了这两种局域浓差电池模型的示意图。在尖晶石 $LiMn_2O_4$ 电极充放电过程中，伴随着锂离子的嵌入，$Li_{0.5}Mn_2O_4/Li_{0.5-x}Mn_2O_4$ 局域浓差电池不断渗漏电流，直至一半的锂离子完全嵌入(对应于$[Mn_2O_4]^-$全部转变为 $Li_{0.5}Mn_2O_4$)，即尖晶石 $LiMn_2O_4$ 正极内部不再存在锂离子的浓差极化。随着电极极化电位的进一步降低，伴随着另一半锂离子的嵌入，$LiMn_2O_4/Li_{1-x}Mn_2O_4$ 局域浓差电池开始不断渗漏电流，直至另一半锂离子完全嵌入(对应于 $Li_{0.5}Mn_2O_4$ 全部转变为 $LiMn_2O_4$)，感抗消失；锂离子的脱出过程正好与上述过程相反。可以推测，在某些特定的条件下，即当锂离子脱出过程极度不均衡时，上述两种局域浓差电池可能同时存在，即尖晶石 $LiMn_2O_4$ 电极首次充电过程中 3.975 V 时所出现的情况。如前所述，尖晶石 $LiMn_2O_4$ 充电过程中，锂离子的第二步嵌入或脱出过程需要较大的活化能，因此在 $LiMn_2O_4$ 电极首次充电过程中 $LiMn_2O_4/Li_{1-x}Mn_2O_4$ 局域浓差电池应更易出现。

5.7.7　嵌入化合物电极的电化学阻抗谱模型

EIS 在实际应用中面临的一个主要问题是其不确定性，主要表现为很多不同的物理过程或一个复杂过程的不同步骤呈现为相似的阻抗谱特征，导致难以区分。这主要是因为嵌入化合物电极通常都是由黏合剂、嵌入化合物颗粒和集流体组成的多孔复合电极，嵌入化合物电极的组成、形状，嵌入化合物颗粒的大小以及电极的厚度和制备工艺等因素均会对阻抗谱特征产生重要的影响。因此阐明上述各种因素对 EIS 谱特征的影响，建立能够合理准确解释嵌入化合物电极阻抗行为的可靠、全面的数学模型对进一步拓展 EIS 应用范围有着重要的作用。

嵌入化合物电极阻抗模型的建立，对于理解嵌入化合物电极或是多孔结构的嵌入化合物电极阻抗谱特征有重要的作用。J. P. Meyers 等[249]提出了一种多孔结构的嵌入化合物电极的阻抗模型，并且探讨了扩散系数以及电极的多孔性对嵌入化合物电极阻抗特性的影响；

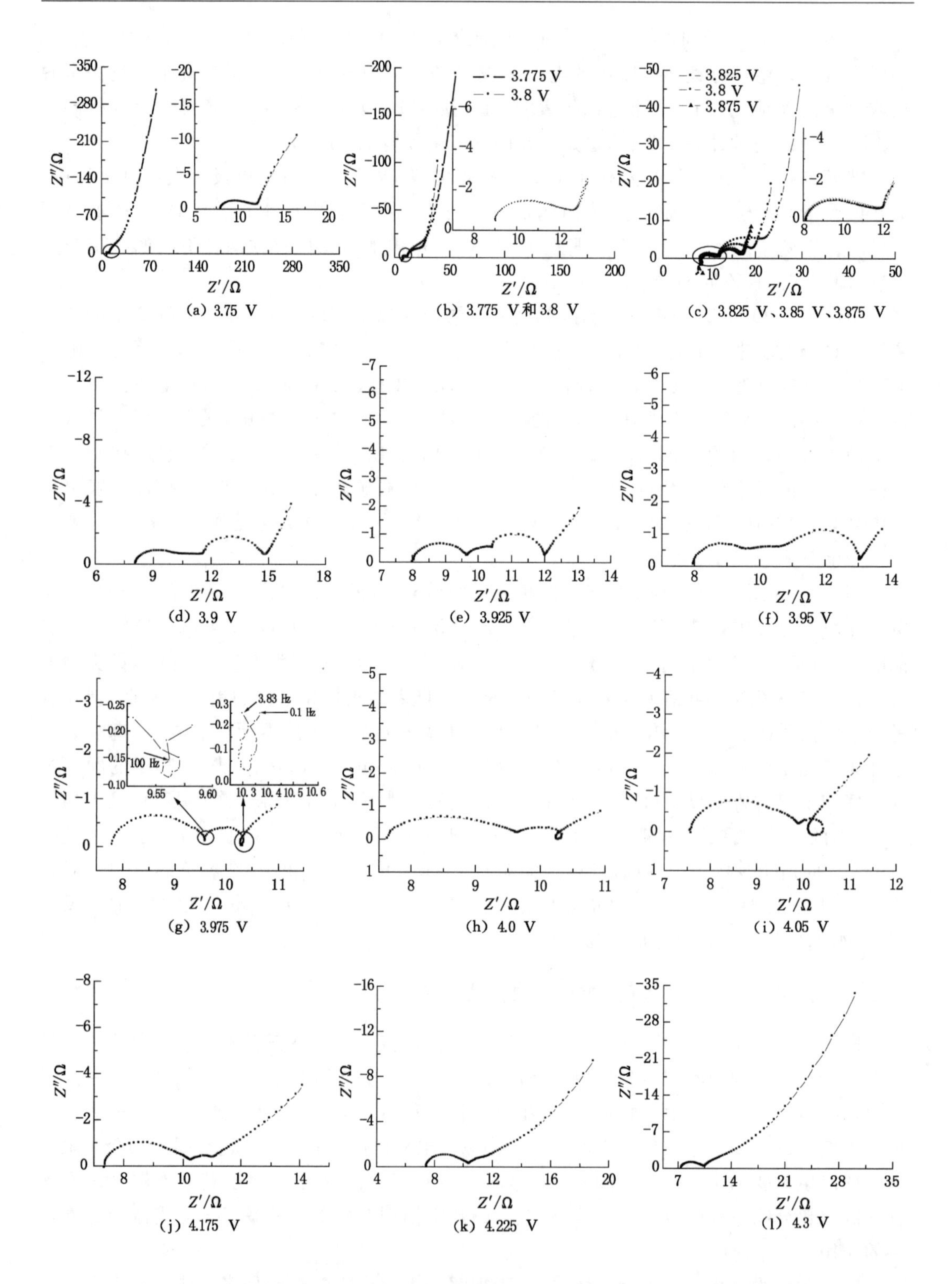

图 5-58　尖晶石 $LiMn_2O_4$ 电极首次充电过程中 EIS 在 3.75～4.3 V 之间的变化

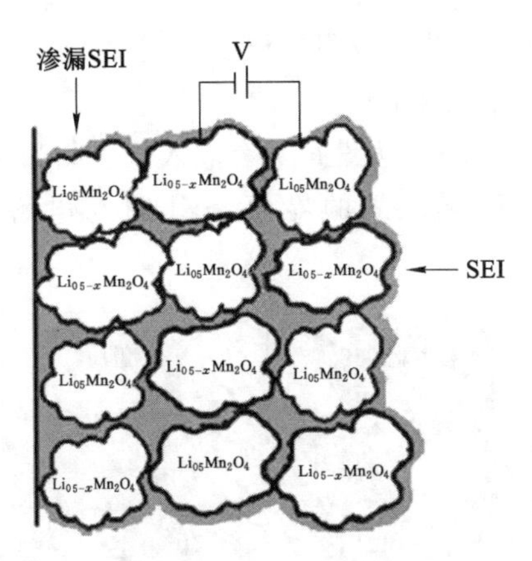

图 5-59　尖晶石 $LiMn_2O_4$ 电极在首次充放电过程中 $Li_{0.5}Mn_2O_4/Li_{0.5-x}Mn_2O_4$ 局域浓差电池模型示意图

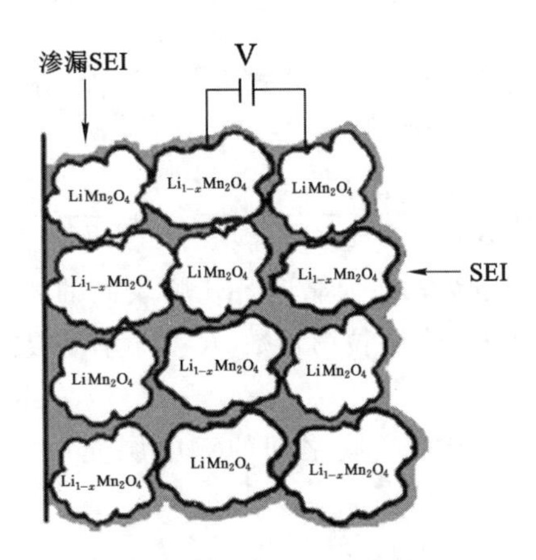

图 5-60　尖晶石 $LiMn_2O_4$ 电极在首次充放电过程中 $LiMn_2O_4/Li_{1-x}Mn_2O_4$ 局域浓差电池模型示意图

G. Sikha 等[250]研究了交换电流密度、扩散系数、电极片的厚度、多孔性等因素对阻抗特性的影响，并建立了以 $LiCoO_2$ 为正极、MCMB(中间相碳微球)为负极的全电池的阻抗数学模型；R. W. J. M. Huang 等[251]考虑了单个嵌入化合物颗粒在充放电过程中含有不同的固态相时的阻抗模型，并将其应用到颗粒分布符合高斯分布的多孔电极阻抗分析中，探讨了放电深度、扩散系数、颗粒分布以及 SEI 膜的厚度等对阻抗特性的影响；F. L. A. Mantia 等[252]在迈耶斯(Meyers)等的多孔电极阻抗模型的基础上建立了多孔扩散模型，并且将该模型和多孔模型结合起来用于解释石墨电极阻抗特性。

虽然前人针对嵌入化合物电极的多孔结构特性已经建立了多种阻抗数学模型，但是他们基本上都是建立在薄膜电极或者假定电极厚度非常薄的基础上，而较少考虑电极厚度以及电极的厚度不均匀而产生的电极分层现象对嵌入化合物电极阻抗谱特征的影响。庄全超课题组在迈耶斯等建立的厚度均匀的多孔电极模型的基础上，进一步建立了相关的非均匀、多层多孔电极模型，探讨各个因素对嵌入化合物阻抗谱特征的影响，尤其是电极厚度的非均匀和多层结构对嵌入化合物电极阻抗谱特征的影响。

单个颗粒、混合颗粒、混合多孔电极阻抗模型的建立。

① 单个嵌入化合物颗粒的总阻抗。

对于单个嵌入化合物颗粒而言，假设每一个嵌入化合物颗粒表面都被一层厚度、组成均匀的 SEI 膜覆盖，颗粒与 SEI 膜之间的界面、SEI 膜与电解液界面均形成双电层结构（图 5-61）。

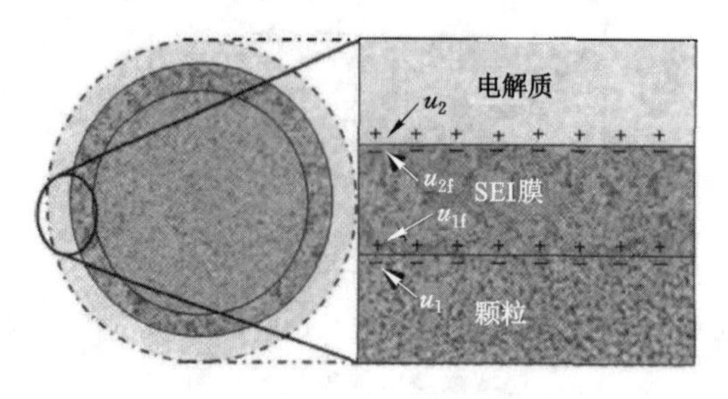

图 5-61 单个嵌入化合物颗粒的示意图

根据巴特勒(Butler)-沃尔默(Volmer)公式[253]得到单个嵌入化合物颗粒与 SEI 膜之间界面的法拉第电流密度 i_{faradaic} 为：

$$i_{\text{faradaic}}=i_0\left\{\exp\frac{a_{\text{a}}F}{RT(\mu_1-\mu_{1\text{f}}-U_{\text{o}})}-\exp\frac{-a_{\text{c}}F}{RT(\mu_1-\mu_{1\text{f}}-U_{\text{o}})}\right\} \tag{5-181}$$

式中，μ 为靠近颗粒表面的相电势；$\mu_{1\text{f}}$ 为靠近 SEI 膜表面的相电势；U_{o} 为电荷传递反应的开路电压；i_0 为交换电流密度；F 为法拉第常数；R 为气体常数；T 为热力学温度；a_{a}，a_{c} 为电化学反应对称因子。

单个嵌入化合物颗粒表面与 SEI 膜之间的双电层充放电形成的非法拉第电流密度 i_{dl} 为：

$$i_{\text{dl}}=\frac{\partial q}{\partial t}=C_{\text{dl}}\frac{\partial(\mu_1-\mu_{1\text{f}})}{\partial t} \tag{5-182}$$

式中，q 为电量；t 为时间；C_{dl} 为颗粒表面与 SEI 膜界面间的双层电容的电容值。

通过嵌入化合物颗粒与 SEI 膜之间界面上的总电流密度 i_{faradaic} 为：

$$i_{\text{interface}}=i_{\text{faradaic}}+i_{\text{dl}} \tag{5-183}$$

如果假设嵌入化合物颗粒表面被 SEI 膜包覆，则通过 SEI 膜的阻碍电流密度 i_{SEI} 为：

$$i_{\text{SEI}}=\frac{\mu_1-\mu_{1\text{f}}}{R_{\text{SEI}}} \tag{5-184}$$

SEI 膜之间形成的双电层充电电流密度 $i_{\text{SEI,dl}}$ 为：

$$i_{\text{SEI,dl}}=C_{\text{SEI}}\frac{\partial(\mu_{1\text{f}}-\mu_{2\text{f}})}{\partial t} \tag{5-185}$$

式中，$\mu_{2\text{f}}$ 为 SEI 膜与电解液之间 SEI 膜表面的相电势；R_{SEI} 为 SEI 膜的电阻；C_{SEI} 为 SEI 膜的电容。

根据迈耶斯(Meyers)等的描述，嵌入化合物颗粒表面的锂离子浓度 C_{surface} 为：

$$C_{\text{surface}}=\left(i_{\text{faradaic}}\frac{R_{\text{s}}}{FD_{\text{s}}}\right)\cdot\left[\frac{\sinh(j\Omega_s)^{\frac{1}{2}}}{\sinh(j\Omega_s)^{\frac{1}{2}}-\text{j}\Omega_{\text{s}})^{\frac{1}{2}}cosh(j\Omega_{\text{s}})^{\frac{1}{2}}}\right] \tag{5-186}$$

式中，$\Omega_s = \omega R_s^2 / D_s$；$R_s$ 为嵌入化合物颗粒的半径；D_s 为扩散系数；ω 为频率。

定义：

$$Y_s = -\frac{i_{faradaic} R_s}{F D_s C_{surface}} = \frac{(j\Omega_s)^{\frac{1}{2}} - \tanh(j\Omega_s)^{\frac{1}{2}}}{\tanh(j\Omega_s)^{\frac{1}{2}}} \tag{5-187}$$

将巴特勒-沃尔默公式线性化得到：

$$i_{faradaic} = \frac{i_0(a_a + a_c)F}{RT} \cdot \left[\mu_1 - \mu_{1f} - \left(\frac{-\partial U_0}{\partial C_s}\right) C_{surface}\right] \tag{5-188}$$

定义电荷传递电阻 $R_{ct} = \frac{RT}{i_0(a_a + a_c)F}$，与扩散相关的电阻 $R_{part} = \left(\frac{-\partial U_0}{\partial C_s}\right)\left(\frac{R_s}{FD_s}\right)$。

对于有限空间球形扩散来说[91]，可以得到：

$$R_{part} = \frac{R_s^2}{3 D_s C_{part}} \tag{5-189}$$

式中，C_{part} 为低频区域的电容，将式(5-186)和式(5-189)代入式(5-188)中并化简得：

$$i_{faradaic}\left(R_{ct} + \frac{R_{part}}{Y_S}\right) = \mu_1 - \mu_{1f} \tag{5-190}$$

则法拉第阻抗$Z_{faradaic}$ 可表示为：

$$Z_{faradaic} = \frac{\mu_1 - \mu_{1f}}{i_{faradaic}} = R_{ct} + \frac{R_{part}}{Y_S} \tag{5-191}$$

双电层充电时的电流密度为：

$$i_{dl} = j\omega C_{dl}(\mu_1 - \mu_{1f}) \tag{5-192}$$

总的界面电流密度为：

$$i_n = i_{faradaic} + i_{dl} = \left(\frac{1}{R_{ct} + \frac{R_{part}}{Y_S}} + j\omega\, C_{dl}\right)(\mu_1 - \mu_{1f}) \tag{5-193}$$

而通过 SEI 膜的总电流密度为：

$$i_n = i_{SEI} + i_{SEI,dl} = \left(\frac{1}{R_{SEI} + j\omega\, C_{SEI}}\right)(\mu_1 - \mu_{1f}) \tag{5-194}$$

如果不考虑 SEI 膜与电解液之间界面形成的双电层充电时的电流密度，则单个嵌入化合物颗粒的阻抗值 Z_{part} 可表示为：

$$Z_{part} = \frac{\mu_{2f} - \mu_1}{i_n} = \frac{(\mu_{2f} - \mu_{1f}) + (\mu_{1f} - \mu_1)}{i_n} = \frac{R_{ct} + \frac{R_{part}}{Y_S}}{1 + j\omega C_{dl}\left(R_{ct} + \frac{R_{part}}{Y_S}\right)} + \frac{R_{SEI}}{1 + j\omega R_{SEI} C_{SEI}} \tag{5-195}$$

② 混合嵌入化合物颗粒的总阻抗。

对于存在不同颗粒尺寸的嵌入化合物颗粒的情况，根据式(5-195)得出不同嵌入化合物颗粒的阻抗为：

$$Z_{part,i} = \frac{R_{ct,i} + R_{part,i}/Y_{S,i}}{1 + j\omega C_{dl,i}(R_{ct,i} + R_{part,i}/Y_{S,i})} + \frac{R_{SEI,i}}{1 + j\omega R_{SEI,i} C_{SEI,i}} \tag{5-196}$$

i 代表不同颗粒，假设只有两种不同尺寸的颗粒分布时，混合颗粒的总阻抗可简化为式(5-197),θ_1 为颗粒1的阻抗值占混合颗粒总阻抗值的百分比[254]。

$$\frac{1}{Z_{\text{mix}}}=\frac{\theta_1}{Z_{\text{part},1}}+\frac{1-\theta_1}{Z_{\text{part},2}} \tag{5-197}$$

③ 混合嵌入化合物颗粒多孔电极的总阻抗。

通常电极片的涂制多采用手工涂制,这就容易造成涂制的电极片厚度不同,导致非均匀、多层多孔电极的产生,此处只考虑一种最简单的模型(图5-62),即这种多层电极只包含两种厚度(L_1 和 L_2),而且只包含两种颗粒尺寸大小的嵌入化合物颗粒。

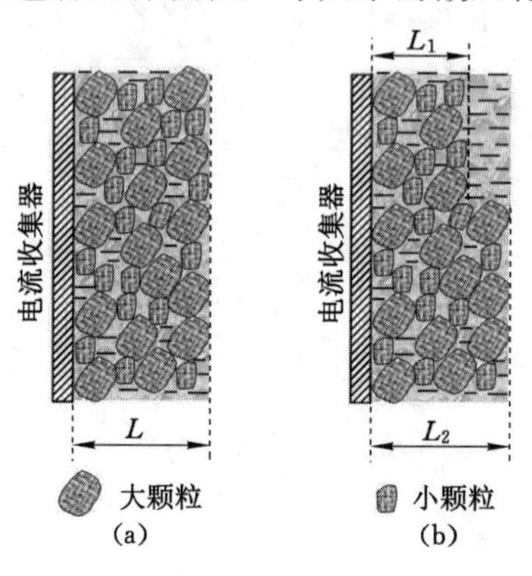

图5-62　混合颗粒多孔电极的示意图

对于厚度均一的多孔电极而言,根据迈耶斯对多孔电极的描述,混合颗粒多孔电极的阻抗值 Z_{porous} 如下[104-105]:

$$Z_{\text{porous}}=\frac{L}{\varepsilon+\gamma}\cdot\left[1+\frac{2+\left(\frac{\varepsilon}{\gamma}+\frac{\gamma}{\varepsilon}\right)\cos(hv)}{v\sin(hv)}\right] \tag{5-198}$$

其中 v 的表达式为:

$$v=L\left(\frac{\varepsilon+\gamma}{\varepsilon\gamma}\right)^{\frac{1}{2}}\left(\frac{\delta}{Z_{\text{mix}}}\right)^{\frac{1}{2}} \tag{5-199}$$

式中,ε 为嵌入化合物颗粒的电子电导率;γ 为孔隙处电解液的电子电导率;L 为多孔电极的厚度;δ 为颗粒总的表面积和颗粒体积的比值。

根据式(5-198)可以求出厚度为 L_1 和 L_2 的两个多孔电极的阻抗值分别为 Z_{porous,L_1} 和 Z_{porous,L_2},则包含两种厚度(L_1,L_2)的非均匀、多层混合电极的总阻抗 $Z_{\text{L1+L2}}$ 根据式(5-197)得出:

$$\frac{1}{Z_{L_1+L_2}}=\frac{\theta_{L_1}}{Z_{\text{porous},L_1}}+\frac{1-\theta_{L_1}}{Z_{\text{porous},L_2}} \tag{5-200}$$

式中,θ_{L_1} 为厚度为 L_1 的电极的阻抗值占整个非均匀、多层多孔电极阻抗值的百分比。

根据上文给出的模型和方程式(5-196)至式(5-200),模拟了包含3个半圆和1条斜线的典型电极奈奎斯特图,如图5-63所示。可以看出:根据方程计算得到的阻抗图与复合多孔石墨电极的实验阻抗谱吻合很好。计算中涉及的参数见表5-5和表5-6。混合颗粒多孔多层电极 L_1 和 L_2 的计算厚度分别为0.06 cm和0.12 cm,均比实际的工业插层电极厚。

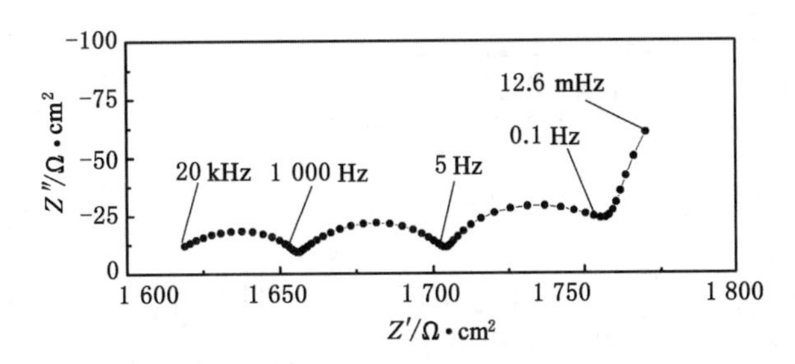

图 5-63　根据非均匀多层多孔电极模型用计算机模拟奈奎斯特图

表 5-5　不同半径石墨颗粒的参数

	$r_{s,i}/\mu m$	$R_{part,i}/(\Omega\cdot cm^2)$	$C_{dl,i}/(\mu F/cm^2)$	$R_{ct,i}/(\Omega\cdot cm^2)$	$C_{SEI,i}/(\mu F/cm^2)$	$R_{SEI,i}/(\Omega\cdot cm^2)$
大颗粒	2	200	200	300	5	100
小颗粒	0.3	200	100	200	4	80

表 5-6　多孔结构参数

参数	$D_s/(cm^2/s)$	L_1/cm	L_2/cm	δ/cm^{-1}	$\gamma/(\Omega^{-1}\cdot cm^{-1})$	$\varepsilon/(\Omega^{-1}\cdot cm^{-1})$	θ_{L1}	θ_{L2}
模型数据	3×10^{-10}	0.06	0.12	5×10^3	5.5×10^{-5}	1×10^{-5}	0.15	0.85

进行了一些模拟工作来探讨电子电导率、粒径和层分布对多孔电极阻抗的影响。图 5-64 显示了根据非均质多层多孔电极，不同 ε 和 γ 值的由“小”和“大”颗粒混合物组成的多孔电极的阻抗图。多孔电极的其他参数见表 5-6。可以看出：两种电导率值不影响多孔电极的阻抗特性。当 ε 和 γ 增大时，整个阻抗的电阻和电容减小，曲线沿阻抗实轴迅速移动。

由“小”和“大”的混合颗粒组成的多孔电极阻抗谱如图 5-65 所示，粒子半径分别为 0.3 μm 和 1 μm。可以看出：具有单个颗粒分布（“大”或“小”颗粒）的多孔电极的阻抗形状是相同的。当多孔电极包含颗粒混合物时，有圆弧在频域为 0.1～10 Hz 区间逐渐形成。这种现象表明粒度分布可能导致中低频域中圆弧形成，这与 J. P. Diard 等[255] 报道的结果一致。

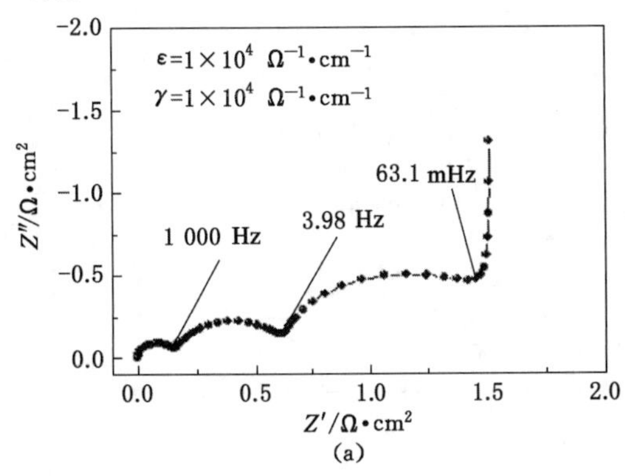

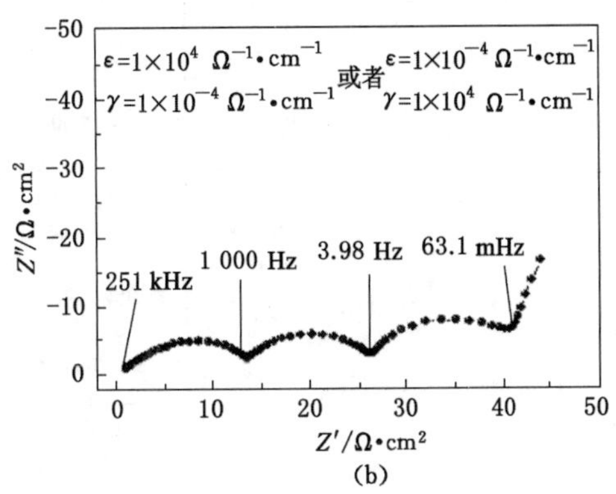

图 5-64　根据非均匀多层多孔电极模型由 ε 和 γ 值不同的“小”和“大”颗粒混合物组成的多孔电极的奈奎斯特图

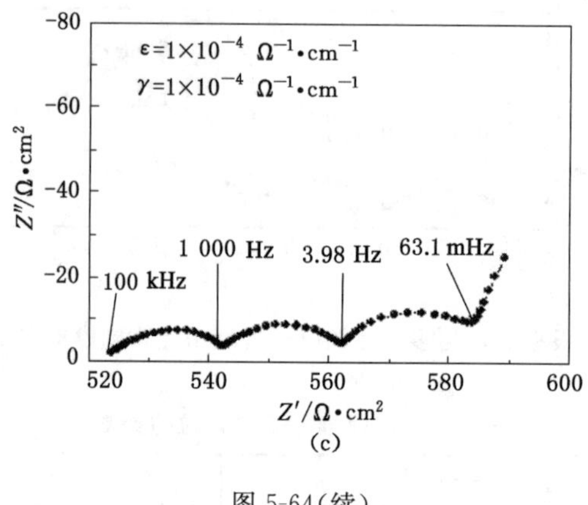

(c)

图 5-64(续)

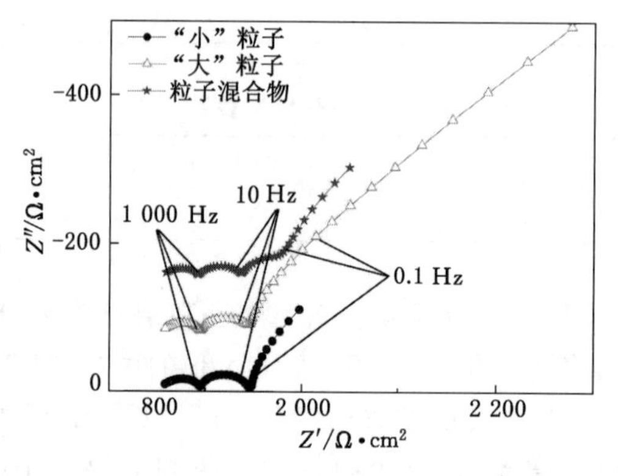

图 5-65 根据均质多孔电极模型模拟的由"小"和"大"混合颗粒组成的多孔电极的阻抗谱

图 5-66 是仅由"小"颗粒组成的多孔电极的阻抗谱,该多孔电极由一组不同厚度的"薄"层组成。当"薄"层的厚度较低时,曲线在中低频率区间向实阻抗轴发生弯曲,并逐渐在中低频域形成圆弧。

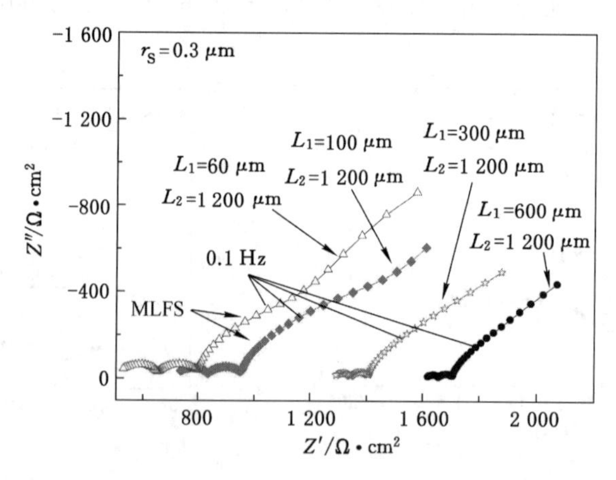

图 5-66 不同厚度的小颗粒组成的多孔电极的奈奎斯特图

根据上述分析可以得出：当多孔电极包含不同尺寸颗粒混合物，或者颗粒尺寸相同但层厚不同，即电极也由两个部分组成（薄部分和厚部分），在中低频率区间可能会导致一定的圆弧形成。也就是说，采用不同粒径分布的电极，或者非均匀、分层分布的电极可以使中低频半圆出现。

模拟的非均质多层多孔电极模型与之前研究中测量的非均质多层多孔石墨电极阻抗谱吻合很好[256]。

参考文献

[1] TIAN Y S, ZENG G B, RUTT A, et al. Promises and challenges of next-generation beyond Li-ion batteries for electric vehicles and grid decarbonization[J]. Chemical reviews, 2021, 121(3): 1623-1669.

[2] WINTER M, BARNETT B, XU K. Before Li ion batteries[J]. Chemical reviews, 2018, 118(23): 11433-11456.

[3] YANG Z G, ZHANG J L, KINTNER-MEYER M C W, et al. Electrochemical energy storage for green grid[J]. Chemical reviews, 2011, 111(5): 3577-3613.

[4] ARAI J, KATAYAMA H, AKAHOSHI H. Binary mixed solvent electrolytes containing trifluoropropylene carbonate for lithium secondary batteries[J]. Journal of the electrochemical society, 2002, 149(2): A217.

[5] WANG X M, YASUKAWA E, KASUYA S. Nonflammable trimethyl phosphate solvent-containing electrolytes for lithium-ion batteries: I. fundamental properties[J]. Journal of the electrochemical society, 2001, 148(10): a1058.

[6] WANG X M, YASUKAWA E, KASUYA S. Nonflammable trimethyl phosphate solvent-containing electrolytes for lithium-ion batteries: II. the use of an amorphous carbon anode[J]. Journal of the electrochemical society, 2001, 148(10): a1066.

[7] NISHI Y. Lithium ion secondary batteries; past 10 years and the future[J]. Journal of power sources, 2001, 100(1/2): 101-106.

[8] OESTEN R. Advanced electrolytes[J]. Solid state ionics, 2002, 148(3/4): 391-397.

[9] GNANARAJ J S. On the use of $LiPF_3(CF_2CF_3)_3$ (LiFAP) solutions for Li-ion batteries. Electrochemical and thermal studies[J]. Electrochemistry communications, 2003, 5(11): 946-951.

[10] SCHOUGAARD S B, BRÉGER J, JIANG M, et al. $LiNi_{0.5}+\delta Mn_{0.5}-\delta O_2$-a high-rate, high-capacity cathode for lithium rechargeable batteries[J]. Advanced materials, 2006, 18(7): 905-909.

[11] TAMURA K, HORIBA T. Large-scale development of lithium batteries for electric vehicles and electric power storage applications[J]. Journal of power sources, 1999, 81/82: 156-161.

[12] FRANCO A A, RUCCI A, BRANDELL D, et al. Boosting rechargeable batteries R&D by multiscale modeling: myth or reality? [J]. Chemical reviews, 2019, 119(7): 4569-4627.

[13] CHENG X B, ZHANG R, ZHAO C Z, et al. Toward safe lithium metal anode in

rechargeable batteries: a review[J]. Chemical reviews, 2017, 117(15): 10403-10473.

[14] LI M, WANG C S, CHEN Z W, et al. New concepts in electrolytes[J]. Chemical reviews, 2020, 120(14): 6783-6819.

[15] TABUCHI T, KATAYAMA Y, NUKUDA T. Surface reaction of β-FeOOH film negative electrode for lithium-ion cells[J]. Journal of power sources, 2009, 191(2): 636-639.

[16] HUANG B Y, COOK C C, MUI S, et al. High energy density, thin-film, rechargeable lithium batteries for marine field operations[J]. Journal of power sources, 2001, 97/98: 674-676.

[17] ZHUANG Q C, WEI T, DU L L, et al. An electrochemical impedance spectroscopic study of the electronic and ionic transport properties of spinel LiMn2O4[J]. The journal of physical chemistry c, 2010, 114(18): 8614-8621.

[18] CHEN H, LING M, HENCZ L, et al. Exploring chemical, mechanical, and electrical functionalities of binders for advanced energy-storage devices[J]. Chemical reviews, 2018, 118(18): 8936-8982.

[19] FAN E S, LI L, WANG Z P, et al. Sustainable recycling technology for Li-ion batteries and beyond: challenges and future prospects[J]. Chemical reviews, 2020, 120(14): 7020-7063.

[20] AMATUCCI G G, PEREIRA N. Fluoride based electrode materials for advanced energy storage devices[J]. Journal of fluorine chemistry, 2007, 128(4): 243-262.

[21] WHITTINGHAM M S. Lithium batteries and cathode materials[J]. Chemical reviews, 2004, 104(10): 4271-4301.

[22] LIU W, OH P, LIU X E, et al. Nickel-rich layered lithium transition-metal oxide for high-energy lithium-ion batteries[J]. Angewandte chemie, 2015, 54(15): 4440-4457.

[23] NYTÉN A, ABOUIMRANE A, ARMAND M, et al. Electrochemical performance of Li_2FeSiO_4 as a new Li-battery cathode material[J]. Electrochemistry communications, 2005, 7(2): 156-160.

[24] NISHIMURA S I, HAYASE S, KANNO R, et al. Structure of Li_2FeSiO_4[J]. Journal of the american chemical society, 2008, 130(40): 13212-13213.

[25] SIRISOPANAPORN C, MASQUELIER C, BRUCE P G, et al. Dependence of Li_2FeSiO_4 electrochemistry on structure[J]. Journal of the American chemical society, 2011, 133(5): 1263-1265.

[26] ZAGHIB K, AIT SALAH A, RAVET N, et al. Structural, magnetic and electrochemical properties of lithium iron orthosilicate[J]. Journal of power sources, 2006, 160(2): 1381-1386.

[27] Li Y X, GONG Z L, YANG Y. Synthesis and characterization of Li_2MnSiO_4/C nanocomposite cathode material for lithium ion batteries[J]. Journal of power sources, 2007, 174(2): 528-532.

[28] DOMPABLO ARROYO-DE M E, Armand M, Tarascon J M, et al. On-demand

design of polyoxianionic cathode materials based on electronegativity correlations: an exploration of the Li_2MSiO_4 system (M = Fe, Mn, Co, Ni) [J]. Electrochemistry communications, 2006, 8(8): 1292-1298.

[29] ARROYO-DEDOMPABLO M E, DOMINKO R, GALLARDO-AMORES J M, et al. On the energetic stability and electrochemistry of Li_2MnSiO_4 polymorphs [J]. Chemistry of materials, 2008, 20(17): 5574-5584.

[30] KUGANATHAN N, ISLAM M S. Li_2MnSiO_4 lithium battery material: atomic-scale study of defects, lithium mobility, and trivalent dopants[J]. Chemistry of materials, 2009, 21(21): 5196-5202.

[31] KOKALJ A, DOMINKO R, MALI G, et al. Beyond one-electron reaction in Li cathode materials: designing Li_2MnxFe1-xSiO_4 [J]. Chemistry of materials, 2007, 19(15): 3633-3640.

[32] 赵海燕,曾波,李海昆. 高温固相反应合成正磷酸盐的研究[J]. 无机盐工业, 2005, 37(4): 24.

[33] 王茜. 溶胶-凝胶(Sol-Gel)法的原理、工艺及其应用[J]. 河北化工, 2007(4): 25-26.

[34] DOMINKO R, BELE M, GABERŠČEK M. Structure and electrochemical performance of Li_2MnSiO_4 and Li_2FeSiO_4 as potential Li-battery cathode materials [J]. Electrochemistry communications, 2006, 8(2): 217-222.

[35] DOMINKO R, BELE M, KOKALJ A, et al. Li_2MnSiO_4 as a potential Li-battery cathode material[J]. Journal of power sources, 2007, 174(2): 457-461.

[36] ARAVINDAN V, RAVI S, KIM W S, et al. Size controlled synthesis of Li_2MnSiO_4 nanoparticles: effect of calcination temperature and carbon content for high performance lithium batteries[J]. Journal of colloid and interface science, 2011, 355 (2): 472-477.

[37] YAN Z P, CAI S, MIAO L, et al. Synthesis and characterization of in situ carbon-coated Li_2FeSiO_4 cathode materials for lithium ion battery[J]. Journal of alloys and compounds, 2012, 511(1): 101-106.

[38] HWANG Y K, CHANG J S, KWON Y U, et al. Microwave synthesis of cubic mesoporous silica SBA-16 [J]. Microporous and mesoporous materials, 2004, 68(1/2/3): 21-27.

[39] 曹雁冰,胡国荣,彭忠东,等. 微波碳热还原法合成锂离子电池正极材料 Li_2FeSiO_4/C[J]. 功能材料, 2010, 6(40): 990-992.

[40] MURALIGANTH T, STROUKOFF K R, MANTHIRAM A. Microwave-Solvothermal Synthesis of Nanostructured Li_2MSiO_4/C (M = Mn and Fe) Cathodes for Lithium-Ion Batteries[J]. Chemistry of materials, 2010, 22(20): 5754.

[41] ARAVINDAN V, KARTHIKEYAN K, LEE J W, et al. Synthesis and improved electrochemical properties of Li_2MnSiO_4 cathodes[J]. Journal of physics d: applied physics, 2011, 44(15): 152001.

[42] GONG Z L, LI Y X, HE G N, et al. Nanostructured Li_2FeSiO_4 electrode material

synthesized through hydrothermal-assisted Sol-gel process[J]. Electrochemical and solid-state letters,2008,11(5):A60.

[43] POIZOT P,LARUELLE S,GRUGEON S,et al. Nano-sized transition-metal oxides as negative-electrode materials for lithium-ion batteries[J]. Nature,2000,407(6803):496-499.

[44] ARMAND M, TARASCON J M. Building better batteries [J]. Nature, 2008, 451(7179):652-657.

[45] BOYANOV S,WOMES M,MONCONDUIT L,et al. Mössbauer spectroscopy and magnetic measurements As complementary techniques for the phase analysis of FeP electrodes cycling in Li-ion batteries [J]. Chemistry of materials, 2009, 21 (15): 3684-3692.

[46] TIMMONS A,DAHN J R. In situ optical observations of particle motion in alloy negative electrodes for Li-ion batteries[J]. Journal of the electrochemical society, 2006,153(6):A1206.

[47] CABANA J, MONCONDUIT L, LARCHER D, et al. Beyond intercalation-based Li-ion batteries: the state of the art and challenges of electrode materials reacting through conversion reactions[J]. Advanced materials (Deerfield Beach, Fla), 2010, 22(35):E170-E192.

[48] MAIER J. Size effects on mass transport and storage in lithium batteries[J]. Journal of power sources,2007,174(2):569-574.

[49] LARUELLE S,GRUGEON S,POIZOT P,et al. On the origin of the extra electrochemical capacity displayed by MO/Li cells at low potential [J]. Journal of the electrochemical society,2002,149(5):A627.

[50] BEAULIEU L Y,LARCHER D,DUNLAP R A,et al. Reaction of Li with grain-boundary atoms in nanostructured compounds[J]. Journal of the electrochemical society,2000, 147(9):3206.

[51] BALAYA P,BHATTACHARYYA A J,JAMNIK J,et al. Nano-ionics in the context of lithium batteries[J]. Journal of Power Sources,2006,159(1):171-178.

[52] HONG K F Z,XIA X,ZHANG B,et al. MnO powder as anode active materials for lithium ion batteries[J]. Journal of power sources,2010,195(10):3300-3308.

[53] HENKES A E,SCHAAK R E. Trioctylphosphine: a general phosphorus source for the low-temperature conversion of metals into metal phosphides [J]. Chemistry of materials,2007,19(17):4234-4242.

[54] GRUGEON S,LARUELLE S,HERRERA-URBINA R,et al. Particle size effects on the electrochemical performance of copper oxides toward lithium[J]. Journal of the electrochemical society,2001,148(4):A285.

[55] LI H,RICHTER G,MAIER J. Reversible formation and decomposition of LiF clusters using transition metal fluorides as precursors and their application in rechargeable Li batteries[J]. Advanced materials,2003,15(9):736-739.

[56] PLITZ I, BADWAY F, AL-SHARAB J, et al. Structure and electrochemistry of carbon-metal fluoride nanocomposites fabricated by solid-state redox conversion reaction [J]. Journal of the electrochemical Society, 2005, 152(2): A307.

[57] 崔艳华,薛明喆,胡可,等. 脉冲激光沉积 MnF_2 薄膜的电化学性能[J]. 无机材料学报, 2010, 25(2): 145-150.

[58] LI C L, GU L, TONG J W, et al. A mesoporous iron-based fluoride cathode of tunnel structure for rechargeable lithium batteries[J]. Advanced functional materials, 2011, 21(8): 1391-1397.

[59] LI L S, MENG F, JIN S. High-capacity lithium-ion battery conversion cathodes based on iron fluoride nanowires and insights into the conversion mechanism[J]. Nano letters, 2012, 12(11): 6030-6037.

[60] CHU Q X, XING Z C, TIAN J Q. Facile preparation of porous FeF_3 nanospheres as cathode materials for rechargeable lithium-ion batteries[J]. Journal of power sources, 2013, 236: 188-191.

[61] LI B J, CHENG Z J, ZHANG N Q, et al. Self-supported, binder-free 3D hierarchical iron fluoride flower-like array as high power cathode material for lithium batteries [J]. Nano energy, 2014, 4: 7-13.

[62] KIM T, JAE W J, KIM H, et al. A cathode material for lithium-ion batteries based on graphitized carbon-wrapped FeF_3 nanoparticles prepared by facile polymerization[J]. Journal of materials chemistry a, 2016, 4(38): 14857-14864.

[63] ZHANG R, WANG X Y, WEI S Y, et al. Iron fluoride microspheres by titanium dioxide surface modification as high capacity cathode of Li-ion batteries[J]. Journal of alloys and compounds, 2017, 719: 331-340.

[64] YANG J, XU Z L, ZHOU H C, et al. A cathode material based on the iron fluoride with an ultra-thin Li_3FeF_6 protective layer for high-capacity Li-ion batteries[J]. Journal of power sources, 2017, 363: 244-250.

[65] WU J X, PAN Z Y, ZHANG Y, et al. The recent progress of nitrogen-doped carbon nanomaterials for electrochemical batteries[J]. Journal of materials chemistry A, 2018, 6(27): 12932-12944.

[66] WEI S Y, WANG X Y, JIANG M L, et al. The $FeF_3 \cdot 0.33H_2O/C$ nanocomposite with open mesoporous structure as high-capacity cathode material for lithium/sodium ion batteries[J]. Journal of alloys and compounds, 2016, 689: 945-951.

[67] BAO T T, ZHONG H, ZHENG H Y, et al. One-pot synthesis of FeF_3/graphene composite for sodium secondary batteries[J]. Materials letters, 2015, 158: 21-24.

[68] KIM S W, SEO D H, GWON H, et al. Fabrication of FeF_3 nanoflowers on CNT branches and their application to high power lithium rechargeable batteries[J]. Advanced materials, 2010, 22(46): 5260-5264.

[69] FAN L S, LI B J, ZHANG N Q, et al. Carbon Nanohorns Carried Iron Fluoride Nanocomposite with ultrahigh rate lithium ion storage properties[J]. Scientific reports,

2015,5:12154.

[70] FU W B,ZHAO E B,SUN Z F,et al. Iron fluoride-carbon nanocomposite nanofibers as free-standing cathodes for high-energy lithium batteries[J]. Advanced functional materials,2018,28(32):1801711.

[71] YANG Z H,PEI Y,WANG X Y,et al. First principles study on the structural,magnetic and electronic properties of Co-doped FeF_3[J]. Computational and theoretical chemistry, 2012,980:44-48.

[72] LI J,XU S J,HUANG S,et al. In situ synthesis of $Fe_{1-x}Co_xF_3$/MWCNT nanocomposites with excellent electrochemical performance for lithium-ion batteries[J]. Journal of materials science,2018,53(4):2697-2708.

[73] BAI Y,ZHOU X Z,JIA Z,et al. Understanding the combined effects of microcrystal growth and band gap reduction for $Fe_{1-x}Ti_xF_3$ nanocomposites as cathode materials for lithium-ion batteries[J]. Nano energy,2015,17:140-151.

[74] LIESER G,WINKLER V,GESSWEIN H,et al. Electrochemical characterization of monoclinic and orthorhombic Li_3CrF_6 as positive electrodes in lithium-ion batteries synthesized by a Sol-gel process with environmentally benign chemicals[J]. Journal of power sources,2015,294:444-451.

[75] GONZALO E, KUHN A, GARCIA-ALVARADO F. On the room temperature synthesis of monoclinic Li_3FeF_6: a new cathode material for rechargeable lithium batteries[J]. Journal of power sources,2010,195(15):4990-4996.

[76] BASA A,GONZALO E,KUHN A,et al. Reaching the full capacity of the electrode material Li_3FeF_6 by decreasing the particle size to nanoscale[J]. Journal of power sources,2012,197:260-266.

[77] SHAKOOR R A, LIM S Y, KIM H, et al. Mechanochemical synthesis and electrochemical behavior of Na_3FeF_6 in sodium and lithium batteries[J]. Solid state ionics,2012,218:35-40.

[78] SUN S B, SHI Y L, BIAN S L, et al. Enhanced charge storage of Na_3FeF_6 with carbon nanotubes for lithium-ion batteries[J]. Solid state ionics,2017,312:61-66.

[79] LIESER G,DRÄGER C,SCHROEDER M,et al. Sol-gel based synthesis of $LiNiFeF_6$ and its electrochemical characterization[J]. Journal of the electrochemical society, 2014,161(6):A1071-A1077.

[80] LIESER G, DE BIASI L, GEßWEIN H, et al. Electrochemical characterization of $LiMnFeF_6$ for use as positive electrode in lithium-ion batteries[J]. Journal of the electrochemical society,2014,161(12):a1869-a1876.

[81] ZHOU Y N,LIU W Y,XUE M Z,et al. LiF/Co nanocomposite as a new Li storage material[J]. Electrochemical and solid-state letters,2006,9(3):a147.

[82] 周永宁,吴长亮,张华,等. LiF-Ni 纳米复合薄膜的电化学性能研究[J]. 物理化学学报, 2006,22(9):1111-1115.

[83] ZHANG H,ZHOU Y N,SUN Q,et al. Nanostructured nickel fluoride thin film as a

new Li storage material[J]. Solid state sciences,2008,10(9):1166-1172.

[84] BADWAY F,MANSOUR A N,PEREIRA N,et al. Structure and electrochemistry of copper fluoride nanocomposites utilizing mixed conducting matrices[J]. Chemistry of materials,2007,19(17):4129-4141.

[85] 张华,周永宁,吴晓京,等. 脉冲激光沉积 CuF_2 薄膜的电化学性能[J]. 物理化学学报,2008,24(7):1287-1291.

[86] BERVAS M,BADWAY F,KLEIN L C,et al. Bismuth fluoride nanocomposite as a positive electrode material for rechargeable lithium batteries[J]. Electrochemical and solid-state letters,2005,8(4):A179.

[87] BERVAS M,MANSOUR A N,YOON W S,et al. Investigation of the lithiation and delithiation conversion mechanisms of bismuth fluoride nanocomposites[J]. Journal of the electrochemical society,2006,153(4):a799.

[88] BERVAS M,YAKSHINSKIY B,KLEIN L C,et al. Soft-chemistry synthesis and characterization of bismuth oxyfluorides and ammonium bismuth fluorides[J]. Journal of the American ceramic society,2006,89(2):645-651.

[89] BERVAS M,KLEIN L C,AMATUCCI G G. Reversible conversion reactions with lithium in bismuth oxyfluoride nanocomposites[J]. Journal of the electrochemical society,2006,153(1):A159.

[90] DOE R E,PERSSON K A,HAUTIER G,et al. First principles study of the Li-Bi-F phase diagram and bismuth fluoride conversion reactions with lithium [J]. Electrochemical and solid-state letters,2009,12(7):a125.

[91] GMITTER A J, BADWAY F, RANGAN S, et al. Formation, dynamics, and implication of solid electrolyte interphase in high voltage reversible conversion fluoride nanocomposites[J]. Journal of materials chemistry,2010,20(20):4149-4161.

[92] 伍文. 锂离子电池正极材料 FeF_3 的制备及其电化学性能研究[D]. 湘潭:湘潭大学,2009.

[93] NOVOSELOV K S,GEIM A K,MOROZOV S V, et al. Electric field effect in atomically thin carbon films[J]. Science,2004,306(5696):666-669.

[94] KHOMENKO V G,BARSUKOV V Z,DONINGER J E,et al. Lithium-ion batteries based on carbon-silicon-graphite composite anodes[J]. Journal of power sources,2007,165(2):598-608.

[95] CASAS C D L,LI W Z. A review of application of carbon nanotubes for lithium ion battery anode material[J]. Journal of power sources,2012,208:74-85.

[96] 郭华军. 锂离子电池炭负极材料的制备与性能及应用研究[D]. 长沙:中南大学,2001.

[97] 简志敏. 锂离子电池用扩层石墨负极材料的研究[D]. 长沙:湖南大学,2012.

[98] 庄全超. 锂离子电池电极界面特性研究[D]. 厦门:厦门大学,2007.

[99] LUX S F,LUCAS I T,POLLAK E, et al. The mechanism of HF formation in $LiPF_6$ based organic carbonate electrolytes[J]. Electrochemistry communications,2012,14(1):47-50.

[100] 李佳,曹茹,侯涛,等. 添加剂 Na_2CO_3 对石墨电极性能的影响[J]. 电池,2012,42(3):119-122.

[101] JUNG S K, HWANG I, CHANG D, et al. Nanoscale phenomena in lithium-ion batteries[J]. Chemical reviews,2020,120(14):6684-6737.

[102] MIAO X,SUN D F,ZHOU X Z, et al. Designed formation of nitrogen and sulfur dual-doped hierarchically porous carbon for long-life lithium and sodium ion batteries[J]. Chemical engineering journal,2019,364:208-216.

[103] LI W H,LI M S,ADAIR K R, et al. Carbon nanofiber-based nanostructures for lithium-ion and sodium-ion batteries[J]. Journal of materials chemistry A,2017,5(27):13882-13906.

[104] BRUCE P,SCROSATI B,TARASCON J M. Nanomaterials for rechargeable lithium batteries[J]. Angewandte chemie international edition,2008,47(16):2930-2946.

[105] WANG J R,FAN H B,SHEN Y M,et al. Large-scale template-free synthesis of nitrogen-doped 3D carbon frameworks as low-cost ultra-long-life anodes for lithium-ion batteries[J]. Chemical engineering journal,2019,357:376-383.

[106] SHI L L,CHEN Y X,CHEN G Y, et al. Fabrication of hierarchical porous carbon microspheres using porous layered double oxide templates for high-performance lithium ion batteries[J]. Carbon,2017,123:186-192.

[107] HUANG C S,LI Y J,WANG N,et al. Progress in research into 2D graphdiyne-based materials[J]. Chemical reviews,2018,118(16):7744-7803.

[108] REDDY M V,SUBBA RAO G V,CHOWDARI B V R. Metal oxides and oxysalts as anode materials for Li ion batteries[J]. Chemical reviews,2013,113(7):5364-5457.

[109] ZHU Z Q,CHENG F Y,CHEN J. Investigation of effects of carbon coating on the electrochemical performance of $Li_4Ti_5O_{12}$/C nanocomposites[J]. Journal of materials chemistry A,2013,1(33):9484-9490.

[110] YIN Y X,WAN L J,GUO Y G. Silicon-based nanomaterials for lithium-ion batteries[J]. Chinese science bulletin,2012,57(32):4104-4110.

[111] LI X L,YAN P F,AREY B W, et al. A stable nanoporous silicon anode prepared by modified magnesiothermic reactions[J]. Nano energy,2016,20:68-75.

[112] NGUYEN H T,YAO F,ZAMFIR M R,et al. Highly interconnected Si nanowires for improved stability Li-ion battery anodes[J]. Advanced energy materials,2011,1(6):1154-1161.

[113] SHEN C F,FANG X,GE M Y,et al. Hierarchical carbon-coated ball-milled silicon: synthesis and applications in free-standing electrodes and high-voltage full lithium-ion batteries[J]. ACS nano,2018,12(6):6280-6291.

[114] 郑炳河. 锂离子电池空心硅基负极材料的制备及其电化学性能研究[D]. 广州:广东工业大学,2022.

[115] DU F H,LI B,FU W,et al. Surface binding of polypyrrole on porous silicon hollow nanospheres for Li-ion battery anodes with high structure stability[J]. Advanced

materials,2014,26(35):6145-6150.

[116] LIN L,MA Y T,XIE Q S,et al. Copper-nanoparticle-induced porous Si/Cu composite films as an anode for lithium ion batteries[J]. ACS Nano,2017,11(7):6893-6903.

[117] JEONG Y K,KWON T W,LEE I,et al. Millipede-inspired structural design principle for high performance polysaccharide binders in silicon anodes[J]. Energy & environmental science,2015,8(4):1224-1230.

[118] KIM J S,CHOI W,CHO K Y, et al. Effect of polyimide binder on electrochemical characteristics of surface-modified silicon anode for lithium ion batteries[J]. Journal of power sources,2013,244:521-526.

[119] WANG L,LIU T F,PENG X,et al. Battery binders: highly stretchable conductive glue for high-performance silicon anodes in advanced lithium-ion batteries (adv. funct. mater. 3/2018)[J]. Advanced functional materials,2018,28(3):1870016.

[120] XU Q,SUN J K,LI G,et al. Facile synthesis of a SiO_x/asphalt membrane for high performance lithium-ion battery anodes [J]. Chemical communications, 2017, 53(89):12080-12083.

[121] LI Z L,ZHAO H L,LV P P,et al. Watermelon-like structured SiO_x-TiO_2@C nanocomposite as a high-performance lithium-ion battery anode [J]. Advanced functional materials,2018,28(31):1605711.

[122] ZHU Z Q,WANG S W,DU J,et al. Ultrasmall Sn nanoparticles embedded in nitrogen-doped porous carbon As high-performance anode for lithium-ion batteries [J]. Nano letters,2014,14(1):153-157.

[123] ZHAO K N,ZHANG L,XIA R,et al. SnO_2 Quantum Dots@Graphene oxide as a high-rate and long-life anode material for lithium-ion batteries[J]. Small,2016, 12(5):588-594.

[124] SUN J,ZHENG G Y,LEE H W,et al. Formation of stable phosphorus-carbon bond for enhanced performance in black phosphorus nanoparticle-graphite composite battery anodes[J]. Nano letters,2014,14(8):4573-4580.

[125] AN Q Y,LV F,LIU Q Q,et al. Amorphous vanadium oxide matrixes supporting hierarchical porous Fe_3O_4/graphene nanowires as a high-rate lithium storage anode [J]. Nano letters,2014,14(11):6250-6256.

[126] GU D,LI W,WANG F,et al. Controllable synthesis of mesoporous peapod-like Co_3O_4@Carbon nanotube arrays for high-performance lithium-ion batteries[J]. Angewandte chemie international edition,2015,54(24):7060-7064.

[127] MITRA S,POIZOT P,FINKE A,et al. Growth and electrochemical characterization versus lithium of Fe_3O_4 electrodes made by electrodeposition [J]. Advanced functional materials,2006,16(17):2281-2287.

[128] CHO W,SONG J H,KIM J H,et al. Electrochemical characteristics of nano-sized MoO_2/C composite anode materials for lithium-ion batteries[J]. Journal of applied electrochemistry,2012,42(11):909-915.

[129] YANG L C,LIU L L,ZHU Y S,et al. Preparation of carbon coated MoO_2 nanobelts and their high performance as anode materials for lithium ion batteries[J]. Journal of materials chemistry,2012,22(26):13148-13152.

[130] LI H,BALAYA P,MAIER J. Li-storage via heterogeneous reaction in selected binary metal fluorides and oxides[J]. Journal of the electrochemical society,2004,151(11):A1878.

[131] 周立群,王弛伟,杨念华,等. Cr_2O_3 纳米粉体的合成及性能研究[J]. 武汉大学学报(理学版),2005,51(4):407-410.

[132] 张鹏,曹宏斌,徐红彬,等. 水热还原法制备超细氧化铬及粒径调控[J]. 过程工程学报,2007,7(1):95-99.

[133] 廖辉伟,穆兰,郑敏,等. α-Cr_2O_3 纳米棒的制备及其催化性能[J]. 火炸药学报,2009,32(3):50-53.

[134] DUPONT L,LARUELLE S,GRUGEON S,et al. Mesoporous Cr_2O_3 as negative electrode in lithium batteries: TEM study of the texture effect on the polymeric layer formation[J]. Journal of power sources,2008,175(1):502-509.

[135] LIU H,DU X W,XING X R,et al. Highly ordered mesoporous Cr_2O_3 materials with enhanced performance for gas sensors and lithium ion batteries[J]. Chemical communications,2012,48(6):865-867.

[136] LI H,WANG Z X,CHEN L Q,et al. Research on advanced materials for Li-ion batteries[J]. Advanced materials,2009,21(45):4593-4607.

[137] 赵星,庄全超,邱祥云,等. 锂离子电池用 Cr_2O_3/TiO_2 复合材料的电化学性能[J]. 物理化学学报,2011,27(7):1666-1672.

[138] 吕星迪. 二次锂电池铬氧化物正极材料的制备与性能研究[J]. 电脑知识与技术,2009,5(35):10098-10099.

[139] VIDYA R,RAVINDRAN P,KJEKSHUS A,et al. First-principles density-functional calculations on HCr_3O_8:an exercise to better understand the ACr_3O_8 (A = alkali metal) family[J]. Journal of electroceramics,2006,17(1):15-20.

[140] SOMASKANDAN K,TSOI G M,WENGER L E,et al. Ternary heterostructured phosphidenanoparticles:MnP@InP[J]. Journal of materials chemistry,2010,20(2):375-380.

[141] BROCK S L,PERERA S C,STAMM K L. Chemical routes for production of transition-metal phosphides on the nanoscale: implications for advanced magnetic and catalytic materials[J]. Chemistry - a European journal,2004,10(14):3364-3371.

[142] PEREIRA N,DUPONT L,TARASCON J M,et al. Electrochemistry of Cu_3N with lithium[J]. Journal of the electrochemical society,2003,150(9):a1273.

[143] XU K. Electrolytes and interphases in Li-ion batteries and beyond[J]. Chemical reviews,2014,114(23):11503-11618.

[144] XU K. Nonaqueous liquid electrolytes for lithium-based rechargeable batteries[J]. Chemical reviews,2004,104(10):4303-4417.

[145] 刘成勇，张恒，郑丽萍，等.新型导电盐(三氟甲基磺酰)(三氟乙氧基磺酰)亚胺锂及其非水电解液的制备与性能[J].高等学校化学学报，2014，35(8)：1771-1781.

[146] EGASHIRA M，TAKAHASHI H，OKADA S，et al. Measurement of the electrochemical oxidation of organic electrolytes used in lithium batteries by microelectrode[J]. Journal of power sources，2001，92(1/2)：267-271.

[147] SMART M C，RATNAKUMAR B V，SURAMPUDI S. Use of organic esters as cosolvents in electrolytes for lithium-ion batteries with improved low temperature performance[J]. Journal of the electrochemical society，2002，149(4)：a361.

[148] CAPIGLIA C，SAITO Y，KAGEYAMA H，et al. 7Li and 19F diffusion coefficients and thermal properties of non-aqueous electrolyte solutions for rechargeable lithium batteries[J]. Journal of power sources，1999，81/82：859-862.

[149] WINTER M，WRODNIGG G H，BESENHARD J O，et al. Dilatometric investigations of graphite electrodes in nonaqueous lithium battery electrolytes[J]. Journal of the electrochemical society，2000，147(7)：2427.

[150] KIM J K，AHN J H，Jacobsson P. Influence of temperature on ionic liquid-based gel polymer electrolyte prepared by electrospun fibrous membrane[J]. Electrochimica acta，2014，116：321-325.

[151] QU X H，JAIN A，RAJPUT N N，et al. The Electrolyte Genome Project：a big data approach in battery materials discovery[J]. Computational materials science，2015，103：56-67.

[152] SUN X G，ANGELL C A. Doped sulfone electrolytes for high voltage Li-ion cell applications[J]. Electrochemistry communications，2009，11(7)：1418-1421.

[153] LI C L，XUE Y Z，ZHAO W，et al. Lithium difluoro(sulfato)borate as a novel additive for $LiPF_6$-based electrolytes[J]. Ionics，2015，21(3)：737-742.

[154] WANG P，ZAKEERUDDIN S M，MOSER J E，et al. A solvent-free，SeCN-/(SeCN)3- based ionic liquid electrolyte for high-efficiency dye-sensitized nanocrystalline solar cells[J]. Journal of the American chemical society，2004，126(23)：7164-7165.

[155] KIM Y S，KIM T H，LEE H，et al. Electronegativity-induced enhancement of thermal stability by succinonitrile as an additive for Li ion batteries[J]. Energy & environmental science，2011，4(10)：4038-4045.

[156] FRIDMAN K，SHARABI R，ELAZARI R，et al. A new advanced lithium ion battery：combination of high performance amorphous columnar silicon thin film anode，5 V $LiNi_{0.5}Mn_{1.5}O_4$ spinel cathode and fluoroethylene carbonate-based electrolyte solution[J]. Electrochemistry communications，2013，33：31-34.

[157] FRIDMAN K，SHARABI R，ELAZARI R，et al. Tris(trimethylsilyl)borate as an electrolyte additive for improving interfacial stability of high voltage layered lithium-rich oxide cathode/carbonate-based electrolyte[J]. Journal of power sources，2015，285：360-366.

[158] XIA J，MADEC L，MA L，et al. Study of triallyl phosphate as an electrolyte additive

for high voltage lithium-ion cells[J]. Journal of power sources,2015,295:203-211.

[159] ZUO X X,FAN C J,LIU J S,et al. Effect of tris(trimethylsilyl)borate on the high voltage capacity retention of $LiNi_{0.5}Co_{0.2}Mn_{0.3}O_2$/graphite cells[J]. Journal of power sources,2013,229:308-312.

[160] 金谊德. 新型醚基功能化离子液体电解质的设计、制备、表征及其在锂二次电池中的应用研究[D]. 上海:上海交通大学,2015.

[161] SUN X G,LIAO C,SHAO N, et al. Bicyclic imidazolium ionic liquids as potential electrolytes for rechargeable lithium ion batteries[J]. Journal of power sources, 2013,237:5-12.

[162] ARBIZZANI C, GABRIELLI G, MASTRAGOSTINO M. Thermal stability and flammability of electrolytes for lithium-ion batteries[J]. Journal of power sources, 2011,196(10):4801-4805.

[163] JIN N Y D,ZHANG J H,SONG J Z,et al. Functionalized ionic liquids based on quaternary ammonium cations with two ether groups as new electrolytes for Li/$LiFePO_4$ secondary battery[J]. Journal of power sources,2014,254:137-147.

[164] XIANG H F, YIN B, WANG H,et al. Improving electrochemical properties of room temperature ionic liquid (RTIL) based electrolyte for Li-ion batteries[J]. Electrochimica acta,2010,55(18):5204-5209.

[165] FENG J K, CAO Y L,AI X P,et al. Tri-(4-methoxythphenyl) phosphate:a new electrolyte additive with both fire-retardancy and overcharge protection for Li-ion batteries[J]. Electrochimica acta,2008,53(28):8265-8268.

[166] DAHN J R, JIANG J W, MOSHURCHAK L M, et al. High-rate overcharge protection of $LiFePO_4$-based Li-ion cells using the redox shuttle additive 2,5-ditert-butyl-1,4-dimethoxybenzene[J]. Journal of the electrochemical society, 2005, 152 (6):A1283.

[167] XU M Q,XING L D,LI W S,et al. Application of cyclohexyl benzene as electrolyte additive for overcharge protection of lithium ion battery[J]. Journal of power sources,2008, 184(2):427-431.

[168] ETACHERI V, HAIK O, GOFFER Y, et al. Effect of fluoroethylene carbonate (FEC) on the performance and surface chemistry of Si-nanowire Li-ion battery anodes[J]. Langmuir,2012,28(1):965-976.

[169] ZHUANG Q C, LI J,TIAN L L. Potassium carbonate as film forming electrolyte additive for lithium-ion batteries[J]. Journal of power sources,2013,222:177-183.

[170] CHOI Y K,CHUNG K I,KIM W S,et al. Suppressive effect of Li_2CO_3 on initial irreversibility at carbon anode in Li-ion batteries[J]. Journal of power sources,2002, 104(1):132-139.

[171] SHIN J S,HAN C H,JUNG U H,et al. Effect of Li_2CO_3 additive on gas generation in lithium-ion batteries[J]. Journal of power sources,2002,109(1):47-52.

[172] 郑洪河,王显军,李苞,等. 钾盐添加剂改善天然石墨负极的嵌脱锂性质[J]. 无机材料

学报,2006,21(5):1109-1113.

[173] SUN X G, DAI S. Electrochemical investigations of ionic liquids with vinylene carbonate for applications in rechargeable ithium ion batteries[J]. Electrochimica acta,2010,55(15):4618-4626.

[174] AURBACH D,GAMOLSKY K,MARKOVSKY B,et al. On the use of vinylene carbonate (VC) as an additive to electrolyte solutions for Li-ion batteries[J]. Electrochimica acta,2002,47(9):1423-1439.

[175] MATSUOKA O,HIWARA A,OMI T,et a. Ultra-thin passivating film induced by vinylene carbonate on highly oriented pyrolytic graphite negative electrode in lithium-ion cell[J]. Journal of power sources,2002,108(1/2):128-138.

[176] HU Y S,KONG W H,HONG L,et al. Experimental and theoretical studies on reduction mechanism of vinyl ethylene carbonate on graphite anode for lithium ion batteries[J]. Electrochemistry communications,2004,6(2):126-131.

[177] NAM T H,SHIM E G,KIM J G,et al. Electrochemical performance of Li-ion batteries containing biphenyl, vinyl ethylene carbonate in liquid electrolyte[J]. Journal of the electrochemical society,2007,154(10):A957.

[178] LI J,YAO W H,MENG Y S,et al. Effects of vinyl ethylene carbonate additive on elevated-temperature performance of cathode material in lithium ion batteries[J]. The journal of physical chemistry c,2008,112(32):12550-12556.

[179] VOLLMER J M,CURTISS L A,VISSERS D R,et al. Reduction mechanisms of ethylene,propylene,and vinylethylene carbonates[J]. Journal of the electrochemical society,2004,151(1):A178.

[180] 杨春巍,吴锋,吴伯荣,等. 含 FEC 电解液的锂离子电池低温性能研究[J]. 电化学,2011,17(1):63-66.

[181] RYOU M H,HAN G B,LEE Y M,et al. Effect of fluoroethylene carbonate on high temperature capacity retention of $LiMn_2O_4$/graphite Li-ion cells[J]. Electrochimica acta,2010,55(6):2073-2077.

[182] 许杰,姚万浩,姚宜稳,等. 添加剂氟代碳酸乙烯酯对锂离子电池性能的影响[J]. 物理化学学报,2009,25(2):201-206.

[183] PROFATILOVA I A,KIM S S,CHOI N S. Enhanced thermal properties of the solid electrolyte interphase formed on graphite in an electrolyte with fluoroethylene carbonate[J]. Electrochimica acta,2009,54(19):4445-4450.

[184] BABA M, KUMAGAI N, FUJITA N, et al. Fabrication and electrochemical characteristics of all-solid-state lithium-ion rechargeable batteries composed of $LiMn_2O_4$ positive and V_2O_5 negative electrodes[J]. Journal of power sources,2001,97/98:798-800.

[185] FARRINGTON G C,BRIANT J L. Fast ionic transport in solids[J]. Science,1979,204(4400):1371-1379.

[186] YUAN C F, LI J, HAN P F, et al. Enhanced electrochemical performance of poly

(ethylene oxide) based composite polymer electrolyte by incorporation of nano-sized metal-organic framework[J]. Journal of power sources,2013,240:653-658.

[187] ZHU K,LIU Y X,LIU J. A fast charging/discharging all-solid-state lithium ion battery based on PEO-MIL-53(Al)-LiTFSI thin film electrolyte[J]. RSC Adv, 2014,4(80):42278-42284.

[188] LIN D C,LIU W,LIU Y Y,et al. High ionic conductivity of composite solid polymer electrolyte via in situ synthesis of monodispersed SiO_2 nanospheres in poly(ethylene oxide)[J]. Nano letters,2016,16(1):459-465.

[189] ZHANG Z Z,ZHANG Q Q,REN C,et al. A ceramic/polymer composite solid electrolyte for sodium batteries[J]. Journal of materials chemistry a,2016,4(41): 15823-15828.

[190] LI J,LIN Y,YAO H H,et al. Tuning thin-film electrolyte for lithium battery by grafting cyclic carbonate and combed poly(ethylene oxide) on polysiloxane[J]. ChemSusChem,2014,7(7):1901-1908.

[191] LIN Y,LI J,LIU K,et al. Unique starch polymer electrolyte for high capacity all-solid-state lithium sulfur battery[J]. Green chemistry,2016,18(13):3796-3803.

[192] BOUCHET R,MARIA S,MEZIANE R,et al. Single-ion BAB triblock copolymers as highly efficient electrolytes for lithium-metal batteries[J]. Nature materials, 2013,12(5):452-457.

[193] MA Q,ZHANG H,ZHOU C W,et al. Single lithium-ion conducting polymer electrolytes based on a super-delocalized polyanion[J]. Angewandte chemie international edition,2016,55(7):2521-2525.

[194] FU K K,GONG Y H,DAI J Q,et al. Flexible,solid-state,ion-conducting membrane with 3D garnet nanofiber networks for lithium batteries[J]. Proceedings of the national academy of sciences of the united states of America,2016,113(26):7094-7099.

[195] ONODERA Y,MORI K,OTOMO T,et al. Structural evidence for high ionic conductivity of $Li_7P_3S_{11}$ metastable crystal[J]. Journal of the physical society of Japan,2012,81(4):044802.

[196] SEINO Y,OTA T,TAKADA K,et al. A sulphide lithium super ion conductor is superior to liquid ion conductors for use in rechargeable batteries[J]. Energy & environmental science,2014,7(2):627-631.

[197] SHIN B R,NAM Y J,D Y OH,et al. Comparative study of TiS_2/Li-In all-solid-state lithium batteries using glass-ceramic Li_3PS_4 and $Li_{10}GeP_2S_{12}$ solid electrolytes [J]. Electrochimica acta,2014,146:395-402.

[198] SAHU G,LIN Z,LI J C,et al. Air-stable,high-conduction solid electrolytes of arsenic-substituted Li_4SnS_4[J]. Energy & environmental science,2014,7(3):1053-1058.

[199] KATO Y,HORI S,SAITO T,et al. High-power all-solid-state batteries using sulfide superionic conductors[J]. Nature energy,2016,1:16030.

[200] OHTA N,TAKADA K,ZHANG L,et al. Enhancement of the high-rate capability

of solid-state lithium batteries by nanoscale interfacial modification[J]. Advanced materials,2006,18(17):2226-2229.

[201] TAKADA K,OHTA N,ZHANG L Q,et al. Interfacial phenomena in solid-state lithium battery with sulfide solid electrolyte[J]. Solid state ionics, 2012, 225: 594-597.

[202] ZHANG W B,LEICHTWEIß T,CULVER S P,et al. The detrimental effects of carbon additives in $Li_{10}GeP_2S_{12}$-based solid-state batteries[J]. ACS applied materials & interfaces,2017,9(41):35888-35896.

[203] YAO X Y,LIU D,WANG C S,et al. High-energy all-solid-state lithium batteries with ultralong cycle life[J]. Nano letters,2016,16(11):7148-7154.

[204] XU X X,TAKADA K,WATANABE K,et al. Self-organized core-shell structure for high-power electrode in solid-state lithium batteries[J]. Chemistry of materials, 2011,23(17):3798-3804.

[205] TAO Y C,CHEN S J,LIU D,et al. Lithium superionic conducting oxysulfide solid electrolyte with excellent stability against lithium metal for all-solid-state cells[J]. Journal of the electrochemical society,2015,163(2):a96-a101.

[206] ZHAO Y R,WU C,PENG G,et al. A new solid polymer electrolyte incorporating $Li_{10}GeP_2S_{12}$ into a polyethylene oxide matrix for all-solid-state lithium batteries[J]. Journal of power sources,2016,301:47-53.

[207] LI W, DAHN J R, WAINWRIGHT D S. Rechargeable lithium batteries with aqueous electrolytes[J]. Science,1994,264(5162):1115-1118.

[208] LEE J W,PYUN S I. Investigation of lithium transport through $LiMn_2O_4$ film electrode in aqueous $LiNO_3$ solution[J]. Electrochimica acta,2004,49(5):753-761.

[209] NAKAYAMA N,NOZAWA T,IRIYAMA Y,et al. Interfacial lithium-ion transfer at the $LiMn_2O_4$ thin film electrode/aqueous solution interface[J]. Journal of power sources,2007,174(2):695-700.

[210] WANG G J,ZHANG H P,FU L J,Et al. Aqueous rechargeable lithium battery (ARLB) based on LiV_3O_8 and $LiMn_2O_4$ with good cycling performance[J]. Electrochemistry communications,2007,9(8):1873-1876.

[211] WANG G J, ZHAO N H, YANG L C, et al. Characteristics of an aqueous rechargeable lithium battery (ARLB)[J]. Electrochimica acta, 2007, 52(15): 4911-4915.

[212] KÖHLER J, MAKIHARA H, UEGAITO H, et al. LiV_3O_8: characterization as anode material for an aqueous rechargeable Li-ion battery system[J]. Electrochimica acta,2000,46(1):59-65.

[213] YADEGARI H,JABBARI A,HELI H. An aqueous rechargeable lithium-ion battery based on $LiCoO_2$ nanoparticles cathode and LiV_3O_8 nanosheets anode[J]. Journal of solid state electrochemistry,2012,16(1):227-234.

[214] TAKAHASHI M,TOBISHIMA S,TAKE K,et al. Reaction behavior of $LiFePO_4$ as

a cathode material for rechargeable lithium batteries[J]. Solid state ionics, 2002, 148(3/4):283-289.

[215] Mi C H, Zhang X G, Li H L. Electrochemical behaviors of solid $LiFePO_4$ and $Li_{0.99}Nb_{0.01}FePO_4$ in Li_2SO_4 aqueous electrolyte[J]. Journal of electroanalytical chemistry, 2007, 602(2):245-254.

[216] SAUVAGE F, LAFFONT L, TARASCON J M, et al. Factors affecting the electrochemical reactivity vs. lithium of carbon-free $LiFePO_4$ thin films[J]. Journal of power sources, 2008, 175(1):495-501.

[217] 黄可龙,杨赛,刘素琴,等. 磷酸铁锂在饱和硝酸锂溶液中的电极过程动力学[J]. 物理化学学报, 2007, 23(1):129-133.

[218] WANG H B, HUANG K L, ZENG Y Q, et al. Electrochemical properties of TiP_2O_7 and $LiTi_2(PO_4)_3$ as anode material for lithium ion battery with aqueous solution electrolyte[J]. Electrochimica acta, 2007, 52(9):3280-3285.

[219] LUO J Y, XIA Y Y. Aqueous lithium-ion battery $LiTi_2(PO_4)_3/LiMn_2O_4$ with high power and energy densities as well as superior cycling stability[J]. Advanced functional materials, 2007, 17(18):3877-3884.

[220] LIU X H, SAITO T, DOI T, et al. Electrochemical properties of rechargeable aqueous lithium ion batteries with an olivine-type cathode and a Nasicon-type anode [J]. Journal of power sources, 2009, 189(1):706-710.

[221] BADDOUR-HADJEAN R, PEREIRA-RAMOS J P. Raman microspectrometry applied to the study of electrode materials for lithium batteries[J]. Chemical reviews, 2010, 110 (3):1278-1319.

[222] VIVIER V, ORAZEM M E. Impedance analysis of electrochemical systems[J]. Chemical reviews, 2022, 122(12):11131-11168.

[223] KOBAYASHI S, UCHIMOTO Y. Lithium ion phase-transfer reaction at the interface between the lithium Manganese oxide electrode and the nonaqueous electrolyte[J]. The journal of physical chemistry b, 2005, 109(27):13322-13326.

[224] 倪江锋,周恒辉,陈继涛,等. 锂离子电池中固体电解质界面膜(SEI)研究进展[J]. 化学进展, 2004, 16(3):335-342.

[225] LEVI M D, GAMOLSKY K, AURBACH D, et al. On electrochemical impedance measurements of $Li_xCo_{0.2}Ni_{0.8}O_2$ and Li_xNiO_2 intercalation electrodes[J]. Electrochimica acta, 2000, 45(11):1781-1789.

[226] BARSOUKOV E, KIM D H, LEE H S. Comparison of kinetic properties of $LiCoO_2$ and $LiTi_{0.05}Mg_{0.05}Ni_{0.7}Co_{0.2}O_2$ by impedance spectroscopy[J]. Solid state ionics, 2003, 161(1/2):19-29.

[227] 庄全超,魏涛,魏国祯,等. 尖晶石 $LiMn_2O_4$ 中锂离子嵌入脱出过程的电化学阻抗谱研究[J]. 化学学报, 2009, 67(19):2184-2192.

[228] NOBILI F, DSOKE S, MINICUCCI M, et al. Correlation of Ac-impedance and in situ X-ray spectra of $LiCoO_2$[J]. The journal of physical chemistry B, 2006, 110(23):

11310-11313.

[229] MOSS P L,AU G,PLICHTA E J,et al. Investigation of solid electrolyte interfacial layer development during continuous cycling using ac impedance spectra and micro-structural analysis[J]. Journal of power sources,2009,189(1):66-71.

[230] OGUMI Z, ABE T, FUKUTSUKA T, et al. Lithium-ion transfer at interface between carbonaceous thin film electrode/electrolyte[J]. Journal of power sources, 2004,127(1/2):72-75.

[231] W W YAN, Y N LIU, S K CHONG, et al. Lithium-Rich Cathode Materials for High Energy-Density Lithium-Ion Batteries [J]. Progress in Chemistry, 2017, 29(2-3):198.

[232] LEVI M D, AURBACH D. Distinction between energetic inhomogeneity and geometric non-uniformity of ion insertion electrodes based on complex impedance and complex capacitance analysis[J]. The journal of physical chemistry b,2005,109(7):2763-2773.

[233] HOLZAPFEL M,MARTINENT A,ALLOIN F,Et al. First lithiation and charge/discharge cycles of graphite materials, investigated by electrochemical impedance spectroscopy[J]. Journal of electroanalytical chemistry,2003,546:41-50.

[234] TAKASU R,SEKINE K,TAKAMURA T. Faradaic adsorption of Li on carbon. A novel concept for the capacity of the anode of the Li-ion secondary batteries[J]. Journal of power sources,1999,81/82:224-228.

[235] 庄全超,魏国祯,董全峰,等. 温度对石墨电极性能的影响[J]. 物理化学学报,2009,25(3):406-410.

[236] 庄全超,魏国祯,许金梅,等. 温度对 $LiCoO_2$ 中锂离子嵌脱过程的影响[J]. 化学学报,2008,66(7):722-728.

[237] CHEN H H,PARK H,MILLIS A J,et al. Charge transfer across transition-metal oxide interfaces:Emergent conductance and electronic structure[J]. Physical review B,2014,90(24):245138.

[238] AURBACH D,MARKOVSKY B,LEVI M D,et al. New insights into the interactions between electrode materials and electrolyte solutions for advanced nonaqueous batteries[J]. Journal of power sources,1999,81/82:95-111.

[239] 庄全超,许金梅,樊小勇,等. $LiCoO_2$ 正极材料电子和离子传输特性的电化学阻抗谱研究[J]. 科学通报,2007,52(2):147-153.

[240] LINSENMANN F,PRITZL D,GASTEIGER H A. Comparing the lithiation and sodiation of a hard carbon anode using in situ impedance spectroscopy[J]. Journal of the electrochemical society,2021,168(1):010506.

[241] ZHU X H,MACIA L F,JAGUEMONT J, et al. Electrochemical impedance study of commercial $LiNi_0.80Co_0.15Al_0.05O_2$ electrodes as a function of state of charge and aging[J]. Electrochimica acta,2018,287:10-20.

[242] 樊小勇,庄全超,魏国祯,等. 电化学阻抗谱法研究 Cu_6Sn_5 合金负极相变过程[J]. 化

学学报,2009,67(14):1547-1552.

[243] BISQUERT J,VIKHRENKO V S. Analysis of the kinetics of ion intercalation. Two state model describing the coupling of solid state ion diffusion and ion binding processes[J]. Electrochimica acta,2002,47(24):3977-3988.

[244] BISQUERT J. Analysis of the kinetics of ion intercalation Ion trapping approach to solid-state relaxation processes[J]. Electrochimica acta,2002,47:2435-2449.

[245] GNANARAJ J S,LEVI M D,GOFER Y,et al. $LiPF_3(CF_2CF_3)_3$:a salt for rechargeable lithium ion batteries[J]. Journal of the electrochemical society,2003,150(4):a445.

[246] 吕东生,李伟善.尖晶石锂锰氧化物锂离子嵌脱过程的交流阻抗谱研究[J].化学学报,2003,61(2):225-229.

[247] GNANARAJ J S,THOMPSON R W,IACONATTI S N,et al. Formation and growth of surface films on graphitic anode materials for Li-ion batteries[J]. Electrochemical and solid-state letters,2005,8(2):A128.

[248] LAI W,CIUCCI F. Mathematical modeling of porous battery electrodes-revisit of Newman's model[J]. Electrochimica acta,2011,56(11):4369-4377.

[249] MEYERS J P,DOYLE M,DARLING R M,et al. The impedance response of a porous electrode composed of intercalation particles[J]. Journal of the electrochemical society, 2000,147(8):2930.

[250] SIKHA G,WHITE R E. Analytical expression for the impedance response for a lithium-ion cell[J]. Journal of the electrochemical society,2008,155(12):a893.

[251] HUANG R W J M,CHUNG F,KELDER E M. Impedance simulation of a Li-ion battery with porous electrodes and spherical Li^+ intercalation particles[J]. Journal of the electrochemical society,2006,153(8):a1459.

[252] MANTIA F L A, VETTER J, NOVAK P. Impedance spectroscopy on porous materials: a general model and application to graphite electrodes of lithium-ion batteries[J]. Electrochimica acta,2008,53(12):4109-4121.

[253] ANDRE D, MEILER M, STEINER K, et al. Characterization of high-power lithium-ion batteries by electrochemical impedance spectroscopy. II: modelling[J]. Journal of power sources,2011,196(12):5349-5356.

[254] LEVI M D,AURBACH D. Impedance spectra of porous,composite intercalation electrodes:the origin of the low-frequency semicircles[J]. Journal of power sources, 2005,146(1/2):727-731.

[255] DIARD J P, B LE GORREC, MONTELLA L C. Influence of particle size distribution on insertion processes in composite electrodes. Potential step and EIS theory[J]. Journal of electroanalytical chemistry,2001,499(1):67-77.

[256] XU S D,ZHUANG Q C,TIAN L L,et al. Impedance spectra of nonhomogeneous, multilayered porous composite graphite electrodes for Li-ion batteries:experimental and theoretical studies[J]. The journal of physical chemistry c,2011,115(18):9210-9219.

附录 缩 写

AAN:丙烯酸腈,Acrylic acid nitrile
AC:交流,Alternating current
AES:原子发射光谱仪,Atomic emission spectrometry
AFM:原子力显微镜,Atomic force microscope
ATR:衰减全反射光谱,Attenuated total reflection spectra
BL:丁内酯,Butyrolactone
BP:联苯,Biphenyl
CEC:氯碳酸乙烯酯,Chloro ethylene carbonate
CHB:环己基苯,Cyclohexylbenzene
CMC:羧甲基纤维素,Carboxymethyl cellulose
CNTs:碳纳米管,Carbon Nanotubes
CNFs:碳纳米纤维,Carbon Nanofibers
CPE:常相位角元素,Constant phase angle element
CPEs:PEO 基复合固态电解质,Composite PEO electrolyte
CPR:电流脉冲弛豫法,Current pulse relaxation
CV:循环伏安法,Cyclic voltammetry
DC:直流,Direct current
DCA:二氰胺,Dicyandiamide
DDB:2,5-二叔丁基-1,4-二甲氧基苯,1,4-Di-tert-butyl-2,5-dimethoxybenzene
DEC:碳酸二乙酯,Diethyl carbonate
DMC:碳酸二甲酯,Dimethyl carbonate
DME:二甲醚,Dimethyl ether
DMM:二甲氧甲烷,Dimethoxymethane
DMMP:甲基膦酸二甲酯,Dimethyl methylphosphonate
DMP:二甲氧丙烷,Dimethoxypropane
DMS:亚硫酸二甲酯,Dimethyl sulfite
DTG:微商热失重,Derivative thermogravimetric method
EC:碳酸乙烯酯,Ethylene carbonate
ECAFM:电化学原子力显微技术,Electrochemical atomic force microscopy
ECSPM:电化学扫描探针显微技术,Electrochemical scanning probe microscopy
ECSTM:电化学扫描隧道显微技术,Electrochemical scanning tunneling microscopy
EDOT:3,4-乙烯二氧噻吩单体,3,4-ethylenedioxythiophene monomer

EDX:能量色散 X 射线光谱,Energy dispersive X-ray spectroscopy
EIS:电化学阻抗谱 Electrochemical impedance spectroscopy
EMC:碳酸甲乙酯,Ethyl methyl carbonate
EMS:乙基甲氧基乙基砜,Ethyl methoxyethyl sulfone
EMIRS:电位调制红外光谱,Electromodulated infrared spectroscopy
EPN:乙氧基丙腈,3-Ethoxypropionitrile
ES:乙烯亚硫酸酯,ethylene sulfite
EV:电动汽车,Electric vehicle
FEC:氟代碳酸乙烯酯,fluoroethylene carbonate
FSI−:氟磺酰基酰亚胺,fluorosulfonyl imide
FTIRS:傅立叶变换红外光谱,Fourier transform infrared spectroscopy
HEV:混合电动汽车,Hybrid electric vehicle
HFA:高频区域半圆,High frequency arc
GIC:石墨插层化合物,Graphite intercalation compound
GITT:恒电流间歇滴定法,Galvanostatic intermittent titration technique
HOMO:最高占有分子轨道,Highest occupied molecular orbital
HOPG:高定向热解石墨,highly oriented pyrolytic graphite
HTT:热处理温度,Heat treatment temperature
ICP:电感耦合等离子体,Inductive coupled plasma emission spectrometer
IR:红外光谱,Infrared spectroscopy
IL:离子液体,Ionic liquid
IL:感抗相关的半圆,Inductive loop
IPPP:异丙基化磷酸三苯酯,Isopropylated triphenyl phosphate
KCN:氰化钾,Potassium cyanide
$LiC(SO_2CF_3)_3$:三(三氟甲基磺酰)甲基锂,Tri (trifluoromethylsulfonyl) methyl lithium
$LiCF_3SO_3$:三氟甲基硫磺锂,Lithium trifluoromethyl sulfide
LDOS:样品表面费米能级附近的局域态密度,Local density of states
LOMO:最低未占有分子轨道,Lowest unoccupied molecular orbital
LPSIRS:线性电位扫描红外光谱法,Linear potential scanning infrared spectroscopy
LiTFSI:二(三氟甲基硫磺)亚胺锂,Bis (trifluoromethanesulfonimide) lithium, $LiN(CF_3SO_2)_2$
MA:乙酸甲酯,Methyl acetate
MCMB:中间相碳微球,Mesocarbon microbeads
MF:甲酸甲酯,Methyl formate
MFA:中频区域半圆,Middle frequency arc
MOF:金属有机骨架,Metal organic framework
MP:丙酸甲酯,Methyl propionate
MPCF:中间相沥青碳纤维,Mesophase pitch carbon fiber
MPN:甲氧基丙腈,Methoxypropionitrile

MSFTIRS:多步电位阶跃傅立叶变换红外光谱法,Multi step FTIR spectroscopy
NASCION:钠快离子导体,Sodium superion conductor
NMP:N-甲基吡咯烷酮,N-Methylpyrrolidone
OCV:开路电压,Open circuit voltage
PAN:聚丙烯腈,Polyacrylonitrile
PC:碳酸丙烯酯,Propylene carbonate
PE:聚乙烯,Polyethylene
PEO:聚氧化乙烯,Polyethylene oxide
PEG:聚乙二醇,Polyethylene glycol
PEM:光弹性调制器,Photoelastic modulator
PITT:恒电位间歇滴定法,Potentiostatic intermittent titration technique
PLD:脉冲激光沉积 Pulsed laser deposition
PMIRRAS:偏振调制红外反射吸收光谱,Polarization modulation infrared reflection absorption spectroscopy
POSS:多面体低聚倍半硅氧烷,Polyhedral oligosilsesquioxane
PPR:电位脉冲弛豫法,Potential pulse relaxation
PS:丙烯亚硫酸,propylene sulfite
PS:聚硅氧烷,Polysiloxane
PSCA:电位阶跃计时电流,potential step chronoamperometry
PSS:聚苯乙烯磺酸盐,polystyrene sulfonate
PTFE:聚四氟乙烯:Poly tetra fluoroethylene,俗称"塑料王"
PVA:聚乙烯醇,Polyvinyl alcohol
PVC:聚氯乙烯,Polyvinyl chloride
PVDF:聚偏二氟乙烯,Polyvinylidene difluoride
RDS:速度控制步骤,Rate determining step
RRAS:反射吸附红外光谱,InfraRed refrection-absorption spectrocopy
SEI 膜:"固体电解质界面膜",Solid electrolyte interface
SEM:扫描电子显微镜,Scanning electron microscope
SNIFTIRS:差示归一化界面傅立叶变化红外光谱,Subtractively normalized inferfacial FTIR spectroscopy
SOC:荷电状态,State of charge
SOH:电池的健康状态,State of health
SPAFTIRS:单次电位改变红外光谱,Single potential alteration FTIR spectroscopy
SPM:扫描探针显微镜,Scanning probe microscope
SSCV:慢速扫描循环伏安法,Slow scan rate cyclicvoltammetry
STM:扫描隧道显微镜,Scanning tunneling microscope
TAP:三烯丙基磷酸酯,Triallyl phosphate
TBP:磷酸三正丁酯,Tributyl phosphate
TFSI:双三氟甲磺酰亚胺,Bis (trifluoromethanesulfonimide)

TG:热失重,Thermal gravity

THF:四氢呋喃,Tetrahydrofuran

Thio-LiSICON:硫代锂超离子导体,Thio lithium superion conductor

TMSB:三(三甲基硅烷)硼酸酯,Tris(trimethylsilyl) borate

TMP:三甲基磷酸酯,Trimethyl phosphate

TMPP:三甲氧基苯基磷酸酯,Trimethoxyphenyl phosphate

TRFTIRS:电化学原位时间分辨方法,time-resolved FTIR spectroscopy

TNBAH:氢氧化四乙基铵,Tetraethyl ammonium hydroxide

VC:维生素 C,Vitamin C

VC:碳酸亚乙烯酯,Vinylene carbonate

VES:乙烯基亚硫酸乙烯酯,Vinyl ethylene sulfite

XPS:X-射线光电子能谱,X-ray photoelectron spectroscopy